高等学校适用教材

食品质量检验

（第二版）

翟海燕　林　征　主　编

中国质检出版社
中国标准出版社
北　京

图书在版编目(CIP)数据

食品质量检验/翟海燕等主编．—2版．—北京：中国质检出版社，2018.9

ISBN 978-7-5026-4646-2

Ⅰ.①食…　Ⅱ.①翟…　Ⅲ.①食品检验—技术培训—教材　Ⅳ.①TS207

中国版本图书馆CIP数据核字(2018)第186706号

内 容 提 要

本书分为四篇共十一章。第一篇为食品检验基础知识，主要介绍食品检验的内容、方法、作用、一般程序等内容。第二篇为食品检验技术，主要介绍了食品的感官与理化检验，食品微生物检验，食品检验室的设施与布局。第三篇为知识拓展，全面介绍了食品生产许可制度。第四篇为综合实训，主要以豆奶(蛋白饮料)为例展开食品质量检验综合实训、创设相应职业工作任务的真实情境、传递工作思路与方法，并以此为契机，指导学生进行设计性实验。

本书结合分析化学、实验室建设、检验方法标准及食品企业生产许可审查等内容，体现“实用、应用”特点，可作为高校食品类专业及相关专业教学用书，以及食品类企业或检验机构检验员的培训用书，亦可供从事食品类专业的技术人员学习参考。

中国质检出版社
中国标准出版社　出版发行

北京市朝阳区和平里西街甲2号(100029)

北京市西城区三里河北街16号(100045)

网址：www.spc.net.cn

总编室：(010)68533533　发行中心：(010)51780238

读者服务部：(010)68523946

中国标准出版社秦皇岛印刷厂印刷

各地新华书店经销

*

开本787×1092　1/16　印张23　字数539千字

2018年9月第二版　2018年9月第三次印刷

*

定价　52.00　元

第二版编委会

主　编　翟海燕（广西质量技术工程学校）

林　征（广西质量技术工程学校）

副主编　何　坚（广西质量技术工程学校）

刘　容（南宁学院）

参　编　黄广君（南宁学院）

韦云伊（南宁学院）

张艳雯（南宁学院）

陈小聪（广西东盟食品药品安全检验检测中心）

周红尖（广西产品质量检验研究院）

张海般（广西产品质量检验研究院）

第一版编委会

主　编　翟海燕（广西质量技术工程学校）

林　征（广西质量技术工程学校）

参　编　陈小聪（广西东盟食品药品安全检验检测中心）

周红尖（广西产品质量检验研究院）

张晓素（平顶山市工业学校）

主　审　李智红（广西轻工产品质量监督检验站）

第二版前言

本书自2013年1月出版以来，已经被各地区食品生产企业检验人员及高职、中职食品质量检验专业作为教材或培训使用，其专业性和实用性受到使用者的广泛肯定与好评。为了更好地确保我国的食品安全，进一步规范食品质量检测工作，近年来国家对《中华人民共和国食品安全法》《食品生产许可管理办法》《食品生产许可审查通则》等法律法规进行了修订与更新，一大批食品安全国家标准相继出台，与之相关的行政主管部门也发生变更。因此，对本书进行修订就显得十分必要和紧迫。此次修订既保持了第一版的基本内容和风格，以"理论必需、技能实用、好学能用"作为基本原则，体现"实用、规范"的特点，同时进行有针对性的提升，调整了部分内容，更适用于培养应用型人才的应用技术大学食品类专业或相关专业的本科院校学生使用。

本书包括食品检验概述、食品检验的一般程序、食品感官检验、食品物理检验、食品常规项目检验、食品添加剂检验、食品中有害元素检验、食品微生物检验、食品检验室的设施与布局、食品生产许可制度、综合实训十一章内容。本书由翟海燕、林征、何坚、刘容、黄广君、韦云伊、张艳雯、陈小聪、周红尖、张海殷等共同编著，我们本着对读者负责和精益求精的精神，对全书通篇进行字斟句酌的思考、研究，力求防止和消除瑕疵和错误。但由于水平所限，书中难免还有疏漏之处，敬请读者批评指正。

同时，借此机会向使用本套教材的广大师生和给予我们关心、鼓励和帮助的同行、专家学者致以由衷的感谢。

编　者

2018年5月

第一版前言

是什么促使我们编写这本书?

2011年的夏天,南宁美丽的南湖畔,一座校园里,又一年的毕业照定格了。

有家食品企业到学校来招聘食品检验员,食品质检专业学生来应聘,跟以往不同的是,应聘的学生手上都拿着资料,眉宇间充满自信。我问其中一位学生:"手上是啥资料?哪来的?""我们根据这家食品厂的产品,自己准备的资料",学生边回答边把资料递给我,我打开一看:该企业产品的产品标准、相应的各出厂检验项目的检验标准,现行有效,一应俱全!顿时,这两年在教学上探索实践的辛苦与劳累,顷刻间我觉得都结成了硕果!

没有悬念,三位学生顺利被该食品企业录用。过了一个月,学生打来电话说:"老师,我们按照产品的出厂检验项目,建议企业补充配齐了缺少的检验设备,现在厂里能全部开展出厂检验了,是我们三个人做而且只有我们会做!"言语间,掩饰不住骄傲和自豪!

学生,已经学会了学以致用了,而且,是与职业岗位的零对接!

我们的职业教育与职业岗位的对接实践初见成效!

我不禁想起以往的学生应聘情景:

老师先电话咨询企业,询问产品需要检验什么项目,然后匆匆忙忙地告诉学生,临时开开小灶、抱抱佛脚。企业的回答完全正确吗?老师的临阵指点到位吗?都是不确定因素!

我还想起了在企业审查的点点滴滴:

一次在一家食品企业审查,我问该厂检验员:"对该产品你做什么检验项目?"他茫然地答非所问。当现场考核其检验技术,要求他按标准检测某一项目时,他更是不知道标准在哪里,从何下手。

又一次审查一家上规模的企业,该企业有一套完整的企业管理制度、程序文件与作业指导书。作业指导书包括了产品的检验方法,遗憾的是,我看到的却是已经过期作废的方法!该产品的检验方法标准早已经重新修订了!我问检验员:"你们为什么不按检验方法标准开展检验呢?",他们理直气壮地告诉我:"我们集团有自己的作业指导书,我们一直都是按照集团制定的检验作业指导书进行检验。"我听完感到很悲哀,他们都是经过培训持证上岗的检验员,这是职业教育的缺失!是职业培训的缺失!我们的职业教育与培训在培养学生专业技能的同时,更应该传递工作思路与方法!

我思绪万千:

从事职业教育20多载,虽然用的教材换了又换,但基本就是教材怎么编就怎么教,只是教学的方式方法更加成熟有经验,增加了案例增加了笑点之类的"糖衣"。如果不是参与了食品企业生产许可现场审查,如果没有对食品企业质检职业岗位要求全面深刻的认识,那么,年复一年,我还是会像原来那样去教,尽管我一样地投入一样地倾注我的满腔心血,但是,教学与职业岗位还是会像两张皮而被割裂开来!

2009年,我和我的同事开始思考如何让这两张皮融合为一体,我们为之进行了两年的探索实践，此文开头准备充分，拿着材料应聘的学生，是我们两年实践的硕果。

2011年的盛夏，满城的扁桃熟了，落满一地，送走了毕业生，我们突然有了编写此书的冲动：把两年所探索的教学实践成果编成教材，与从事食品检验与教学的同仁们分享！我们已经深深意识到，作为教学第一线的专业教师，同时又参与食品企业的审查，掌握国家对食品行业、企业的要求，熟悉职业岗位的工作任务和工作过程，以及两年多的职业教育与职业岗位的对接实践所取得的硕果，我们有开拓创新的勇气和足够的素材，来编写这本赋予新生的书。

这本书想与你分享什么？

我们编写这样一本书，怎么能够写得与你今后的工作有关呢？怎么能够帮助你解决你将要面对或已经面对的一些问题呢？

从目录上看，此书的基本框架与同类教材没什么太大区别。然而，本书的指导思想、组织方式与内容展示已经发生了很大的变化。“食品企业”“出厂检验”“方法标准”是本书的重要关键词。

全书分为四个篇共十章。

第一篇为食品检验基础知识。

第1～3章的基础知识，使你能对食品检验的基本知识、常用仪器的操作技能、企业检验室的设施与布局、食品检验的一般程序有个完整的认识。如果你是零基础，不着急，慢慢来，第二章的内容就是为你量身定做的，书本放旁边，一边看一边练，就像你看着菜谱学习做菜一样，熟能生巧；如果你有了分析化学的基础，本篇章就是为你梳理知识……。万丈高楼平地起，没有这部分知识做基础，你很难搭建起食品检验这座高楼！

第二篇为食品检验技术。

第4～7章属于感官与理化检验，理化检验是食品检验的核心内容，编排上改变了传统的编排模式，也回避了把各类产品检验项目全部罗列的做法，而是选取常规项目的技术标准文本完整融入教材中，创设相应职业工作任务的真实情境，使你对技术标准的解读、应用能力达到职业岗位的要求。请你记住，在实际检验工作中，正确的做法就是按照现行有效的检验方法标准进行检验。当然，你也许会认为教材也是按照标准编写的，但是标准是会被修订的，而教材总是滞后的，更何况教材并不能体现完整的标准。这也是我们把标准文本完整融入此书的主要原因。

第8章属于微生物检验知识，微生物检验项目已经是食品检验中重要的内容，大部分的食品出厂检验项目都包含微生物项目，主要就是菌落总数和大肠菌群的检验，所以微生物检验部分前面所有的内容实际就是为了这二者做铺垫。

第三篇为知识拓展。

通过知识拓展篇章，你能全面了解食品生产许可制度。我国已经实现了食品生产许可制度对所有食品的全面覆盖。了解食品生产许可制度的具体要求，就是了解了国家对食品企业的具体要求，在检验环节上，使你对工作任务更明确；而对企业整个宏观管理要求的深入了解，会使你的职业能力更宽广。

第四篇为综合实训

综合实训部分，是我们精心为你打造的篇章，我们旨在给你传递一种工作思路与方法，也许你是第一次知道要这样去做，但会这样去做很能体现你的专业素养！请你用心体会。

还要特别提醒你的是，本书出版时，所示标准版本均为有效。所有标准都会被修订，使用本书所示标准文本时，请重新确认标准的有效性，使用最新版本。

你应该怎样使用这本书？

如果你是位教师，我们给予不了你全部，只希望本书是你的好帮手，愿它为你所用，而不是你成为它的奴隶；“授人以鱼不如授人以渔”，相信你在有限的“鱼”里能把我们的“渔”之道尽情发挥！

你可以根据你的目标或需要对本书的内容进行重新组合或排序，如果你的教学对象是有了一定食品检验基础的人员，你可以直接进入知识拓展篇和综合实训篇，产品类别根据学员需求调整，检验项目根据产品要求调整，需要强化训练的项目，再回头到各章节里对号入座；如果你的教学对象是没有任何分析化学基础的学员，那么你得手把手先从第二章教起了……总之，希望你将我们提供的东西进行改编或自编成你要实施的学习活动，让学习活动成为我们课堂的主基调，这样你就是主持人、组织者。

如果你是位学生，我们给予不了你所有，只希望本书像把钥匙，引领你走进食品检验的领域里，用它打开你需要的更多的知识宝库，使你既能胜任即将就职的岗位，又能适应未来行业发展的变化！

我们的旨趣不是让你去记去背、去考试，而是让你在掌握专业技能的同时，更重要的是学会方法！有了方法这把万能钥匙，你可以打开你需要的任意一扇门。

如果你是位培训学员，我们给予不了你一切，只希望本书是你的好伙伴，在你疑惑时它能给你排疑解惑，在你需要时它是你身边的贴心工具！

你可以参考前面我们给教师的建议，根据你的实际需要以及你的知识结构，选择相应的篇章开始你的学习；如果还没明确你的产品需要做什么检验项目，请你先去看第四篇综合实训，但请注意是看方法，千万别张冠李戴，要学会根据产品调整相应的细则和标准。

请你们把本书当作一块你们用来造房的砖，把我们的东西当作一砖半瓦，你们拿去造自己的房子吧！

本书由翟海燕负责全书统稿，翟海燕、林征主编，李智红主审，全书编写分工如下：

第一章（翟海燕）
第二章（翟海燕、周红尖、张晓素）
第三章（翟海燕、陈小聪、张晓素）
第四章（翟海燕）
第五章（林征、翟海燕）
第六章（林征）
第七章（林征）
第八章（林征）
第九章（翟海燕）
第十章（翟海燕、林征）

同时感谢广西质量技术工程学校梁颖琳老师给予的版面技术支持。

由于编者水平有限，编写时间仓促，书中难免有不妥之处，敬请读者批评指正，在此表示感谢。

编　者
2012年7月

目　录

第一篇　食品检验基础知识

第二篇　食品检验技术

第三篇 知识拓展

第四篇 综合实训

第一篇
食品检验基础知识

第一章 食品检验概述

食品是人类赖于生存和发展的物质基础，是维持人类生命和身体健康不可缺少的能量源和营养源。2015 年 10 月 1 日实施的《中华人民共和国食品安全法》对食品的定义：食品，指各种供人食用或者饮用的成品和原料以及按照传统既是食品又是中药材的物品，但是不包括以治疗为目的的物品。“民以食为天，食以安为先”。食品的质量直接关系到广大人民群众的身体健康和生命安全，关系到国家的健康发展与社会的和谐稳定。企业要生产合格的食品以及满足人们对于食品质量越来越高的要求，就要对食品进行检验。通过检验确定食品的品质、营养成分含量、是否存在有毒、有害物质，确保食品的质量，提高食品的营养均衡性、安全性和可接受性。食品检验就是通过感官、物理、化学、微生物学等检验方法对食品的感官特性、理化性能及卫生状况进行分析测定，并将结果与规定的要求进行比较，以确定每项特性合格情况的活动。检验技术是完成食品检验活动的关键。

一、食品检验的内容

食品品质一般从营养性、安全性和感官嗜好性三方面来评价，食品检验的内容也围绕这三个方面进行。

1. 食品的感官检验

食品具有感官嗜好性，只注重其营养价值还满足不了人们的需要。加工的食品是否能够满足人们对于色、香、味等的可接受性，也是评定其质量的重要因素之一。感官性能是食品质量优劣最直接的表现，通过感官指标来鉴别食品的优劣和真伪，不仅简单易行，而且灵敏度高、直观而实用。在食品生产过程中，还可以利用感官检验方法从食品制造工艺的原材料或中间产品的感官特性来预测产品的质量，为加工工艺的合理选择、正确操作、优化控制提供有关的数据，以控制和预测产品的质量和顾客对产品的满意程度。有时食品感官检验还可鉴别出精密仪器也难于检出的食品的轻微劣变。食品的感官检验往往是食品检验各项检验内容中的第一项，如果食品感官检验不合格，即可判断产品不合格，不需再进行理化检验。

2. 食品理化性能的检验

食品理化性能的检验内容主要涉及以下几个方面。

（1）食品营养成分分析

每种食物都含有一种或多种的营养成分。人们为了维持生命和健康，必须从食品中摄取足够的、人体所必需的营养成分。通过对食品中营养成分的分析，可以了解各类食品中所含营养成分的种类、数量和质量，合理进行膳食搭配，以获得较为全面的营养，维持肌体的正常生理功能，防止营养缺乏而导致疾病的发生。通过对食品中营养成分的分析，还可以了解食品在生产、加工、储存、运输、烹调等过程中营养成分的损失情况，以减少造成营养损失的不利因素。此外，对食品营养成分的分析，还能对食品新资源的开发、新产品的研制和生产工艺的改进以及食品质量标准的制定提供科学依据。

食品营养成分的分析主要包括水分、蛋白质、脂肪、碳水化合物、矿物质、酸度、维生素等。

（2）食品添加剂的分析

食品添加剂是指在食品生产中，为了改善食品的感官性状，改善食品原有的品质、增强营养、提高质量、延长保质期，满足食品加工工艺需要而加入食品中的某些化学合成物质或天然物质。随着食品工业和化学工业的发展，食品添加剂的种类和数量越来越多，但目前所使用的食品添加剂多为化学合成剂，为了确保食品安全，国家发布了相关的法律法规对食品添加剂的使用范围及用量均作了严格的规定，如 GB 2760《食品安全国家标准　食品添加剂使用标准》以及相关行政主管部门公告等。近年来，随着食品毒理学研究方法的不断改进和发展，从前认为无害的食品添加剂，现在又发现可能存在着慢性毒性、致癌作用、致畸作用或致突变作用等各种危害。因此，为监督食品行业在生产中合理使用食品添加剂，保证食品安全，必须对食品中的食品添加剂进行检测，逐渐成为食品分析中的一项重要内容。

食品添加剂的分析包括防腐剂、抗氧化剂、发色剂、漂白剂、酸度调节剂、稳定剂和凝固剂、膨松剂、增稠剂、甜味剂、着色剂、乳化剂、抗结剂、食品用香料等的分析。

（3）食品中有害有毒物质的检测

天然食品中一般不含或较少含有有害物质。食品中的有害物质通常是通过污染而进入食品中的，即食品从原料的种植、养殖、生长，以及在生产加工、包装、储存、运输、销售及食用前的各个环节中都有可能产生污染而引入有毒有害物质，造成食品的营养成分和卫生质量降低或对人体产生不同程度的危害。食品中有害有毒物质的种类很多，来源各异，且随着工业的快速发展，环境污染日趋严重，食品污染源更加广泛。为了确保食品的安全性，必须对食品中有害有毒物质进行分析检测。按有害有毒物质的来源和性质，主要有以下几类。

① 化学性污染

a. 有害有毒元素　主要来自工业的“三废”、生产设备、包装材料等对食品的污染。主要有砷、汞、铬、锡、锌、铅、镉、铜等。

b. 食品加工中形成的有害有毒物质　在食品的加工中也可产生一些有害有毒的物质。如在腌制加工过程中产生的亚硝酸；在发酵过程中产生的醛、酮类物质；在烧烤烟熏等加工过程中产生的 3,4-苯并芘等。

c. 来自包装材料的有害物质　在食品包装中由于使用不合乎质量要求的包装材料包装

食品，使食品中引入有害有毒物质。如聚氯乙烯、多氯联苯、荧光增白剂、三聚氰胺等。

d. 农兽药残留　主要来源于不合理施用农药造成农药残留的农作物和不合理使用兽药造成兽药残留的畜禽产品。动植物生长环境中农兽药超标，经动植物体的富集作用及食物链的传递，最终造成食品中农兽药的残留。

② 生物性污染

食品的微生物性污染，主要是由于食品生产加工或储藏环节不当而引起的细菌、霉菌及其毒素的污染，使食品中产生致病菌或毒素。此类微生物毒素中，危害最大的是黄曲霉毒素 B_1 和黄曲霉毒素 M_1。

③ 放射性污染

食品的放射性污染，主要来自放射性物质的开采、冶炼、生产、应用及意外事故造成的污染。如原子能工业排放的放射性废物，核武器试验的沉降物以及医疗、科研排出的含有放射性物质的废水、废气、废渣等。环境中的放射性核素可通过食物链向食品中转移。常见的如：α、β、γ 射线、放射性碘-131、铯-137 和锶-90 等的放射性污染。

总之，食品中的营养成分是人类生活和生存的重要物质基础，食品的品质直接关系到人类的健康及生活质量；食品中有害有毒物质对食品安全造成严重威胁，为了保证食品的安全和保障人民的身体健康，对食品中的营养成分和有害有毒成分进行检测是食品理化检验的主要内容。

3. 食品微生物检验

食品中丰富的营养成分，是微生物良好的培养基，因此食品极易被各种微生物污染。食品微生物检验是食品质量控制的卫生指标，已成为食品检验的一项重要指标。食品微生物检验的主要菌群为：菌落总数、大肠菌群、致病菌（沙门氏菌、志贺氏菌、金黄色葡萄球菌等）、霉菌和酵母菌、粪大肠菌群等有害菌群。如果食品企业的卫生控制体系不够健全，就会造成食品有害微生物指标超标。有害微生物指标超标的食品是严禁出售的。同时，有害微生物的滋生和繁殖是食品腐败变质的关键因素，进一步可发展为食品安全事故。通过检验，使企业对食品生产过程按卫生规范要求进行控制，以达到产品质量符合产品卫生标准规范的要求。因此，食品微生物检验具有重要的意义。

二、食品检验的方法

在食品检验中，由于不同的检验目的、不同的检验对象及检验项目，所选用的检验方法不同。随着检验技术的发展，可用于食品成分检验的方法越来越多。但对于产品的出厂检验、监督检验、发证检验以及为社会出具公正数据的第三方检验，应采用产品标准中规定的检验方法，因为检验方法不同，可能会影响到最终结果的判定。

食品检验中常用的检验方法有感官检验法、理化检验法、微生物检验法和酶分析法等。

1. 感官检验法

食品的感官检验，就是以心理学、生理学、统计学为基础，依靠人的感觉（视、听、触、味、嗅觉）对食品进行评价、测定或检验并进行统计分析以评定食品质量的方法。根据所凭借的感觉器官，将其分为视觉检验法、嗅觉检验法、味觉检验法、听觉检验和触觉检验法。通过各种感官检验，可对食品的质量状况进行初步的评价和判断。感官检验虽然具有直接、快速的优点，但是存在个体主观差异，检验结果不宜科学的量化分析。目前，逐渐涌现出一些感官分析仪器，如质构仪、电子鼻、电子舌、色度计等，能够较好弥补人的感官缺陷，作为感官检验法的有益补充，在食品研究、生产领域得到较为广泛的应用。

2. 理化检验法

应用于食品检验的理化检验的分析方法可分为物理检验法、化学分析法及仪器分析法。

(1) 物理检验法

物理检验法是根据食品的物理参数与食品组成成分及其含量之间的关系，通过测定密度、折射率等特有的物理性质，来求出被测组分含量的检测方法。物理检验法快速、准确，是食品工业生产中常用的检测方法。

食品的物理检验法主要有密度法、折光法、旋光法、浊度和色度检验法等。

(2) 化学分析法

化学分析法是以物质的化学反应为基础的检验方法。化学分析法包括定性分析和定量分析，是食品理化分析的基础方法。定性分析解决食品中是否含有某种成分问题，不考虑含量；定量分析解决某种成分在食品中含量多少问题。但大多数食品的来源及主要成分都是已知的，一般不必做定性分析。因此食品理化分析中最经常的工作是定量分析。

定量分析可分为重量分析法和容量分析法。重量分析法是通过称量食品某种成分的质量，来确定食品的组成和含量，如食品中水分、灰分、脂肪等成分的测定。容量分析法也叫滴定分析法，包括酸碱滴定法、氧化还原滴定法、配位滴定法和沉淀滴定法，如食品中酸度、蛋白质、脂肪酸价、过氧化值等的测定。

化学分析法是食品分析的基础，即使在仪器分析高度发展的今天，许多样品的预处理和检测都是采用化学方法，而仪器分析的原理大多数也是建立在化学分析的基础上的。因此，化学分析仍然是食品理化检验中最基本、最重要的分析方法之一。

(3) 仪器分析法

仪器分析法是根据物质的物理和化学性质，利用光电等精密的分析仪器来测定物质组成成分的方法。仪器分析方法一般具有灵敏、快速、准确的特点，是食品理化分析方法发展的趋势，但所用仪器设备较昂贵，分析成本较高。目前，在我国的食品卫生标准检验方法中，仪器分析方法所占的比例越来越大。

仪器分析方法包括光分析法、电化学分析法、色谱分析法和质谱分析法。食品中常用的仪器分析法有紫外-可见分光光度法、原子吸收分光光度法、荧光分析法、电导分析法、电位分析法(离子选择电极法)、极谱分析法、气相色谱法、高效液相色谱法、气相色谱-质谱法、气相色谱-红外光谱法、液相色谱-质谱法、离子色谱法、ICP 等离子光谱法等。

3. 微生物学检验法

食品的微生物检验，通常是通过检验细菌菌落总数、大肠菌群来判断食品被微生物污染的程度，从而间接判断有无传播肠道传染病的危险；通过对常见致病菌的检验，控制病原微生物的扩散传播，保障人体健康。

4. 酶分析法

酶分析法是利用生物酶的高效和专一的催化特效反应对物质进行定性、定量的分析方法。生物酶制剂在食品分析中的应用，解决了从复杂的组分中检测某一成分而不受或很少受其他共存成分干扰的问题。酶分析法具有简便、快速、准确、灵敏等优点。

目前，酶分析法已应用于食品中的有机酸（如乳酸、柠檬酸等）、糖类（如果糖、乳糖、葡萄糖、麦芽糖等）、淀粉、维生素 C 等成分的测定。

三、食品检验的作用

(1) 保证出厂产品的质量符合食品标准及规范的要求。食品生产企业通过对食品原料、辅料、半成品、包装材料及成品进行检验，从而对食品的品质、营养、安全进行评价，保证出厂产品的质量。

(2) 保证接受产品的质量符合食品标准及规范、合同的要求。用户在接受货物时，按食品标准或合同规定的质量条款进行验收检验，保证接受产品的质量。

(3) 对食品质量进行宏观监督控制。第三方检验机构根据政府质量监督行政部门的要求，对生产企业的产品或市场的商品进行检验，为政府对产品质量实施宏观监控提供依据。

(4) 为质量纠纷的解决提供技术依据。当发生质量纠纷时，第三方检验机构根据解决纠纷的有关机构（包括法院、仲裁委员会、质量管理行政部门及民间调解组织等）的委托，对争议产品作出仲裁检验，为有关机构解决产品质量纠纷提供技术依据。

(5) 保证进出口食品的质量。在进出口贸易中，根据国际标准、国家标准和合同规定，对进出口食品进行检验，保证进出口食品的质量，维护国家出口信誉。

四、食品检验的发展方向

随着食品工业的发展和科学技术的不断进步，食品检验技术的发展十分迅速。目前，食品检验正朝着仪器化、自动化、便携式、无损害等方向发展。大型分析仪器越来越得到广泛的使用，如气相色谱法、高效液相色谱法、气相色谱-质谱联用、液相色谱-质谱联用、荧光分光光度法等仪器得到了广泛的应用。样品的前处理方面也采用了许多新颖的分离技术，如固相萃取、固相微萃取、加压溶剂萃取、超临界萃取以及微波消化等，较常规的前处理方法省时省事，分离效果好。

各种便携式的仪器，由于便于食品监管，方便携带，在特定领域得到广泛使用。无损检测技术，如低场核磁成像、拉曼光谱等也逐渐应用于食品行业。随着科学技术的进步和食品检验技术的迅速发展，许多学科的先进技术不断渗透到食品检验中来，形成了日益增多的分析检验方法和分析仪器设备，为食品检验提供了坚实的技术平台。

生活小常识

水，为什么会如此重要？

转自《大禹水与生活网》

水是地球的生命之源，没有了水，人类和自然界的动植物都无法生存，我们也不会拥有现在如此繁荣的大家园。地球被称为水球，但我们都知道：看似源源不断的水流中，真正能被人类利用的淡水却少得可怜。特别是人类生产、生活中在利用水的同时，也给水资源带来了严重的污染和浪费，而水资源的一再短缺也日益威胁着人类的生存和发展。因此，人类必须合理有效地保护水资源。

水的话题,是一个关于生命的话题,也是一个关于富裕和贫穷的话题,更是一个关于美丽、绝望、危机与希望的话题。人们相信这可能是21世纪最重要的话题。这是因为水是万物之始,没有水就没有生命。尽管地球表面70 %被水覆盖,然而,人类真正能够利用的水仅占地球总水量的0.26 %。然而就是这仅有的水,今天也已经被人类糟蹋得所剩无几了。如果有一天你一觉醒来,发现水已经被列入"专营"范围,因为地球上到处"滴水贵如油"。那时候,生活在水严重危机之中的人们,幸福的日子也就彻底到头了。为了不沦为"水难民",让我们珍惜生命之水。

地球有70.8 %的面积被水所覆盖,然而其中97.5 %是人类无法饮用的咸水。余下的淡水大部分又是人类无法利用的两极冰盖、高山冰川,还有永久冻土地带的冰雪。于是有人这样比喻,在地球这个大水缸里,人类可利用的水只有一汤匙。

今天,在世界人口持续增长而水资源无法再增加面前,缺水就成了一个大问题。

水是生命之源,从水中我们可以见到生命所有的色彩。原联合国秘书长科菲·安南这样表达自己对水的情感:我热爱自然,最能令我放松的活动就是坐在河边,看着河水从身旁流过。当我看着河水时,打动我的是水有多么清纯或者多么污浊。当你坐在一条得到保护并受到居民崇拜的干净的河边时,河水从你身边流过,那么清澈,你可以看到鱼儿在游泳。河水的欢唱和鸟儿们的鸣叫,你会意识到身处自然之间,享受洁净而有活力的河流,你是多么幸运。

水总是有生命的。它是运动中的大自然。在历史的长河中,水是人类构成中耀眼而且富有挑战性的元素。

我们知道,人体的70 %是由水构成的。如果身体缺少1 %的水分,人就会感到口渴;缺少5 %的水分,就会发低烧;缺少10 %的水分,就动弹不了;缺少12 %的水分,就会死亡。毫无选择,人体必须不断得到新鲜洁净的水分补充。

实际上人们在日常生活中的用水量有很大的差异。在非洲的一个普通马塞家庭,每人每天用水量不足5 L。而在洛杉矶,一个普通家庭每人每天用水量却近500 L。人们每天的用水量有时更多的是取决于各人对水的态度,而不是其所居住的地理位置。由此,我们必须对人类的一些不良生活方式保持警醒。

从各地汇流入大海的水,承载着人类集体不负责任的证据。每年有1 500万人死于化学污染和水生疾病。其中一些污染来自人类垃圾,一些来自农业垃圾,一些来自工业垃圾。这些垃圾阻塞了河流,污染了地下水。我们正在痛苦地认识到,人类因污染水资源所面临的惩罚是多么严重——每8 s,世界上就有1名儿童死于与水有关的疾病。

令人难以想象的是,在科技高度发达的今天,全球每6人中仍然有1人需要将水从水源处经过长途跋涉运送回家。

安南指出:穷人正在为用水付出高额的代价。

今天,全球普遍都要运送淡水,不管是人力还是机械化,各种水运输系统的建设和维护,都涉及资金问题。

河流中有害的秽物,不良排水导致的土壤盐碱化,全世界的人们都面临有史以来最严峻的挑战。我们的后代也将面临水资源带来的挑战。到2020年,近50个国家将面临严重的水短缺。到 2025 年，十几个国家需要从邻国的河流中获得水。到 2030 年，许多已经存在了几个世纪的城市将会枯竭。当前地球上有 60 亿人口。到 2050 年，这一数字有可能翻倍。然而，地球上的水供给却无法增加。

毫无疑问，人类现在急需制定一个科学的用水计划，避免那些过度用水、不恰当用水和污染水源的问题。让地球上有限的水源，成为我们最大的可持续利用的资源。

第二章　食品检验的一般程序

食品检验需要依照一定的程序进行，理化、微生物检验一般在感官检验后。食品的理化、微生物检验是一个定性、定量检验过程，为了提高检验结果的准确度，要求整个检验操作过程必须严格按照一定的程序进行。即：样品的准备→样品的预处理→检验方法的选择与样品检验→检验结果的数据处理与报告。

第一节　样品的准备

样品的准备包括抽样、制备、保存三个环节。

一、抽样

1. 抽样的基本概念

（1）单位产品：为实施抽样检查的需要而划分的基本单位，它们是构成总体的基本单位。

（2）批：为实施抽样检查而汇集起来的单位产品，它是抽样检查和判定的对象。

（3）样本：从批中抽取用于检查的单位产品，也称为样品。

（4）全数检查：指对全部产品逐个进行检查，以区分合格品和不合格品，检查的对象是每个单位产品，也称全检或100 %检查。

（5）抽样检查：指从批中抽取一定数量的单位产品作为样品，对由样品构成的样本进行检查，再根据检查的结果来判断该批是否合格的过程。

2. 抽样的目的和原则

抽样的目的是通过样本来推断总体。

由于批内产品的波动性和样本抽取的偶然性，抽检的错判是不可避免的，也就是说抽样会有一定的风险，相比全数检查而言，全数检查虽然提高了准确判定批质量的概率，但是当检查带有破坏性时，显然不能进行全检，此时，以抽检代替全检就能取得显著的经济效益，可见抽检的优势所在。那么，抽检的原则又是什么呢？对于食品而言，抽检的原则大体有以下几条：

（1）随机性原则：由于抽检的特性以及抽检的风险性，我们应保证总体中每个单位都有同等机会被抽中，要排除抽样时人为的主观随意性，以及人为的主观能动性，从而确保抽检样本的代表性。

（2）代表性原则：由于食品种类繁多，即使同一种类也品种不一，同时大多食品组成不均匀，检验时需要的样品量也不一样。分析结果必须能代表全部样品，因此必须采取具有足够代表性的“平均样品”。

（3）数量满足性原则：抽检数量除了满足检验的需要以外，在效益允许的情况下，尽可能多抽取更多的样本，降低抽检误判的风险。

(4) 适时性原则：由于食品生产企业的生产是一个连续作业的过程，抽样后的检验结论直接影响生产的质量控制，所以适时检验很重要，特别是涉及微生物指标的产品，更应该及时进行抽检。

(5) 不污染原则：所抽取的样品尽可能保持食品原来的包装和品质，真实反映被测食品的组成、质量和卫生状况，抽样过程中避免所抽取的样品受到外界的污染。

(6) 无菌原则：对于需要进行微生物项目检验的食品，抽样必须符合无菌操作的要求，防止交叉污染，并注意按照食品明示的贮存条件进行保存。

(7) 同一原则：抽检的样品，应同一生产日期、同一规格、同一批号，检样、备样应为同一份样品。

3. 抽样的程序

为了保证抽取的样品能够代表待测食品的整体，在样品的抽取过程中必须按照一定的程序完成。即：总体→检样→原始样品→平均样品→检验样品(复检样品、留样样品)→采样记录。

(1) 总体：总体是指预备进行感官评价、理化和微生物检验的整批食品。

(2) 获得检样：由总体的各个部分分别采集的少量样品称为检样。得到多个检样。

(3) 形成原始样品：许多份检样综合在一起称为原始样品。

(4) 得到平均样品：原始样品经过技术处理后，再抽取其中一部分供分析检验用的样品称为平均样品。

(5) 平均样品三分：将平均样品平分为三份，分别作为检验样品(供分析检测用)、复检样品(供复检使用)和保留样品(供备用或查用)。

(6) 填写采样记录：采样记录要求详细填写采样的单位、地址、日期、样品的批号、采样的条件、采样时的包装情况、采样的数量、要求检验的项目以及采样人等资料。

4. 常用的采样工具

(1) 长柄勺、玻璃或金属采样管，用于采集液体样品。

(2) 采样铲，用于采集散装特大颗粒样品，如花生。

(3) 半圆形金属管，用于采集半固体样品。

(4) 金属探管、金属探子，用于采集袋装颗粒或粉状食品。如图 2-1 所示。

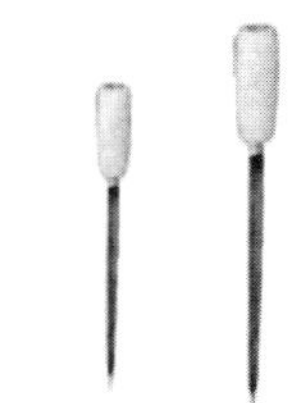

图 2-1 手探子

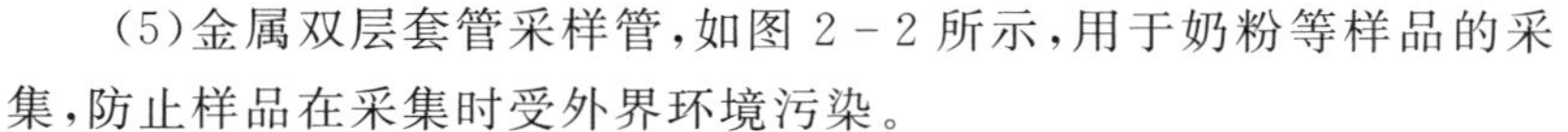

(5)金属双层套管采样管，如图 2-2 所示，用于奶粉等样品的采集，防止样品在采集时受外界环境污染。

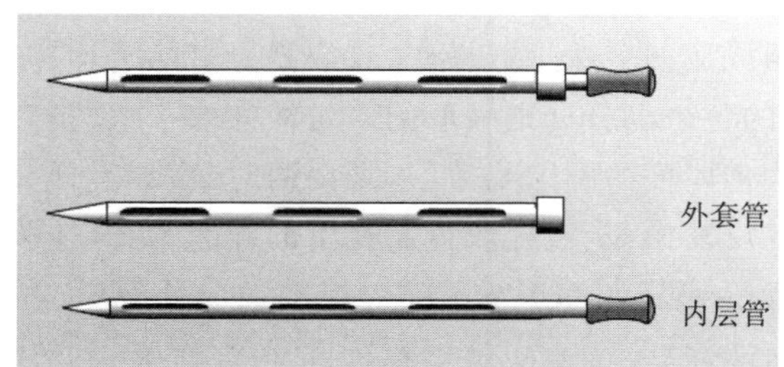

图 2-2 金属双层套管采样管

5. 抽样方法及实例

（1）抽样方法

从检查批中抽取样本的方法称为抽样方法。抽样方法的正确性、代表性、随机性反映了样本与批质量的接近程度。抽样方法一般分为随机抽样和代表性抽样两种。

① 随机抽样

常用的随机抽样方法有以下 5 种。

a. 简单随机抽样：指从含有 N 个个体的总体中抽取 n 个个体，使包含有 n 个个体的所有可能的组合被抽取的可能性都相等。如：抽签法就是把总体中的 N 个个体编号，把号码写在号签上，将号签放在一个容器中，搅拌均匀后，每次从中抽取一个号签，连续抽取 n 次，就得到一个容量为 n 的样本。再如：随机数法，随机数可按国际用掷骰子、随机数表、随机数或计算机产生的随机数等方法获得随机数后，按随机数进行抽样。

b. 分层随机抽样：如果一个批由质量明显的差异的几个部分所组成，则可将其分为互不交叉的层，然后按照一定的比例，从各层独立地抽取一定数量的个体，将各层取出的个体合在一起作为样本。但是，如果对批质量的分布不了解或分层不正确，则分层抽样的效果可能会适得其反。

c. 系统随机抽样：可将总体分成均衡的 n 个部分，然后按照简单随机抽样的方法确定抽样的位置，从确定的位置中各抽取一个个体组成得到所需要的样本。

d. 分段随机抽样：如果先将一定数量的单位产品包装在一起，再将若干个包装单位（例如若干箱）组成批时，为了便于抽样，此时可采用分段随机抽样的方法：第一段抽样以箱作为基本单元，先随机抽出 k 箱；第二段再从抽到的 k 个箱中分别抽取 m 个产品，集中在一起构成一个样本，k 与 m 的大小必须满足 $k \times m = n$。

e. 整群随机抽样：将总体中各单位归并成若干个互不交叉、互不重复的集合，称之为群；然后以群为抽样单位抽取样本的一种抽样方式，实际上，它可以看成是分段随机抽样的特殊情况，即第一段抽到的 k 个产品组合成样本。

② 代表性抽样

代表性抽样是根据样品随空间、时间和位置等变化规律，采集能代表其相应部分的组成和质量的样品，如随生产过程的各个环节采样等。

（2）抽样实例

下面，根据分析对象的不同列举几种具体的取样方法。

① 散装样品的采集

a. 固体散堆食品　如粮食等。先将其划分不同的体积层，在每层的中心和四角部位取等量样品，然后用分样器或按四分法进行操作，获取需要量的平均样品。

四分法是将从总体的各个部分分别采取的多份检样放于大塑料布中，提起四角摇荡，使其充分混匀，然后铺成均匀厚度的圆形或方形，划出两对角线，将样品分为四等份，取其对角两份，再铺平，再分，如此反复操作，直至取得需要量的样品为止，如图 2-3 所示。

b. 均匀固体大包装　如袋装粮食，应按不同批次分别采样，同一批次产品各部分按 $\sqrt{\text{总件数}/2}$，取一定件数的样品，接着使用采样管在每一包装的上、中、下三层取出三份；最后按四分法将原始样品缩减至平均样品。

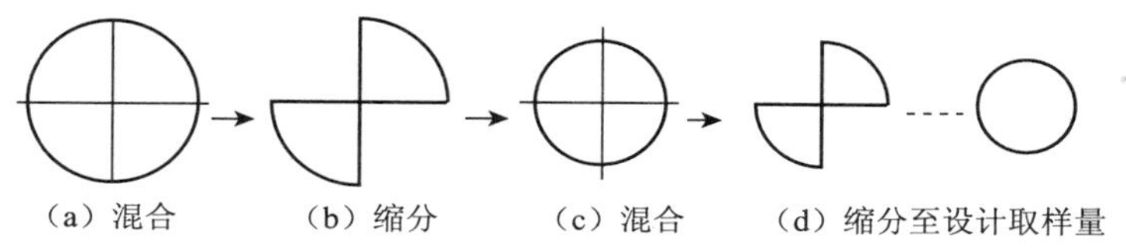

图 2-3　四分法原理图

【例 2-1】　大米的抽样方法

组批：同一批投料、同一班次、同一条生产线的产品为一个生产批。

抽样：抽样包数不少于库存量的 5 %(抽样基数少于 100 包的扦样包数为 5 包)。扦样的包点要分布均匀。扦样时，用包装扦样器槽口向下，从包的一端对角入包的另一端，然后槽口向上取出。每包扦样次数一致。采取四分法扦样：将样品倒在光滑平坦的桌面或玻璃板上，用两块分样板将样品摊成正方形，然后从样品左右两边铲起样品约 10 cm 高，对准中心同时倒落，再换一个方向同样操作(中心点不动)，如此反复混合四、五次，将样品摊成等厚的正方形，用分样板在样品上划两条对角线，分成四个三角形，取出其中两个对顶三角形的样品，剩下的样品再按上述方法反复分取，直至最后剩下的两个对顶的三角形的样品接近 2kg 为止。

c. 液体大包装或散装、较稠的半固体食品　由于很难混匀，可用采样器分别在上、中、下三层的中心和四角部位采样，然后置于同一容器内搅拌均匀即可。

② 小包装食品的采集

按照每生产班次或同一批号的产品连同包装随机抽样。采样数为 1/3 000，尾数超过 1 000 的加取1 包，每天每个品种采样量不得少于 3 包。若小包装外还有大包装，先按 $\sqrt{总件数/2}$，从堆放的不同部位采集大包装，最后从大包装中随机抽取小包装缩分到需要量。

【例 2-2】　糖果的抽样方法

组批：同一天同一班次生产的同一品种为一批。

抽样：在生产线或成品仓库内随机抽取样品。抽样件数见表 2-1。

表 2-1　抽样件数

每批生产包装件数(以基本包装箱)/件	抽样件数(以基本包装箱)/件
200(含 200)以下	3
201～800	4
801～1800	5
1801～3200	6
3200 以上	7

在同一批次样品堆的抽样件数中不同部位抽取相应的小包装样品，混匀。从其中取三分之一用于感官检验，三分之一用于净含量检验，三分之一用于干燥失重和还原糖检验。

③ 不均匀固体样品的采集

采集样品时，根据分析的目的和要求不同，有时从样品的不同部位分别采样，经混合后代表整个分析对象；有时从多个同一样品的同一部位多次采样，经混合后代表某一部位的情况。

肉类中个体较大的应从整体的各部位采样（骨及毛发不包括在内）；鱼类中小鱼可取2～3尾，大鱼则分别从头、体、尾各部位分别取适当量，经混合后代表整个分析对象；蔬菜、水果中个体较小的直接捣碎后进行样品的采集，个体较大的可从中心剖成2个或4个对称部分，然后取其中1～2个对称部分，捣碎后进行样品的采集。

④ 无菌取样

对于需要进行微生物检验的食品，应采取无菌取样。无菌取样的目的是为了保证所取样品微生物状态不发生改变。无菌取样应注意下列问题：

采样必须在无菌操作下进行。采样用具如探子、铲子、匙、采样器、试管、广口瓶、剪子和开罐器等，必须是灭菌的。

样品种类为袋、瓶和罐装的，应取完整未开封的。如果样品很大，则需用无菌采样器取样，并将样品混合均匀。

样品为冷冻食品，应保持在冷冻状态下保存，非冷冻食品需在0～5 ℃中保存。

样品送到食品卫生微生物检验室越快越好，一般应不超过3 h。如果路途遥远，可将不需要冷冻样品保持在0 ℃～5 ℃环境中，如需要冷冻状态，则需保存在泡沫塑料隔热箱内（箱内有干冰可维持在0 ℃以下）。

采样数量根据不同种类的食品按标准具体规定。

二、样品的制备

按采样方法采集的样品往往数量过多，颗粒太大，组成不均匀，因此，需要对样品进行粉碎、混合、缩分，再将缩分后的样品粉碎至检验要求的细度，这项工作称为样品的制备。其目的是为了保证制得的样品能代表全部样品的情况并满足检验对样品的要求。

样品制备的方法因食品类型的不同而异。

1. 固体样品

含水分较低、硬度较大的固体样品，如冰糖，若粒度过大，应预粉碎至较小颗粒，然后将全部样品混合均匀，用四分法将样品缩分至需要量，再研磨至检验规定的细度。

水分含量较高的，质地较软的样品，如蔬菜，先用水洗去泥沙，除去表面附着的水分，依一般食用习惯，取可食部分，切碎、充分混匀（可按检验方法规定制成匀浆）；对于水分较高，韧性较强的食品，如肉类，可用绞肉机将其绞碎，并混合均匀。

2. 液体、浆体样品

一般将样品充分搅拌混合均匀即可。

3. 互不相溶的液体样品

应先将互不相溶的液体分离，再分别取样测定。

4. 特殊样品

水果罐头在捣碎前应先清除果核，肉禽罐头应先剔除骨头，鱼类罐头要将调味品（如葱、胡椒等）分出后再捣碎。

三、样品的保存

采集的样品，为了防止其水分或挥发性成分散失以及其他待测成分含量的变化（如光解、高温分解、发酵等），应在短时间内进行分析。如果不能立即分析或是作为复检和备查的样品，则应妥善保存。

制备好的样品应放在密封洁净的容器内，于阴暗处保存；应根据食品种类选择其物理化学结构变化小的适宜温度保存。对易腐败变质的样品保存在 0 ℃～5 ℃的冰箱里，保存时间也不宜过长。有些成分，如胡萝卜素、黄曲霉毒素 B_1、维生素 B_1 等，容易发生光解，以这些成分为分析项目的样品，必须在避光条件下保存。特殊情况下，样品中可加入适量的不影响分析结果的防腐剂；或将样品置于冷冻干燥器内进行升华干燥来保存。

此外，样品保存环境要清洁干燥，存放的样品要按日期、批号、编号摆放，以便查找。

第二节　样品的预处理

食品的成分十分复杂，既含有蛋白质、糖类、脂肪、维生素以及因污染引入的有机农药等大分子有机化合物，又含有钾、钠、钙、铁等各种无机元素。这些组分有的以复杂的结合态或络合态形式存在，有的被其他组分包裹。当应用某种方法对其中某种组分的含量进行测定时，必须将被测组分处理成适于测定的状态；同时，样品中往往存在着许多对测定有干扰的组分，必须采取适当的方法，消除这些干扰组分的干扰；另外，某些组分含量极低，如污染物、农药残留、黄曲霉素等，超出测定方法的检出限，必须在测定前预先进行富集。这些在测定前对样品所进行的前处理，称为样品的预处理。

样品的预处理应根据食品的种类、分析对象和被测组分的理化性质及选用的分析方法决定选用哪种预处理方法，总的原则是：①消除干扰因素；②完整保留被测组分；③使被测组分尽可能浓缩。

样品的预处理方法很多，在食品检验中常用的有：有机物破坏法、溶剂提取法、蒸馏法、化学分离法、浓缩、色谱分离法等。有时，样品预处理操作并没有一个明确的界限，可能既是预处理过程，也是测定过程，如用索氏抽提法提取脂肪，既是用溶剂将脂肪与食品中其他组分分离的过程，也是脂肪的测定过程。

一、有机物破坏法

有机物破坏法主要用于食品中无机元素的测定。通常在高温或高温加强氧化剂的条件下，使有机物质分解呈气态逸散，而使被测的组分保留下来。根据具体操作条件的不同，此法又分为干法和湿法两大类。

1. 干法灰化法（灼烧法）

将一定量的样品置于坩埚中加热，使其中的有机物脱水、炭化、分解、氧化，再置高温电炉中（一般为 500 ℃～600 ℃）灼烧灰化，直至残灰为白色或浅灰色为止，所得残渣即为无机成分。

此法的特点是：有机物分解彻底，操作简单，不需要操作人员经常看管；由于试剂用量少，故空白值低；多数食品经灼烧后灰分的体积很小，因而能处理较多的样品，可富集被测组分，降低检测下限。但此法所需时间较长，因温度较高，易造成挥发性物质的损失；坩埚对被测组分有吸留作用，会降低测定结果和回收率。

除汞以外的大多数金属元素和部分非金属元素的测定都可以用此法处理样品。

灰化时加入适当的灰化固定剂，防止被测组分挥发损失和坩埚吸留。例如，加入硝酸镁可使磷、硫转化为磷酸镁、硫酸镁，而不以磷、硫的氧化物形式挥发损失；加入氢氧化钠、氢氧化钙可使卤素转化为难挥发的盐类；加入硝酸镁、氯化镁可使砷转化为不挥发的焦砷酸镁；加硫酸可使易挥发的铅、镉转化为难挥发的硫酸盐等。

2. 湿法消化法（消化法）

湿法消化是加入强氧化剂（如浓硝酸、浓硫酸、高氯酸、高锰酸钾、过氧化氢等）并加热，样品中的有机物质被分解、氧化，呈气态逸出，无机物质则以离子形式留在溶液中。

此法的优点是：有机物分解速度快，所需时间短；加热温度低，反应在溶液中进行，较为缓和，减少了金属挥发逸散的损失，容器对其的吸留也少。但此法在消化过程中，产生大量有害气体，污染环境；消化初期，易产生大量泡沫且外溢，故需要操作人员严密看管；试剂用量大，空白值偏高。

二、溶剂提取法

在同一溶液中，不同的物质有不同的溶解度。利用样品中各组分在同一溶剂中溶解度的差异，将各组分完全或部分分离的方法，称为溶剂提取法。此法常用于维生素、重金属、农药残留及黄曲霉毒素的测定。

溶剂提取法分为浸提法和溶剂萃取法。

1. 浸提法（液-固萃取法）

用适当的溶剂将固体样品中某种待测成分浸提出来的方法称为浸提法（液-固萃取法）。

浸提法对溶剂的选择应遵循相似相溶原理，既能对被提取组分有很好的溶解度，又不与样品发生作用，同时沸点应在 45 ℃～80 ℃，沸点太低易挥发，沸点太高不易浓缩，且对热稳定性差的被提取成分容易造成损失。

提取方法有振荡浸渍法、捣碎法、索氏提取法等。索氏提取法需用专用的索氏提取器，溶剂用量少，回收率高，但操作较麻烦。

2. 溶剂萃取法

利用某组分在两种互不相溶的溶剂中的分配系数不同，使其从某一种溶剂中转移到另一种溶剂中，而与其他组分分离的方法，称为溶剂萃取法。此法操作迅速，分离效果好，应用广泛。但萃取试剂通常是易燃、易挥发、有毒物品。

三、蒸馏法

蒸馏法是利用液体混合物中各组分挥发性的不同进行分离的方法，可用于蒸馏除去干扰组分，也可用于蒸馏分离出被测组分。

常用的蒸馏法有：常压蒸馏法、减压蒸馏法、水蒸气蒸馏法等。对于被蒸馏物质受热后不发生分解或沸点不太高的样品，可采用常压蒸馏；对于在常压下蒸馏容易使蒸馏物质分解，或沸点太高的样品，可采用减压蒸馏；对于被测组分加热到沸点时可能发生分解，但具有一定蒸汽压的样品，或被蒸馏组分与水形成共沸物不易蒸馏完全时，可采用水蒸气蒸馏法，如食品中挥发酸的测定。

四、化学分离法

1. 沉淀分离法

沉淀分离法是利用沉淀反应进行分离的方法。在试样中加入适当的沉淀剂，使被测组分或干扰组分沉淀，经过过滤或离心将沉淀与母液分开，从而达到分离的目的。例如测定还原糖时，在试液中加入碱性硫酸铜，将蛋白质沉淀下来。

2. 磺化法和皂化法

磺化法和皂化法是处理油脂或含脂肪样品时经常使用的方法。

(1) 磺化法：用浓硫酸处理样品提取液，浓硫酸使脂肪磺化，并与脂肪和色素中的不饱和键起加成反应，生成可溶于硫酸和水的强极性化合物，使之不再被弱极性的有机溶剂溶解，从而有效地除去脂肪、色素等干扰杂质，达到分离净化的目的。

此法操作简单、迅速、净化效果好，但仅适用于对强酸稳定的被测组分的分析，如有机农药六六六、DDT 的分离与净化。

(2) 皂化法：用热碱溶液处理样品提取液，利用氢氧化钾-乙醇溶液将脂肪等杂质皂化后除去，以达到净化的目的。此法仅适用于对碱稳定的被测组分的分离，如维生素 A、维生素 D 等提取液的净化。

3. 掩蔽法

利用掩蔽剂与样液中干扰成分的相互作用，使干扰成分转化为不干扰测定的状态，即被掩蔽起来。运用这种方法，可以不经过分离干扰成分的操作而消除其干扰作用，简化分析步骤，因而在食品分析中应用广泛，常用于金属元素的测定。

五、浓缩

样品处理液中的待测组分浓度较低，不能满足测定要求时，需要对处理液进行浓缩。常用的浓缩方法有常压浓缩法和减压浓缩法。

1. 常压浓缩法

此法主要用于待测组分为非挥发性的样品溶液的浓缩，可采用蒸发皿直接蒸发，也可用蒸馏装置或旋转蒸发器浓缩并回收溶剂。

2. 减压浓缩法

此法主要用于待测组分为对热不稳定或易挥发的样品溶液的浓缩。减压浓缩通常在 K-D 浓缩器中进行，浓缩时，水浴加热并抽气减压。此法浓缩温度低、速度快，被测组分损失少，特别适用于农药残留分析中样品净化液的浓缩。

六、色谱分离法

色谱分离法是在载体上进行物质分离的一系列方法的总称。根据分离原理的不同，色谱分离法可分为吸附色谱分离法、分配色谱分离法和离子交换色谱法等。

1. 吸附色谱分离法

吸附色谱法是利用吸附剂如聚酰胺、硅胶、硅藻土、氧化铝等，经过活化处理后，可对被测组分或干扰组分进行选择性吸附，从而达到分离的目的。例如，聚酰胺对色素有很强的吸附力，而其他组分则难于被其吸附，在测定食品中色素含量时，常用聚酰胺吸附色素，经过过滤、洗涤，再用适当的溶剂解吸，可以得到较纯净的色素溶液。

2. 分配色谱分离法

分配色谱法是利用物质在两相间分配系数不同而达到分离的方法。两相中的一相是流动的（称流动相），另一相是固定的（称固定相），由于不同组分在两相中具有不同的分配比，各组分随着流动相的流动，在两相中不断分配而向前移动，最后达到分离的目的。气-液色谱、液-液色谱、纸上层析都属于分配色谱。气相色谱、液相色谱的分离效果极强，对性质极相似的异构体都能很好分离。

3. 离子交换色谱法

离子交换色谱法就是利用离子交换剂与溶液中的离子之间所发生的交换反应而进行分离的方法。分为阳离子交换法和阴离子交换法两种。交换作用可用下列反应式表示

阳离子交换：$R-H+M^{+}X^{-} \rightarrow R-M+HX$

阴离子交换：$R-OH+M^{+}X^{-} \rightarrow R-X+MOH$

式中：R——离子交换剂的母体；

$M^{+}X^{-}$——溶液中被交换的物质。

将被测离子溶液与离子交换剂一起混合振荡，或将样液缓缓通过用离子交换剂做成的离子交换柱时，被测离子或干扰离子即与离子交换柱中的 H^{+} 或 OH^{-} 发生交换，被测离子或干扰离子留在离子交换剂中，被交换出来的 H^{+} 或 OH^{-} 以及不发生交换反应的其他物质留在溶液内，然后用适当溶剂将被交换的离子洗脱出来，从而达到分离的目的。在食品分析中，离子交换色谱法被用于制备无氨水、无铅水。

第三节　检验方法的选择

在食品检验中，随着检验技术的发展，可用于食品成分检验的方法越来越多。检验方法的不同，可能会影响到最终结果的判定。选择哪种检验方法，这是在制定产品标准时需解决的问题。作为一个食品检验人员，无论是产品的出厂检验、监督检验、发证检验还是为社会出具公正数据的第三方检验，应采用产品标准中规定的检验方法开展检验。在具体的执行中，应把握三个问题。

一、检验方法标准的选择

采用产品标准中规定的检验方法标准。在选择食品的检验方法时，从产品标准入手，产品标准中规定了检验项目的检验方法，有的检验方法包含在产品标准中，有的检验方法规定了相应的检验方法标准。例如米香型白酒的产品标准是 GB/T 10781.3—2006《米香型白

酒》,在对米香型白酒进行检验时,就应采用 GB/T 10781.3—2006《米香型白酒》规定的检验方法标准开展检验。

在 GB/T 10781.3—2006《米香型白酒》中第 6 章,明确了产品的分析方法标准,如:

> 6.分析方法
>
> 感官要求、理化要求的检验按 GB/T 10345 执行。
>
> 净含量的检验按 JJF 1070 执行。

因此,米香型白酒的检验应按 GB/T 10345、JJF 1070 执行。

二、检验方法的选择

确定了检验方法标准后,有不少标准方法有两个以上的检验方法,这时又该如何选择呢?

在食品的理化检验中使用得较多的是 GB 5009 系列标准,在 GB/T 5009.1—2003《食品卫生检验方法　理化部分　总则》检验方法的选择中,给出了两类不同检验方法的定义及选择原则:

> 4　检验方法的选择
>
> 4.1　标准方法如有两个以上检验方法时,可根据所具备的条件选择使用,以第一法为仲裁方法。
>
> 4.2　标准方法中根据适用范围设几个并列方法时,要依据适用范围选择适宜的方法。在 GB 5009.3、GB 5009.6、GB 5009.20、GB 5009.26、GB 5009.33 中由于方法的适用范围不同,第一法与其他方法属并列关系(不是仲裁方法)。此外,未指明第一法的标准方法,与其他方法也属并列关系。

在 4.1 中,"可根据所具备的条件选择使用"主要是指根据企业所具备的条件,选择使用其中任何一种方法,但不一定要选择第一法。"以第一法为仲裁方法"的几个检验方法的检验结果基本一致,其中以第一法检验的准确度、精密度较高,使用的仪器设备要求也较高。例如 GB 5009.33—2016《食品安全国家标准　食品中亚硝酸盐和硝酸盐的测定》有第一法"离子色谱法"、第二法"分光光度法"、第三法"紫外分光光度法(蔬菜、水果中硝酸盐的测定)",小型企业没有离子色谱仪的,可以根据企业条件选择第二法分光光度法。

在 4.2 中,"依据适用范围"主要是指依据产品自身的特点,选择适用的检验方法。标准中几个并列方法的检验结果可能不同,所以不能随意选择。例如 GB 5009.3—2016《食品安全国家标准　食品中水分的测定》有 4 个适用范围不同的并列检验方法:

(1) 直接干燥法:适用于在 101 ℃～105 ℃下,蔬菜、谷物及其制品、水产品、豆制品、乳制品、肉制品、卤菜制品、粮食(水分含量低于 18 %)、油料(水分含量低于 13 %)、淀粉及茶叶类等食品中水分的测定,不适用于水分含量小于 0.5 g/100 g 的样品。

(2) 减压干燥法:适用于高温易分解的样品及水分较多的样品(如糖、味精等食品)中水分的测定,不适用于添加了其他原料的糖果(如奶糖、软糖等食品)中水分的测定,不适用于水分含量小于0.5 g/100 g的样品(糖和味精除外)。

(3) 蒸馏法:适用于含水较多又有较多挥发性成分的水果、香辛料及调味品、肉与肉制品等食品中水分的测定,不适用于水分含量小于1 g/100 g的样品。

(4) 卡尔·费休法:适用于食品中含微量水分的测定,不适用于含有氧化剂、还原剂、碱性氧化物、氢氧化物、碳酸盐、硼酸等食品中水分的测定。卡尔·费休容量法适用于水分含量大于1.0×10^{-3} g/100 g的样品。

如糖的水分测定,就应选择减压干燥法,假如使用直接干燥法,就会产生较大的检验误差。米粉的水分测定,就可以选择直接干燥法。

三、选择检验方法时要注意的问题

1. 确认标准的现行有效

无论是产品标准,还是检验方法标准,都会进行标准复审。不适应科技发展和经济发展的标准要修订或废止。因此,在选择检验方法时,涉及的产品标准或检验方法标准,要注意确认其标准的有效性,使用现行有效的标准。

2. 结合标准修改通知单或公告

为完善和充实标准内容,或为使标准更切合实际和当前科学发展技术水平,对标准作少量修改、补充时,以"标准修改通知单"的形式或公告发布。因此,在使用标准时,除了确认标准的现行有效外,还要结合标准修改通知单或部门公告使用。选择好检验方法后,对采集样品经过预处理后应直接进行检测分析。

第四节　检验结果的数据处理与报告

在食品检验过程中,从检验数据的记录、结果计算到出具检验报告,都要建立有效数字的概念并掌握它的运算规则,正确表示检验结果,对检测对象做出客观的报告。

一、检验数据记录与计算

1. 有效数字

为了得到准确的结果,不仅要准确地测定各种数据,还必须要正确地记录和运算。记录的数值不但表示数量的大小,同时还反映了测定的准确程度。

有效数字是分析测量中所能测量到的数字,在其数值中只有最后一位是不确定的,前面所有位数的数字都是准确的。所以,所有的测量数据,应当根据分析仪器的准确度,只保留一位不定数字。

用感量为万分之一(精度为0.1 mg)的分析天平,可保留小数点后四位,即要求记录至0.0001 g。如0.2537 g,有效数字为4位,0.253是准确的,最后一位数字"7"是可疑的,可能有±0.0001 g的误差。用滴定管、移液管和吸量管,读数应记录至0.01 mL。

数字"0"的作用,"0"在数值前面时,不是有效数字,只起定位作用,如0.0486 g,有效数字都是3位;"0"在数值中间和后面时,是有效数字,如2.8020 g,有效数字是5位。

现将食品定量分析中经常遇到的各类数据，举例如下：

试样的质量	0.6050 g	四位有效数字(用分析天平称量)
溶液的体积	35.36 mL	四位有效数字(用滴定管计量)
	25.00 mL	四位有效数字(用移液管量取)
	25 mL	二位有效数字(用量筒量取)
溶液的浓度	0.1000 mol/L	四位有效数字
	0.2 mol/L	一位有效数字
质量分数	34.34 %	四位有效数字
pH	4.30	二位有效数字

2. 有效数字的修约规则

在对分析数据进行处理时，根据测量准确度及运算规则，合理保留有效数字的位数，弃去不必要的多余数字，称为“修约”。目前多采用“四舍六入五留双”的规则进行修约。

此规则是：被修约的那个数字等于或小于 4 时，舍去该数字；等于或大于 6 时，则进位；被修约的数字为 5 时，若 5 后有数就进位；若无数或为零时，则看 5 的前一位为奇数就进位，偶数则舍去。例如，下列数据修约为四位有效数字时，结果如下：

5.6423→5.642　　8.6456→8.646　　3.27653→3.277

3.2765→3.276　　3.2775→3.278　　3.27650→3.276

数字的修约规则可以总结成下列口诀：“四舍六入五考虑，五后有数应进一，五后无数视奇偶，五前奇进偶舍去”。

3. 有效数字的运算规则

(1) 在加减法的运算中，以小数点后位数最少的数为依据来确定有效数字的位数。例如，34.37、0.0154、4.3756 三数相加，以 34.37 为依据，三数修约后 34.37、0.02、4.38 之和为 38.77。

(2) 在乘除法的运算中，以有效数字位数最少的数为依据来确定有效数字的位数。例如，34.37、0.0154、4.3756 三个数相乘，以 0.0154 为依据，三数修约后 34.4、0.0154、4.38 之积为 2.32。

(3) 在所有计算中，常数、稀释倍数以及乘数为 1/2、1/3 等的有效数字，可以认为无限制。

(4) 通常对于组分含量在 10 %以上的，一般要求分析结果有效数字四位；含量 1 %～10 %时，三位有效数字；低于 1 %时，要求二位有效数字。pH 的有效数字一般保留1～2 位。有关误差的计算，有效数字一般保留 1～2 位。

二、原始数据的处理

记录原始数据是一项不容忽略的基本功。准确的分析测定要求分析工作者细致、认真，记录数据清楚、整洁；修改数据必须遵守有关规定，并注意测量所能达到的有效数字。对原始记录的要求如下。

(1) 使用专门的记录本　学生应有专门的实验记录本，检验工作者应有设计合理的检验原始记录本。决不允许将数据记在单页纸上或纸片上，或随意记在任何地方。

(2) 应及时、准确地记录　分析过程中各种测量数据都应及时、准确而清楚地记录下来，要有严谨的科学态度，实事求是，切忌夹杂主观因素，决不能随意拼凑和伪造数据。

(3) 注意有效数字　分析过程中记录测量数据时，应注意有效数字的位数和仪器的精度一致。

(4) 相同数据的记录　分析记录的每一个数据都是测量结果，所以平行测定时，即使数据完全相同也应如实记录下来。

(5) 数据的改动　在分析过程中，如发现数据中有记错、测错或读错而需要改动的地方，可将该数据用一横线划去，并在其上方写出正确的数据。

(6) 用笔　数据记录要用钢笔或圆珠笔，不能使用铅笔。

三、检验结果的误差

1. 误差的来源

误差是指测量值与真实值之差。根据其来源，误差通常分为系统误差与偶然误差。

(1) 系统误差

系统误差是由固定原因所造成的误差，在测定过程中按一定的规律性重复出现，一般有一定的方向性，即测量值总是偏高或偏低。这种误差的大小是可测的，所以又称“可测误差”。

系统误差主要来源于方法误差、仪器误差、试剂误差和操作误差。

方法误差是由分析方法本身不完善或选用不当所造成的。如重量分析中的沉淀溶解、共沉淀、沉淀分解等因素造成的误差；容量分析中滴定反应不完全、干扰离子的影响、指示剂不合适、其他副反应的发生等原因造成的误差。

仪器误差是由于仪器不够准确造成的误差。例如，天平的灵敏度低，砝码本身重量不准确，滴定管、容量瓶、移液管的刻度不准确等造成的误差。

试剂误差是由试剂不符合要求而造成的误差，如试剂不纯等。

操作误差是指在正常操作的情况下，由于分析者操作不符合要求造成的。例如，检验者对滴定终点颜色改变的判断有误，或未按仪器使用说明正确操作等所引起的误差。

(2) 偶然误差

偶然误差是由于一些偶然的外因所引起的误差，产生的原因往往是不固定的、未知的，大小不一，或正或负，其大小是不可测的，所以又称“不可测误差”。

在检验过程中由于检验人员操作缺乏训练或粗心大意而造成的过失误差，应予剔除。

2. 有效消除误差的方法

为了获取准确可靠的测量结果，需要消除或减少分析过程中的系统误差和偶然误差。作为分析工作者，能够通过完成以下工作以有效消除误差。

(1) 对各种仪器进行定期送检、校准

各种仪器应按规定定期送技术监督部门检定、校准，以保证检验仪器在有效使用期内使用，确保仪器的灵敏度和准确性。此方法可有效消除仪器误差。

(2) 使用同一套仪器

在一系列操作中应该使用同一套仪器，这样可以使仪器误差抵消。例如，一份试样需称量两次，其中重复使用的砝码的误差就可以互相抵消。

(3) 对各种试剂进行定期标定

各种试剂应按规定进行定期标定，以保证试剂的质量和浓度。此方法可有效消除试剂误差。

(4) 做空白、对照实验

空白实验是在不加样品的情况下,用测定样品相同的方法、步骤进行定量分析,把所得结果作为空白值,从样品的分析结果中扣除。此方法可以有效消除由于试剂不纯或试剂干扰等所造成的试剂误差。

对照试验是将已知准确含量的标准样,按照待测试样同样的方法进行分析,所得测定值与标准值比较,得到分析误差。

(5) 增加平行测定次数

一般来说,检验次数越多,则平均值越接近真实值,检验结果也越可靠。增加平行测定次数是减少偶然误差的有效方法。在一般的分析中,平行测定次数 2～4 次,基本可以得到比较满意的分析结果。

(6) 作回收实验

样品中加入标准物质,测定其回收率,可以检验方法的准确程度和样品所引起的干扰误差并可以同时求出精确度。

四、检验报告

食品分析检验的结果,最后必须以检验报告的形式表达出来,检验报告单必须列出各个项目的测定结果,并与相应的产品标准中的质量指标对照比较,从而对产品作出是否合格的判断。报告单的填写需认真严谨、实事求是、一丝不苟、准确无误。食品企业出厂检验报告单的形式如表 2 - 2 所示。

表 2 - 2 食品检验报告单

编号:

产品名称		规格型号		产品批号	
生产日期		抽样日期		检验日期	
抽样基数		抽样数量		抽样方式	
检验依据					
检验项目		标准要求		检验结果	判定
感观指标					
理化指标					
微生物指标					
其他					
检验结论:□合格 □不合格 报告日期:					

审批: 检验员:

生活小常识

燕麦的营养价值和保健作用

燕麦即莜麦，俗称为油麦、玉麦，是一种低糖、高蛋白质、高脂肪、高能量食品。其营养成分不但含量高，而且质量优。它的蛋白质含量是普通小麦粉的2倍；它所含有的脂肪中，80％都是不饱和脂肪酸（好的脂肪），亚油酸的含量也非常高；磷、铁、钙等矿物质的含量，在所有粮食作物中居首位；维生素E的含量则远远高于大米、小麦；可溶性纤维素含量达到了6％，是大米和小麦的7倍。另外，燕麦中还有其他谷物所缺乏的皂苷。但是燕麦质地较硬，口感不好，所以长期以来并不受欢迎。到了现代，燕麦的好处渐为人知，成了较受现代人欢迎的食物之一。在《时代》杂志评出的十大健康食品中，燕麦名列第五。燕麦经过精细加工制成麦片，使其食用更加方便，口感也得到改善，成为深受欢迎的保健食品。

燕麦可以有效地降低人体中的胆固醇，经常食用，即可对中老年人的主要威胁——心脑血病起到一定的预防作用。根据北京心肺血管医学研究中心和中国农科院协作研究证实，只要每天食50 g燕麦片，就可使每百毫升血中的胆固醇平均下降39 mg、甘油三酯下降76 mg。怪不得原英国首相撒切尔夫人多年来一直坚持早餐食用燕麦面包的习惯，即使在我国访问的短短几天里也要每日从英国空运燕麦面包给她！

经常食用燕麦对糖尿病患者也有非常好的降糖、减肥的功效。

燕麦粥有通便的作用。很多老年人大便干，容易导致脑血管意外，燕麦能解便秘之忧。

燕麦还可以改善血液循环，缓解生活工作带来的压力。

含有的钙、磷、铁、锌等矿物质有预防骨质疏松、促进伤口愈合、防止贫血的功效，是补钙佳品。

特别提示：吃燕麦一次不宜太多，否则会造成胃痉挛或是胀气。

案例题

1. 小王是某企业检验员，在对产品进行出厂检验时，认为按标准检验方法做太繁琐，自己选择了一种简单的方法。小王的做法正确吗？

2. 某生产企业新购了一台分析天平，用于产品出厂检验，由于是新购仪器，企业认为不会造成太大仪器误差，没有必要进行计量检定。正确吗？

3. 小李为了检验原始数据的整洁，在记录原始数据时，先用铅笔把数据记录在一张纸上，做完检验后才认真地把数据用钢笔抄到专门的检验原始记录本上。小李的做法正确吗？

第二篇
食品检验技术

第三章　食品感官检验

第一节　概　　述

食品的感官检验就是凭借人体自身的感觉器官，即凭借眼、耳、鼻、口和手，对食品的质量状况和卫生状况作出客观评价的方法。也就是通过用眼睛看、鼻子嗅、耳朵听、用口品尝和用手触摸等方式，对食品的色、香、味和外观形态进行综合性的鉴别和评价。

食品质量的优劣最直接地表现在它的感官性状上，通过感官指标的鉴别，即可直接判断出食品品质的优劣。对于感官指标不合格的产品，例如食品中混有杂质、异物、发生霉变、沉淀等不良变化，不需要再进行其他理化检验，直接判定为不合格产品。

一、感官检验的起源和发展

自从人类学会了对衣食住行等消费品进行好与坏的评价以来，可以说就有了感官检验，但真正意义上的感官检验的出现还只是在近几十年。最早的感官检验可以追溯到 20 世纪 30 年代左右，而它的蓬勃发展还是 20 世纪 60 年代中期到 70 年代开始的，主要的原因是由于人们对食品和农业的关注度提高、能源的日益紧张、食品加工进一步精细化、降低生产成本的需要以及产品竞争的日益激烈和全球化。

在传统的食品行业和其他消费品生产行业中，一般都有一名专家级人物，比如香水专家、风味专家、酿酒专家、烘焙专家、咖啡和茶叶的品尝专家等。他们在本行业工作多年，对生产非常熟悉，积累了丰富的经验，一般与生产环节有关的标准都由他们来制定，比如购买的原料、产品的生产、质量的控制、甚至市场的运作等。可以说，这些专家对生产企业来讲，意义非凡。后来随着经济的发展和贸易的兴起，在专家的基础上，又出现了专职的工业品评员，例如，在罐头企业就有专门从事品尝工作的品评人员每天对生产出的产品进行品尝，并将本企业的产品和同行的其他产品进行比较，有的企业至今仍沿用这种方法。某些行业还使用由专家制定的用来评价产品的各种评分卡和统一的词汇，比如有奶油的 100 分评分卡，葡萄酒的 20 分评分卡和油脂的 10 分评分卡。随着经济的发展、企业竞争的激烈和生产规模的扩大，生产企业的专家开始面临一些实际问题，比如他们不可能熟悉、了解所有的产品知识，更谈不上了解这些产品的加工技术对产品的影响，而且还有关键的一点，那就是由于生产规模的扩大，市场也随之变大，消费者的要求不断变化，专家开始变得力不从心，他们的作用不再像以往那样强大。随着一些新的测评技术的出现和它们在对食品感官指标评价中的使用，人们开始清醒地意识到，单纯依靠少数几个专家来为生产和市场做出决策是存在很多问题的，同时风险也是很大的。因此，越来越多的生产企业开始转向使用食品感官指标评价。从实质来讲，食品感官指标评价的出现并不是市场创造了机会，它出现的直接原因是专家的失效，作为补救方法，生产企业才将目光投向它。

在20世纪40～50年代中叶，食品感官指标评价又由于美国军队的需要而得到一次长足的发展，当时政府大力提倡社会为军队提供更多的可接受的食物，因为他们发现无论是精确科学的膳食标准，最精美的食谱都不能保证这些食品的可接受性。而且人们发现，对于某些食品来说，其气味和可接受性有很重要的关系，也就是说要确定食品的可接受性，食品感官指标评价是必不可少的。20世纪60～70年代，联邦政府推行了两项旨在解决饥饿和营养不良的计划，“向饥饿宣战”和“从海洋中获取食物”，但这两项计划的结果并不理想，其中主要的原因之一就是忽略了食品感官指标评价，一批又一批的食物被拒之门外，食品工业从政府的这些与食品感官指标评价有关的一系列活动中得到了启示，开始意识到食品感官指标评价的重要性，并开始为这些新兴的科学提供大力支持。

在20世纪40年代到50年代初期，首先由美国的Boggs，Hansen，Giradot和Peryam等人建立起并完善了“区别检验法”，同时期，一些测量技术也开始出现，打分的程序最早出现于20世纪40年代初期，50年代中后期出现了“排序法”和“喜好打分法”。1957年，由Arthurr D. Little公司创立了“风味剖析法”，这个方法是一种定性的描述方法，它的创立对正式描述分析方法的形成和专家从感官检验中的分离起到了推动作用，因为人们发现挑选并培训一组食品感官指标评价人员对产品进行描述，是可以代替原来的专家的，并能起到一定的食品质量检验的作用。虽然在当时这个方法引来很多争议，但是它却为食品感官检验开启了新的视点，为以后很多感官检验方法的建立奠定了基础。

在我国，许多企业已经认识到了感官检验在产品的设计、生产和评价中的重要作用，并且越来越多的企业开始认识到感官检验的功能不仅仅是作为和理化检验并列的产品检验的一部分，它包括的内容和它的实际功能要广阔得多，感官检验可以为产品提供直接、可靠、便利的信息，可以更好地把握市场方向、指导生产，它的作用是独特的、不可替代的。感官检验的发展和经济的发展密不可分，随着我国经济的不断发展和全球化程度的提高，感官检验的作用会越来越凸显出来。

二、食品感官检验的特点及意义

食品的感官检验是食品质量检验的重要方法之一，它快速、灵敏、简便、易行。

首先，感官检验方法常能够察觉其他检验方法所无法鉴别的食品质量微量变化及特殊性污染。感官检验不仅能直接发现食品感官性状在宏观上出现的异常现象，而且当食品感官性状发生微观变化时也能很敏锐地察觉到。尤其重要的是，当食品的感官性状只发生微小变化，甚至这种变化轻微到用仪器都难以准确发现时，通过人的感觉器官，如嗅觉、味觉等则能给予应有的鉴别。

其次，感官检验方法直观、手段简便，不需要借助任何仪器设备和专用、固定的检验场所以及专业人员。食品感官检验既可以在实验室进行，又可以在购物现场进行，还可以在评比、鉴定会场合进行。由于它的简便易行、可靠性高、实用性强，目前已被国际上普遍承认和使用，并已日益广泛地应用于食品质量检验的实践中。

通过对食品感官性状的综合性检验，可以及时、准确地检验出食品质量有无异常，便于早期发现问题，及时进行处理，可避免对人体健康和生命安全造成损害。因此，食品的感官检验有着理化检验和微生物检验所不能替代的优越性。在食品的质量标准和卫生标准中，感官检验常作为第一项检验内容。

食品感官检验能否真实、准确地反映客观事物的本质，除了与人体感觉器官的健全程度和灵敏程度有关外，还与人们对客观事物的认识能力有直接的关系。只有当人体的感觉器官正常，又熟悉有关食品质量的基本常识时，才能比较准确地鉴别出食品质量的优劣。

由于食品的感官性状变化程度很难具体衡量，也由于检验者的客观条件不同及主观态度各异，尤其在对食品感官性状的鉴别判断有争议时，往往难以下结论。为了克服上述弱点，在需要借助感官鉴别方法来裁定食品质量的优劣时，通常邀请对食品的性状熟悉、感觉器官正常，无不良嗜好、有鉴别经验的人员进行鉴别，以减少个人的主观性和片面性。而对食品品质的评价，在感官性状不能做出判断时，则需要结合理化和微生物的检验方法来确定。

三、人体感觉器官在食品鉴别中的作用

1. 视觉在鉴别中的作用

自然光是由不同波长的光线组成的。肉眼能见到的光，其波长为 400～800 nm，在这个波长区域里的光叫做可见光。小于 400 nm 和大于 800 nm 区域的光是肉眼看不到的光，称为不可见光。

在可见光区域内，不同波长的光的颜色是不同的。平常所见的白光（日光、白炽灯光等）是一种复合光，它是由各种颜色的光按一定比例混合而得的。利用棱镜等分光器可将它分解成红、橙、黄、绿、青、蓝、紫等不同颜色的单色光。白光除了可由所有波长的可见光复合得到外，还可由适当的两种颜色的光按一定比例复合得到。能复合成白光的两种颜色的光叫互补色光。

当白光照射到物质上时，物质会对白光中某些颜色的光产生选择性的吸收，从而显示出一定的颜色。物质所显示的颜色是吸收光的互补色。物质所显示颜色的规律如图 3－1 所示。

不同种类食品中含有不同的有机物，这些有机物又吸收了不同波长的光，因此，不同的食品显现着各不相同的颜色，例如，菠菜的绿色、苹果的红色、胡萝卜的橙红色等。

食品的色泽是人的感官评价食品品质的一个重要因素。明度、色调、饱和度是识别每一种色泽的 3 个指标。对于判定食品的品质亦可从这 3 个基本属性全面地衡量和比较，这样才能准确地判断和鉴别出食品的质量优劣。

（1）明度：颜色的明暗程度。物体表面的光反射率越高，它的明度也越高。人们常说的光泽好，也就是说明度较高。新鲜的食品常具有较高的明度，明度的降低往往意味着食品的

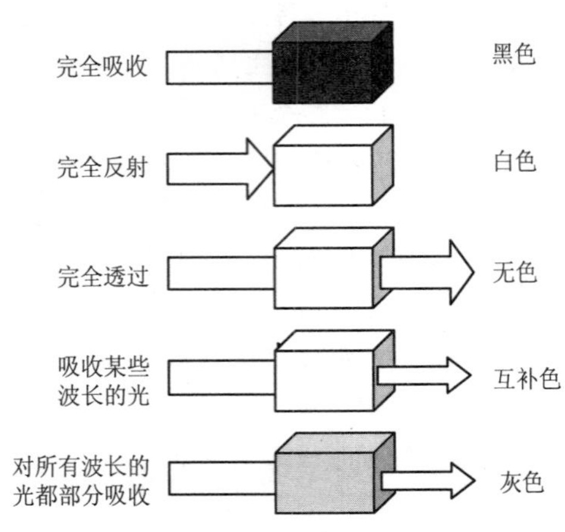

图 3-1　物质显色规律示意图

不新鲜。例如食品变质时，食品的色泽常发暗甚至变黑。

(2) 色调：红、橙、黄、绿等不同的各种颜色，以及如黄绿、蓝绿等许多中间色，它们是由于食品分支结构中所含色团对不同波长的光线进行选择性吸收而形成的。色调对于食品的颜色起着决定性的作用，由于人眼的视觉对色调的变化较为敏感，色调稍微改变对颜色的影响就会很大，有时可以说完全破坏了食品的商品价值和实用价值(如菠菜发黄)。色调的改变可以用语言或其他方式恰如其分地表达出来(如食品的退色或变色)，这说明颜色在食品的感官鉴别中有很重要的意义。

(3) 饱和度：颜色的深浅、浓淡程度，也就是某种颜色色调的显著程度。当物体对光谱中某一较窄范围波长的光的反射率很低或根本没有反射时，表明它具有很高的选择性，这种颜色的饱和度就越高。

食品的外观形态和色泽对于评价食品的新鲜程度，食品是否有不良改变以及蔬菜、水果的成熟度等有着重要意义。视觉鉴别应在白昼的散射光线下进行，以免灯光隐色发生错觉。鉴别时应注意整体外观、大小、形态、块形的完整程度、清洁程度，表面有无光泽、颜色的深浅色调等。在鉴别液态食品时，要将它注入无色的玻璃器皿中，透过光线来观察，也可将瓶子颠倒过来，观察其中有无夹杂物下沉或絮状物悬浮。

2. 嗅觉在鉴别中的作用

食品本身所固有的、独特的气味，即是食品的正常气味。嗅觉是指食品中含有挥发性物质的微粒子浮游于空气中，经鼻孔刺激嗅觉神经所引起的感觉。人的嗅觉比较复杂，亦很敏感。同样的气味，因个人的嗅觉反应不同，故感受喜爱与厌恶的程度也不同。同时嗅觉易受周围环境的影响，如温度、湿度、气压等对嗅觉的敏感度都具有一定的影响。人的嗅觉适应性特别强，即对一种气味较长时间的刺激很容易适应。但在适应了某种气味之后，对于其他气味仍很敏感，这是嗅觉的特点。

食品的气味，大体上由以下途径形成。

(1) 生物合成：食品本身在生长成熟过程中，直接通过生物合成的途径形成香味成分表现出香味。例如香蕉、苹果、梨等水果香味的形成，是典型的生物合成产生的，不需要任何外界条件。本来水果在生长期不显现香味，成熟过程中体内一些化学物质发生变化，产生香味物质，使成熟后的水果逐渐显现出水果香。

（2）直接酶作用：酶直接作用于香味前体物质，形成香味成分，表现出香味。例如当蒜的组织被破坏以后，其中的蒜酶将蒜氨酸分解而产生的气味。

（3）氧化作用：也可以称为间接酶作用，即在酶的作用下生成氧化剂，氧化剂再使香味前体物质氧化，生成香味成分，表现出香味。如红茶的浓郁香气就是通过这种途径形成的。

（4）高温分解或发酵作用：通过加热或烘烤等处理，使食品原来存在的香味前体物质分解而产生香味成分。例如芝麻、花生在加热后可产生诱人食欲的香味。发酵也是食品产生香味的重要途径，如酒、酱中的许多香味物质都是通过发酵而产生的。

（5）添加香料：为保证和提高食品的感官品质，引起人的食欲，在食品本身没有香味、香味较弱或者在加工中丧失部分香味的情况下，为了补充和完善食品的香味，可有意识地在食品中添加所需要的香料。

（6）腐败变质：食品在贮藏、运输或加工过程中，会因发生腐败变质或污染而产生一些不良的气味。这在进行感官检验时尤其重要，应认真仔细地加以分析。

人的嗅觉器官相当敏感，甚至用仪器分析的方法也不一定能检查出来极轻微的变化，用嗅觉鉴别却能够发现。当食品发生轻微的腐败变质时，就会有不同的异味产生。如核桃的核仁变质所产生的酸败而有哈喇味，西瓜变质会带有馊味等。食品的气味是一些具有挥发性的物质形成的，所以在进行嗅觉鉴别时常需稍稍加热，但最好是在 15 ℃～25 ℃的常温下进行，因为食品中的气味挥发性物质常随温度的高低而增减。在鉴别食品时，液态食品可滴在清洁的手掌上摩擦，以增加气味的挥发，识别畜肉等大块食品时，可将一把尖刀稍微加热刺入深部，拔出后立即嗅闻气味。

食品气味鉴别的顺序应当是先识别气味淡的，后鉴别气味浓的以免影响嗅觉的灵敏度。在鉴别前禁止吸烟。

3. 味觉在鉴别中的作用

因为食品中的可溶性物质溶于唾液或液态食品直接刺激舌面的味觉神经，才发生味觉。当对某中食品的滋味发生好感时，则各种消化液分泌旺盛而食欲增加。味觉神经在舌面的分布并不均匀。舌的两侧边缘是普通酸味的敏感区，舌根对于苦味较敏感，舌尖对于甜味和咸味较敏感，但这些都不是绝对的，在感官评价食品的品质时应通过舌的全面品尝方可决定。

影响味觉的因素：呈味物质的水溶性、呈味物质的化学结构和光学性质温度以及检验人员的性别、年龄、身体状况、饥饿状态等。味觉与温度有较大关系，一般在 10 ℃～45 ℃范围内较适宜，尤其 30 ℃时较为敏锐。随温度的降低，各种味觉都会减弱，尤以苦味最为明显，而温度升高又会发生同样的减弱。

在对食品进行感官鉴别其质量时，常将滋味分类为甜、酸、咸、苦、辣、涩、浓、淡、碱味及不正常味等。

味道与呈味物质的组合以及人的心理也有微妙的相互关系。有些味道之间有相互增强的作用，如味精的鲜味在有食盐时尤其显著，是咸味对味精的鲜味起增强作用的结果。另外还有与此相反的削减作用，如食盐和砂糖以相当的浓度混合，则砂糖的甜味会明显减弱甚至消失。当尝过食盐后，随即饮用无味的水，也会感到有些甜味，这是味道的变调现象。另外还有味道的相乘作用，例如在味精中加入一些核苷酸时，会使鲜味有所增强。

感官检验中的味觉对于辨别食品品质的优劣是非常重要的一环。味觉器官不但能品尝到食品的滋味如何，而且对于食品中极轻微的变化也能敏感地察觉到。做好的米饭存放到尚未变馊时，其味道即有相应的改变。味觉器官的敏感性与食品的温度有关，在进行食品的滋味鉴别时，最好使食品温度处在 20 ℃～45 ℃，以免温度的变化会增强或减低对味觉器官的刺激。几种不同味道的食品在进行感官评价时，应当按照刺激性由弱到强的顺序，最后鉴别味道强烈的食品。在进行大量样品鉴别时，中间必须休息，每鉴别一种食品之后必须用温水漱口。

4. 触觉在鉴别中的作用

皮肤的感觉称为触觉。触觉的感官检验是通过人的手、皮肤表面接触物体时所产生的感觉来分辨、判断产品质量特性的一种感官检验。

触觉感受器在皮肤内的分布不均匀，手指尖的敏感性最强。皮肤冷点多于温点，人对冷的敏感性高。

凭借触觉来鉴别食品的膨、松、软、硬、弹性和稠度，以评价食品品质的优劣，也是常用的感官检验方法之一。例如，检验肉与肉制品时，摸它的弹力，常常可以判断肉是否新鲜或腐败；检验蜂蜜要摸它的稠度；检验谷类时我们可抓起一把评价它的水分、颗粒是否饱满等。在感官测定食品硬度（稠度）时，要求温度应在 15 ℃～20 ℃之间，因为温度的升降会影响到食品状态的改变。

5. 听觉在鉴别中的作用

人耳对一个声音的强度或频率的微小变化是很敏感的。利用听觉进行感官检验的应用范围十分广泛。

食品的质感特别是咀嚼食品时发出的声音，在决定食品可接受性和质量方面具有重要的作用。比如，焙烤食品中的酥脆饼干和其他一些膨化食品，在咀嚼时应该发出特有的声响。在一些特定的产品感官检验中，例如罐制品和蛋及蛋制品通过敲打或摇动，听其发出的声音可以判断其质量。声音对食欲也有一定的影响。

在进行食品听觉鉴别时应避开噪声，保证安静状态，如实验期间禁止在实验区及其附近区域谈话，禁止在实验区装电话等。

四、食品感官检验对检验员的基本要求

（1）进行食品感官检验的人员，必须具有健康的体魄，健全的精神素质，无不良嗜好、偏食和变态性反应，并应具有丰富的专业知识和感官鉴别经验。

（2）检验人员自身的感觉器官机能良好，对色、香、味的变化有较强的分辨力和较高的灵敏度。

（3）对本职工作要有兴趣、爱好，无任何偏见，具有实事求是，认真的工作态度。如果有偏见就会失去食品感官检验工作的意义，可能会造成不良的后果。

第二节　食品感官检验的方法

食品感官检验是建立在人的感官感觉基础上的统计分析法，它集统计学、生理学、心理学和食品科学为一体，随着科学技术的发展和进步，感官检验方法的应用也越来越广泛。目前，根据作用不同，感官检验分为分析型感官检验和偏爱型感官检验两大类型。分析型感官检验是把人的感觉器官作为一种检验测量的工具，来评定样品的质量特性或鉴别多个样品之间的差异等。偏爱型感官检验与分析型感官检验正好相反，它是以食品为工具，来了解人的感官反应及倾向。

在食品的质量检验及产品评优中，运用的是分析型感官检验，一种是描述产品，另一种是区分两种或多种产品，区分的内容有确定差别、确定差别的大小、确定差别的影响等，主要分为差别检验法、标度与类别检验法、描述性检验法三类。

一、差别检验法

差别检验法是对两种样品进行比较的检验方法，用于确定两种产品之间是否存在感官特性差别。属于这种方法的有：成对比较检验、三点检验和 A-非 A 检验等。

1. 成对比较检验

成对比较检验按 GB 12310—2012《感官分析方法　成对比较检验》执行。此标准规定了用于检验两个产品间感官特性差别的方法，适用于定向差别检验、偏爱检验以及培训检验员。

【方法提要】向评价员提供一对样品，其中一个可作为参照物。感官检验后，评价员描述自我感觉，并说明检验结果。

2. 三点检验

三点检验按 GB 12311—2012《感官分析方法　三点检验》执行。此标准规定了用三点比较的方法来鉴别两个产品之间的差别，适用于鉴别样品间的细微差别，也可以用于选择和培训评价员或者检查评价员的能力。

【方法提要】同时向评价员提供一组三个样品，其中两个是完全相同的，评价员挑出单个的样品。

3. A-非 A 检验

A-非 A 检验按 GB 12316—1990《感官分析方法　A-非 A 检验》执行。此标准适用于确定由于原料、加工、处理、包装和贮藏等各环节的不同而造成的产品感官特性的差异。特别适用于评价具有不同外观或后味的样品。

【方法提要】以随机的顺序分发给评价员一系列样品，其中有的是样品 A，有的是“非 A”，所有的“非 A”样品在所比较的主要特性指标应相同，但在外观等非主要特性指标可以稍有差异。“非 A”样品也可以包括“(非 A)$_1$”和“(非 A)$_2$”等。要求评价员识别每个样品是“A”还是“非 A”。

另外，差别检验法还有“二-三点检验”、“五中取二检验”。

二、标度与类别检验法

标度与类别检验法用于估计产品的差别程度、类别和等级，是将感官体验进行量化最常用的方法，按照从简单到复杂的顺序，有分类法、评分法、排序法、标度法四种。

1. 分类法

分类法是将产品按规定的标准分为若干类的方法。例如将产品分为合格和不合格两类。

2. 评分法

评分法是经常使用的一种感官检验方法。既可用于优劣程度的评价，也可用于合格性评价。评分法可以采用 10 分制、100 分制或其他等级分制。对同一产品的若干项质量特性进行综合评价时，可按各质量特性的重要性程度分别赋予权数，进行综合评分，称为加权评分法。

评分法一般由专业的评价员按一定的尺度进行评分，经常用评分来评价的商品有咖啡、茶叶、调味品、奶油、鱼、肉等，例如茶叶按 GB/T 23776《茶叶感官审评方法》执行。

3. 排序法

排序法按 GB/T 12315—2008《感官分析　方法学　排序法》执行。此标准适用于评价样品间的差异，如样品某一种或多种感官特性的强度，或者评价员对样品的整体印象。该方法可用于辨别样品间是否存在差异，但不能确定样品间差异的程度。

【方法提要】评价员同时接受三个或三个以上的样品，排列顺序是随机的。评价员按照规定的准则，对样品进行排序，给出每个样品的序位，即秩。秩既可按照某个属性或特性给出，也可按整体印象给出综合秩。计算秩的和（秩和），然后进行统计比较（检验）。

当评价少量样品（6 个以下）的复杂特性或多数样品（20 个以上）的外观时，此法迅速有效。例如，将冰淇淋按照口感好到坏的顺序进行排列，将酸奶按照感官酸度进行排序，将早餐饼按照喜好程度进行排序。

4. 标度法

标度法既使用数字来表达样品性质的强度（甜度、硬度、柔软度），又使用词汇来表达对该性质的感受（太软、正合适、太硬）。如果使用词汇，应该将该词汇和数字对应起来。例如：非常喜欢＝9，非常不喜欢＝1，这样就可以将这些数据进行统计分析。常用的标度方法有类项标度法、线性标度法和量值评估标度法三种。

三、描述性检验法

描述性检验是对一个或更多个样品提供定性、定量描述的感官评价方法。它是一种全面的感官分析方法，所有的感官都要参与描述活动，如视觉、听觉、嗅觉、味觉等。其评价可以是全面的，也可以是部分的，例如对茶饮料的评价可以是食用之前、食用之中和食用之后的所有阶段，也可以侧重某一阶段。

属于描述性检验的主要有两种：一是简单描述检验；二是定量描述和感官剖面检验。

感官剖面检验有风味剖面检验，按 GB 12313—1990《感官分析方法　风味剖面检验》执行。此标准规定了一套描述和评估食品产品风味的方法，适用于：

（1）新产品的研制和开发；

（2）鉴别产品间的差别；

（3）质量控制；

（4）为仪器检验提供感官数据；

（5）提供产品特征的永久记录；

（6）监测产品在贮存期间的变化。

【方法提要】本方法基于下述概念：产品的风味是由可识别的味觉和嗅觉特性，以及不能单独识别特性的复合体两部分组成。本方法用可再现的方式描述和评估产品风味。鉴别形成产品综合印象的各种风味特性，评估其强度，从而建立一个描述产品风味的方法。

第三节　加权评分法在感官检验中的应用

加权评分法是在普通的评分法基础上，综合考虑各项指标对质量的权重后求平均分数或总分的方法，加权评分法以 10 分或 100 分为满分进行评价，加权评分法比评分法更加客观公正，因此可以对产品的质量做出更加准确的评价结果。

所谓权重是指一个因素在被评价因素中的影响和所处的地位，权重的确定是关系到加权评分法是否能够顺利得以实施以及能否得到客观准确的评价结果的关键。权重的确定一般是邀请业内人士根据被评价因素对总体评价结果影响的重要程度，采用德尔菲法进行赋权打分法，经统计获得由各个评价因素权重构成的权重集。

感官评价员或者检验员应该熟练掌握加权评分法，具备能够按照预先设定的评价标准，对试样的特性和嗜好程度以数字标度进行评定，然后进行折算的能力；具备查阅或者确定各项指标权重的能力；具备对新产品设定评价基准的能力。

加权评分法在茶叶生产加工销售领域里应用非常广泛，从茶叶企业产品出厂检验、监管部门的质量检验到各种茶叶评比，都可以应用加权评分法。茶叶的感官检验也称茶叶的感官审评，在所有食品种类中，茶叶感官审评是感官检验方法应用最多、体系最复杂和完整的，在茶叶质量检测中起着决定性的作用。本节通过对绿茶感官审评加权评分法的介绍，全面呈现食品感官检验技术在食品加工与质检工作中的应用。

茶叶感官审评遵照 GB/T 23776《茶叶感官审评方法》。

一、茶叶感官审评实验室与设备

茶叶感官审评在操作过程中，评茶人员除了利用自己的感官来评鉴茶叶内在品质及外形特点外，还要使用到一些规范的设备器具。（详见第九章第四节）为使茶叶品质感官鉴定的结果快速、直观、准确而又稳定，需要具备一定的条件和环境，以尽量减少主客观上的误差，取得茶叶审评的正确结果。具体要求可以参照 GB/T 18797—2012《茶叶感官审评室基本条件》。

二、茶叶感官审评通用方法

1. 通用评茶法——五项因子评茶法

茶叶品质的表现，主要体现在外形、汤色、香气、滋味和叶底五个方面。因此在确定茶叶品质高低时，主要在这五个方面去评鉴。通过审评茶叶的外形、香气、汤色、滋味、叶底五项因子来鉴别茶叶品质的优劣，称之为五项因子评茶法。各种茶类都能使用五项因子评茶法进行审评，所以也称通用评茶法。

2. 通用评茶法的操作程序

在同一类茶中，茶叶的外形与内质不平衡、不一致是常有的现象，有的内质好、外形不好，或者外形好，色香味未必全好，所以，审评茶叶品质时，要茶叶外形、茶叶内质同时审评。

茶叶感官审评通用方法的一般程序为：备具摆样→把盘→评看外形→称样→冲泡→静置→滤出茶汤→审评内质→记录评语→出具审评结果。

3. 茶叶感官审评中加权评分法的应用

加权数就是衡量某品质因子在整个茶叶品质中所居主次地位而确定的数，根据GB/T 23776 附录A 的规定，加权数就是评分系数。

各类茶的品质要求不同，品质因子所确定的评分系数亦不同。如绿茶各因子的评分系数，外形占 25 %，香气占 25%滋味占 30 %，汤色、叶底各占 10 %。先给各品质因子按百分法评分，再乘以评分系数，算出各品质因子的得分，再将各品质因子得分相加，所得的分数为该茶叶品质的评定结果。各茶类品质因子评分系数见表 3－1。

表 3－1 各类茶品质因子评分系数

茶类	品质因子/%				
	外形(*a*)	汤色(*b*)	香气(*c*)	滋味(*d*)	叶底(*e*)
绿茶	25	10	25	30	10
工夫红茶	25	10	25	30	10
(红)碎茶	20	10	30	30	10
乌龙茶	20	5	30	35	10
黑茶(散茶)	20	15	25	30	10
压制茶	30	10	20	30	10
白茶	40	10	20	20	10
黄茶	30	10	20	30	10
花茶	20	5	35	30	10
袋泡茶	10	20	30	30	10
茶粉	20	10	35	35	0

根据审评人员的评分，将所得的分数与该因子的评分系数相乘，最后将各个乘积值相加，即为该茶样审评总得分。计算公式如下：

$$Y = A\times a + B\times b + \cdots + E\times e$$

式中：Y——茶叶审评总得分；

A、$B\cdots E$——各品质因子的审评得分；

a、$b\cdots e$——各品质因子的评分系数。

根据计算结果按分数按从高到低的排列次序。值得注意的是，如遇分数相同者，则按“滋味→外形→香气→汤色→叶底”的次序比较单一因子得分的高低，高者居前。

该评分法适合用于2个及以上茶叶样品的品质顺序排列。

三、茶叶外形的审评重点

当我们以一定的原料、工艺加工茶叶后，所得茶叶产品就具备了一定的品质特征，但因为影响加工的因素很多，所得茶叶产品的品质就有高下之分。就茶叶外形而言，品质的差异主要表现在嫩度、形状、色泽、匀整度、净度五个方面。

1. 嫩度

茶叶嫩度是决定茶叶品质的基本条件，是外形审评的重点内容。一般说来，嫩叶中可溶性物量含量高，饮用价值也高，又因叶质柔软，叶肉肥厚，有利于初制中成条和造型，故形状紧结重实，芽毫显露，完整饱满，外形美观。而嫩度差的则不然。审评茶叶嫩度时应因茶而异，在普遍性中注意特殊性，各种茶类各级标准样的嫩度要求都有所不同，要进行详细分析，然后进行审评。

嫩度主要看芽叶比例与叶质老嫩，有无锋苗和毫毛及光糙度。

(1) 嫩度好

指芽及嫩叶比例大，含量多。

(2) 锋苗

指芽叶紧卷做成条的锐度。

条索紧结、芽头完整锋利并显露，表明嫩度好。嫩度差的，制工虽好，条索完整，但不锐无锋，品质就次。

芽上有毫又称茸毛，茸毛多、长而粗的好。一般炒青绿茶看锋苗，烘青看芽毫，条形红茶看芽头。

(3) 光糙度

指茶叶表面的光滑粗糙程度。

嫩叶细胞组织柔软且果胶质多，容易揉成条，条索光滑平伏。而老叶质地硬，条索不易揉紧，条索表面凸凹起皱，干茶外形较粗糙。

2. 形状

茶叶的形状是组成茶叶外形品质的重要内容之一。茶叶叶片在制茶时常被卷成条索状，所以形状也常称为“条索”，是区别茶叶种类和等级的主要依据。

(1) 长条形茶的条索比松紧、弯直、壮瘦、圆扁、轻重

① 松紧。条细空隙度小，体积小，条紧为好。条粗空隙度大，体积粗大，条松为差。

② 弯直。条索圆浑、紧直的好，弯曲、钩曲为差。

③ 壮瘦。芽叶肥壮、叶肉厚的鲜叶有效成分含量多，制成的茶叶条索紧结壮实、身骨

重、品质好，瘦薄为次。

④ 轻重。嫩度好的茶，叶肉肥厚，条紧结而沉重；嫩度差，叶张薄，条粗松而轻飘。

（2）扁形茶的外形比糙滑

糙滑。条形表面平整光滑，茶在盘中筛转流利而不勾结的称“光滑”，反之则为“糙”。规格。

（3）圆珠形茶比颗粒的松紧、轻重

① 松紧。芽叶卷结成颗粒，粒小紧实而完整的称“圆紧”，反之颗粒粗大谓之“松”。

② 轻重。颗粒紧实，叶质肥厚，身骨重的称为“重实”；叶质粗老，扁薄而轻飘的谓之“轻飘”。

3．色泽

干茶色泽主要从色度和光泽度两方面去看。色度即指茶叶的颜色及色的深浅程度，光泽度指茶叶接受外来光线后，一部分光线被吸收，一部分光线被反射出来，形成茶叶色面的亮暗程度。

各类茶叶均有其一定的色泽要求，如红茶以乌黑油润为好，黑褐、红褐次之，棕红更次；绿茶以翠绿、深绿光润的好，绿中带黄者次；乌龙茶则以青褐光润的好，黄绿、枯暗者次；黑毛茶以油黑色为好，黄绿色或铁板色都差。干茶的色度比颜色的深浅，光泽度可从润枯、鲜暗、匀杂等方面去评比。

（1）深浅

首先看色泽是否符合该茶类应有的色泽要求。对正常的干茶而言，原料细嫩的高级茶颜色深，随着茶叶级别下降颜色渐浅。

（2）润枯

“润”表示茶叶表面油润光滑，反光强。一般可反映鲜叶嫩而新鲜，加工及时合理，是品质好的标志。“枯”是茶叶有色而无光泽或光泽差，表示鲜叶老或制工不当，茶叶品质差。劣变茶或陈茶的色泽多为枯且暗。

（3）鲜暗

“鲜”为色泽鲜艳、鲜活，给人以新鲜感，表示鲜叶新鲜，初制及时合理，为新茶所具有的色泽。“暗”表现为茶色深且无光泽，一般为鲜叶粗老，贮运不当，初制不当或茶叶陈化等所致。

（4）匀杂

“匀”表示色调一致。色调不一致，茶中多黄片、青条、筋梗、焦片末等谓之“杂”。

4．匀整度

评比茶叶的完整、匀齐程度，合起来也称匀整度。通过评看茶叶中完好的、片状的、断碎的、细末的程度及比例，来判断茶叶的完整度。以完整、断碎少为好。精茶以拼配比例恰当，不脱档，面张茶平伏，下盘茶含量不超标，上、中、下三段茶相互衔接为匀整度好。

5．净度

指茶叶中含夹杂物的程度，比如：茶梗、茶籽、黄片、碎末等茶类夹杂物以及石子、杂草等非茶类夹杂物。不含夹杂物的为净度好。不允许有非茶类夹杂物存在。

四、茶叶内质的审评重点

内质审评汤色、香气、滋味、叶底4个项目。

1. 汤色

汤色审评主要从色度、亮度和清浊度三方面去评比。

(1) 色度

指茶汤颜色及深浅。茶汤汤色除与茶树品种和鲜叶老嫩有关外，主要是制法不同，使各类茶具有不同颜色的汤色。评比时，主要从正常色、劣变色和陈变色三方面去看。

① 正常色。即一个地区的鲜叶在正常采制条件下制成的茶叶，经冲泡后所呈现的汤色。如绿茶绿汤，绿中带黄；红茶红汤，红艳明亮；乌龙茶橙黄明亮；白茶浅黄明净；黄茶黄汤；黑茶浓红明亮等。在正常的汤色中由于加工精细程度不同，虽属正常色，尚有优次之分，故对于正常汤色应进一步区别其浓淡和深浅。通常汤色深而亮，表明汤浓，物质丰富；汤色浅而明，则表明汤淡，物质不丰富。至于汤色的深浅，只能是同一地区的同一类茶作比较。

② 劣变色。由于鲜叶采运、摊放或初制不当等造成变质，汤色不正。如鲜叶处理不当，制成绿茶汤色轻则汤黄，重则变红；绿茶干燥炒焦，汤色变黄浊；红茶发酵过度，汤色变深暗等。

③ 陈变色。陈化是茶叶特性之一，在通常条件下贮存，随时间延长，陈化程度加深。如绿茶的新茶，汤色绿而鲜明，陈茶则灰黄或昏暗。

(2) 亮度

指亮暗程度。亮表明射入茶汤中的光线被吸收的少，反射出来的多，暗则相反。凡茶汤亮度好的，品质亦好。茶汤能一眼见底的为明亮，如绿茶看碗底反光强就明亮，红茶还可看汤面沿豌边的金黄色的圈(称金圈)的颜色和厚度，光圈的颜色正常，鲜明而厚的亮度好。

(3) 清浊度

指茶汤清澈或混浊程度。清指汤色纯净透明，无混杂，清澈见底。浊与混或浑含义相同，指汤不清，视线不易透过汤层，汤中有沉淀物或细小悬浮物。

但在浑汤中有两种情况要区别对待：其一是红茶汤的“冷后浑”或称“乳凝现象”，这是咖啡碱与多酚类物质的氧化产物茶黄素及茶红素间形成的络合物，它溶于热水，而不溶于冷水，茶汤冷却后，络合物即可析出而产生“冷后浑”，这是红茶品质好的表现；其二是诸如高级碧螺春、都匀毛尖等细嫩多毫的茶叶，一经冲泡，大量茸毛便悬浮于茶汤中，造成茶汤混而不清，这其实也是表明此类茶叶品质好的现象。

2. 香气

香气是茶叶冲泡后随水蒸气挥发出来的气味。茶叶的香气受茶树品种、产地、季节、采制方法等因素影响，使得各类茶具有独特的香气风格，如红茶的甜香、绿茶的清香、乌龙茶的花果香等。即使是同一类茶，也会因产地不同而表现出地域性香气特点。审评茶叶香气时，除辨别香型外，主要比较香气的纯异、高低和长短。

（1）纯异

① “纯”指某茶应有的香气，“异”指茶香中夹杂有其他气味。香气纯要区别三种情况，即茶类香、地域香和附加香。茶类香指某茶类应有的香气，如绿茶要清香，小种红茶要松烟香，乌龙茶要带花香或果香，白茶要有毫香，红茶要有甜香等。在茶类香中又要注意区别产地香和季节香。产地香即高山、低山、平地之区别，一般高山茶香气高于低山茶。季节香即不同季节香气之区别，我国红、绿茶一般是春茶香气高于夏秋茶；秋茶香气又比夏茶好；大叶种红茶香气则是夏秋茶比春茶好。地域香即地方特有香气，如同是炒青绿茶可呈现不同地域特品种特有的嫩香、兰花香、熟板栗香等。同是红茶有蜜香、橘糖香、果香和玫瑰花香等地域性香气。附加香是指外源添加的香气，如以茶用茉莉花、珠兰花、白兰花、桂花等窨制的花茶，不仅具有茶叶香，而且还引入了花香。

② 异气指茶香沾染了外来气味，轻的尚能嗅到茶香，重的则以异气为主。香气不纯如烟焦、酸馊、陈霉、日晒、水闷、青草气等，还有鱼腥气、木气、油气、药气等。但传统安化黑茶及小种红茶均要求具有松烟香气。

（2）高低

香气高低可以从以下几方面来区别，即浓、鲜、清、纯、平、粗。

① 浓：香气高，充沛有活力，刺激性强。

② 鲜：犹如呼吸新鲜空气，有醒神爽快感。

③ 清：清爽新鲜之感，其刺激性不强。

④ 纯：香气一般，无粗杂异味。

⑤ 平：香气平淡但无异杂气味。

⑥ 粗：感觉有老叶粗糙气。

（3）长短

即香气的持久程度。从热嗅到冷嗅都能嗅到香气，表明香气长，反之则短。

香气以高而长、鲜爽馥郁的好，高而短次之，低而粗为差。凡有烟、焦、酸、馊、霉、陈及其他异气的为低劣。

3. 滋味

滋味是评茶人的口感反应。茶叶是饮料，其饮用价值取决于滋味的好坏。审评滋味先要区别是否纯正，纯正的滋味可区别其浓淡、强弱、鲜、爽、醇、和。不纯的可区别其苦、涩、粗、异。

（1）纯正

指品质正常的茶应有的滋味。

① 浓：浸出的内含物丰富，有厚的感觉。

② 淡：与“浓”相反，指内含物少，淡薄无味。

③ 强：茶汤吮入口中感到刺激性或收敛性强。

④ 弱：与“强”相反，入口刺激性弱，吐出茶汤口中味平淡。

⑤ 鲜：似食新鲜水果感觉。

⑥ 爽：爽口。

⑦ 醇：茶味尚浓，回味也爽，但刺激性欠强。

⑧ 和:茶味平淡正常。

(2) 不纯正

指滋味不正或变质有异味。

① 苦:苦味是茶汤滋味的特点,对苦味不能一概而论,应加以区别:如茶汤入口先微苦后回甘,这是好茶;先微苦后不苦也不甜者次,先微苦后也苦又次之,先苦后更苦者最差。后两种味觉反映属苦味。

② 涩:似食生柿子,有麻嘴、厚唇、紧舌之感。涩味轻重可从刺激的部位来区别,涩味轻的在舌面两侧有感觉,重一点的整个舌面有麻木感。一般茶汤的涩味,最重的也只在口腔和舌面有反映,先有涩感后不涩的属于茶汤味的特点,不属于味涩,吐出茶汤仍有涩味才属涩味。涩味一方面表示品质老杂,另一方面是夏秋季节茶的标志。

③ 粗:指粗老茶汤味在舌面感觉粗糙。

④ 异:属不正常滋味,如酸、馊、霉、焦味等。

茶汤滋味与香气关系相当密切。评茶时凡能嗅到的各种香气,如花香、熟板栗香、青气、烟焦气味等,往往在评滋味时也能感受到。鉴别香气、滋味时可以互相辅证。一般说香气好,滋味也是好的。

4. 叶底

即冲泡后剩下的茶渣。干茶冲泡时吸水膨胀,芽叶摊展,叶质老嫩、色泽、匀度及鲜叶加工合理与否,均可在叶底中暴露。看叶底主要依靠视觉和触觉,审评叶底的嫩度、色泽和匀度。

(1) 嫩度

以芽及嫩叶含量比例和叶质老嫩来衡量。芽以含量多、粗而长的好,细而短的差。

叶质老嫩可从软硬度和有无弹性来区别:手指按压叶底柔软,放手后不松起的嫩度好;质硬有弹性,放手后松起表示粗老。叶脉隆起触手的为叶质老,叶脉不隆起平滑不触手的为嫩。叶边缘锯齿状明显的为老,反之为嫩。

叶肉厚软的为嫩,软薄者次之,硬薄者为差:叶的大小与老嫩无关,因为大的叶片嫩度好也是常见的。

(2) 色泽

主要看色度和亮度.其含义与干茶色泽相同。

审评时掌握本茶类应有的色泽和当年新茶的正常色泽。如绿茶叶褒底以嫩绿、黄绿、翠绿明亮者为优;深绿较差;暗绿带青张或红梗红叶者次;青蓝叶底为紫色芽叶制成,在绿茶中认为品质差。红茶叶底以红艳、红亮为优;红暗、乌暗花杂者差。

(3) 匀度

主要从老嫩、大小、厚薄、色泽和整碎去看。

上述因子都较接近,一致匀称的为匀度好.反之则差。匀度与采制技术有关。匀度是评定叶底品质的辅助因子,匀度好不等于嫩度好,不匀也不等于鲜叶老。匀与不匀主要看芽叶组成和鲜叶加工合理与否。

审评叶底时还应注意看叶张舒展情况,是否掺杂等。因为干燥温度过高会使叶底缩紧,泡不开、不散条的为差,叶底完全摊开也不好,好的叶底应具备亮、嫩、厚、稍卷等几个或全部因子。次的为暗、老、薄、摊等几个或全部因子，有焦片、焦叶的更次，变质叶、烂叶为劣变茶。

五、绿茶的感官审评

1. 绿茶品质特征

绿茶是指初加工过程中，鲜叶经贮青或摊放，然后用锅炒杀青或蒸汽杀青，揉捻后炒干或烘干或晒干或烘炒结合干燥的茶叶。

绿茶为不发酵茶，绿茶基本品质特点为清汤绿叶。

绿茶在初加工过程中，首先高温钝化了酶活性，阻止了茶叶中多酚类物质的酶促氧化，保持了绿茶“清汤绿叶”的品质特征。由于在加工过程中高温湿热的作用，部分多酚类氧化、热解、聚合和转化后，水浸出物的总含量有所减少，多酚类约减少 15 %。其含量的适当减少和转化，不但使绿茶茶汤呈嫩绿或黄绿色，还减少茶汤的苦涩味，使之变为爽口。

绿茶根据杀青与干燥方式的不同，分为炒青绿茶、烘青绿茶、烘炒结合型绿茶、晒青绿茶、蒸青绿茶等。

2. 绿茶的审评方法及重点

绿茶审评方法，采用通用评茶法——五项因子审评方法，即外形、汤色、香气、滋味和叶底。评茶用具选用 150 mL 审评杯，称取 3 g 茶样，泡茶水温 100 ℃，泡茶时间 4 min。

（1）外形审评

绿茶一般形态优美，各具特色，审评时主要看干茶色泽和造型。色泽一般以嫩绿、翠绿为好，忌色泽深暗。造型有特色，如卷曲形的碧螺春、都匀毛尖，扁形的龙井、仙人掌茶，针形的南京雨花茶、恩施玉露，花朵形的小兰花、江山绿牡丹等。

（2）内质审评

绿茶因内含物丰富，茶汤色泽对温度反映敏感，要快评汤色。汤色要求清澈明亮，但在评定过程中要注意区分因名优绿茶多茸毫，飘浮于茶汤中，影响其清澈度和明亮度，其实是品质好的表现。评香气以香气类型和持久性为主，如花香型的洞庭碧螺春、涌溪火青、金奖惠明茶，嫩香型的高桥银针、都匀毛尖、金山翠芽，栗香型的采花毛尖、信阳毛尖、凌云白毫等。以香气鲜嫩馥郁、余香持久不散为好。滋味以鲜醇为上，忌浓涩、平淡。叶底要求芽叶完整，嫩匀。

3. 品质评分

名优绿茶品质评分常采用加权评分法，因鲜叶原料细嫩，加工精细，在审评时特别注重干茶外形造型和香气、滋味，外形权数比重较大，判别标准见表 3－2。在审评过程中若有分数相同的，应按滋味→外形→香气→汤色→叶底的次序比较单项因子得分的高低，高者居前。

表 3－2 绿茶品质评语与各品质因子评分表

品质因子	档次	品质特征	得分/分	评分系数/%
外形(*a*)	甲	细嫩，以单芽到一芽二叶初展或相当嫩度的单片为原料，造型美且有特色，色泽嫩绿或翠绿或深绿，油润，匀整，净度好	90～99	25
	乙	较细嫩，造型较有特色，色泽墨绿或黄绿，较油润，尚匀整，净度较好	80～89	
	丙	嫩度稍低，造型特色不明显，色泽暗褐或陈灰或灰绿或偏黄，较匀整，净度尚好	70～79	
汤色(*b*)	甲	嫩绿明亮，浅绿明亮	90～99	10
	乙	尚绿明亮或黄绿明亮	80～89	
	丙	深黄或黄绿欠亮或浑浊	70～79	
香气(*c*)	甲	嫩香、嫩栗香、清高、花香	90～99	25
	乙	清香、尚高、火工香	80～89	
	丙	尚纯、熟闷、老火或青气	70～79	
滋味(*d*)	甲	鲜醇、甘鲜、醇厚鲜爽	90～99	30
	乙	清爽、浓厚、尚醇厚	80～89	
	丙	尚醇、浓涩、青涩	70～79	
叶底(*e*)	甲	细嫩多芽，嫩绿明亮、匀齐	90～99	10
	乙	嫩匀，绿明亮、尚匀齐	80～89	
	丙	尚嫩、黄绿、欠匀齐	70～79	

六、绿茶品质专用评语

绿茶品质评语是记述绿茶品质感官评定结果的专业性用语，评茶人员在实践中要不断地总结积累经验。

1. 绿茶外形评语

(1) 绿茶干茶形状评语

① 细嫩：芽叶细小，显毫柔嫩。多见于春茶期的小叶种高档绿茶。

② 细紧：条索细长紧卷而完整，锋苗好。

③ 紧秀：细紧秀长，有锋苗。多用于名优绿茶。

④ 紧结：茶叶卷紧结实，身骨重实。多用于中上档条形茶。

⑤ 紧直：茶叶紧卷完整而挺直。多用于中上档绿茶。如南京“雨花茶”，条索紧直，形似松针。

⑥ 弯曲：条索呈钩状或弓状。

⑦ 卷曲：呈螺旋状或环状卷曲。

⑧ 粗松：原料粗老，叶质硬，条索粗大。

⑨ 松泡：原料粗老，做工差，条索粗松，身骨轻飘。

⑩ 光滑：表面平整，油润发亮。如“西湖龙井”茶外形扁平光滑。

⑪ 细圆：颗粒细小圆紧，嫩度好，身骨重实。

⑫ 圆紧：呈颗粒状圆形、紧实。用于描述似珍珠状的茶叶。如“平水珠茶”外形圆紧似珠。

⑬ 圆结：颗粒圆而重实。

⑭ 团块：颗粒大如蚕豆或荔枝核，多数为嫩芽叶粘结而成。

⑮ 皱折：宽扁的叶片有折叠而不光滑。常用于粗老扁形茶。

⑯ 浑条：扁茶条不扁而呈浑圆状，如炒制不当的扁形茶。

⑰ 挺秀：茶叶细嫩，造型好，挺直秀气尖削。

⑱ 匀齐：上、中、下三段茶比例协调，净度好，无脱档现象。

⑲ 盘花卷曲：嫩度高，整枝完整而卷曲成圆形颗粒，专指高档珠茶、涌溪火青。

⑳ 锋苗：条形茶的嫩芽。多见于条索紧直而细嫩的高档茶。

㉑ 重实：茶叶拿在手里有沉重感。用于嫩度好，条索紧结的上档茶。

㉒ 老嫩混杂：在同批茶叶或鲜叶中老嫩叶混合和不同级别毛茶拣剔不匀等而产生。

㉓ 上段茶：也称“面张茶”。同一只（批）茶中体形较大的茶叶。在眉茶中通常将通过筛孔 4～5 孔茶称为上段茶。

㉔ 中段茶：茶身大小介于上段与下段茶之间，通常指 6～8 孔茶。

㉕ 下段茶：同一只（批）茶叶中体形较小的部分。通常指 10 孔以下的茶叶。

㉖ 兰花形：茶叶似开展的兰花。多见于细嫩的烘青型名优绿茶。

（2）绿茶干茶色泽评语

① 翠绿：色泽青翠碧绿而有光泽，为高级绿茶之色泽。

② 嫩绿：浅绿嫩黄，富有光泽。

③ 深绿：色近墨绿有光泽。

④ 黄绿：以绿为主，绿中带黄。

⑤ 苍绿：深绿色或青绿色。

⑥ 绿润：色绿鲜活，富有光泽。多用于上档绿茶。

⑦ 嫩黄：金黄中泛出嫩白色，如安吉白茶。

⑧ 枯黄：色黄无光泽。多用于粗老绿茶。

⑨ 陈暗：色泽失去光泽变暗。多见于陈茶或失风受潮的茶叶。

⑩ 灰暗：外形术语。色泽灰暗无彩。如炒青茶失风受潮后，色泽即变灰绿。

⑪ 露黄：在嫩茶中含较多的黄色碎片。多用于拣剔不净、老嫩混杂的绿茶。

⑫ 花杂：茶叶的外形和叶底色泽杂乱，净度较差。

⑬ 起霜：绿茶表面光洁，带有银白色，有光泽。用于经辉炒磨光的精制茶。

⑭ 爆点：绿茶上被烫焦的斑点，常见于杀青和炒干过程中锅温过高，叶表被烫焦成鱼籽状的小斑点。

2. 绿茶汤色评语

（1）嫩绿：浅绿微黄透明。

(2) 碧绿:绿中带翠,清澈鲜艳。
(3) 绿黄:以黄为主,黄中泛绿,比黄绿差。
(4) 杏绿:浅绿微黄,清澈明亮。
(5) 橙黄:汤色黄中微泛红。
(6) 深黄:汤色黄而深,为品质有缺陷的绿茶汤色。也可以用于中低档茉莉花茶汤色。
(7) 黄暗:汤色黄显暗。
(8) 红汤:汤色发红,为变质绿茶的汤色。
(9) 青暗:汤色泛青,无光泽。

3. 绿茶香气评语

(1) 嫩香:新鲜幽雅的毫茶香。
(2) 清高:清香高爽而持久。
(3) 清香:香气清纯爽快,幽雅。
(4) 板栗香:似熟板栗的甜香,强烈持久。
(5) 花香:香气鲜锐,似鲜花香气。
(6) 纯正:香气纯,无其他杂气味,用于中档茶评语。
(7) 平淡:香气较低,略有茶香。
(8) 青气:杀青不透而带有的青草气。
(9) 粗老气:茶叶因粗老而表现的内质特征。
(10) 烟焦气:茶叶被烧灼但未完全炭化所释放出的烟气。
(11) 水闷气:陈闷沤熟的令人不快的气味。
(12) 足火香:茶叶香气中稍带焦糖香。常见于干燥温度较高的制品。

4. 绿茶滋味评语

(1) 鲜爽:鲜美爽口,有活力。多用于名优绿茶。
(2) 鲜醇:鲜爽甘醇。多用于名优绿茶。
(3) 鲜浓:茶味新鲜浓爽,含香有活力。
(4) 浓烈:味浓不苦,收敛性强,回味甘爽。
(5) 浓厚:茶汤中可溶物丰富,质地厚实,味浓而口感适度。
(6) 清淡:清爽柔和。用于嫩度良好的烘青型绿茶。
(7) 生涩:味道生青涩口。夏秋季的绿茶如杀青不匀透。
(8) 粗淡:茶味粗老淡薄。多用于低档茶。“三角片”茶,香气粗青,滋味粗谈。
(9) 粗涩:滋味粗青涩口。多用于夏秋季的低档茶,香气粗糙,滋味粗涩。
(10) 收敛性:滋味浓强,富有刺激性,茶汤入口后,口腔有收紧感。
(11) 熟闷味:滋味软熟,沉闷不快。

5. 绿茶叶底评语

(1) 翠绿:色如青梅,鲜亮悦目。
(2) 嫩绿:叶质细嫩,浅绿微黄,明亮。
(3) 嫩黄:色浅绿透黄,黄里泛白,亮度好。
(4) 青绿:色绿似冬青叶,欠明亮。

（5）暗绿：绿色暗沉无光。

（6）青张：叶底夹带生青叶片。

（7）靛青：又称“靛蓝”。叶底呈蓝绿色。多见于用含花青素较多的紫芽叶所制的绿茶。

（8）焦边：也称烧边。叶片边缘已炭化发黑，杀青温度过高，叶片边缘被灼烧后的制品叶底。

（9）舒展：冲泡后的茶叶自然展开。制茶工艺正常的新茶，其叶底多呈现舒展状；若制茶中温度过高使果胶类物质凝固或存放过久的陈茶，叶底多数不舒展。

（10）卷缩：开汤后的叶底不展开。多见于陈茶，干燥过程中高温快速导致叶底卷缩。

第四节　食品标签的检验

一、食品标签的内容及要求

1. 食品标签

食品标签是指食品包装上的文字、图形、符号及一切说明物。

食品是关系到人们健康、安全的商品。食品生产者通过食品标签向消费者显示或说明食品的特征及性能，以引导消费。食品标签的标注内容应该规范、正确，既发挥商品标签的功能，又保护消费者的健康、利益及生产者的合法权益。食品标签的检验也是食品感官检验的一项内容。

2. 食品标签的内容

GB 7718—2011《食品安全国家标准　预包装食品标签通则》是规范食品标签的通用标准。该标准适用于直接提供给消费者的预包装食品标签和非直接提供给消费者的预包装食品标签，对预包装食品标签的基本要求、标示内容等作了规定。

GB 28050—2011《食品安全国家标准　预包装食品营养标签通则》适用于预包装食品营养标签上营养信息的描述和说明。营养标签是预包装食品标签的一部分。该标准规定了预包装食品营养标签的基本要求、强制标示内容、可选择标示内容、营养成分的表达方式、豁免强制标示营养标签的预包装食品。其中强制标示内容包括能量、核心营养素（蛋白质、脂肪、碳水化合物和钠）的含量值及其占营养素参考值（NRV）的百分比。当标示其他成分时，应采取适当形式使能量和核心营养素的标示更加醒目。具体要求按 GB 28050—2011《食品安全国家标准　预包装食品营养标签通则》执行。

《食品标识管理规定》（2009 年 10 月 22 日修订）对食品的标识标注和管理作了规定。本规定所称食品标识是指粘贴、印刷、标记在食品或者其包装上，用于表示食品名称、质量等级、商品量、食用或者使用方法、生产者或者销售商等相关信息的文字、符号、数字、图案以及其他说明的总称。食品标签的内容要结合《食品标识管理规定》制定，例如《食品标识管理规定》第七条规定：食品标识应当标注食品的产地，食品产地应当按照行政区划标注到地市级地域。

综上所述，直接向消费者提供的预包装食品标签标识内容为：

（1）食品名称；

（2）配料表；

（3）净含量和规格；

（4）生产者、经销者的名称、地址和联系方式；

（5）日期标示（生产日期、保质期）；

（6）贮存条件；

（7）食品生产许可证编号；

（8）产品标准编号；

（9）产地（标注到地级市）；

（10）营养成分表；

（11）配料的定量标示（可选）；

（12）其他标示内容：辐射食品、转基因食品、特殊膳食用食品营养标签、质量（品质）等级（可选）。

二、食品标签的检验

食品标签的检验属于食品感官检验的内容。

食品标签的检验依据是 GB 7718—2011《食品安全国家标准　预包装食品标签通则》、GB 28050—2011《食品安全国家标准　预包装食品营养标签通则》《食品标识管理规定》及相关产品标准。

在对食品标签进行检验时，除了符合上述标准与规定要求外，有具体产品标签标准的，如 GB 13432《预包装特殊膳食用食品标签通则》，还应符合其相关规定。产品标准中对标签有专门规定的，也应符合其规定。

检验时除了检查标签上标注的内容是否齐全外，还应检查其标注是否正确，是否有虚假行为。如配料表所标注内容是否正确、真实；计量单位是否为国家法定计量单位；产品标准的标注是否正确等。

三、食品安全国家标准　预包装食品标签通则（GB 7718—2011）

1　范围

本标准适用于直接提供给消费者的预包装食品标签和非直接提供给消费者的预包装食品标签。

本标准不适用于为预包装食品在储藏运输过程中提供保护的食品储运包装标签、散装食品和现制现售食品的标识。

2　术语和定义

2.1　预包装食品

预先定量包装或者制作在包装材料和容器中的食品，包括预先定量包装以及预先定量制作在包装材料和容器中并且在一定量限范围内具有统一的质量或体积标识的食品。

2.2　食品标签

食品包装上的文字、图形、符号及一切说明物。

2.3　配料

在制造或加工食品时使用的，并存在（包括以改性的形式存在）于产品中的任何物质，包括食品添加剂。

2.4　生产日期（制造日期）

食品成为最终产品的日期，也包括包装或灌装日期，即将食品装入（灌入）包装物或容器中，形成最终销售单元的日期。

2.5　保质期

预包装食品在标签指明的贮存条件下，保持品质的期限。在此期限内，产品完全适于销售，并保持标签中不必说明或已经说明的特有品质。

2.6　规格

同一预包装内含有多件预包装食品时，对净含量和内含件数关系的表述。

2.7　主要展示版面

预包装食品包装物或包装容器上容易被观察到的版面。

3　基本要求

3.1　应符合法律、法规的规定，并符合相应食品安全标准的规定。

3.2　应清晰、醒目、持久，应使消费者购买时易于辨认和识读。

3.3　应通俗易懂、有科学依据，不得标示封建迷信、色情、贬低其他食品或违背营养科学常识的内容。

3.4　应真实、准确，不得以虚假、夸大、使消费者误解或欺骗性的文字、图形等方式介绍食品，也不得利用字号大小或色差误导消费者。

3.5　不应直接或以暗示性的语言、图形、符号，误导消费者将购买的食品或食品的某一性质与另一产品混淆。

3.6　不应标注或者暗示具有预防、治疗疾病作用的内容，非保健食品不得明示或者暗示具有保健作用。

3.7　不应与食品或者其包装物（容器）分离。

3.8　应使用规范的汉字（商标除外）。具有装饰作用的各种艺术字，应书写正确，易于辨认。

3.8.1　可以同时使用拼音或少数民族文字，拼音不得大于相应汉字。

3.8.2　可以同时使用外文，但应与中文有对应关系（商标、进口食品的制造者和地址、国外经销者的名称和地址、网址除外）。所有外文不得大于相应的汉字（商标除外）。

3.9　预包装食品包装物或包装容器最大表面面积大于 35 cm^2 时（最大表面面积计算方法见附录 A），强制标示内容的文字、符号、数字的高度不得小于 1.8 mm。

3.10　一个销售单元的包装中含有不同品种、多个独立包装可单独销售的食品，每件独立包装的食品标识应当分别标注。

3.11　若外包装易于开启识别或透过外包装物能清晰地识别内包装物（容器）上的所有强制标示内容或部分强制标示内容，可不在外包装物上重复标示相应的内容；否则应在外包装物上按要求标示所有强制标示内容。

4　标示内容

4.1　直接向消费者提供的预包装食品标签标示内容

4.1.1　一般要求

直接向消费者提供的预包装食品标签标示应包括食品名称、配料表、净含量和规格、生产者和（或）经销者的名称、地址和联系方式、生产日期和保质期、贮存条件、食品生产许可证编号、产品标准代号及其他需要标示的内容。

4.1.2　食品名称

4.1.2.1　应在食品标签的醒目位置，清晰地标示反映食品真实属性的专用名称。

4.1.2.1.1　当国家标准、行业标准或地方标准中已规定了某食品的一个或几个名称时，应选用其中的一个，或等效的名称。

4.1.2.1.2　无国家标准、行业标准或地方标准规定的名称时，应使用不使消费者误解或混淆的常用名称或通俗名称。

4.1.2.2　标示"新创名称""奇特名称""音译名称""牌号名称""地区俚语名称"或"商标名称"时，应在所示名称的同一展示版面标示4.1.2.1规定的名称。

4.1.2.2.1　当"新创名称""奇特名称""音译名称""牌号名称""地区俚语名称"或"商标名称"含有易使人误解食品属性的文字或术语（词语）时，应在所示名称的同一展示版面邻近部位使用同一字号标示食品真实属性的专用名称。

4.1.2.2.2　当食品真实属性的专用名称因字号或字体颜色不同易使人误解食品属性时，也应使用同一字号及同一字体颜色标示食品真实属性的专用名称。

4.1.2.3　为不使消费者误解或混淆食品的真实属性、物理状态或制作方法，可以在食品名称前或食品名称后附加相应的词或短语。如干燥的、浓缩的、复原的、熏制的、油炸的、粉末的、粒状的等。

4.1.3　配料表

4.1.3.1　预包装食品的标签上应标示配料表，配料表中的各种配料应按4.1.2的要求标示具体名称，食品添加剂按照4.1.3.1.4的要求标示名称。

4.1.3.1.1　配料表应以"配料"或"配料表"为引导词。当加工过程中所用的原料已改变为其他成分（如酒、酱油、食醋等发酵产品）时，可用"原料"或"原料与辅料"代替"配料"、"配料表"，并按本标准相应条款的要求标示各种原料、辅料和食品添加剂。加工助剂不需要标示。

4.1.3.1.2　各种配料应按制造或加工食品时加入量的递减顺序一一排列；加入量不超过2％的配料可以不按递减顺序排列。

4.1.3.1.3　如果某种配料是由两种或两种以上的其他配料构成的复合配料（不包括复合食品添加剂），应在配料表中标示复合配料的名称，随后将复合配料的原始配料在括号内按加入量的递减顺序标示。当某种复合配料已有国家标准、行业标准或地方标准，且其加入量小于食品总量的25％时，不需要标示复合配料的原始配料。

4.1.3.1.4　食品添加剂应当标示其在 GB 2760 中的食品添加剂通用名称。食品添加剂通用名称可以标示为食品添加剂的具体名称，也可标示为食品添加剂的功能类别名称并同时标示食品添加剂的具体名称或国际编码（INS 号）（标示形式见附录 B）。在同一预包装食品的标签上，应选择附录 B 中的一种形式标示食品添加剂。当采用同时标示食品添加剂的功能类别名称和国际编码的形式时，若某种食品添加剂尚不存在相应的国际编码，或因致敏物质标示需要，可以标示其具体名称。食品添加剂的名称不包括其制法。加入量小于食品总量 25 %的复合配料中含有的食品添加剂，若符合 GB 2760 规定的带入原则且在最终产品中不起工艺作用的，不需要标示。

4.1.3.1.5　在食品制造或加工过程中，加入的水应在配料表中标示。在加工过程中已挥发的水或其他挥发性配料不需要标示。

4.1.3.1.6　可食用的包装物也应在配料表中标示原始配料，国家另有法律法规规定的除外。

4.1.3.2　下列食品配料，可以选择按表 1 的方式标示。

表 1　配料标示方式

配料类别	标示方式
各种植物油或精炼植物油，不包括橄榄油	“植物油”或“精炼植物油”；如经过氢化处理，应标示为“氢化”或“部分氢化”
各种淀粉，不包括化学改性淀粉	“淀粉”
加入量不超过 2 %的各种香辛料或香辛料浸出物（单一的或合计的）	“香辛料”、“香辛料类”或“复合香辛料”
胶基糖果的各种胶基物质制剂	“胶姆糖基础剂”、“胶基”
添加量不超过 10 %的各种果脯蜜饯水果	“蜜饯”、“果脯”
食用香精、香料	“食用香精”、“食用香料”、“食用香精香料”

4.1.4　配料的定量标示

4.1.4.1　如果在食品标签或食品说明书上特别强调添加了或含有一种或多种有价值、有特性的配料或成分，应标示所强调配料或成分的添加量或在成品中的含量。

4.1.4.2　如果在食品的标签上特别强调一种或多种配料或成分的含量较低或无时，应标示所强调配料或成分在成品中的含量。

4.1.4.3　食品名称中提及的某种配料或成分而未在标签上特别强调，不需要标示该种配料或成分的添加量或在成品中的含量。

4.1.5　净含量和规格

4.1.5.1　净含量的标示应由净含量、数字和法定计量单位组成（标示形式参见附录 C）。

4.1.5.2　应依据法定计量单位，按以下形式标示包装物（容器）中食品的净含量：

a）液态食品，用体积升（L）（l）、毫升（mL）（ml），或用质量克（g）、千克（kg）；

b）固态食品，用质量克（g）、千克（kg）；

c）半固态或黏性食品，用质量克（g）、千克（kg）或体积升（L）（l）、毫升（mL）（ml）。

4.1.5.3 净含量的计量单位应按表 2 标示。

表 2 净含量计量单位的标示方式

计量方式	净含量(Q)的范围	计量单位
体积	$Q<1000$ mL $Q\geq1000$ mL	毫升(mL)(ml) 升(L)(l)
质量	$Q<1000$ g $Q\geq1000$ g	克(g) 千克(kg)

4.1.5.4 净含量字符的最小高度应符合表 3 的规定。

表 3 净含量字符的最小高度

净含量(Q)的范围	字符的最小高度 mm
$Q\leq50$ mL;$Q\leq50$g	2
50 mL$<Q\leq$200 mL;50 g$<Q\leq$200g	3
200 mL$<Q\leq$1 L;200 g$<Q\leq$1 kg	4
$Q>1$ kg;$Q>1$ L	6

4.1.5.5 净含量应与食品名称在包装物或容器的同一展示版面标示。

4.1.5.6 容器中含有固、液两相物质的食品,且固相物质为主要食品配料时,除标示净含量外,还应以质量或质量分数的形式标示沥干物(固形物)的含量(标示形式参见附录 C)。

4.1.5.7 同一预包装内含有多个单件预包装食品时,大包装在标示净含量的同时还应标示规格。

4.1.5.8 规格的标示应由单件预包装食品净含量和件数组成,或只标示件数,可不标示“规格”二字。单件预包装食品的规格即指净含量(标示形式参见附录 C)。

4.1.6 生产者、经销者的名称、地址和联系方式

4.1.6.1 应当标注生产者的名称、地址和联系方式。生产者名称和地址应当是依法登记注册、能够承担产品安全质量责任的生产者的名称、地址。有下列情形之一的,应按下列要求予以标示。

4.1.6.1.1 依法独立承担法律责任的集团公司、集团公司的子公司,应标示各自的名称和地址。

4.1.6.1.2 不能依法独立承担法律责任的集团公司的分公司或集团公司的生产基地,应标示集团公司和分公司(生产基地)的名称、地址;或仅标示集团公司的名称、地址及产地,产地应当按照行政区划标注到地市级地域。

4.1.6.1.3 受其他单位委托加工预包装食品的,应标示委托单位和受委托单位的名称和地址;或仅标示委托单位的名称和地址及产地,产地应当按照行政区划标注到地市级地域。

4.1.6.2 依法承担法律责任的生产者或经销者的联系方式应标示以下至少一项内容:电话、传真、网络联系方式等,或与地址一并标示的邮政地址。

4.1.6.3　进口预包装食品应标示原产国国名或地区区名（如中国香港、中国澳门、中国台湾），以及在中国依法登记注册的代理商、进口商或经销者的名称、地址和联系方式，可不标示生产者的名称、地址和联系方式。

4.1.7　日期标示

4.1.7.1　应清晰标示预包装食品的生产日期和保质期。如日期标示采用“见包装物某部位”的形式，应标示所在包装物的具体部位。日期标示不得另外加贴、补印或篡改（标示形式参见附录 C）。

4.1.7.2　当同一预包装内含有多个标示了生产日期及保质期的单件预包装食品时，外包装上标示的保质期应按最早到期的单件食品的保质期计算。外包装上标示的生产日期应为最早生产的单件食品的生产日期，或外包装形成销售单元的日期；也可在外包装上分别标示各单件装食品的生产日期和保质期。

4.1.7.3　应按年、月、日的顺序标示日期，如果不按此顺序标示，应注明日期标示顺序（标示形式参见附录 C）。

4.1.8　贮存条件

预包装食品标签应标示贮存条件（标示形式参见附录 C）。

4.1.9　食品生产许可证编号

预包装食品标签应标示食品生产许可证编号的，标示形式按照相关规定执行。

4.1.10　产品标准代号

在国内生产并在国内销售的预包装食品（不包括进口预包装食品）应标示产品所执行的标准代号和顺序号。

4.1.11　其他标示内容

4.1.11.1　辐照食品

4.1.11.1.1　经电离辐射线或电离能量处理过的食品，应在食品名称附近标示“辐照食品”。

4.1.11.1.2　经电离辐射线或电离能量处理过的任何配料，应在配料表中标明。

4.1.11.2　转基因食品

转基因食品的标示应符合相关法律、法规的规定。

4.1.11.3　营养标签

4.1.11.3.1　特殊膳食类食品和专供婴幼儿的主辅类食品，应当标示主要营养成分及其含量，标示方式按照 GB 13432 执行。

4.1.11.3.2　其他预包装食品如需标示营养标签，标示方式参照相关法规标准执行。

4.1.11.4　质量（品质）等级

食品所执行的相应产品标准已明确规定质量（品质）等级的，应标示质量（品质）等级。

4.2　非直接提供给消费者的预包装食品标签标示内容

非直接提供给消费者的预包装食品标签应按照 4.1 项下的相应要求标示食品名称、规格、净含量、生产日期、保质期和贮存条件，其他内容如未在标签上标注，则应在说明书或合同中注明。

4.3 标示内容的豁免

4.3.1 下列预包装食品可以免除标示保质期：酒精度大于等于10 %的饮料酒；食醋；食用盐；固态食糖类；味精。

4.3.2 当预包装食品包装物或包装容器的最大表面面积小于10 cm^2 时（最大表面面积计算方法见附录A），可以只标示产品名称、净含量、生产者（或经销商）的名称和地址。

4.4 推荐标示内容

4.4.1 批号

根据产品需要，可以标示产品的批号。

4.4.2 食用方法

根据产品需要，可以标示容器的开启方法、食用方法、烹调方法、复水再制方法等对消费者有帮助的说明。

4.4.3 致敏物质

4.4.3.1 以下食品及其制品可能导致过敏反应，如果用作配料，宜在配料表中使用易辨识的名称，或在配料表邻近位置加以提示：

a）含有麸质的谷物及其制品（如小麦、黑麦、大麦、燕麦、斯佩耳特小麦或它们的杂交品系）；

b）甲壳纲类动物及其制品（如虾、龙虾、蟹等）；

c）鱼类及其制品；

d）蛋类及其制品；

e）花生及其制品；

f）大豆及其制品；

g）乳及乳制品（包括乳糖）；

h）坚果及其果仁类制品。

4.4.3.2 如加工过程中可能带入上述食品或其制品，宜在配料表临近位置加以提示。

5 其他

按国家相关规定需要特殊审批的食品，其标签标识按照相关规定执行。

附录A

包装物或包装容器最大表面面积计算方法

A.1 长方体形包装物或长方体形包装容器计算方法

长方体形包装物或长方体形包装容器的最大一个侧面的高度（cm）乘以宽度（cm）。

A.2 圆柱形包装物、圆柱形包装容器或近似圆柱形包装物、近似圆柱形包装容器计算方法

包装物或包装容器的高度（cm）乘以圆周长（cm）的40 %。

A.3 其他形状的包装物或包装容器计算方法

包装物或包装容器的总表面积的40 %。

如果包装物或包装容器有明显的主要展示版面，应以主要展示版面的面积为最大表面面积。

包装袋等计算表面面积时应除去封边所占尺寸。瓶形或罐形包装计算表面面积时不包括肩部、颈部、顶部和底部的凸缘。

附录B
食品添加剂在配料表中的标示形式

B.1　按照加入量的递减顺序全部标示食品添加剂的具体名称

配料：水，全脂奶粉，稀奶油，植物油，巧克力（可可液块，白砂糖，可可脂，磷脂，聚甘油蓖麻醇酯，食用香精，柠檬黄），葡萄糖浆，丙二醇脂肪酸酯，卡拉胶，瓜尔胶，胭脂树橙，麦芽糊精，食用香料。

B.2　按照加入量的递减顺序全部标示食品添加剂的功能类别名称及国际编码

配料：水，全脂奶粉，稀奶油，植物油，巧克力（可可液块，白砂糖，可可脂，乳化剂（322，476），食用香精，着色剂（102）），葡萄糖浆，乳化剂（477），增稠剂（407，412），着色剂（160b），麦芽糊精，食用香料。

B.3　按照加入量的递减顺序全部标示食品添加剂的功能类别名称及具体名称

配料：水，全脂奶粉，稀奶油，植物油，巧克力（可可液块，白砂糖，可可脂，乳化剂（磷脂，聚甘油蓖麻醇酯），食用香精，着色剂（柠檬黄），葡萄糖浆，乳化剂（丙二醇脂肪酸酯），增稠剂（卡拉胶，瓜尔胶），着色剂（胭脂树橙），麦芽糊精，食用香料。

B.4　建立食品添加剂项一并标示的形式

B.4.1　一般原则

直接使用的食品添加剂应在食品添加剂项中标注。营养强化剂、食用香精香料、胶基糖果中基础剂物质可在配料表的食品添加剂项外标注。非直接使用的食品添加剂不在食品添加剂项中标注。食品添加剂项在配料表中的标注顺序由需纳入该项的各种食品添加剂的总重量决定。

B.4.2　全部标示食品添加剂的具体名称

配料：水，全脂奶粉，稀奶油，植物油，巧克力（可可液块，白砂糖，可可脂，磷脂，聚甘油蓖麻醇酯，食用香精，柠檬黄），葡萄糖浆，食品添加剂（丙二醇脂肪酸酯，卡拉胶，瓜尔胶，胭脂树橙），麦芽糊精，食用香料。

B.4.3　全部标示食品添加剂的功能类别名称及国际编码

配料：水，全脂奶粉，稀奶油，植物油，巧克力（可可液块，白砂糖，可可脂，乳化剂（322，476），食用香精，着色剂（102）），葡萄糖浆，食品添加剂（乳化剂（477），增稠剂（407，412），着色剂（160b）），麦芽糊精，食用香料。

B.4.4　全部标示食品添加剂的功能类别名称及具体名称

配料：水，全脂奶粉，稀奶油，植物油，巧克力（可可液块，白砂糖，可可脂，乳化剂（磷脂，聚甘油蓖麻醇酯），食用香精，着色剂（柠檬黄），葡萄糖浆，食品添加剂（乳化剂（丙二醇脂肪酸酯），增稠剂（卡拉胶，瓜尔胶），着色剂（胭脂树橙），麦芽糊精，食用香料。

附录C
部分标签项目的推荐标示形式

C.1　概述

本附录以示例形式提供了预包装食品部分标签项目的推荐标示形式，标示相应项目时可选用但不限于这些形式。如需要根据食品特性或包装特点等对推荐形式调整使用的，应与推荐形式基本含义保持一致。

C.2　净含量和规格的标示

为方便表述，净含量的示例统一使用质量为计量方式，使用冒号为分隔符。标签上应使用实际产品适用的计量单位，并可根据实际情况选择空格或其他符号作为分隔符，便于识读。

C.2.1　单件预包装食品的净含量（规格）可以有如下标示形式：

净含量（或净含量/规格）：450 g；

净含量（或净含量/规格）：225 克（200 克＋送 25 克）；

净含量（或净含量/规格）：200 克＋赠 25 克；

净含量（或净含量/规格）：（200＋25）克。

C.2.2　净含量和沥干物（固形物）可以有如下标示形式（以“糖水梨罐头”为例）：

净含量（或净含量/规格）：425 克沥干物（或固形物或梨块）：不低于 255 克（或不低于 60 %）。

C.2.3　同一预包装内含有多件同种类的预包装食品时，净含量和规格均可以有如下标示形式：

净含量（或净含量/规格）：40 克×5；

净含量（或净含量/规格）：5×40 克；

净含量（或净含量/规格）：200 克（5×40 克）；

净含量（或净含量/规格）：200 克（40 克×5）；

净含量（或净含量/规格）：200 克（5 件）；

净含量：200 克规格：5×40 克；

净含量：200 克规格：40 克×5；

净含量：200 克规格：5 件；

净含量（或净含量/规格）：200 克（100 克＋50 克×2）；

净含量（或净含量/规格）：200 克（80 克×2＋40 克）；

净含量：200 克规格：100 克＋50 克×2；

净含量：200 克规格：80 克×2＋40 克。

C.2.4　同一预包装内含有多件不同种类的预包装食品时，净含量和规格可以有如下标示形式：

净含量（或净含量/规格）：200 克（A 产品 40 克×3，B 产品 40 克×2）；

净含量（或净含量/规格）：200 克（40 克×3，40 克×2）；

净含量（或净含量/规格）：100 克 A 产品，50 克×2B 产品，50 克 C 产品；

净含量(或净含量/规格):A 产品:100 克,B 产品:50 克×2,C 产品:50 克;

净含量/规格:100 克(A 产品),50 克×2(B 产品),50 克(C 产品);

净含量/规格:A 产品 100 克,B 产品 50 克×2,C 产品 50 克。

C.3 日期的标示

日期中年、月、日可用空格、斜线、连字符、句点等符号分隔,或不用分隔符。年代号一般应标示 4 位数字,小包装食品也可以标示 2 位数字。月、日应标示 2 位数字。

日期的标示可以有如下形式:

2010 年 3 月 20 日;

20100320;2010/03/20;20100320;

20 日 3 月 2010 年;3 月 20 日 2010 年;

(月/日/年):03202010;03/20/2010;03202010。

C.4 保质期的标示

保质期可以有如下标示形式:

最好在……之前食(饮)用;……之前食(饮)用最佳;……之前最佳;

此日期前最佳……;此日期前食(饮)用最佳……;

保质期(至)……;保质期××个月(或××日,或××天,或××周,或×年)。

C.5 贮存条件的标示

贮存条件可以标示"贮存条件"、"贮藏条件"、"贮藏方法"等标题,或不标示标题。

贮存条件可以有如下标示形式:

常温(或冷冻,或冷藏,或避光,或阴凉干燥处)保存;

××—×× ℃保存;

请置于阴凉干燥处;

常温保存,开封后需冷藏;

温度:≤×× ℃,湿度:≤×× %。

生活小常识

如何快速判断茶叶水分

茶叶是以从茶树上采摘的芽、叶、嫩茎为原料,按照特定工艺加工制成。中国是茶的故乡,常见的茶叶有绿茶、红茶、青茶(乌龙茶)、白茶、黄茶和黑茶六大类。

茶叶水分含量的多少,与茶叶品质高低和质量有很大的关系。一般茶叶的水分含量在 6 %～7 %时品质较稳定,水分含量超过 8 %容易陈化,超过 12 %易霉变。因此,挑选茶叶的时候,可以采用摸、捻、折的手法,利于触觉来初步快速的判断茶样的含水量。

用手测茶叶水分,可抓茶一把,用力紧握。当茶叶水分含量在 5 %～7 %时,抓茶时会发出"沙沙"声,茶身硬脆;用两指触碰茶叶会有毛糙的感觉,一捏就能粉碎;水分含量 8 %～12 %左右时,两指捏茶叶后往往会有小碎片存在,不容易完全捏碎;水分含量在 13 %以上时,茶叶不容易折断,软且韧,茶梗更是不易折断。

水分含量高的茶样要及时烘干处理，否则容易陈化，影响茶叶品质。

多数茶叶不宜久存，打开包装后应密封储存在阴凉避光处，避免营养物质氧化和香味流失。如果条件允许，储存在冰箱冷藏室更好。

案例题

1. 某一产品在标签的醒目位置如下标示食品名称：

千雪物语半乳脂冰淇淋

判断食品名称的标示正确吗？

2. 某一产品的食品名称为：美国杏仁。食品名称的标示正确吗？

3. 某月饼的标签上标示的配料表如下：

配料表：面粉、砂糖、精油、鸡蛋、莲蓉

判断配料表的标示正确吗？

4. 某产品标签上的食品名称和配料表分别为：绿茶（低糖绿茶饮品），配料表：纯净水、白砂糖<4 %、绿茶茶叶、蜂蜜 0.3g/L、维生素 C、柠檬酸钠、六偏磷酸钠、食用香精。

配料表的标示正确吗？

5. 请判断下面某产品标签上的净含量标示是否正确：

毛重：5kg

6. 某糕点生产企业的产品标签内容缺少产地，该企业质量负责人认为 GB 7718 没有规定要标示产地。该企业质量负责人说法正确吗？

7. 某纯净水生产企业在产品标签上这样标示产品标准编号：GB 17323—1998。这样标示正确吗？

第四章　食品物理检验

物理检验法是食品分析及食品工业生产中常用的检测方法之一。食品的物理检验法有两种类型：第一种类型是根据某些食品的物理常数，如密度、相对密度、折射率、旋光度等，与食品的组成成分及其含量之间存在着一定的数学关系，因此，可以通过物理常数的测定来间接检测食品的组成成分及其含量；第二种类型是依据某些食品的一些物理量，它们是该食品的质量指标的重要组成部分，如液体的透明度、浊度，罐头的真空度等，这一类的物理量可直接测定。本章主要介绍第一种类型的食品物理检验方法。

第一节　相对密度法

一、概述

1. 密度测定的原理

在分析测试工作中，经常用来表述和测量的密度相关的物理常数有以下两种。

(1)密度(ρ)

密度，符号为 ρ，是指物质的质量除以体积，单位为 kg/m^3，分析中常用其分数单位 g/cm^3，对于液体物质更习惯于表达为 g/mL。其数学表达式为：

$$\rho=\frac{m}{V} \tag{4-1}$$

(2) 相对密度(d)

直接准确测定物质的密度是比较困难的，现实中常采用测定相对密度的方式来表达密度。相对密度，符号为 d，是指物质的密度与参比物质的密度在对两种物质所规定的条件下的比值。其数学表达式为：

$$d_t^t=\frac{\rho_i}{\rho_s} \tag{4-2}$$

式中：ρ——密度，下标 i 指待测物质，s 指参比物质；

d_t^t——待测物质 i 的密度与参比物质 s 的密度在规定温度 t 的比。

因为物质的密度通常是指 20 ℃的值，参比物质通常是纯水，测量时待测物质与参比物质取相同体积，故式(4－2)为：

$$d_{20}^{20}=\frac{\rho_{20,i}}{\rho_{20}(H_2O)}=\frac{m_i}{m(H_2O)} \tag{4-3}$$

故

$$\rho_{20,i}=d_{20}^{20}\cdot\rho_{20}(H_2O)=\frac{m^i}{m(H_2O)}\cdot\rho_{20}(H_2O) \tag{4-4}$$

式中：m_i、$m(H_2O)$——体积完全相等的待测物质 i 与参比物质纯水的质量；

$\rho_{20}(H_2O)$——20 ℃时水的密度。

实际上，水的密度 $\rho(H_2O)$ 也是随温度不同而变化的(如表 4－1 所示)。所以，在实际应用中，为了便于比较，常规定以 4 ℃时纯水的密度为基准，即：

$$d_4^t(H_2O)=\frac{\rho_t(H_2O)}{\rho_4(H_2O)} \tag{4-5}$$

所以，待测物质的密度 $\rho_{20,i}$ 也应是与 4 ℃时纯水的密度相比较而言的。如果不是在 20 ℃时而是在温度为 t 时测量的，或者要求温度为 t 时的密度值，则可写为：

$$d_4^t(i)=\frac{m_i}{m(H_2O)}\cdot d_4^t(H_2O) \tag{4-6}$$

表 4－1　不同温度下水的密度与相对密度

温度 t/ ℃	密度 ρ_t/(g/cm^3)	相对密度 $d_4^t(H_2O)$	温度 t/ ℃	密度 ρ_t/(g/cm^3)	相对密度 $d_4^t(H_2O)$
0	0.999 839 6	0.999 867	17	0.998 772 8	0.998 801
4	0.999 972 0	1.000 000	18	0.998 593 4	0.998 621
5	0.999 963 7	0.999 992	19	0.998 403 0	0.998 431
6	0.999 939 9	0.999 968	20	0.998 201 9	0.998 230
7	0.999 901 1	0.999 929	21	0.997 990 2	0.998 018
8	0.999 847 7	0.999 876	22	0.997 768 3	0.997 796
9	0.999 780 1	0.999 808	23	0.997 536 3	0.997 564
10	0.999 698 7	0.999 727	24	0.997 294 4	0.997 322
11	0.999 603 9	0.999 632	25	0.997 042 9	0.997 071
12	0.999 496 1	0.999 524	26	0.996 781 8	0.996 810
13	0.999 375 6	0.999 404	27	0.996 511 3	0.996 539
14	0.999 242 7	0.999 271	28	0.996 231 6	0.996 259
15	0.999 097 7	0.999 126	29	0.995 943 0	0.995 971
16	0.998 941 0	0.998 969	30	0.995 645 4	0.995 673

2. 测定相对密度的意义

相对密度是物质重要的物理常数，各种液态食品都具有一定的相对密度，当其组成成分及其浓度改变时，相对密度往往也随之改变，故通过测定液态食品的相对密度可以检验食品的纯度、浓度及判断食品的质量。

液态食品当其水分被完全蒸发干燥至恒量时，所得到的剩余物称干物质或固形物。液态食品的相对密度与其固形物含量具有一定的数学关系，故测定液态食品相对密度即可求出其固形物含量。

蔗糖溶液的相对密度随糖液浓度的增加而增大，原麦汁的相对密度随浸出物浓度的增加而增大，而酒的相对密度却随酒精度的提高而减小，这些规律已通过实验制定出了它们的对照表，只要测得它们的相对密度就可以从附表中查出其对应的浓度。

对于果汁、番茄汁等这样的液态食品，测定了相对密度便可通过换算或查专用的经验表确定其可溶性固形物或总固形物的含量。正常的液态食品的相对密度都在一定的范围之内，例如：全脂牛乳相对密度为 1.028～1.032(20 ℃/20 ℃)，芝麻油相对密度为 0.9126～0.9287(20 ℃/4 ℃)。

又如脂肪的相对密度与其脂肪酸的组成有密切关系。不饱和脂肪酸含量越高，脂肪酸不饱和程度越高，脂肪的相对密度越高；游离脂肪酸含量越高，相对密度越低；酸败的油脂其相对密度将升高。牛乳的相对密度与脂肪含量、总乳固体含量有关，脱脂乳的相对密度比新鲜乳高，掺水乳相对密度降低，故测定牛乳的相对密度可检查牛乳是否脱脂、是否掺水。从蔗糖溶液的相对密度可以直接读出蔗糖的质量百分浓度。从酒精溶液的相对密度可直接读出酒精的体积百分浓度。当由于掺杂、变质等原因引起其组织成分发生异常变化时，均可导致其相对密度发生变化。不可忽视的是，即使液态食品的相对密度在正常范围以内，也不能确保食品无质量问题，必须配合其他理化分析，才能保证食品的质量。

总之，相对密度的测定是食品检验中常用的、简便的一种物理检测方法。

二、测定方法

相对密度的测定方法主要有密度瓶法和密度计法两种，二者各有优缺点。

1. 密度瓶法

(1) 测定原理

密度瓶具有一定的容积，在一定温度下，用同一密度瓶分别称量样品溶液和蒸馏水的质量，两者之比即为该样品的相对密度。

测定时的温度通常规定为 20 ℃，有时由于某种原因，也可能采用其他温度值。若如此，则测定结果应标明所采用的温度值。

(2)仪器

① 密度瓶：密度瓶因形状和容积不同而有各种规格。常用的规格分别是 50 mL、25 mL、10 mL、5 mL、1 mL，形状一般为球形。比较标准的是附有特制温度计、带磨口帽的小支管密度瓶，见图 4-1。

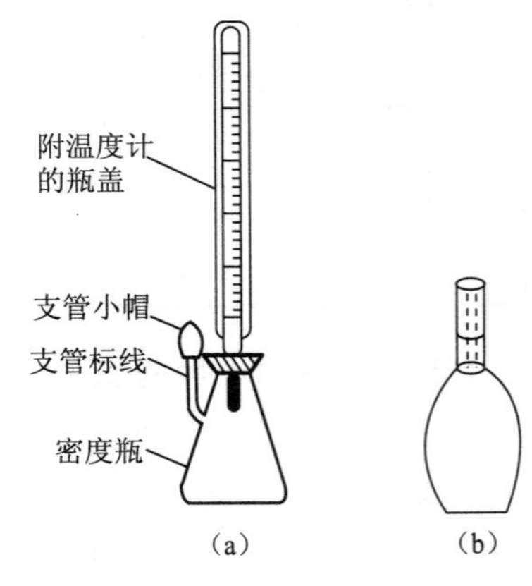

图 4-1 密度瓶

② 烘箱式恒温箱。

③ 恒温水浴：温度控制在(20.0±0.1) ℃。

④ 温度计：分度值 0.1 ℃。

(3) 测定步骤

精确称取清洁、干燥的密度瓶质量 m_0，然后装满新煮沸并冷却至 20 ℃以下的蒸馏水，插入温度计(瓶内应无气泡)，浸于(20.0±0.1) ℃恒温水浴中，保持 30 min 后，取出，用滤纸擦干溢出支管外的水，盖上小帽，擦干密度瓶外的水，称其质量 m_1。然后倒出蒸馏水，用乙醇、乙醚洗涤密度瓶，干燥后，装入样品，按上述方法操作，称其质量为 m_2。

(4) 结果计算

样品的相对密度 d_{20}^{20} 和密度 ρ_{20} 结果按式(4-7)、式(4-8)计算：

$$d=\frac{m_3-m_1}{m_2-m_1} \tag{4-7}$$

$$\rho_{20}=d_{20}^{20}\cdot\rho_{20}(H_2O) \tag{4-8}$$

式中：m_1——密度瓶质量，g；

m_2——密度瓶及水质量，g；

m_3——密度瓶及样品质量，g。

通常，化学手册上记载的相对密度多为 d_4^{20}，为了便于比较物料的相对密度，必须将测得的 d_{20}^{20}，换算为以 1.0000 作标准的 d_4^{20}，按式(4-9)计算：

$$d_4^{20}=d_{20}^{20}\times 0.99823 \tag{4-9}$$

(5) 注意事项

① 向密度瓶内注入水时不得带起气泡。

② 装水与试样前，空密度瓶的质量，一般应相等，如有差别，则应采用相应的 m_0 值。

2. 密度计法

密度计是根据阿基米德原理制成的，其种类繁多，但结构和形式基本相同，都是由玻璃外壳制成的，并由三部分组成。头部是球形或圆锥形，内部灌有铅珠、水银或其他重金属，中部是胖肚空腔，内有空气，故能浮起，尾部是一根细长管，内附有刻度标记，刻度是利用各种不同密度的液体进行标定的，从而制成了各种不同标度的密度计。当密度计浸入液体中时，受到自下而上的浮力作用，浮力的大小等于密度计排开的液体质量。随着密度计浸入深度的增加，浮力逐渐增大，当浮力等于密度计自身质量时，密度计处于平衡状态。

密度计在平衡状态时浸没于液体的深度取决于液体的密度。液体密度愈大，则密度计浸没的深度愈小；反之，液体密度愈小，则密度计浸没的深度愈深。密度计就是依此来标度的。

密度计法是测定液体相对密度最便捷而又实用的方法，只是准确度不如密度瓶法。食品工业中常用的密度计按其标度方法的不同，可分为普通密度计、糖锤度计、酒精计、乳稠计、波美计等。如图 4-2 所示。

(1) 测定原理

密度计的测定原理是：由密度计在被测液体中达到平衡状态时所浸没的深度读出该液体的密度。

(2) 仪器

① 普通密度计(图 4-3)

普通密度计是直接以 20 ℃时的密度值为刻度，由几支刻度范围不同的密度计组成一套。密度值小于 1 的(0.700～1.000)称为轻表，用于测定比水轻的液体；密度值大于 1 的(1.000～2.000)称为重表，用于测定比水重的液体。

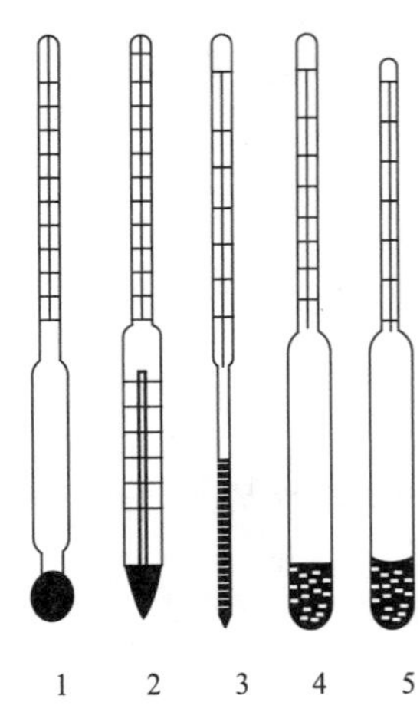

图 4-2　各种密度计

1—糖锤度密度计；2—带温度计的糖锤度密度计；
3、4—波美密度计；5—酒精计

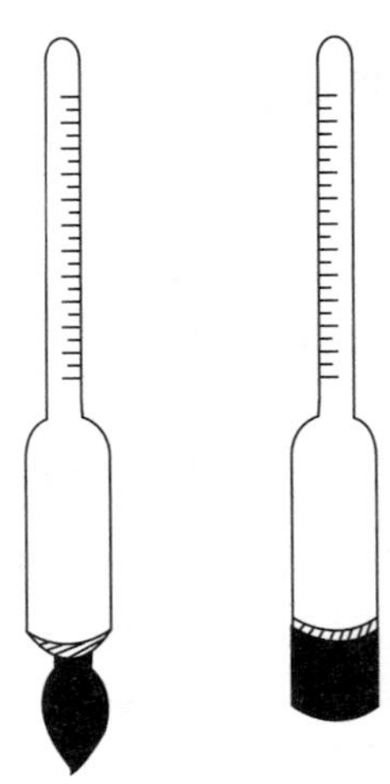
图 4-3　普通密度计

② 锤度计

糖锤度计是专用于测定糖液浓度的密度计。糖锤度计又称勃力克斯(Brix)，以°Bx 表示，是用已知浓度的纯蔗糖溶液来标定其刻度的。其刻度标度方法是以 20 ℃为标准温度，在蒸馏水中为 0°Bx，在 1 %蔗糖溶液中为 1°Bx，即 100 g 蔗糖溶液中含 1 g 蔗糖。常用糖锤度计的刻度范围有 1～6°Bx、5～11°Bx、10～16°Bx、15～21°Bx、20～26°Bx 等。若测定温度不是标准温度(20 ℃)，应该根据"糖液温度浓度校正表"进行温度校正。当测定温度高于 20 ℃时，因糖液体积膨胀而导致相对密度减少，即锤度降低，故应加上相应的温度校正值；相反，当测定温度低于 20 ℃时，相对密度增大，即锤度升高，则应减去相应的温度校正值。关于温度校正值一般在食品工业手册上都可查到。

即：温度 $T>20$ ℃数值偏低，应加校正值

温度 $T<20$ ℃数值偏高，应减校正值

【例 4-1】

在 24 ℃时观测锤度为 16.00，查表得知 24 ℃时温度校正值为 0.24，则标准温度(20 ℃)时糖锤度为 16.00+0.24=16.24°Bx。

【例 4-2】

在 17 ℃时观测锤度为 22.00，查表得知 17 ℃时温度校正值为 0.18，则标准温度(20 ℃)时糖锤度为 22.00−0.18=21.82°Bx。

③ 乳稠计

乳稠计是专用于测定牛乳相对密度的密度计，测定相对密度的范围为 1.015～1.045。它是将相对密度减去 1.000 后再乘以 1000 作为刻度，以度(°)表示，其刻度范围为 15°～45°。使用时把测得的读数按上述关系换算为相对密度值。乳稠计按其标度方法不同分为两种，而乳稠计温度为 20 ℃/4 ℃和 15 ℃/15 ℃两种，前者较后者测得的结果低 2°，即前者读数是后者的读数减去 0.02。

牛乳的相对密度随温度变化而变化，在10～25 ℃范围内，若乳样品温度高于标准温度20 ℃时，则每升高1 ℃需加0.2°；反之，若乳样品温度低于标准温度20 ℃时，每降低1 ℃需减去0.2°。

【例4-3】

16 ℃时用20 ℃/4 ℃乳稠计测得牛乳读数为30度，换算为20 ℃应为

$$30-(20-16)\times 0.2=30-0.8=29.2$$

牛乳相对密度 $d_4^{20}=1.000+29.2\div 1000=1.0292$

而 $d_{15}^{15}=1.0292+0.002=1.0312$。

④ 波美计

波美计是用来测定溶液中溶质的质量分数的，是以波美度(°Bé)来表示液体浓度大小的。按标度方法的不同分为多种类型，常用的波美计刻度刻制的方法是以20 ℃为标准，以在蒸馏水中为0°Bé，在15 %NaCl溶液中为15°Bé，在纯H_2SO_4(相对密度为1.8427)中为66°Bé，其余刻度等距离划分。波美计分轻表和重表两种，分别用于测定相对密度小于1和大于1的液体。

⑤ 酒精计

酒精计是用于测量酒精浓度的密度计。它是用已知酒精浓度的纯酒精溶液来标定其刻度的，其刻度标度方法是以20 ℃时在蒸馏水中为0，在1 %(体积分数)的酒精溶液中为1，故从酒精计上可以直接读取样品溶液中酒精的体积分数。酒精计一般刻度为0～30，30～60，60～100三支一套，附温度计。若测定温度不在20 ℃时，需要根据"酒精温度浓度校正表"来校正。

(3)测定步骤

① 在恒温(20 ℃)下测定：

将待测定相对密度的样品小心倾入清洁、干燥的玻璃量筒中(圆筒应较密度计高大些)，不得有气泡，将量筒置于20 ℃的恒温水浴中。待温度恒定后，将密度计轻轻插入试样中，如图4-4所示。样品中不得有气泡，密度计不得接触筒壁及筒底，密度计的上端露在液面外的部分所沾液体不得超过2～3分度。待密度计停止摆动，水平观察，读取待测液弯月面的读数，即为20 ℃下试样的相对密度表达数值。

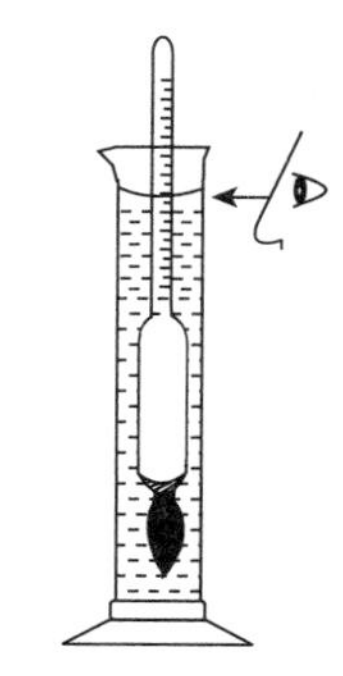

图4-4　密度计使用方法

② 在常温(t)下测定：按上述操作，在常温下进行。用温度计测当时液体温度并进行校正。

(4) 注意事项

① 向量筒中注入待测液体时应小心地沿筒壁缓慢注入，避免过快加入产生气泡。

② 如不知待测液体的密度范围，应先用精度较差的密度计试测。测得近似值后再选择相应量程范围的密度计。

③ 如密度计本身不带温度计，则恒温时需另用温度计测量液体的温度。

④ 放入密度计时应缓慢、轻放，切记勿使密度计碰及量筒底，也不要让密度计因下沉过快而将上部沾湿太多。

⑤ 采用密度计测定密度时，玻璃量筒要放在比较平的实验台或桌面上，使密度计悬在量筒中心，不要碰触器周和底部。

密度计法测定液体样品具有操作简单、迅速的优点，如样品的量大而不要求十分精确的结果时，可以采用此法。

第二节　折射率检验法

折射率是物质的重要物理常数之一。折射率检验法是通过测量物质的折射率来鉴别物质的组成，确定物质的纯度、浓度及判断物质的品质的分析方法。

一、概述

1. 折射率测定原理

折射率：是指真空中电磁波传播的速度与非吸收介质中特定频率的电磁波传播速度之比，符号为 n。

实际应用中，折射率是指钠光谱的 D 线（$\lambda=589.3$ nm），在 20 ℃的条件下，空气中的光速与被测物质中的光速之比，或光自空气中通过被测物质时的入射角的正弦与折射角的正弦之比，记做 $n_D^{20}=1.3330$。

光线从一种介质射到另一种介质时，除了一部分光线反射回第一种介质外，另一部分进入第二种介质中并改变它的传播方向，这种现象叫光的折射，如图 4－5 所示。发生折射时，入射角正弦与折射角正弦之比恒等于光在两种介质中的速度之比，即：

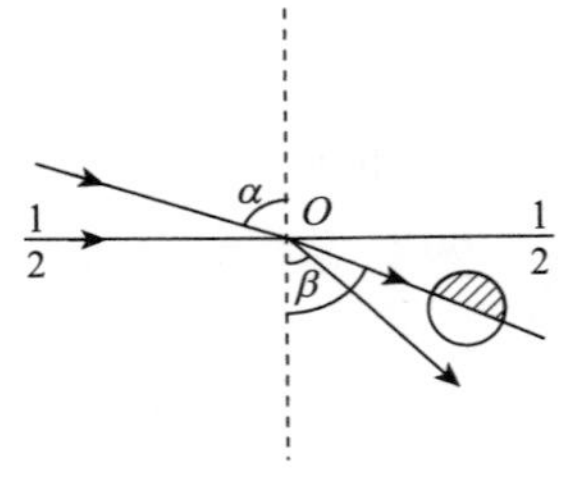

图 4－5　光的折射

$$\frac{\sin\alpha}{\sin\beta}=\frac{v_1}{v_2} \qquad (4-10)$$

式中：α——入射角；

β——折射角；

v_1——光在第一种介质中的传播速度；

v_2——光在第二种介质中的传播速度。

光在真空中的速度 c 和在介质中的速度 v 之比叫做介质的绝对折射率（简称折射率、折光率、折射指数）。真空的绝对折射率为 1，实际上是难以测定的，空气的绝对折射率是 1.000294，约等于 1，故在实际应用中可将光线从空气中射入某物质的折射率称为绝对折射率。

折射率以 n 表示：$n=\frac{c}{v}$，显然 $n_1=\frac{c}{v_1}$，$n_2=\frac{c}{v_2}$

故在一定温度下，入射角 α 和折射角 β 与两种介质的折射率的关系如式（4－11）所示。

$$\frac{\sin\alpha}{\sin\beta}=\frac{n_2}{n_1} \qquad (4-11)$$

式中：n_1、n_2——介质 1、介质 2 的折射率；

α、β——光在介质1、介质2界面上的入射角和折射角。

折射率是物质的特征常数之一，与入射角大小无关，它大小决定于入射光的波长、介质的温度和溶质的浓度。一般在折射率 n 的右下角注明波长右上角注明温度，若使用钠黄光，样液温度为20 ℃，测得的折射率用 n_D^{20} 表示。

2. 测定折射率的意义

折射率是物质的一种物理性质，它是食品生产中常用的工艺控制指标，通过测定液态食品的折射率，可以鉴别食品的组成、确定食品的浓度、判断食品的纯度及品质。

如蔗糖溶液的折射率随浓度增大而升高，通过测定折射率可以确定糖液的浓度及饮料、糖水罐头等食品的糖度，还可以测定以糖为主要成分的果汁、蜂蜜等食品的可溶性固形物的含量。

每种脂肪酸均有其特定的折射率。含碳原子数目相同时，不饱和脂肪酸的折射率比饱和脂肪酸的大得多；不饱和脂肪酸相对分子质量越大，折射率也越大；酸度高的油脂折射率低。因此测定折射率可以鉴别油脂的组成和品质。

在乳品工业中，可以用折射率检验法测定牛乳中乳糖的百分含量。此外还可以判断牛乳是否加水。正常牛乳乳清的折射率为1.34199～1.34275，当这些液态食品因掺杂、浓度改变或品种改变等原因而引起食品的品质发生变化时，折射率常常会发生变化，所以测定折射率可以初步判断某些食品是否正常。

必须指出的是，折射法测得的只是可溶性固形物含量，如食品内的固形物是由可溶性固形物和悬浮物组成的，由于悬浮的固体粒子不能在折光仪上反映出它的折射率，因此不能用折射仪直接测出总固形的含量。用折光仪测定各种果浆、果酱、果泥等密度大的固形物，只能在一定条件下进行。对于番茄酱、果酱等个别食品，已通过实验编制了总固形物与可溶性固形物关系表，先用折射仪测出可溶性固形物含量，即可从表中查出总固形物的含量。

二、测定方法

食品工业中最常用阿贝折射仪和手提式折射计来进行折射率的测定。折射仪是利用临界角原理测定物质折射率的仪器。

1. 阿贝折射仪

阿贝折射仪是精密光学仪器，具有使用快速简便、测定准确、质量轻、体积小等优点，可直接用来测定液体的折光率，定量地分析溶液的组成、鉴定液体的纯度。

(1) 仪器结构

阿贝折射仪的外形结构如图4-6所示。

(2)测定步骤

① 恒温

将恒温水浴与棱镜组相连，调节水浴温度，使棱镜温度保持在(20.0±0.1) ℃。

② 折光仪的校准

通常用测定蒸馏水折射率的方法来进行校正，即在20 ℃时，纯水的折射率为 $n_D^{20}=1.3330$，折射仪的刻度数应相符合。若温度不在20 ℃时，折射率亦有所不同。根据实验所

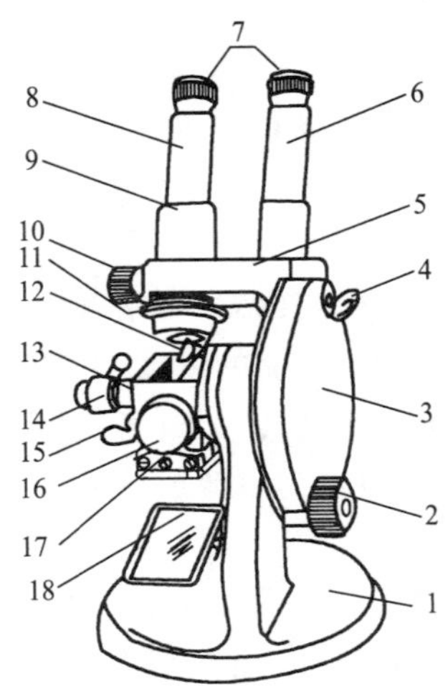

图 4-6　阿贝折射仪外形结构

1—底座；2—座镜转动手轮；3—圆盘组（内有刻度板）；4—小反光镜；5—支架；6—读数镜筒；7—目镜；8—观测镜筒；9—分界线调节旋钮；10—色散补偿器；11—色散刻度尺；12—棱镜锁紧板手；13—棱镜组；14—温度计插座；15—恒温器接头；16—保护罩；17—主轴；18—反光镜

得，温度在 10 ℃～30 ℃时，蒸馏水的折射率如表 4-2 所示。

表 4-2　纯水在 10 ℃～30 ℃时的折射率

温度(t)/ ℃	纯水折射率	温度(t)/ ℃	纯水折射率
10	1.333 71	21	1.332 90
11	1.333 63	22	1.332 81
12	1.333 59	23	1.332 72
13	1.333 53	24	1.332 63
14	1.333 46	25	1.332 53
15	1.333 39	26	1.332 42
16	1.333 32	27	1.332 31
17	1.333 24	28	1.332 20
18	1.333 16	29	1.332 08
19	1.333 07	30	1.331 96
20	1.332 99		

对于折射率读数较高的折射仪的校正，通常是用备有特制的具有一定折光率的标准玻璃块来校正。校正时，可解开下面棱镜，把上方棱镜表面调整到水平位置，然后在标准玻璃块的抛光面上加上 1 滴折射率很高的液体（α-溴萘）湿润之，贴在上方棱镜的抛光面上，然后进行校正。无论用蒸馏水或标准玻璃块来校正折射仪，如遇读数不正确时，可借助仪器上特

有的校正螺旋，将其调整到正确读数。

③ 折射仪的使用

a. 测定液体时，滴 1 滴待测试液于下面棱镜上，将上、下棱镜合上，调整反射镜，使光线射入棱镜中。

b. 由目镜观察，转动棱镜旋钮，使视野分为明暗两部分。

c. 旋动补偿旋钮，使视野中除黑白两色外，无其他颜色。

d. 转动棱镜旋钮，使明暗分界线在十字交叉点。

e. 通过放大镜在刻度尺上进行读数。三次读数间的极差不得大于 0.0003。三次读数的平均值即为测定结果。

f. 测定完毕，必须拭净镜身各机件、棱镜表面并使之光洁，在测定水溶性样品后，用脱脂棉吸水洗净。若为油类样品，须用乙醇或乙醚、苯等拭净。

(3) 注意事项

① 折射率通常规定在 20 ℃，如果测定温度不是 20 ℃，而是在室温下进行，应进行温度校正。

② 折射仪不宜暴露在强烈阳光下。不用时应放回原配木箱内，置阴凉处。

③ 使用时一定要注意保护棱镜组，绝对禁止与玻璃管尖端等硬物相碰；擦拭时必须用镜头纸轻轻擦拭。

④ 不得测定有腐蚀性的液体样品。

2. 手提式折射计

使用于生产现场的折光仪是手提式折射计，也称糖镜、手持式糖度计。手提式折射计主要用于测定透光溶液的浓度与折光率。这种仪器结构简单、携带方便、使用简洁，精度也较高。

(1) 仪器结构：最常见的一种手提式折射计的外形结构如图 4 - 7 所示。

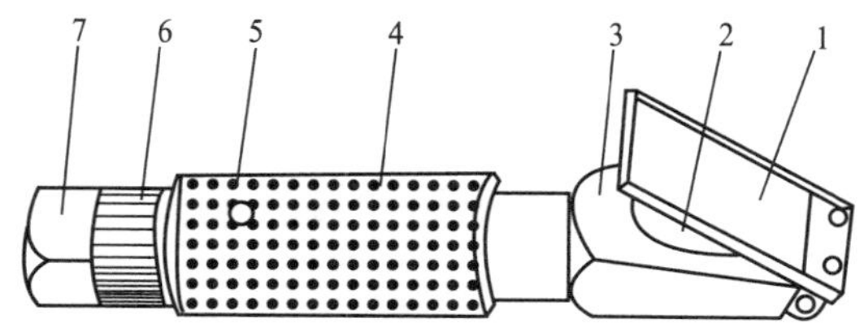

图 4 - 7 手提式折射计的外形结构

1—盖板；2—检测棱镜；3—棱镜座；4—望远镜镜筒和外套；5—调节螺丝；6—视度调节圈；7—目镜

(2)使用方法：打开手提式折光仪盖板，用干净的纱布或卷纸小心擦干棱镜玻璃面，在棱镜玻璃面上滴 2 滴蒸馏水，盖上盖板。于水平状态，从接眼部处观察，检查视野中明暗交界线是否处在刻度的零线上。若与零线不重合，则旋动刻度调节螺旋，使分界线面刚好落在零线上。

打开盖板，用纱布或卷纸将水擦干，然后如上法在棱镜玻璃面上滴 2 滴样品，合上盖板，将仪器进光窗对向光源，调节视度圈，使视场内刻度清析可见，于视场中读取明暗分界线相应之读数，即为溶液含糖浓度(%)。仪器分为 0 %～50 %和 50 %～80 %两挡。当被测糖液浓度低于 50 %时，将换档旋钮向左旋转至不动，使目镜半圆视场中的 0～50 读数可见即可。若被测糖液浓度高于 50 %时，则应将换挡旋钮向右旋至不动，使目镜半圆视场中的50～80读数可见即可。进行观测，读取视野中明暗交界线上的刻度，重复三次。

手提式折射计的操作流程：

① 打开保护盖；

② 在棱镜上滴 1～2 滴样品液；

③ 盖上保护盖，水平对着光源，透过接目镜，读数。

(3) 数值修正。修正的情况分为两种：

① 仪器在 20 ℃调零的，在其他温度下进行测量时，校正的方法是温度高于 20 ℃时，加上查"糖量计读数温度修正表"得出的相应校正值，即为糖液的准确浓度数值。温度低于 20 ℃时，减去相应校正值即可。

② 仪器在测定温度下调零的，则不需要校正。

(4) 注意事项

① 测量前将棱镜盖板、折光棱镜清洗干净并拭干。

② 滴在折光棱镜面上的液体要均匀分布在棱镜面上，并保持水平状态合上盖板。

③ 使用换档旋钮时应旋到位，以免影响读数。

④ 要对仪器进行校正才能得到准确结果。

第三节　旋光法

应用旋光仪测量旋光性物质的旋光度以确定其含量的分析方法叫旋光法。

一、概述

1. 旋光法测定原理

(1) 自然光与偏振光

自然光有无数个与光的前进方向互相垂直的光波振动面。如果光线前进的方向指向我们，则与之互相垂直的光波振动平面如图 4-8(a)所示。自然光通过尼科尔棱镜，振动面与尼科尔棱镜的光轴平行的光波才能通过棱镜，通过棱镜的光，只有一个与光的前进方向互相垂直的光波振动面，如图 4-8(b)，这种仅在一个平面上振动的光叫偏振光。

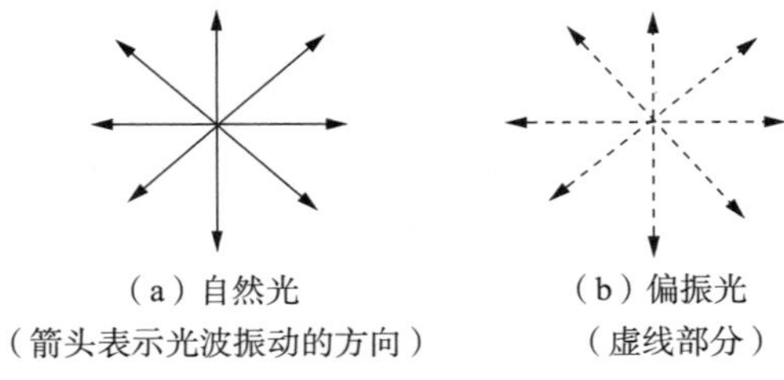

图 4-8　自然光与偏振光

(2)偏振光的产生与旋光活性

通常用尼科尔棱镜或偏振片产生偏振光。利用偏振片也能产生偏振光。它是利用某些双折射晶体的二色性,即可选择性吸收寻常光线,而让非常光线通过的特性,把自然光变成偏振光。

分子结构中有不对称碳原子,能把偏振光的偏振面旋转一定角度的物质称为旋光活性物质,使偏振光振动平面旋转的角度叫做“旋光度”。能把偏振光的振动平面向右旋转(顺时针方向)的称为“具有右旋性”,以(+)号表示;使偏振光振动平面向左旋转(反时针方向)的称为“具有左旋性”,以(-)号表示。

(3) 比旋光度和旋光度

偏振光通过光学活性物质的溶液时,其振动平面所旋转的角度叫做该物质溶液的旋光度,以 α 表示。物质的旋光度的大小与入射光波长、温度、旋光性物质的种类、溶液浓度及液层厚度有关,在波长、温度一定时,旋光度与溶液浓度 C 及偏振光所通过的溶液厚度 L 成正比,即 $\alpha=KCL$

当旋光性物质溶液的质量浓度为 100 g/100mL,$L=1$ dm 时,所测得的旋光度为比旋光度,用$[\alpha]_{\lambda}^{t}$ 表示。

$$[\alpha]_{\lambda}^{t}=K\times100\times1=100K \tag{4-12}$$

$$[\alpha]_{\lambda}^{t}=\frac{\alpha}{100\times CL} \tag{4-13}$$

$$\alpha=[\alpha]_{\lambda}^{t}\times L\times\frac{C}{100} \tag{4-14}$$

$$C(g/100mL)=\frac{\alpha\times100}{[\alpha]_{\lambda}^{t}\times L} \tag{4-15}$$

式中:α——旋光度,度;

$[\alpha]_{\lambda}^{t}$——比旋光度,度;

λ——入射光波长,nm;

t——温度,℃;

L——溶液厚度(即旋光管长度),dm;

C——溶液浓度,g/100mL;

通常规定在 20 ℃时用钠光 D 线(波长 589.3 nm)进行比旋光度的测定各种旋光性物质的比旋光度为一定值,其大小表示旋光性物质旋光性的强弱和旋转角度的方向。主要糖类的比旋光度见表 4-3。

表 4-3 糖类的比旋光度

糖类	比旋光度	糖类	比旋光度
葡萄糖	+52.5	乳糖	+53.3
果糖	-92.5	麦芽糖	+138.5
转化糖	-20.0	糊精	+194.8
蔗糖	+66.5	淀粉	+196.4

2. 测定旋光度的意义

许多物质如多数糖类、氨基酸、羟酸（如乳酸、苹果酸、酒石酸）都具有旋光性，糖类物质中果糖是左旋，蔗糖、葡萄糖等是右旋。凡具有旋光性的还原糖类，溶解之后其旋光度起初迅速变化，然后逐渐变得较缓慢，最后达到一个常数不再改变，这个现象称变旋光作用。这是由于糖存在两种异构体，即 α-型、β-型，它们的比旋光度不同。这两种环型结构及中间的开链结构在构成一个平衡体系过程中，即显示出变旋光作用。

通过对样品旋光度的测量可以确定物质的浓度、含量和纯度等。凡是具有旋光性的物质，均可以测定旋光度，此方法广泛应用于医药、制糖、食品、化工、农业和科研等领域。

二、测定方法

常见的旋光仪可分为两大类：圆盘旋光仪和自动旋光仪。

1. 圆盘旋光仪

（1）圆盘旋光仪的结构和原理

圆盘旋光仪主要有起偏镜、旋光管、检偏镜、刻度盘、灯管等组成。起偏棱镜一般用尼科尔棱镜，以获得偏振光。旋光管为盛装待测液的玻璃管。检偏棱镜仍用尼科尔棱镜，用以检测从旋光管射出的偏振光振动平面与原来相比较的角度（可由刻度盘上的数值读出）。

（2）测定方法

① 旋光仪的校准

将旋光管洗净、盛装蒸馏水后恒温，放入旋光仪中。调整检偏镜角度，使三分视野消失，将此读数作为零点，见图 4－9。

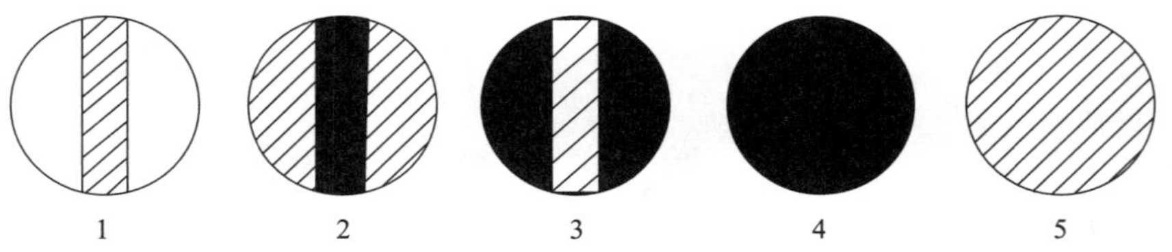

图 4－9　圆盘旋光仪的三分视野

1—刚进光未调好；2、3—未调好；4—未进光；5—三分视野恰消失，调好

②旋光度的测定

将干燥清洁的旋光管装入待测液（应澄清且无气泡）恒温后，装入旋光仪。调整检偏镜使出现的三分视野恰好消失，可由刻度盘上读出的角度即为旋光度。往往重复两次，也可再做比它稀释 1 倍的旋光度，以确定其真实的旋光度。实验过程中应注意温度恒定。根据所测定的旋光度即可计算出物质的浓度或纯度。

2. 自动旋光仪

自动旋光仪采用光电检测器及电子自动示数装置，具有体积小、灵敏度高、没有人为误差、读数方便等特点。广泛应用于医药、食品、有机化工等各个领域。

（1）校正

将装有蒸馏水或其他空白溶剂的试管放入样品室，盖上样品室盖，按清零键，显示 0 读数。试管中若有气泡，应先让气泡浮在凸颈处，通光面两端的若有雾状水滴，应用软布擦干。

试管放置时注意标记位置和方向。

(2) 测定

将待测液注入试管，按相同的位置和方向放入样品室内，盖好样品室盖。仪器将直接显示出样品的旋光度(或相应示值)。仪器可自动测量 n 次，得 n 个读数并显示平均值。根据所测定的旋光度即可计算出物质的浓度或纯度。

三、味精中谷氨酸钠的测定(GB 5009.43—2016　第二法　旋光法)

8　原理

谷氨酸钠分子结构中含有一个不对称碳原子，具有光学活性，能使偏振光面旋转一定角度，因此可用旋光仪测定旋光度，根据旋光度换算谷氨酸钠的含量。

9　试剂

除非另有说明，本方法所用试剂均为分析纯，水为 GB/T 6682 规定的二级水。

盐酸(HCl)。

10　仪器和设备

10.1　旋光仪(精度±0.010°)备有钠光灯(钠光谱 D 线 $\lambda=589.3$ nm)。

10.2　分析天平：感量 0.1 mg。

11　分析步骤

11.1　试样制备

称取试样 10 g(精确至 0.0001 g)，加少量水溶解并转移至 100 mL 容量瓶中，加盐酸 20 mL，混匀并冷却至 20 ℃，定容并摇匀。

11.2　试样溶液的测定

于 20 ℃，用标准旋光角校正仪器；将 11.1 试液置于旋光管中(不得有气泡)，观测其旋光度，同时记录旋光管中试样液的温度。

12　分析结果的表述

样品中谷氨酸钠含量按式(1)计算：

$$\text{味精}(\%)=\frac{\alpha\times 100}{[25.16+0.047(20-t)]\times L\times c}\times 100 \tag{1}$$

式中：味精(%)——样品中谷氨酸钠含量(含 1 分子结晶水)，单位为克每百克(g/100g)；

α——实测试样液的旋光度，单位为度(°)；

L——旋光管长度(液层厚度)，单位为分米(dm)；

c——1 mL 试样液中含谷氨酸钠的质量，单位为克(g)；

25.16——谷氨酸钠的比旋光度$[\alpha]_D^{20}$，单位为度(°)；

t——测定试液的温度，单位为摄氏度(℃)；

0.047——温度校正系数；

100——换算系数。

以重复性条件下获得的两次独立测定结果的算术平均值表示，结果保留三位有效数字。

13　精密度

在重复性条件下获得的两次独立测定结果的绝对差值不得超过 0.5 g/100 g。

四、白砂糖蔗糖分的测定（GB 317—2006 白砂糖节选）

4.3 蔗糖分的测定

4.3.1 术语

国际糖度标尺 international sugar scale

规定量纯蔗糖溶液[标准大气压状态下，在空气中用黄铜砝码称取纯蔗糖 26.000 0 g（在真空中为 26.0160 g），在 20.00 ℃时溶成体积为 100.000 mL]，用 $\lambda=546.227\ 1$ nm 波长的光（真空^{198}Hg 的绿色偏振光），在温度为 20.00 ℃时，用 200.00 mm 观测管，所测得的光学旋光度，规定为糖度标尺的 100 度点。

100 度点被指定为 100°Z（国际糖度），且标尺在 0°Z～100°Z 进行线性分度。与 100°Z 相当的旋光值为：

$$\alpha_{546.2271\ \mathrm{nm}}^{20.00\ ℃}=40.77°\pm0.001°$$

实际旋光测定，也允许在波长 540～633 nm 的范围内，以固定 100 度点。在黄色钠光波长下，100°Z 相当的旋光值为：

$$\alpha_{589.4400\ \mathrm{nm}}^{20.00\ ℃}=34.626°\pm0.001°$$

在氦/氖（He/Ne）激光波长下，100°Z 相当的旋光值为：

$$\alpha_{532.9914\ \mathrm{nm}}^{20.00\ ℃}=29.751°\pm0.001°$$

4.3.2 方法提要

在规定条件下采用以国际糖度标尺刻制读数为 100°Z 的检糖计，测定规定量糖样品的水溶液的旋光度。

4.3.3 仪器、设备

4.3.3.1 检糖计

检糖计是根据国际糖度标尺，按糖度（°Z）刻度的，测量范围能够从－30°Z～＋120°Z，并用标准石英管加以校准，可选三种形式：

a) 装有可调整分析器即检偏器的检糖计（圆盘式旋光计），采用单色光源（波长在 540 nm～590 nm 之间），通常采用绿色的汞光或黄色的钠光；

b) 石英楔检糖计；

1) 配有单色光源的（波长在 540 nm～590 nm 之间）；

2) 配有白炽灯作为光源的，而用适当的滤色器分离出有效波长为 587 nm 的光。

c) 装有法拉第线圈作为补偿器的检糖计，采用单色光源（波长为 540 nm～590 nm）。

注：旧糖度°S 刻度的检糖计仍然可以使用，但读数°S 须乘上一个系数 0.999 71 转换为°Z。

4.3.3.2 容量瓶

容量：（100.00±0.02）mL，应分别用（20.0±0.1）℃的水称量加以校正。容量瓶的容量在（100.00±0.01）mL 范围内，不必更正便可使用；超出此范围，应采用与 100.00 mL 相应的校正数加以更正，才可使用。

4.3.3.3 旋光观测管

长度（200.00±0.02）mm。

4.3.3.4 分析天平

感量 0.1 mg。

4.3.4 试剂

蒸馏水:不含旋光物质。

4.3.5 检糖计的校准

检糖计要用经法定的计量机构鉴定合格的标准石英管校准。

4.3.5.1 石英管旋光度的温度校正

使用检糖计(没有石英楔补偿器的)读取石英管读数时的温度应测定,并记录到 0.2 ℃,测定旋光度时环境及糖液的温度尽可能接近 20 ℃,应在 15 ℃~25 ℃的范围内,如果这个温度与 20 ℃相差大于±0.2 ℃,则采用式(1)进行标准石英管旋光度的温度校正。

$$a_t = a_{20}[1+1.44\times10^{-4}(t-20)] \quad (1)$$

式中:t——读数时石英管的温度,℃;

a_t——t(℃)时,标准石英片的旋光值,°Z;

a_{20}——20 ℃时,标准石英片的旋光值,°Z。

4.3.5.2 不同波长下石英管读数(°Z)的换算系数

石英管的糖度读数在不同波长下以绿色汞光(波长 546 nm)为基准,可按表 3 中相应系数进行换算。

表 3 不同波长下石英管糖度读数换算系数

光源	波长/nm	换算系数
白炽光经滤光	587	1.001 809
黄色钠光	589	1.001 898
氦/氖激光	633	1.003 172

4.3.6 溶液的配制

称取样品 26.000 g 于干洁的小烧杯中,加蒸馏水 40~50 mL,使其完全溶解。移入 100 mL 的容量瓶中,用少量蒸馏水冲洗烧杯及玻璃棒不少于 3 次,每次倒入洗水后,摇匀瓶内溶液,加蒸馏水至容量瓶量标线附近。至少放置 10 min 使达到室温,然后加蒸馏水至容量瓶标线下约 1mm 处。有气泡时,可用乙醚或乙醇消除。加蒸馏水至标线,充分摇匀。

如发现溶液混浊,用滤纸过滤,漏斗上须加盖表面皿,将最初 10 mL 滤液弃去,收集以后的滤液 50 mL~60 mL。

4.3.7 旋光度的测定

用待测的溶液将旋光观测管至少冲洗 2 次,装满观测管,注意不使观测管内夹带空气泡。将旋光观测管置于检糖计中,目测检糖计测定 5 次,读数至 0.05°Z;如用自动检糖计,在测定前,应有足够的时间使仪器达到稳定。

测定旋光读数后,立即测定观测管内溶液的温度,并记录至 0.1 ℃。

4.3.8　计算及结果表示

测定旋光度的温度应尽可能接近 20 ℃，应在 15～25 ℃的范围。如果旋光度不是在 (20.0±0.2) ℃时测定的，则应校正到 20.0 ℃。

样品的蔗糖分 P 按式(2)或式(3)计算，数值以 %表示，计算结果取到一位小数。

采用石英楔补偿器的检糖计：

$$P=P_t[1+0.00032(t-20)] \tag{2}$$

没有石英楔补偿器的检糖计：

$$P=P_t[1+0.00019(t-20)] \tag{3}$$

式中：P_t——观测旋光度读数，°Z；

P——蔗糖分，%

t——观测 P_t 时糖液温度，℃

4.3.9　允许误差

两次测定值之差不得超过其平均值的 0.05 %。

第四节　黏度的测定

一、概述

1. 测定原理

在一定温度范围内，淀粉等样品随温度的升高而逐渐糊化，通过旋转黏度计可测定黏度值，此黏度值即为当时温度下的黏度值。作出黏度值与温度曲线图，即可得到黏度的最高值及当时的温度。

2. 基本概念

黏度指液体的黏稠程度，是液体在外力下发生流动时，液体分子间所产生的内摩擦力，可分为绝对黏度与运动黏度。绝对黏度（也叫动力黏度）是指液体以 1 cm/s 的流速流动时，在每 1 cm^2 液面上所需切向力的大小，单位为“帕斯卡 · 秒（Pa · s）”；运动黏度（也叫动态黏度）是指在相同温度下液体的绝对黏度与其密度的比值，以二次方米每秒（m^2/s）为单位。

黏度与液体的温度有关，温度低，黏度大；温度高，黏度小。

二、测定方法

1. 绝对黏度检验法

液态食品的绝对黏度通常使用各种类型的落球黏度计、旋转黏度计进行检测。

(1) 落球黏度计测定法

① 原理：根据被测定溶液的相对密度、球体的相对密度和球体的体积，即可计算出溶液的黏度。

② 仪器：黏度计、恒温水浴（20±0.01）℃、计时器。

③ 操作步骤：称量、溶解、定容、旋光计零点校正、测定。

④ 结果计算：

$$\eta=\tau\times(\rho_0-\rho)\times10^{-3}\times k \qquad (4-16)$$

式中：η——绝对黏度，Pa · s；

τ——球体下落时间，s；

ρ_0——球体相对密度，kg/m^3；

ρ——试液相对密度，kg/m^3；

k——球体系数，m^2/s^2。

(2) 旋转黏度计测定法

① 原理

旋转黏度计是用同步电机以一定速度旋转，带动刻度盘随之转动，通过游丝和转轴带动转子旋转。若转子未受到阻力，则游丝与圆盘同速旋转。若转子受到黏滞阻力，则游丝产生力矩与黏滞阻力抗衡，直到平衡。此时，与游丝相连的指针在刻度盘上指示出一数值，根据这一数值，结合转子号数及转速即可算出被测液体的绝对黏度。

② 操作步骤

首先估计被测试液的黏度范围，然后根据仪器的量程表选择适当的转子和转速，使读数在刻度盘的 20 %～80 %范围内。

将选好的转子擦净后旋入连接螺杆，旋转升降旋钮，使仪器缓缓下降，转子逐渐浸入被测试样中，直至转子液位标线和液面相平为止。

将测试容器中的试样和转子恒温至(20±0.1) ℃，并保持试样温度均匀。

开启旋转黏度计，待指针稳定地停在读数窗内时读取读数。

③ 结果计算：

$$\eta=ks \qquad (4-17)$$

式中：η——绝对粘度，Pa. s；

k——换算系数；

s——圆盘指针指示数值。

三、淀粉黏度的测定(GB/T 22427.7—2008 节选)

3 旋转黏度计法(方法一)

3.1 仪器

3.1.1 天平：感量 0.1 g。

3.1.2 旋转黏度计：带一个加热保温装置，可保持仪器及淀粉乳液的温度在 45～95 ℃变化且偏差为±0.5 ℃。

3.1.3 搅拌器：搅拌速度为 120 r/min。

3.1.4 超级恒温水浴：温度可调节范围在 30—95 ℃。

3.1.5 四口烧瓶：250 ml。

3.1.6 冷凝管。

3.1.7 温度计。

3.2　试剂

蒸馏水或去离子水：电导率≤4 μS/cm。

3.3　操作过程

3.3.1　称样

用天平(3.1.1)称取适量的样品，使样品的干基为6.0 g，将样品置入四口烧瓶(3.1.5)中后，加入水(3.2)，使水的质量与所称取的淀粉的质量和为100 g。

3.3.2　旋转黏度计及淀粉乳液的准备

按所规定的旋转黏度计(3.1.2)的操作方法进行校正调零，并将仪器测定筒与超级恒温水浴(3.1.4)装置相连，打开水浴装置。

将装有淀粉乳液的四口烧瓶放入超级恒温水浴(3.1.4)中，在烧瓶上装上搅拌器(3.1.3)、冷凝管(3.1.6)和温度计(3.1.7)，盖上取样口，打开冷凝水和搅拌器。

3.3.3　测定

将测定筒和淀粉乳液的温度通过恒温装置分别同时控制在45 ℃、50 ℃、55 ℃、60 ℃、65 ℃、70 ℃、75 ℃、80 ℃、85 ℃、90 ℃、95 ℃。在恒温装置到达上述每个温度时，从四口烧瓶中吸取淀粉乳液，加入到旋转黏度计的测量筒内，测定黏度，读取各个温度时的黏度值。

3.3.4　作图

以黏度值为纵坐标，温度为横坐标，根据3.3.3所得到的数据作出黏度值与温度的变化曲线。从曲线中，找出最高黏度值及对应温度值即为样品的黏度。

3.3.5　测定次数

应该进行平行实验。

3.4　结果表示

从3.3.4所得的曲线中，找出对应温度的粘度。

第五节　色度检验法

食品的色度是指食品颜色的深浅。颜色是对食品品质评价的第一印象，它直接影响人们对食品品质优劣、新鲜程度的判断。溶解状态的物质所产生的颜色称为“真色”，由悬浮物质产生的颜色称为“假色”。物质的颜色是产品重要的外观标志，也是鉴别物质的重要性质之一。例如纯净的水是无色透明的，在水层浅的时候为无色，深时为浅蓝绿色；水中如含有杂质，如溶于水的腐殖质、有机物或无机物质，则出现一些淡黄色、棕黄色甚至黑色。因此，检验产品的颜色可以鉴定产品的质量并指导和控制产品的生产。色度的检验方法很多，主要是铂-钴色度标准法。

一、概述

液体食品如饮料的色度的检测按国家标准规定采用铂-钴色度标准法。这种方法适用于测定透明或稍带接近于参比的铂-钴液体的颜色，这种颜色特征通常为“棕黄色”。不适用于易炭化的物质的测定。

1. 测定原理

按一定的比例，将氯铂酸钾、氯化钴配成盐酸性水溶液，并制成标准色列，将样品的颜色与标准铂-钴比色液的颜色目测比较，即可得到样品的色度。

由于 pH 对色度有较大影响，所以在测定色度的同时，应测量溶液的 pH。

2. 仪器

(1) 分光光度计；

(2) 比色管：容积 50 mL 或 100 mL，在底部以上 100 mm 处有刻度标记。一套比色管的玻璃颜色和刻度线高应相同。

3. 试剂

(1) 六水合氯化钴($CoCl_2 \cdot 6H_2O$)；

(2) 氯铂酸钾(K_2PtCl_6)；

(3) 盐酸。

二、测定方法

1. 标准比色母液的制备(500 度)

准确称取 1.000 g 六水合氯化钴和 1.246 g 的氯铂酸钾于烧杯中，用水溶解后，移入 1000 mL 容量瓶中，加入 100 mL 盐酸，用水稀释到刻度，摇匀，即得标准比色母液。标准比色母液可以用分光光度计以 1 cm 的比色皿按表 4－5 所列波长进行检查，其吸光度应在表中所列范围之内。

表 4－4 500 黑曾单位铂-钴标准液吸光度允许范围

波长 λ/nm	430	450	480	510
吸光度 A	0.110～0.120	0.130～0.145	0.105～0.120	0.055～0.065

表 4－5 标准铂-钴对比溶液的配制

500 mL 容量瓶		250 mL 容量瓶	
标准比色母液的体积 V/mL	相应颜色铂-钴色号	标准比色母液的体积 V/mL	相应颜色铂-钴色号
5	5	30	60
10	10	35	70
15	15	40	80
20	20	45	90

续表

500 mL 容量瓶		250 mL 容量瓶	
标准比色母液的体积 V/mL	相应颜色铂-钴色号	标准比色母液的体积 V/mL	相应颜色铂-钴色号
25	25	50	100
30	30	62.5	125
35	35	75	150
40	40	87.5	175
45	45	100	200
50	50	125	250
		150	300
		175	350
		200	400
		225	450

2. 标准铂-钴对比溶液的配制

在 10 个 500 mL 及 14 个 250 mL 的两组容量瓶中，分别加入表 4－5 所示数量的标准比色母液，用水稀释到刻度。标准比色母液和稀释溶液放入带塞棕色玻璃瓶中，置于暗处密封保存。标准比色母液可以保存 6 个月，稀释溶液可以保存 1 个月。

3. 测定样品的色度

向一支 50 mL 或 100 mL 比色管中注入一定量的样品，使注满到刻线处；向另一支比色管中注入具有类似样品颜色的标准铂-钴对比溶液，使注满到刻线处。比较样品与铂-钴对比溶液的颜色。比色时在日光或日光灯照射下正对白色背景，从上往下观察，避免侧面观察，确定接近的颜色。

4. 测定结果的表达

样品的颜色以最接近于样品的标准铂-钴对比溶液的颜色单位表示。如果样品的颜色与任何标准铂-钴对比溶液不相符合，则根据可能估计一个接近的铂-钴色号，并描述观察到的颜色。

第六节　电导率的测定

一、概述

水的电导率反映了水中电解质杂质的总含量。

1. 测定原理

电解质溶液也能象金属一样具有导电能力，只不过金属的导电能力一般用电阻（R）表示，而电解质溶液的导电能力通常用电导(G)来表示。电导是电阻的倒数，即 $G=1/R$。

根据欧姆定律，导体的电阻 R 与其长度 l 成正比，而与其截面积 A 成反比，即：

$$R=\rho\frac{l}{A} \tag{4-18}$$

式中：ρ——电阻率。

如用电导表示，可写为：

$$G=\frac{1}{R}=\frac{1}{\rho}\cdot\frac{A}{l}=\kappa\frac{A}{l} \tag{4-19}$$

$$\kappa=\frac{1}{\rho}=G\frac{l}{A}=\frac{1}{R}\cdot\frac{l}{A} \tag{4-20}$$

式中 κ 称为电导率。电导率的量符号为 r 或 σ，但特别注明，在电化学中可用符号 κ。其单位为西[门子]每米，S/m。实际中常用其分数单位 mS/cm 或 μS/cm。

对于某一给定的电极而言，l/A 是一定值，称为电极常数，也叫电导池常数。因此，可用电导率的数值表示溶液导电能力的大小。

对于电解质溶液，电导率系指相距 1 cm 的两平行电极间充以 1 cm^3 溶液所具有的电导。电导率与溶液中的离子含量大致成比例地变化，因此测定电导率，可间接地推测离解物质的总浓度。

2. 仪器装置

电导仪也叫电导率仪，主要由电导电极和电子单元组成。电子单元采用适当频率的交流信号的方法，将信号放大处理后换算成电导率。实验室中常用的电导率仪如表 4－6 所示。

表 4－6 常用电导率仪

仪器型号	测量范围/(μS/cm)	电极常数/cm^{-1}	温度补偿范围/℃	备注
DDS－11C	$0\sim10^5$		15～35	指针读数，手动补偿
DDS－11D	$0\sim10^5$	0.01,0.1,1,10	15～35	指针读数
DDS－304	$0\sim10^5$	0.01,0.1,1,10	10～40	指针读数，线性化交直流两用
DDS－307	$0\sim2\times10^4$		15～35	数字显示，手动补偿
DDSJ－308A	$0\sim2\times10^5$		0～50	数字显示，手动补偿，结果可保存、删除、打印、断电保护
DDB－303A	$0\sim2\times10^4$	0.01,1,10	0～35	数字显示，便携式四档测量范围
MC 126	$0\sim2\times10^5$		0～40	便携式，防水，防尘
MP 226	$0\sim2\times10^5$			自动量程，终点判别，串行输出

电导电极的选择，则应依据待测溶液的电导率范围和测量量程而定，如表 4－7 所示。

表 4-7　不同量程溶液选用电极一览表

量程	电导率/(μS/cm)	电极常数/cm^{-1}	配用电极
1	0～0.1	0.01	双圆筒钛合金电极
2	0～0.3	0.01	
3	0～1	0.01	
4	0～3	0.01	
5	0～10	0.01	
6	0～30	0.01	
7	0～100	0.01	
8	0～10	1	DJS－1C 型光亮电极
9	0～30	1	
10	0～100	1	
11	0～300	1	
12	0～1 000	1	
13	0～3 000	1	
14	0～10 000	1	
15	0～100	10	DJS－10C 型铂黑电极
16	0～300	10	
17	0～1 000	10	
18	0～3 000	10	
19	0～10 000	10	
20	0～30 000	10	
21	0～100 000	10	

二、测定方法

（1）认真阅读说明书，按照说明书的规定程序，调试、校正电导率仪后再进行测定。

（2）若测定一级、二级水的电导率，选用电极常数为(0.01～0.1)cm^{-1}的电极，调节温度补偿至 25 ℃，使测量时水温控制在(25±1) ℃，进行在线测定，即将电极装在水处理装置流动出水口处，调节出水流速，赶尽管道内及电极内的气泡后直接测定。

（3）若进行三级水的测定，则可取水样 400 mL 于锥形瓶中，插入电极进行测定。

（4）若测定一般天然水、水溶液的电导率，则应先选择较大的量程档，然后逐档降低，测得近似电导率范围后，再选配相应的电极，进行精确测定。

（5）测量完毕，取出电极，用蒸馏水洗干净后放回电极盒内，切断电源，擦干净仪器，放回仪器箱中。

生活小常识

食用植物油的消费提示

食用植物油是人们每日膳食中不可缺少的重要组成部分，也是人体所需的必需脂肪酸、脂溶性维生素的重要来源。

1. 科学挑选植物油

挑选食用植物油时，注意观察其颜色和透明度在选购食用植物油时要掌握以下两点要领。一是颜色，各种食用植物油都会有其特有的颜色，经过精制，颜色会淡一些，但不可能也没必要精制到一点颜色也没有。二是透明度，要选择澄清、透明的植物油。

2. 科学合理食用植物油

《中国居民膳食指南》(2016 版)中给出的建议是，每人每天烹调油摄入量以不超过 25～30 g为宜。炒菜可以采用控油壶来控制使用量。不同种类的油最好换着吃，因为不同种类油之间的脂肪酸差异可能比较大，而不同的脂肪酸发挥的作用也不同，需要均衡摄入。最好多采用低温的烹调方式，并避免同一锅油反复多次加热。炒菜时油温过高，不仅油脂本身的化学结构会发生变化，也会影响人体消化吸收；油脂中的脂溶性维生素 A、维生素 E、维生素 D 也都会被破坏，导致营养价值降低。建议家庭的烹调方式多采用蒸、煮、炖或水焯，尽量减少煎炸。

3. 保存食用植物油，应注意密封、避光、低温、忌水

存放食用油，要远离氧、光照、高温、金属离子和水等促油脂氧化因子，所以要把握四个原则，即密封、避光、低温、忌水。如买大桶油，可按一周的食用量将油倒入控油壶，再将大桶油用胶带密封好，放在阴凉避光的地方。开封后最好在 3 个月内吃完；如选择小瓶分装再食用，则首选干净的棕色玻璃瓶，注意瓶子应干燥、无水；存放时要避免阳光直射，也要远离灶台等较热的区域。新旧油不要混放，否则会加速油的氧化，装油的小瓶也要定期清洗。装有植物油的油瓶使用后直接放入冰箱，既避光又低温，是一种值得推荐的存放食用植物油的好方法。

案例题

1. 小明是某乳品厂化验室的一名检验员，主要负责原料乳品质的检验，根据本章节所学内容请问小明用什么方法可快速检验并判定牛乳是否掺水或脱脂？

2. 可溶性固形物含量是罐头食品的一项重要指标。实验课上，老师介绍今天的实验原料是瓶装荔枝罐头，要求各小组根据已学内容，讨论如何用折光法测定该罐头食品可溶性固形物含量。请你以小组代表的身份回答此问题。

3. 近年来，一些厂家为降低成本，在味精中掺杂使假，牟取暴利，谷氨酸钠(味精的有效成分)的成本价比食盐高 10 倍，就以食盐替代谷氨酸钠，因此有必要对味精中谷氨酸钠的含量进行检测。如何测定味精中谷氨酸钠的含量呢？

第五章　食品常规项目检验

食品常规项目是指食品的一般成分，包括水分、灰分、酸、脂肪、碳水化合物、蛋白质、维生素等，这些物质是食品中的固有成分，并赋予了食品一定的组织结构、风味、口感以及营养价值，这些成分含量的高低是衡量食品品质的关键指标。同时，很多常规项目是产品的出厂检验项目，因此食品常规项目的检验是食品检验中最重要的内容。

第一节　食品中水分的检验

一、概述

水是维持动植物和人类生存必不可少的物质之一。人体的水分含量约为体重的60 %～70 %，水也是许多食品组成成分中数量最多的组分。水是生物体内很好的溶剂，它溶解糖类和盐类等可溶性物质，加速化学反应，促进营养的消化吸收、运输和排泄代谢废物；水的比热容、蒸发热较大，能吸收较多的热而本身温度的升高并不多，蒸发少量的汗就能散发大量的热，流动性大，能随血液循环迅速分布全身，因此水能调节生物的体温；水是动物体内各器官、肌肉、骨骼的润滑剂；水本身也是生物体内许多化学反应的反应物。没有水，就没有生命。

水分是食品重要的质量指标之一。一定的水分含量可保持食品的品质，维持食品中其他组分的平衡关系，延长食品的保藏期限。例如，新鲜面包的水分含量若低于 28 %，其外观形态干瘪，失去光泽；乳粉的水分含量控制在 2.5 %～3.0 %以内，可控制微生物生长繁殖，延长保质期，若为 4 %～6 %，也就是水分提高到 3.5 %以上，易造成乳粉变色、结块，则商品价值就会降低，贮藏期降低。此外，在肉类加工中，如香肠的品味与吸水、持水的情况关系十分密切，所以食品的含水量高低影响到食品的鲜度、软硬性、风味、腐败发霉、保藏性及加工性等诸多方面。

水分是食品重要的经济指标之一。水分测定对于计算生产中的物料平衡，实行工艺控制与监督，防止微生物生长等方面，都具有很重要的意义。例如，由鲜奶为原料生产奶粉，由大米为原料生产米粉，均需要先进行物料衡算，而类似这样的物料衡算，可以用水分测定为依据。

因此，食品中水分的测定是食品分析的重要项目之一。

水是食品的重要组成成分，各种食品水分的含量差别很大。部分食品中水分含量的范围如表 5 - 1 所示。

表 5-1 部分食品水分含量

种类	鲜果	鲜菜	鱼类	鲜蛋	乳类	猪肉	面粉	面包
水分含量/%	70～93	80～97	67～81	67～74	87～89	43～59	12～14	28～30

二、出厂检验项目要求测定水分的食品

实行食品生产许可证制度，审查细则中出厂检验项目要求测定水分的食品如表 5-2 所示。

表 5-2 出厂检验项目要求测定水分的食品

产品单元名称	标准号	标准名称
小麦粉、大米、挂面、其他粮食加工品、食用油脂制品、食用植物油、酱类、茶叶、代用茶、含茶制品、蔬菜干制品、食用菌制品、水果干制品、其他方便食品、调味料、肉制品、蛋制品、乳制品、婴幼儿及其他配方谷粉、豆制品、固体饮料、巧克力及制品、可可制品、水产加工品、其他水产加工品、淀粉及淀粉制品、糖果、蜂产品、蜂花粉及蜂产品制品、糕点、饼干、膨化食品、炒货食品及坚果制品、酱腌菜、速冻面米	GB 5009.3—2016	《食品安全国家标准 食品中水分的测定》
	SB/T 10018—2017	《糖果 硬质糖果》（附录 A，干燥失重）

三、水分的测定方法

食品中水分测定的方法通常可分为两大类：直接法和间接法。

直接法是利用水分本身的物理性质和化学性质来测定的方法，如干燥法、蒸馏法和卡尔·费休法；间接法是利用食品的相对密度、折射率、电导率、介电常数等物理性质来测定水分的方法。测定水分的方法要根据食品的性质和测定目的来选定。这里主要介绍常用的几种直接测定法。

1. 直接干燥法

(1) 特点

直接干燥法一般是在 101 ℃～105 ℃下进行干燥。此法操作及设备简单，应用广泛，且精确度高。

(2) 原理

利用食品中水分的物理性质，在 101.3 kPa（一个大气压），温度 101 ℃～105 ℃下采用挥发方法测定样品中干燥损失的重量，包括吸湿水、部分结晶水和该条件下能挥发的物质，再通过干燥前后的称量数值计算出水分的含量。

(3) 适用范围

适用于在 101 ℃～105 ℃下，蔬菜、谷物及其制品、水产品、豆制品、乳制品、肉制品、卤菜制品、粮食（水分含量低于 18 %）、油料（水分含量低于 13 %）、淀粉及茶叶类等食品中水分的测定，不适用于水分含量小于 0.5 g/100 g 的样品。

(4) 操作方法按照 GB 5009.3—2016《食品安全国家标准 食品中水分的测定》第一法

执行，具体见第一节第四项。

（5）说明及注意事项

① 水分测定的称量恒重是指前后两次称量的质量差不超过 2 mg。

② 物理栅是食品物料表面收缩和封闭的一种特殊现象。在烘干过程中，有时样品内部的水分还来不及转移至物料表面，表面便形成一层干燥薄膜，以至于大部分水分留在食品内不能排除。例如，在干燥糖浆、富含糖分的水果、富含糖分和淀粉的蔬菜等样品时，样品表面极易结成干膜，妨碍水分从食品内部扩散到它的表层。

③ 糖类，特别是果糖，对热不稳定，当温度超过 70 ℃时会发生氧化分解。因此对含果糖比较高的样品，如蜂蜜、果酱、水果及其制品等，宜采用减压干燥法。

④ 含有较多氨基酸、蛋白质及羰基化合物的样品，长时间加热会发生羰氨反应析出水分。因此，对于此类样品，宜采用其他方法测定水分。

⑤ 加入海砂（或河砂）可使样品分散、水分容易除去。如无海砂，可用玻璃碎末代替或使用石英砂。

⑥ 本法不大适用于胶体或半胶体状态的食品。

⑦ 称量皿有玻璃称量瓶和铝质称量皿两种，前者适用于各种食品，后者导热性能好、质量轻，常用于减压干燥法。但铝质称量皿不耐酸碱，使用时应根据测定样品加以选择。称量皿的规格选择以样品置于其中，平铺开后厚度不超过 1/3 为宜。

2. 减压干燥法

（1）原理

利用食品中水分的物理性质，在达到 40 kPa～53 kPa 压力后加热至 60 ℃±5 ℃，采用减压烘干燥方法去除试样中的水分，再通过烘干前后的称量数值计算出水分的含量。

（2）适用范围

适用于高温易分解的样品及水分较多的样品（如糖、味精等食品）中水分的测定，不适用于添加了其他原料的糖果（如奶糖、软糖等食品）中水分的测定，不适用于水分含量小于 0.5g/100g的样品（糖和味精除外）。

（3）操作方法

按照 GB 5009.3—2016《食品安全国家标准　食品中水分的测定》第二法执行，具体见第一节第四项。

（4）说明及注意事项

① 真空干燥箱内的真空是由于箱内气体被抽吸所造成的，一般用压强或真空度来表征真空的高低，采用真空表（计）测量。真空度和压强的物理意义是不同的，气体的压强越低，表示真空度越高；反之，压强越高，真空度就越低。

② 因减压干燥法能加快水分的去除，且操作强度较低，大大减少了样品氧化或分解的影响，可得到较准确的结果。

3. 蒸馏法

（1）原理

利用食品中水分的物理化学性质，使用水分测定器将食品中的水分与甲苯或二甲苯共同蒸出，根据接收的水的体积计算出试样中水分的含量。

(2) 特点

优点：操作简便、结果准确，热交换充分，受热后食品的组成及化学变化小。

缺点：水与有机溶剂易发生乳化现象；样品中水分可能没有完全挥发出来；水分有时附在冷凝管上，造成读数误差。

(3) 适用范围

适用于含水较多又有较多挥发性成分的水果、香辛料及调味品、肉与肉制品等食品中水分的测定，不适用于水分含量小于 1 g/100 g 的样品。

(4) 仪器

使用水分测定器。

(5) 操作方法

操作方法按照 GB 5009.3—2016《食品安全国家标准　食品中水分的测定》第三法执行，具体见第一节第四项。

(6) 说明及注意事项

① 蒸馏法是利用所加入的有机溶剂与水分形成共沸混合物而降低沸点。样品性质选择溶剂的重要依据，对热不稳定的样品，一般不用二甲苯。对于一些含有糖分，可分解释放出水分的样品，如某些脱水蔬菜（洋葱、大蒜）等，宜选用低沸点的苯作剂，但蒸馏时间将延长。

② 馏出液若为乳浊液，可添加少量戊醇、异丁醇。

③ 对富含糖分或蛋白质的样品，适宜的方法是将样品分散涂布于硅藻土上；对热不稳定的食品，除选用低沸点的溶剂外，也可将样品涂布于硅藻土上。

4. 卡尔·费休法

(1) 原理

根据碘能与水和二氧化硫发生化学反应，在有吡啶和甲醇共存时，1 mol 碘只与 1 mol 水作用，反应式如下：

$$C_5H_5N \cdot I_2 + C_5H_5N \cdot SO_2 + C_5H_5N + H_2O + CH_3OH \rightarrow 2C_5H_5N \cdot HI + C_5H_6N[SO_4CH_3]$$

卡尔·费休水分测定法又分为库仑法和容量法。库仑法测定的碘是通过化学反应产生的，只要电解液中存在水，所产生的碘就会和水以 1∶1 的关系按照化学反应式进行反应。当所有的水都参与了化学反应，过量的碘就会在电极的阳极区域形成，反应终止。容量法测定的碘是作为滴定剂加入的，滴定剂中碘的浓度是已知的，根据消耗滴定剂的体积，计算消耗碘的量，从而计量出被测物质水的含量。

(2) 特点

广泛应用于食品分析领域，尤其适用于遇热易被破坏的样品。此法不仅可测得样品中的自由水，而且可测出结合水，测得结果更客观反映出样品中的总水分含量，结果准确可靠、重复性好，能够最大限度地保证分析结果的准确性，国际标准化组织把这个方法定为测微量水分法的国际标准，我国也把这个方法定为国家标准以测微量水分。

(3) 适用范围

适用于食品中含微量水分的测定，不适用于含有氧化剂、还原剂、碱性氧化物、氢氧化物、碳酸盐、硼酸等食品中水分的测定。卡尔·费休容量法适用于水分含量大于 1.0×10^{-3} g/100 g 的样品。

（4）操作方法按照 GB 5009.3—2016《食品安全国家标准　食品中水分的测定》第四法执行，具体见第一节第四项。

四、食品安全国家标准　食品中水分的测定(GB 5009.3—2016)

1　范围

本标准规定了食品中水分的测定方法。

本标准第一法（直接干燥法）适用于在 101 ℃～105 ℃下，蔬菜、谷物及其制品、水产品、豆制品、乳制品、肉制品、卤菜制品、粮食（水分含量低于 18 %）、油料（水分含量低于 13 %）、淀粉及茶叶类等食品中水分的测定，不适用于水分含量小于 0.5 g/100g 的样品。第二法（减压干燥法）适用于高温易分解的样品及水分较多的样品（如糖、味精等食品）中水分的测定，不适用于添加了其他原料的糖果（如奶糖、软糖等食品）中水分的测定，不适用于水分含量小于 0.5 g/100g 的样品（糖和味精除外）。第三法（蒸馏法）适用于含水较多又有较多挥发性成分的水果、香辛料及调味品、肉与肉制品等食品中水分的测定，不适用于水分含量小于 1 g/100g 的样品。第四法（卡尔·费休法）适用于食品中含微量水分的测定，不适用于含有氧化剂、还原剂、碱性氧化物、氢氧化物、碳酸盐、硼酸等食品中水分的测定。卡尔·费休容量法适用于水分含量大于 1.0×10^{-3}g/100g 的样品。

第一法　直接干燥法

2　原理

利用食品中水分的物理性质，在 101.3 kPa（一个大气压），温度 101 ℃～105 ℃下采用挥发方法测定样品中干燥减失的质量，包括吸湿水、部分结晶水和该条件下能挥发的物质，再通过干燥前后的称量数值计算出水分的含量。

3　试剂和材料

除非另有说明，本方法所用试剂均为分析纯，水为 GB/T6682 规定的三级水。

3.1　试剂

3.1.1　氢氧化钠（NaOH）。

3.1.2　盐酸（HCl）。

3.1.3　海砂。

3.2　试剂配制

3.2.1　盐酸溶液（6 mol/L）：量取 50 mL 盐酸，加水稀释至 100 mL。

3.2.2　氢氧化钠溶液（6 mol/L）：称取 24 g 氢氧化钠，加水溶解并稀释至 100 mL。

3.2.3　海砂：取用水洗去泥土的海砂、河砂、石英砂或类似物，先用盐酸溶液（6 mol/L）煮沸 0.5 h，用水洗至中性，再用氢氧化钠溶液（6 mol/L）煮沸 0.5 h，用水洗至中性，经 105 ℃干燥备用。

4　仪器和设备

4.1　扁形铝制或玻璃制称量瓶。

4.2 电热恒温干燥箱。

4.3 干燥器：内附有效干燥剂。

4.4 天平：感量为 0.1 mg。

5 分析步骤

5.1 固体试样：取洁净铝制或玻璃制的扁形称量瓶，置于 101 ℃～105 ℃干燥箱中，瓶盖斜支于瓶边，加热 1.0 h，取出盖好，置干燥器内冷却 0.5 h，称量，并重复干燥至前后两次质量差不超过 2 mg，即为恒重。将混合均匀的试样迅速磨细至颗粒小于 2 mm，不易研磨的样品应尽可能切碎，称取 2 g～10 g 试样（精确至 0.0001 g），放入此称量瓶中，试样厚度不超过 5 mm，如为疏松试样，厚度不超过 10 mm，加盖，精密称量后，置 101 ℃～105 ℃干燥箱中，瓶盖斜支于瓶边，干燥 2 h～4 h 后，盖好取出，放入干燥器内冷却 0.5 h 后称量。然后再放入 101 ℃～105 ℃干燥箱中干燥 1 h 左右，取出，放入干燥器内冷却 0.5 h后再称量。并重复以上操作至前后两次质量差不超过 2 mg，即为恒重。

注：两次恒重值在最后计算中，取质量较小的称量值。

5.2 半固体或液体试样：取洁净的蒸发皿，内加 10 g 海砂及一根小玻棒，置于 101 ℃～105 ℃干燥箱中，干燥 1.0 h 后取出，放入干燥器内冷却 0.5 h 后称量，并重复干燥至恒重。然后称取 5 g～10 g 试样（精确至 0.000 1 g），置于蒸发皿中，用小玻棒搅匀放在沸水浴上蒸干，并随时搅拌，擦去皿底的水滴，置 101 ℃～105 ℃干燥箱中干燥 4 h 后盖好取出，放入干燥器内冷却 0.5 h 后称量。然后再放入 101 ℃～105 ℃干燥箱中干燥 1 h 左右，取出，放入干燥器内冷却 0.5 h 后再称量。并重复以上操作至前后两次质量差不超过 2 mg，即为恒重。

6 分析结果的表述

试样中的水分的含量按式（1）进行计算。

$$X=\frac{m_1-m_2}{m_1-m_3}\times 100 \tag{1}$$

式中：X——试样中水分的含量，单位为克每百克（g/100g）；

m_1——称量瓶（加海砂、玻棒）和试样的质量，单位为克（g）；

m_2——称量瓶（加海砂、玻棒）和试样干燥后的质量，单位为克（g）；

m_3——称量瓶（加海砂、玻棒）的质量，单位为克（g）。

100——单位换算系数。

水分含量≥1 g/100 g 时，计算结果保留三位有效数字；水分含量＜1 g/100 g 时，结果保留两位有效数字。

7 精密度

在重复性条件下获得的两次独立测定结果的绝对差值不得超过算术平均值的 10 %。

第二法 减压干燥法

8 原理

利用食品中水分的物理性质，在达到 40 kPa～53 kPa 压力后加热至 60 ℃±5 ℃，采用减压烘干方法去除试样中的水分，再通过烘干前后的称量数值计算出水分的含量。

9 仪器和设备

9.1 扁形铝制或玻璃制称量瓶。

9.2 真空干燥箱。

9.3 干燥器：内附有效干燥剂。

9.4 天平：感量为 0.1 mg。

10 分析步骤

10.1 试样的制备：粉末和结晶试样直接称取；较大块硬糖经研钵粉碎，混匀备用。

10.2 测定：取已恒重的称量瓶称取约 2 g～10 g(精确至 0.000 1 g)试样，放入真空干燥箱内，将真空干燥箱连接真空泵，抽出真空干燥箱内空气(所需压力一般为 40 kPa～53 kPa)，并同时加热至所需温度 60 ℃±5 ℃。关闭真空泵上的活塞，停止抽气，使真空干燥箱内保持一定的温度和压力，经 4 h 后，打开活塞，使空气经干燥装置缓缓通入至真空干燥箱内，待压力恢复正常后再打开。取出称量瓶，放入干燥器中 0.5 h 后称量，并重复以上操作至前后两次质量差不超过 2 mg，即为恒重。

11 分析结果的表述

同直接干燥法。

12 精密度

在重复性条件下获得的两次独立测定结果的绝对差值不得超过算术平均值的 10 %。

第三法 蒸馏法

13 原理

利用食品中水分的物理化学性质，使用水分测定器将食品中的水分与甲苯或二甲苯共同蒸出，根据接收的水的体积计算出试样中水分的含量。本方法适用于含较多其他挥发性物质的食品，如香辛料等。

14 试剂和材料

除非另有说明，本方法所用试剂均为分析纯，水为 GB/T 6682 规定的三级水。

14.1 试剂

甲苯(C_7H_8)或二甲苯(C_8H_{10})。

14.2 试剂配制

甲苯或二甲苯制备：取甲苯或二甲苯，先以水饱和后，分去水层，进行蒸馏，收集馏出液备用。

15 仪器和设备

15.1 水分测定器：如图 1 所示(带可调电热套)。水分接收管容量 5 mL，最小刻度值0.1 mL，容量误差小于 0.1 mL。

15.2 天平：感量为 0.1 mg。

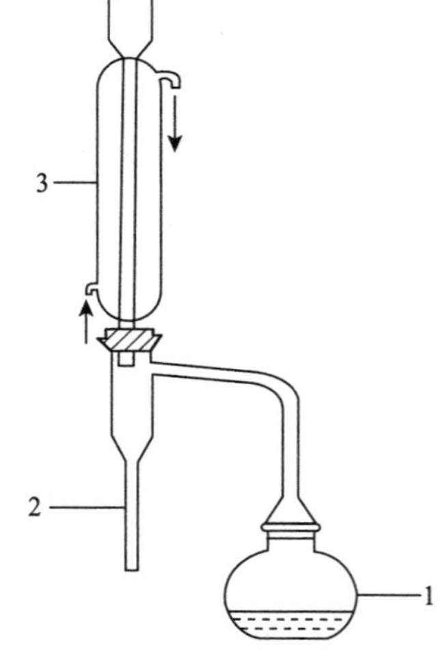

图 1 水分测定器

说明：

1——250 mL 蒸馏瓶；2——水分接收管，有刻度；3——冷凝管

16 分析步骤

准确称取适量试样(应使最终蒸出的水在 2 mL～5 mL,但最多取样量不得超过蒸馏瓶的 2/3),放入 250 mL 蒸馏瓶中,加入新蒸馏的甲苯(或二甲苯)75 mL,连接冷凝管与水分接收管,从冷凝管顶端注入甲苯,装满水分接收管。同时做甲苯(或二甲苯)的试剂空白。

加热慢慢蒸馏,使每秒钟的馏出液为 2 滴,待大部分水分蒸出后,加速蒸馏约每秒钟 4 滴,当水分全部蒸出后,接收管内的水分体积不再增加时,从冷凝管顶端加入甲苯冲洗。如冷凝管壁附有水滴,可用附有小橡皮头的铜丝擦下,再蒸馏片刻至接收管上部及冷凝管壁无水滴附着,接收管水平面保持 10 min 不变为蒸馏终点,读取接收管水层的容积。

准确称取适量试样(应使最终蒸出的水在 2 mL～5 mL,但最多取样量不得超过蒸馏瓶的 2/3),放入 250 mL 蒸馏瓶中,加入新蒸馏的甲苯(或二甲苯)75 mL,连接冷凝管与水分接收管,从冷凝管顶端注入甲苯,装满水分接收管。同时做甲苯(或二甲苯)的试剂空白。

加热慢慢蒸馏,使每秒钟的馏出液为 2 滴,待大部分水分蒸出后,加速蒸馏约每秒钟 4 滴,当水分全部蒸出后,接收管内的水分体积不再增加时,从冷凝管顶端加入甲苯冲洗。如冷凝管壁附有水滴,可用附有小橡皮头的铜丝擦下,再蒸馏片刻至接收管上部及冷凝管壁无水滴附着,接收管水平面保持 10 min 不变为蒸馏终点,读取接收管水层的容积。

17 分析结果的表述

试样中水分的含量按式(2)进行计算:

$$X=\frac{V-V_0}{m}\times 100 \qquad (2)$$

式中:X——试样中水分的含量,单位为毫升每百克(mL/100 g)(或按水在 20 ℃的密度 0.998 20 g/mL计算质量);

V——接收管内水的体积,单位为毫升(mL);

V_0——做试剂空白时,接收管内水的体积,单位为毫升(mL);

m——试样的质量,单位为克(g);

100——单位换算系数。

以重复性条件下获得的两次独立测定结果的算术平均值表示,结果保留三位有效数字。

18 精密度

在重复性条件下获得的两次独立测定结果的绝对差值不得超过算术平均值的 10 %。

第四法 卡尔·费休法

19 原理

根据碘能与水和二氧化硫发生化学反应,在有吡啶和甲醇共存时,1 mol 碘只与 1 mol 水作用,反应式如下:

$$C_5H_5N\cdot I_2+C_5H_5N\cdot SO_2+C_5H_5N+H_2O+CH_3OH\rightarrow 2C_5H_5N\cdot HI+C_5H_6N[SO_4CH_3]$$

卡尔·费休水分测定法又分为库仑法和容量法。其中容量法测定的碘是作为滴定剂加入的，滴定剂中碘的浓度是已知的，根据消耗滴定剂的体积，计算消耗碘的量，从而计量出被测物质水的含量。

20　试剂和材料

20.1　卡尔·费休试剂。

20.2　无水甲醇(CH_4O)：优级纯。

21　仪器和设备

21.1　卡尔·费休水分测定仪。

21.2　天平：感量为 0.1 mg。

22　分析步骤

22.1　卡尔·费休试剂的标定（容量法）

在反应瓶中加一定体积（浸没铂电极）的甲醇，在搅拌下用卡尔·费休试剂滴定至终点。加入 10 mg 水（精确至 0.000 1 g），滴定至终点并记录卡尔·费休试剂的用量(V)。卡尔·费休试剂的滴定度按式(3)计算：

$$T=\frac{m}{V} \tag{3}$$

式中：T——卡尔·费休试剂的滴定度，单位为毫克每毫升(mg/mL)；

m——水的质量，单位为毫克(mg)；

V——滴定水消耗的卡尔·费休试剂的用量，单位为毫升(mL)。

22.2　试样前处理

可粉碎的固体试样要尽量粉碎，使之均匀。不易粉碎的试样可切碎。

22.3　试样中水分的测定

于反应瓶中加一定体积的甲醇或卡尔·费休测定仪中规定的溶剂浸没铂电极，在搅拌下用卡尔·费休试剂滴定至终点。迅速将易溶于上述溶剂的试样直接加入滴定杯中；对于不易溶解的试样，应采用对滴定杯进行加热或加入已测定水分的其他溶剂辅助溶解后用卡尔·费休试剂滴定至终点。建议采用库仑法测定试样中的含水量应大于 10 μg，容量法应大于 100 μg。对于某些需要较长时间滴定的试样，需要扣除其漂移量。

22.4　漂移量的测定

在滴定杯中加入与测定样品一致的溶剂，并滴定至终点，放置不少于 10 min 后再滴定至终点，两次滴定之间的单位时间内的体积变化即为漂移量(D)。

23　分析结果的表述

固体试样中水分的含量按式(4)，液体试样中水分的含量按式(5)进行计算。

$$X=\frac{(V_1-D\times t)\times T}{m}\times 100 \tag{4}$$

$$X=\frac{(V_1-D\times t)\times T}{V_2\rho}\times 100 \tag{5}$$

式中：X——试样中水分的含量，单位为克每百克(g/100 g)；

V_1——滴定样品时卡尔·费休试剂体积，单位为毫升(mL)；

T——卡尔·费休试剂的准确滴定度，单位为克每毫升(g/mL)；

m——样品质量，单位为克(g)；

V_2——液体样品体积，单位为毫升(mL)；

D——漂移量，单位为毫升每分钟(mL/min)；

t——滴定时所消耗的时间，单位为分钟(min)；

100——单位换算系数；

ρ——液体样品的密度，单位为克每毫升(g/mL)。

水分含量≥1 g/100 g时，计算结果保留三位有效数字；水分含量<1 g/100 g时，计算结果保留两位有效数字。

24 精密度

在重复性条件下获得的两次独立测定结果的绝对差值不得超过算术平均值的10 %。

第二节 食品中灰分的检验

一、概述

1. 食品灰分及其测定意义

食品的组成成分非常复杂，除含有大分子的有机物质外，还含有许多无机物质，当在高温灼烧灰化时将发生一系列的变化，其中的有机成分经燃烧、分解而挥发逸散，无机成分则留在残灰中。

食品经高温灼烧后的残留物就叫做灰分。

不同的食品组成成分不同，要求的灼烧条件不同，残留物亦不同。灰分中的无机成分与食品中原有的无机成分并不完全相同。因为食品在灼烧时，一些易挥发的元素，如氯、碘、铅等会挥发散失，磷、硫以含氧酸的形式挥发散失，使部分无机成分减少。而食品中的有机组分，如碳，则可能在一系列的变化中形成了无机物——碳酸盐，又使无机成分增加了。因此，灰分并不能准确地表示食品中原有的无机成分的总量。严格说来，应该把灼烧后的残留物叫做粗灰分。

不同的食品，因原料、加工方法不同，测定灰分的条件不同，其灰分的含量也不相同，但当这些条件确定以后，某些食品中灰分的含量常在一定范围以内，若超过正常范围，则说明食品生产中使用了不符合安全标准要求的原料或食品添加剂，或在食品的加工、贮存、运输等过程中受到了污染。

灰分是反映食品中无机成分(又称矿物质)总量的一项指标。无机盐是七大营养要素之一，是人类生命活动不可缺少的物质，要正确评价某食品的营养价值，其无机盐含量是一个评价指标。例如，黄豆是营养价值较高的食物，除富含蛋白质外，它的灰分含量高达5.0 %。

故测定灰分总含量，在评价食品品质方面有其重要意义。

灰分的含量可反映食品的加工精度。面粉的加工精度越高，灰分含量越低，灰分是划分等级的重要指标。富强粉灰分含量为0.3 %～0.5 %，标准粉为0.6 %～0.9 %，全麦粉为1.2 %～2.0 %。

灰分的含量是胶制品胶冻性能的标志。生产果胶、明胶之类的胶质品时，灰分是这些制品的胶冻性能的标志。果胶分为HM（高脂果胶）和LM（低脂果胶）两种，HM只要有糖、酸存在即能形成凝胶，而LM除糖、酸以外，还需要有金属离子，如：Ca^{2+}、Al^{3+}。

水溶性灰分和酸不溶性灰分可作为食品生产的一项控制指标。水溶性灰分指果酱、果冻制品中的果汁含量。酸不溶性灰分中的大部分，是一些来自原料本身的，或在加工过程中来自环境污染混入产品中的泥沙等机械污染物，另外，还含有一些样品组织中的微量硅。

灰分的测定还能判断食品受污染的程度。原料及加工过程混入泥沙也是灰分的组成。

因此，灰分是某些食品重要的控制指标，也是食品常规检验的项目之一。

常见食品中灰分含量如表5－3所示。

表5－3　常见食品中灰分含量

种类	牛乳	乳粉	脱脂乳粉	鲜肉	稻谷	面粉	小麦	大豆
灰分含量/%	0.6～0.7	5.0～5.7	7.8～8.2	0.5～1.2	5.3	1.95	4.7	1.5

2. 食品灰分的表示方法

通常测定的灰分项目有：总灰分、水溶性灰分、水不溶性灰分和酸不溶性灰分。

(1) 总灰分

主要是金属氧化物和无机盐类及一些杂质，反映食品中矿物质及机械杂质的情况。

(2) 水溶性灰分

反映灰分中可溶性金属钾、钠、钙、镁等元素的氧化物及可溶性盐类的含量。

(3) 水不溶性灰分

反映食品中含铁、铝等金属氧化物及碱土金属的碱式磷酸盐，以及由于污染混入产品的泥沙等机械性物质的含量。

(4) 酸不溶性灰分

反映食品中机械杂质及食品组织中的微量氧化硅的含量。

二、出厂检验项目要求测定灰分的食品

实行食品生产许可证制度，审查细则中出厂检验项目要求测定灰分的食品如表5－4所示。

表 5-4　出厂检验项目要求测定灰分的食品

产品单元名称	标准号	标准名称
小麦粉、茶叶(边销茶)、可可制品(可可粉)、淀粉谷物碾磨加工品(谷物粉)、谷物粉类制成品(干米粉)、调味料产品(香辛料)、婴幼儿及其他配方谷粉、蔬菜制品(蔬菜干制品、食用菌制品)	GB 5009.4—2016	《食品安全国家标准　食品中灰分的测定》

三、灰分的测定方法

1. 原理

食品经灼烧后所残留的无机物质称为灰分。灰分数值系用灼烧、称重后计算得出。

2. 适用范围

本法适用于除淀粉及其衍生物之外的食品中灰分含量的测定。

3. 操作方法

按照 GB 5009.4—2016《食品安全国家标准　食品中灰分的测定》执行,具体见第二节第四项。

4. 说明及注意事项

(1) 样品的处理

① 对于一般食品,液体和半固体试样应先在沸水浴上蒸干。固体或蒸干后的试样,先在电炉或电热板上以小火加热使试样充分炭化至无烟,然后在马弗炉中高温灼烧;含磷量较高的豆类及其制品、肉禽制品、蛋制品、水产品、乳及乳制品,称取试样后,加入乙酸镁溶液做固定剂,可防止一些元素因高温挥发散失。同时做试剂空白试验,以校正测定结果。

② 富含糖、蛋白质、淀粉的样品,在灰化前加几滴纯植物油,防止发泡。

(2) 碳化

碳化时,应避免样品明火燃烧而导致微粒喷出。只有在炭化完全即不冒烟后才能放入高温电炉中。灼烧空坩埚与灼烧样品的条件应尽量一致,以消除系统误差。

(3) 灼烧

灼烧温度不能超过 600 ℃,否则会造成钾、钠、氯等易挥发成分的损失。

反复灼烧至恒重是判断灰化是否完成最可靠的方法。因为有些样品即使灰化完全,残灰也不一定是白色或灰白色,例如铁含量高的样品,残灰呈蓝褐色;锰、铜含量高的样品,残灰呈蓝绿色;有时即使灰的表面呈白色或灰白色,但内部仍有炭粒存留。

四、食品安全国家标准　食品中灰分的测定(GB 5009.4—2016)

1　范围

本标准第一法规定了食品中灰分的测定方法,第二法规定了食品中水溶性灰分和水不溶性灰分的测定方法,第三法规定了食品中酸不溶性灰分的测定方法。

本标准第一法适用于食品中灰分的测定(淀粉类灰分的方法适用于灰分质量分数不大于 2 %的淀粉和变性淀粉),第二法适用于食品中水溶性灰分和水不溶性灰分的测定,第三法适用于食品中酸不溶性灰分的测定。

第一法　食品中总灰分的测定

2　原理

食品经灼烧后所残留的无机物质称为灰分。灰分数值系用灼烧、称重后计算得出。

3　试剂和材料

除非另有说明，本方法所用试剂均为分析纯，水为 GB/T 6682 规定的三级水。

3.1　试剂

3.1.1　乙酸镁[$(CH_3COO)_2Mg \cdot 4H_2O$]。

3.1.2　浓盐酸（HCl）。

3.2　试剂配制

3.2.1　乙酸镁溶液（80 g/L）：称取 8.0 g 乙酸镁加水溶解并定容至 100 mL，混匀。

3.2.2　乙酸镁溶液（240 g/L）：称取 24.0 g 乙酸镁加水溶解并定容至 100 mL，混匀。

3.2.3　10 %盐酸溶液：量取 24 mL 分析纯浓盐酸用蒸馏水稀释至 100 mL。

4　仪器和设备

4.1　高温炉：最高使用温度≥950 ℃。

4.2　分析天平：感量分别为 0.1 mg、1 mg、0.1 g。

4.3　石英坩埚或瓷坩埚。

4.4　干燥器（内有干燥剂）。

4.5　电热板。

4.6　恒温水浴锅：控温精度±2 ℃。

5　分析步骤

5.1　坩埚预处理

5.1.1　含磷量较高的食品和其他食品

取大小适宜的石英坩埚或瓷坩埚置高温炉中，在 550 ℃±25 ℃下灼烧 30 min，冷却至 200 ℃左右，取出，放入干燥器中冷却 30 min，准确称量。重复灼烧至前后两次称量相差不超过 0.5 mg 为恒重。

5.1.2　淀粉类食品

先用沸腾的稀盐酸洗涤，再用大量自来水洗涤，最后用蒸馏水冲洗。将洗净的坩埚置于高温炉内，在 900 ℃±25 ℃下灼烧 30 min，并在干燥器内冷却至室温，称重，精确至 0.000 1 g。

5.2　称样

含磷量较高的食品和其他食品：灰分大于或等于 10 g/100g 的试样称取 2 g～3 g（精确至 0.000 1 g）；灰分小于或等于 10 g/100 g 的试样称取 3 g～10 g（精确至 0.000 1 g，对于灰分含量更低的样品可适当增加称样量）。淀粉类食品：迅速称取样品 2g～10 g（马铃薯淀粉、小麦淀粉以及大米淀粉至少称 5 g，玉米淀粉和木薯淀粉称 10 g），精确至 0.000 1 g。将样品均匀分布在坩埚内，不要压紧。

5.3　测定

5.3.1　含磷量较高的豆类及其制品、肉禽及其制品、蛋及其制品、水产及其制品、乳及乳制品

5.3.1.1　称取试样后，加入1.00 mL乙酸镁溶液（240 g/L）或3.00 mL乙酸镁溶液（80 g/L），使试样完全润湿。放置10 min后，在水浴上将水分蒸干，在电热板上以小火加热使试样充分炭化至无烟，然后置于高温炉中，在550 ℃±25 ℃灼烧4 h。冷却至200 ℃左右，取出，放入干燥器中冷却30 min，称量前如发现灼烧残渣有炭粒时，应向试样中滴入少许水湿润，使结块松散，蒸干水分再次灼烧至无炭粒即表示灰化完全，方可称量。重复灼烧至前后两次称量相差不超过0.5 mg为恒重。

5.3.1.2　吸取3份与5.3.1.1相同浓度和体积的乙酸镁溶液，做3次试剂空白试验。当3次试验结果的标准偏差小于0.003 g时，取算术平均值作为空白值。若标准偏差大于或等于0.003 g时，应重新做空白值试验。

5.3.2　淀粉类食品

将坩埚置于高温炉口或电热板上，半盖坩埚盖，小心加热使样品在通气情况下完全炭化至无烟，即刻将坩埚放入高温炉内，将温度升高至900 ℃±25 ℃，保持此温度直至剩余的碳全部消失为止，一般1 h可灰化完毕，冷却至200 ℃左右，取出，放入干燥器中冷却30 min，称量前如发现灼烧残渣有炭粒时，应向试样中滴入少许水湿润，使结块松散，蒸干水分再次灼烧至无炭粒即表示灰化完全，方可称量。重复灼烧至前后两次称量相差不超过0.5 mg为恒重。

5.3.3　其他食品

液体和半固体试样应先在沸水浴上蒸干。固体或蒸干后的试样，先在电热板上以小火加热使试样充分炭化至无烟，然后置于高温炉中，在550 ℃±25 ℃灼烧4 h。冷却至200 ℃左右，取出，放入干燥器中冷却30 min，称量前如发现灼烧残渣有炭粒时，应向试样中滴入少许水湿润，使结块松散，蒸干水分再次灼烧至无炭粒即表示灰化完全，方可称量。重复灼烧至前后两次称量相差不超过0.5 mg为恒重。

6　分析结果的表述

6.1　以试样质量计

6.1.1　试样中灰分的含量，加了乙酸镁溶液的试样，按式（1）计算：

$$X_1 = \frac{m_1 - m_2 - m_0}{m_3 - m_2} \times 100 \tag{1}$$

式中：X_1——加了乙酸镁溶液试样中灰分的含量，单位为克每百克（g/100g）；

m_1——坩埚和灰分的质量，单位为克（g）；

m_2——坩埚的质量，单位为克（g）；

m_0——氧化镁（乙酸镁灼烧后生成物）的质量，单位为克（g）；

m_3——坩埚和试样的质量，单位为克（g）；

100——单位换算系数。

6.1.2　试样中灰分的含量，未加乙酸镁溶液的试样，按式（2）计算：

$$X_2=\frac{m_1-m_2}{m_3-m_2}\times 100 \tag{2}$$

式中：X_2——未加乙酸镁溶液试样中灰分的含量，单位为克每百克(g/100g)；

m_1——坩埚和灰分的质量，单位为克(g)；

m_2——坩埚的质量，单位为克(g)；

m_3——坩埚和试样的质量，单位为克(g)；

100——单位换算系数。

6.2 以干物质计

6.2.1 加了乙酸镁溶液的试样中灰分的含量，按式(3)计算：

$$X_1=\frac{m_1-m_2-m_0}{(m_3-m_2)\times w}\times 100 \tag{3}$$

式中：X_1——加了乙酸镁溶液试样中灰分的含量，单位为克每百克(g/100g)；

m_1——坩埚和灰分的质量，单位为克(g)；

m_2——坩埚的质量，单位为克(g)；

m_0——氧化镁（乙酸镁灼烧后生成物）的质量，单位为克(g)；

m_3——坩埚和试样的质量，单位为克(g)；

w——试样干物质含量（质量分数），%；

100——单位换算系数。

6.2.2 未加乙酸镁溶液的试样中灰分的含量，按式(4)计算：

$$X_2=\frac{m_1-m_2}{(m_3-m_2)\times w}\times 100 \tag{4}$$

式中：X_2——未加乙酸镁溶液的试样中灰分的含量，单位为克每百克(g/100g)；

m_1——坩埚和灰分的质量，单位为克(g)；

m_2——坩埚的质量，单位为克(g)；

m_3——坩埚和试样的质量，单位为克(g)；

w——试样干物质含量（质量分数），%；

100——单位换算系数。

试样中灰分含量≥10g/100g时，保留三位有效数字；试样中灰分含量<10g/100g时，保留两位有效数字。

7 精密度

在重复性条件下获得的两次独立测定结果的绝对差值不得超过算术平均值的5%。

第二法 食品中水溶性灰分和水不溶性灰分的测定

8 原理

用热水提取总灰分，经无灰滤纸过滤、灼烧、称量残留物，测得水不溶性灰分，由总灰分和水不溶性灰分的质量之差计算水溶性灰分。

9 试剂和材料

除非另有说明，本方法所用水为GB/T 6682规定的三级水。

10 仪器和设备

10.1 高温炉：最高温度≥950 ℃。

10.2 分析天平：感量分别为 0.1 mg、1 mg、0.1 g。

10.3 石英坩埚或瓷坩埚。

10.4 干燥器（内有干燥剂）。

10.5 无灰滤纸。

10.6 漏斗。

10.7 表面皿：直径 6 cm。

10.8 烧杯（高型）：容量 100 mL。

10.9 恒温水浴锅：控温精度±2 ℃。

11 分析步骤

11.1 坩埚预处理

方法见“5.1 坩埚预处理”。

11.2 称样

方法见“5.2 称样”。

11.3 总灰分的制备

见“5.3 测定”。

11.4 测定

用约 25 mL 热蒸馏水分次将总灰分从坩埚中洗入 100 mL 烧杯中，盖上表面皿，用小火加热至微沸，防止溶液溅出。趁热用无灰滤纸过滤，并用热蒸馏水分次洗涤杯中残渣，直至滤液和洗涤体积约达 150 mL 为止，将滤纸连同残渣移入原坩埚内，放在沸水浴锅上小心地蒸去水分，然后将坩埚烘干并移入高温炉内，以 550 ℃±25 ℃灼烧至无炭粒（一般需 1 h）。待炉温降至 200 ℃时，放入干燥器内，冷却至室温，称重（准确至 0.000 1 g）。再放入高温炉内，以 550 ℃±25 ℃灼烧 30 min，如前冷却并称重。如此重复操作，直至连续两次称重之差不超过 0.5 mg 为止，记下最低质量。

12 分析结果的表述

12.1 以试样质量计

12.1.1 水不溶性灰分的含量，按式(5)计算：

$$X_1=\frac{m_1-m_2}{m_3-m_2}\times 100 \tag{5}$$

式中：X_1——水不溶性灰分的含量，单位为克每百克(g/100g)；

m_1——坩埚和水不溶性灰分的质量，单位为克(g)；

m_2——坩埚的质量，单位为克(g)；

m_3——坩埚和试样的质量，单位为克(g)；

100——单位换算系数。

12.1.2 水溶性灰分的含量，按式(6)计算：

$$X_2=\frac{m_4-m_5}{m_0}\times 100 \tag{6}$$

式中：X_2——水溶性灰分的质量，单位为克(g/100g)；

m_0——试样的质量，单位为克(g)；

m_4——总灰分的质量，单位为克(g)；

m_5——水不溶性灰分的质量，单位为克(g)；

100——单位换算系数。

12.2　以干物质计

12.2.1　水不溶性灰分的含量，按式(7)计算：

$$X_1=\frac{m_1-m_2}{(m_3-m_2)\times w}\times 100 \tag{7}$$

式中：X_1——水不溶性灰分的含量，单位为克每百克(g/100g)；

m_1——坩埚和水不溶性灰分的质量，单位为克(g)；

m_2——坩埚的质量，单位为克(g)；

m_3——坩埚和试样的质量，单位为克(g)；

w——试样干物质含量（质量分数），%；

100——单位换算系数。

12.2.2　水溶性灰分的含量，按式(8)计算：

$$X_2=\frac{m_4-m_5}{m_0\times w}\times 100 \tag{8}$$

式中：X_2——水溶性灰分的质量，单位为克(g/100g)；

m_0——试样的质量，单位为克(g)；

m_4——总灰分的质量，单位为克(g)；

m_5——水不溶性灰分的质量，单位为克(g)；

w——试样干物质含量（质量分数），%；

100——单位换算系数。

试样中灰分含量≥10 g/100 g时，保留三位有效数字；试样中灰分含量<10 g/100 g时，保留两位有效数字。

13　精密度

在重复性条件下获得的两次独立测定结果的绝对差值不得超过算术平均值的5 %。

第三法　食品中酸不溶性灰分的测定

14　原理

用盐酸溶液处理总灰分，过滤、灼烧、称量残留物。

15　试剂和材料

除非另有说明，本方法所用试剂均为分析纯，水为GB/T 6682规定的三级水。

15.1　试剂

浓盐酸(HCl)。

15.2　试剂配制

10 %盐酸溶液，24 mL分析纯浓盐酸用蒸馏水稀释至100 mL。

16 仪器和设备

16.1 高温炉：最高温度≥950 ℃。

16.2 分析天平：感量分别为 0.1 mg、1 mg、0.1 g。

16.3 石英坩埚或瓷坩埚。

16.4 干燥器(内有干燥剂)。

16.5 无灰滤纸。

16.6 漏斗。

16.7 表面皿：直径 6 cm。

16.8 烧杯(高型)：容量 100 mL。

16.9 恒温水浴锅：控温精度±2 ℃。

17 分析步骤

17.1 坩埚预处理

方法见“5.1 坩埚预处理”。

17.2 称样

方法见“5.2 称样”。

17.3 总灰分的制备

见“5.3 测定”。

17.4 测定

用 25 mL10 %盐酸溶液将总灰分分次洗入 100 mL 烧杯中，盖上表面皿，在沸水浴上小心加热，至溶液由浑浊变为透明时，继续加热 5 min，趁热用无灰滤纸过滤，用沸蒸馏水少量反复洗涤烧杯和滤纸上的残留物，直至中性(约 150 mL)。将滤纸连同残渣移入原坩埚内，在沸水浴上小心蒸去水分，移入高温炉内，以 550 ℃±25 ℃灼烧至无炭粒(一般需 1 h)。待炉温降至 200 ℃时，取出坩埚，放入干燥器内，冷却至室温，称重(准确至 0.0001 g)。再放入高温炉内，以 550 ℃±25 ℃灼烧 30 min，如前冷却并称重。如此重复操作，直至连续两次称重之差不超过 0.5 mg 为止，记下最低质量。

18 分析结果的表述

18.1 以试样质量计，酸不溶性灰分的含量，按式(9)计算：

$$X_1=\frac{m_1-m_2}{m_3-m_2}\times 100 \tag{9}$$

式中：X_1——酸不溶性灰分的含量，单位为克每百克(g/100g)；

m_1——坩埚和酸不溶性灰分的质量，单位为克(g)；

m_2——坩埚的质量，单位为克(g)；

m_3——坩埚和试样的质量，单位为克(g)；

100——单位换算系数。

18.2 以干物质计，酸不溶性灰分的含量，按式(10)计算：

$$X_1=\frac{m_1-m_2}{(m_3-m_2)\times w}\times 100 \tag{10}$$

式中：X_1——酸不溶性灰分的含量，单位为克每百克(g/100 g)；

m_1——坩埚和酸不溶性灰分的质量，单位为克(g)；

m_2——坩埚的质量，单位为克(g)；

m_3——坩埚和试样的质量，单位为克(g)；

w——试样干物质含量(质量分数)，%；

100——单位换算系数。

试样中灰分含量≥10 g/100 g时，保留三位有效数字；试样中灰分含量<10 g/100 g时，保留两位有效数字。

19 精密度

在重复性条件下同一样品获得的测定结果的绝对差值不得超过算术平均值的5 %。

第三节　食品中酸度的检验

一、概述

1. 食品酸度及其测定意义

食品中的酸类物质包括无机酸、有机酸、酸式盐以及某些酸性有机化合物(如单宁等)。这些酸有的是食品中本身固有的，如果蔬中含有的苹果酸、柠檬酸、酒石酸、琥珀酸、醋酸、草酸，肉、鱼中含有的乳酸等；有的是因发酵而产生的，如酸奶中的乳酸；有的是人为加进去的，如配制型饮料中加入的柠檬酸。

酸类物质在食品中主要有三个方面的作用：一是显味剂，不论哪种途径得到的酸味物质，都是食品重要的显味剂，对食品的风味有很大的影响。其中大多数的有机酸主要是苹果酸、柠檬酸、酒石酸等，通常称为果酸，具有很浓的水果香味，能刺激食欲，促进消化，在维持人体体液酸碱平衡方面起着重要的作用；二是保持颜色稳定，食品中酸味物质的存在，即pH的高低，对保持食品颜色的稳定性，起着一定的作用。例如，水果加工过程中，如果加酸降低介质的pH，可抑制水果的酶促褐变，从而保持水果的本色；选用pH为6.5～7.2的沸水热烫蔬菜，能很好地保持绿色蔬菜特有的鲜绿色；三是防腐作用，酸味物质在食品中还能起到一定的防腐作用。当食品的pH小于2.5时，一般除霉菌外，大部分微生物的生长都受到了抑制；若将醋酸的浓度控制在6 %时，可有效地抑制腐败菌的生长。

食品中酸度的测定具有重要的意义。通过食品中存在的酸类物质，可以判断食品的成熟度。如番茄在成熟过程中，总酸度从绿熟期的0.94 %下降到完熟期的0.64 %，同时糖的含量增加，其糖酸比增大，具有良好的口感；通过食品中存在的酸类物质，可以判断食品的新鲜程度以及是否腐败。如牛乳及乳制品中的乳酸含量过高，说明已由乳酸菌发酵而腐败变质；新鲜的油脂常为中性，不含游离脂肪酸，但在放置过程中，本身所含的脂肪酶水解油脂生成脂肪酸，油脂酸败，其新鲜程度也随之下降。油脂中游离脂肪酸含量的多少，是其品质好坏和精炼程度的重要指标之一；水果制品中含有游离的半乳糖醛酸时，说明其已受到霉烂水果的污染。

2. 食品酸度的表示方法

食品中酸度的表示方法有：总酸度、有效酸度、挥发性酸度、酸价、牛奶酸度等。

(1) 总酸度

指食品中所有酸性物质的总量，包括离解的和未离解的酸的总和，常用标准碱溶液进行滴定，并以样品中主要代表酸的百分含量来表示，故总酸又称可滴定酸度。

(2) 有效酸度

指样品中呈离子状态的氢离子的浓度(准确地说应该是活度)，用 pH 计(酸度计)进行测定，用 pH 表示。

(3) 挥发性酸度

指食品中易挥发的有机酸，如乙酸、甲酸及丁酸等低碳链的直链有机酸，可通过蒸馏法分离，再用标准碱溶液进行滴定。

(4) 酸价

在测定脂类的酸度时通常用酸价表示，即以酚酞作指示剂，中和 1g 样品消耗氢氧化钾的毫克数。

(5) 牛乳酸度

牛乳中有两种酸度：外表酸度和真实酸度。牛乳酸度是外表酸度与真实酸度之和。

外表酸度又称固有酸度，是指刚挤出来的新鲜牛乳本身所具有的酸度，主要来源于新鲜牛乳中的酪蛋白、白蛋白、柠檬酸盐及磷酸盐等酸性成分。外表酸度在新鲜牛乳中约占 0.15 %～0.18 %(以乳酸计)。

真实酸度又称发酵酸度，是指牛乳在放置、运输等过程中，由于乳酸菌的作用，乳糖分解产生乳酸而升高的那部分酸度。若牛乳的含酸量超过 0.20 %，则可认为牛乳不新鲜。

牛乳酸度一般有两种表示方法：

① 牛乳酸度°T，即：滴定 100 mL 牛乳所消耗 0.1 mol/L 的氢氧化钠的体积(mL)，或滴定 10 mL 牛乳所消耗 0.1 mol/L 的氢氧化钠的体积(mL)乘以 10，新鲜牛乳酸度一般为 16°T～18°T；

②用乳酸的含量(%)来表示，与总酸度的计算方法一样，用乳酸表示牛乳的酸度。

二、出厂检验项目要求测定酸度的食品

实行食品生产许可证制度，审查细则中出厂检验项目要求测定酸类物质的食品如表 5-5 所示。

表 5-5　出厂检验项目要求测定酸类物质的食品

类别	产品单元名称	标准号	标准名称
总酸或有效酸度	果蔬制品、饮料、乳制品、饮料酒、蜂产品、淀粉制品、谷物制品和调味品等	GB/T 12456—2008	《食品中总酸的测定》
	生乳及乳制品、淀粉及其衍生物酸度和粮食及制品	GB 5009.239—2016	《食品安全国家标准 食品酸度的测定》
	豆类、薯类等粮食淀粉为原料制成的凉粉、粉皮等蒸煮制品及粉丝、粉条、淀粉等制品	GB/T 5009.53—2003	《淀粉类制品卫生标准的分析方法》
挥发酸	葡萄酒	GB/T 15038—2006	《葡萄酒、果酒通用分析方法》

三、酸度的测定方法

1. 总酸、淀粉类制品酸度的测定——滴定法

(1) 原理：试样经过处理后，以酚酞作为指示剂，用 0.100 0 mol/L 氢氧化钠标准溶液滴定至中性，消耗氢氧化钠溶液的体积数，经计算确定试样的酸度。

(2) 适用范围：各类色泽较浅的食品中总酸含量的测量

(3) 操作方法：按照 GB 5009.239—2016《食品中酸度的测定》、GB/T 5009.53—2003《淀粉类制品卫生分析方法》执行，具体见第三节第四项、第五项。

(4) 说明及注意事项：若样液颜色过深或浑浊，终点不易判断时，可采用电位滴定法。如酱油总酸的测定。

2. 挥发性酸度的测定——水蒸馏法

测定挥发酸含量的方法有两种：直接法和间接法。测定时可根据具体情况选用。直接法是通过蒸馏或萃取等方法将挥发酸分离出来，然后用标准碱滴定。间接法则是先将挥发酸蒸馏除去，滴定残留的不挥发酸，然后从总酸度中减去不挥发酸，即可求得挥发酸含量。

(1) 原理：用水蒸气蒸馏样品，使总挥发酸与水蒸气一同从溶液中蒸馏出来。用 NaOH 标准溶液滴定馏出液，即可得出挥发酸的含量。

(2) 仪器：水蒸气蒸馏装置如图 5-1 所示。

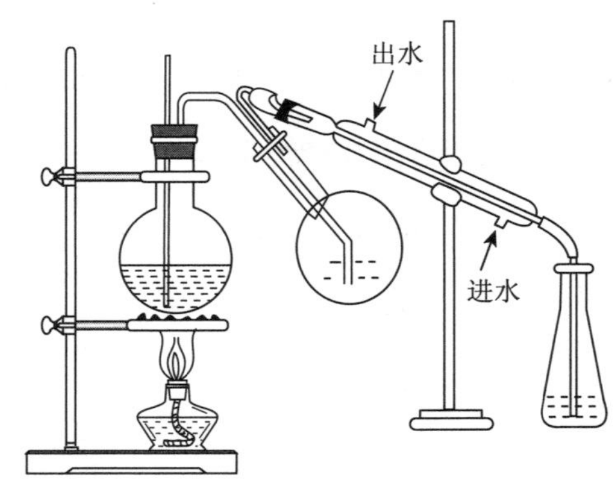

图 5-1　水蒸气蒸馏装置

(3)适用范围：各类饮料、果蔬及其制品(发酵制品、酒类等)中挥发酸含量的测定。

(4) 说明及注意事项：

① 蒸汽发生器内的水在蒸馏前须预先煮沸。

② 整个蒸馏时间内要维持烧瓶内液面一定。

③ 整套蒸馏装置的各个连接处应密封，切不可漏气。

四、食品酸度的测定(GB 5009.239—2016)

1　范围

本标准规定了生乳及乳制品、淀粉及其衍生物酸度和粮食及制品酸度的测定方法。

本标准第一法适用于生乳及乳制品、淀粉及其衍生物、粮食及制品酸度的测定；第二法适用乳粉酸度的测定；第三法适用于乳及其他乳制品中酸度的测定。

第一法　酚酞指示剂法

2　原理

试样经过处理后，以酚酞作为指示剂，用 0.100 0 mol/L 氢氧化钠标准溶液滴定至中性，消耗氢氧化钠溶液的体积数，经计算确定试样的酸度。

3　试剂和材料

除非另有说明，本方法所用试剂均为分析纯，水为 GB/T6682 规定的三级水。

3.1　试剂

3.1.1　氢氧化钠(NaOH)。

3.1.2　七水硫酸钴($CoSO_4 \cdot 7H_2O$)。

3.1.3　酚酞。

3.1.4　95 %乙醇。

3.1.5　乙醚。

3.1.6　氮气：纯度为 98 %。

3.1.7　三氯甲烷($CHCl_3$)。

3.2　试剂配制

3.2.1　氢氧化钠标准溶液(0.100 0 mol/L)

称取 0.75 g 于 105 ℃～110 ℃电烘箱中干燥至恒重的工作基准试剂邻苯二甲酸氢钾，加 50mL 无二氧化碳的水溶解，加 2 滴酚酞指示液(10 g/L)，用配制好的氢氧化钠溶液滴定至溶液呈粉红色，并保持 30 s。同时做空白试验。

注：把二氧化碳(CO_2)限制在洗涤瓶或者干燥管，避免滴管中 NaOH 因吸收 CO_2 而影响其浓度。可通过盛 10 %氢氧化钠溶液洗涤瓶连接的装有氢氧化钠溶液的滴定管，或者通过连接装有新鲜氢氧化钠或氧化钙的滴定管末尾而形成一个封闭的体系，避免此溶液吸收二氧化碳(CO_2)。

3.2.2　参比溶液

将 3 g 七水硫酸钴溶解于水中，并定容至 100 mL。

3.2.3　酚酞指示液

称取 0.5 g 酚酞溶于 75 mL 体积分数为 95 %的乙醇中，并加入 20 mL 水，然后滴加氢氧化钠溶液(3.2.1)至微粉色，再加入水定容至 100 mL。

3.2.4 中性乙醇-乙醚混合液

取等体积的乙醇、乙醚混合后加 3 滴酚酞指示液，以氢氧化钠溶液(0.1 mol/L)滴至微红色。

3.2.5 不含二氧化碳的蒸馏水

将水煮沸 15 min，逐出二氧化碳，冷却，密闭。

4 仪器和设备

4.1 分析天平：感量为 0.001 g。

4.2 碱式滴定管：容量 10 mL，最小刻度 0.05 mL。

4.3 碱式滴定管：容量 25 mL，最小刻度 0.1 mL。

4.4 水浴锅。

4.5 锥形瓶：100 mL、150 mL、250 mL。

4.6 具塞磨口锥形瓶：250 mL。

4.7 粉碎机：可使粉碎的样品 95 %以上通过 CQ16 筛[相当于孔径 0.425 mm(40 目)]，粉碎样品时磨膛不应发热。

4.8 振荡器：往返式，振荡频率为 100 次/min。

4.9 中速定性滤纸。

4.10 移液管：10 mL、20 mL。

4.11 量筒：50 mL、250 mL。

4.12 玻璃漏斗和漏斗架。

5 分析步骤

5.1 乳粉

5.1.1 试样制备

将样品全部移入到约两倍于样品体积的洁净干燥容器中(带密封盖)，立即盖紧容器，反复旋转振荡，使样品彻底混合。在此操作过程中，应尽量避免样品暴露在空气中。

5.1.2 测定

称取 4 g 样品(精确到 0.01 g)于 250 mL 锥形瓶中。用量筒量取 96 mL 约 20 ℃的水(3.2.5)，使样品复溶，搅拌，然后静置 20 min。

向一只装有 96 mL 约 20 ℃的水(3.2.5)的锥形瓶中加入 2.0 mL 参比溶液，轻轻转动，使之混合，得到标准参比颜色。如果要测定多个相似的产品，则此参比溶液可用于整个测定过程，但时间不得超过 2 h。

向另一只装有样品溶液的锥形瓶中加入 2.0 mL 酚酞指示液，轻轻转动，使之混合。用 25 mL 碱式滴定管向该锥形瓶中滴加氢氧化钠溶液，边滴加边转动烧瓶，直到颜色与参比溶液的颜色相似，且 5 s 内不消退，整个滴定过程应在 45 s 内完成。滴定过程中，向锥形瓶中吹氮气，防止溶液吸收空气中的二氧化碳。记录所用氢氧化钠溶液的毫升数(V_1)，精确至 0.05 mL，代入式(1)计算。

5.1.3　空白滴定

用96 mL水(3.2.5)做空白实验，读取所消耗氢氧化钠标准溶液的毫升数(V_0)。空白所消耗的氢氧化钠的体积应不小于零，否则应重新制备和使用符合要求的蒸馏水。

5.2　乳及其他乳制品

5.2.1　制备参比溶液

向装有等体积相应溶液的锥形瓶中加入2.0 mL参比溶液，轻轻转动，使之混合，得到标准参比颜色。如果要测定多个相似的产品，则此参比溶液可用于整个测定过程，但时间不得超过2 h。

5.2.2　巴氏杀菌乳、灭菌乳、生乳、发酵乳

称取10 g(精确到0.001 g)已混匀的试样，置于150 mL锥形瓶中，加20 mL新煮沸冷却至室温的水，混匀，加入2.0 mL酚酞指示液，混匀后用氢氧化钠标准溶液滴定，边滴加边转动烧瓶，直到颜色与参比溶液的颜色相似，且5 s内不消退，整个滴定过程应在45 s内完成。滴定过程中，向锥形瓶中吹氮气，防止溶液吸收空气中的二氧化碳。记录消耗的氢氧化钠标准滴定溶液毫升数(V_2)，代入式(2)中进行计算。

5.2.3　奶油

称取10 g(精确到0.001 g)已混匀的试样，置于250 mL锥形瓶中，加30 mL中性乙醇-乙醚混合液，混匀，加入2.0 mL酚酞指示液，混匀后用氢氧化钠标准溶液滴定，边滴加边转动烧瓶，直到颜色与参比溶液的颜色相似，且5 s内不消退，整个滴定过程应在45 s内完成。滴定过程中，向锥形瓶中吹氮气，防止溶液吸收空气中的二氧化碳。记录消耗的氢氧化钠标准滴定溶液毫升数(V_2)，代入式(2)中进行计算。

5.2.4　炼乳

称取10 g(精确到0.001 g)已混匀的试样，置于250 mL锥形瓶中，加60 mL新煮沸冷却至室温的水溶解，混匀，加入2.0 mL酚酞指示液，混匀后用氢氧化钠标准溶液滴定，边滴加边转动烧瓶，直到颜色与参比溶液的颜色相似，且5 s内不消退，整个滴定过程应在45 s内完成。滴定过程中，向锥形瓶中吹氮气，防止溶液吸收空气中的二氧化碳。记录消耗的氢氧化钠标准滴定溶液毫升数(V_2)，代入式(2)中进行计算。

5.2.5　干酪素

称取5 g(精确到0.001 g)经研磨混匀的试样于锥形瓶中，加入50 mL水(3.2.5)，于室温下(18 ℃～20 ℃)放置4 h～5 h，或在水浴锅中加热到45 ℃并在此温度下保持30 min，再加50 mL水(3.2.5)，混匀后，通过干燥的滤纸过滤。吸取滤液50 mL于锥形瓶中，加入2.0 mL酚酞指示液，混匀后用氢氧化钠标准溶液滴定，边滴加边转动烧瓶，直到颜色与参比溶液的颜色相似，且5 s内不消退，整个滴定过程应在45 s内完成。滴定过程中，向锥形瓶中吹氮气，防止溶液吸收空气中的二氧化碳。记录消耗的氢氧化钠标准滴定溶液毫升数(V_3)，代入式(3)进行计算。

5.2.6　空白滴定

用等体积的水(3.2.5)做空白实验，读取耗用氢氧化钠标准溶液的毫升数(V_0)(适用于5.2.2、5.2.4、5.2.5)。用30 mL中性乙醇-乙醚混合液做空白实验，读取耗用氢氧化钠标准溶液的毫升数(V_0)(适用于5.2.3)。

空白所消耗的氢氧化钠的体积应不小于零，否则应重新制备和使用符合要求的蒸馏水或中性乙醇乙醚混合液。

5.3　淀粉及其衍生物

5.3.1　样品预处理

样品应充分混匀。

5.3.2　称样

称取样品10 g(精确至0.1 g)，移入250 mL锥形瓶内，加入100 mL水，振荡并混合均匀。

5.3.3　滴定

向一只装有100 mL约20 ℃的水的锥形瓶中加入2.0 mL参比溶液，轻轻转动，使之混合，得到标准参比颜色。如果要测定多个相似的产品，则此参比溶液可用于整个测定过程，但时间不得超过2 h。

向装有样品的锥形瓶中加入2滴～3滴酚酞指示剂，混匀后用氢氧化钠标准溶液滴定，边滴加边转动烧瓶，直到颜色与参比溶液的颜色相似，且5 s内不消退，整个滴定过程应在45 s内完成。滴定过程中，向锥形瓶中吹氮气，防止溶液吸收空气中的二氧化碳。读取耗用氢氧化钠标准溶液的毫升数(V_4)，代入式(4)中进行计算。

5.3.4　空白滴定

用100 mL水(3.2.5)做空白实验，读取耗用氢氧化钠标准溶液的毫升数(V_0)。空白所消耗的氢氧化钠的体积应不小于零，否则应重新制备和使用符合要求的蒸馏水。

5.4　粮食及制品

5.4.1　试样制备

取混合均匀的样品80 g～100 g，用粉碎机粉碎，粉碎细度要求95 %以上通过CQ16筛[孔径0.425 mm(40目)]，粉碎后的全部筛分样品充分混合，装入磨口瓶中，制备好的样品应立即测定。

5.4.2　测定

称取试样(5.4.1)15 g，置入250 mL具塞磨口锥形瓶，加水(3.2.5)150 mL(V_{51})(先加少量水与试样混成稀糊状，再全部加入)，滴入三氯甲烷5滴，加塞后摇匀，在室温下放置提取2 h，每隔15 min摇动1次(或置于振荡器上振荡70 min)，浸提完毕后静置数分钟用中速定性滤纸过滤，用移液管吸取滤液10 mL(V_{52})，注入100 mL锥形瓶中，再加水(3.2.5)20 mL和酚酞指示剂3滴，混匀后用氢氧化钠标准溶液滴定，边滴加边转动烧瓶，直到颜色与参比溶液的颜色相似，且5 s内不消退，整个滴定过程应在45 s内完成。滴定过程中，向锥形瓶中吹氮气，防止溶液吸收空气中的二氧化碳。记下所消耗的氢氧化钠标准溶液毫升数(V_5)，代入式(5)中进行计算。

5.4.3 空白滴定

用 30 mL 水(3.2.5)做空白试验,记下所消耗的氢氧化钠标准溶液毫升数(V_0)。

注:三氯甲烷有毒,操作时应在通风良好的通风橱内进行。

6 分析结果的表述

乳粉试样中的酸度数值以°T 表示,按式(1)计算:

$$X_1=\frac{c_1\times(V_1-V_0)\times 12}{m_1\times(1-w)\times 0.1} \tag{1}$$

式中:X_1——试样的酸度,单位为度(°T)[以 100 g 干物质为 12 %的复原乳所消耗的 0.1 mol/L氢氧化钠毫升数计,单位为毫升每 100 克(mL/100g)];

c_1——氢氧化钠标准溶液的浓度,单位为摩尔每升(mol/L);

V_1——滴定时所消耗氢氧化钠标准溶液的体积,单位为毫升(mL);

V_0——空白实验所消耗氢氧化钠标准溶液的体积,单位为毫升(mL);

12——12 g 乳粉相当 100 mL 复原乳(脱脂乳粉应为 9,脱脂乳清粉应为 7);

m_1——称取样品的质量,单位为克(g);

w——试样中水分的质量分数,单位为克每百克(g/100g);

$1-w$——试样中乳粉的质量分数,单位为克每百克(g/100g);

0.1——酸度理论定义氢氧化钠的摩尔浓度,单位为摩尔每升(mol/L)。

以重复性条件下获得的两次独立测定结果的算术平均值表示,结果保留三位有效数字。

注:若以乳酸含量表示样品的酸度,那么样品的乳酸含量(g/100g)$=T\times 0.009$。T 为样品的滴定酸度(0.009 为乳酸的换算系数,即 1 mL 0.1 mol/L 的氢氧化钠标准溶液相当于 0.009 g 乳酸)。

巴氏杀菌乳、灭菌乳、生乳、发酵乳、奶油和炼乳试样中的酸度数值以(°T)表示,按式(2)计算:

$$X_2=\frac{c_2\times(V_2-V_0)\times 100}{m_2\times 0.1} \tag{2}$$

式中:X_2——试样的酸度,单位为度(°T)[以 100 g 样品所消耗的 0.1 mol/L 氢氧化钠毫升数计,单位为毫升每 100 克(mL/100g)];

c_2——氢氧化钠标准溶液的摩尔浓度,单位为摩尔每升(mol/L);

V_2——滴定时所消耗氢氧化钠标准溶液的体积,单位为毫升(mL);

V_0——空白实验所消耗氢氧化钠标准溶液的体积,单位为毫升(mL);

100——100 g 试样;

m_2——试样的质量,单位为克(g);

0.1——酸度理论定义氢氧化钠的摩尔浓度,单位为摩尔每升(mol/L)。

以重复性条件下获得的两次独立测定结果的算术平均值表示,结果保留三位有效数字。

干酪素试样中的酸度数值以°T 表示,按式(3)计算:

$$X_3=\frac{c_3\times(V_3-V_0)\times 100\times 2}{m_3\times 0.1} \tag{3}$$

式中：X_3——试样的酸度，单位为度(°T)[以 100 g 样品所消耗的 0.1 mol/L 氢氧化钠毫升数计，单位为毫升每 100 克(mL/100g)]；

c_3——氢氧化钠标准溶液的摩尔浓度，单位为摩尔每升(mol/L)；

V_3——滴定时所消耗氢氧化钠标准溶液的体积，单位为毫升(mL)；

V_0——空白实验所消耗氢氧化钠标准溶液的体积，单位为毫升(mL)；

100——100g 试样；

2——试样的稀释倍数；

m_3——试样的质量，单位为克(g)；

0.1——酸度理论定义氢氧化钠的摩尔浓度，单位为摩尔每升(mol/L)。

以重复性条件下获得的两次独立测定结果的算术平均值表示，结果保留三位有效数字。

淀粉及其衍生物试样中的酸度数值以°T 表示，按式(4)计算：

$$X_4=\frac{c_4\times(V_4-V_0)\times 10}{m_4\times 0.1000} \tag{4}$$

式中：X_4——试样的酸度，单位为度(°T)[以 10g 试样所消耗的 0.1mol/L 氢氧化钠毫升数计，单位为毫升每 10 克(mL/10g)]；

c_4——氢氧化钠标准溶液的摩尔浓度，单位为摩尔每升(mol/L)；

V_4——滴定时所消耗氢氧化钠标准溶液的体积，单位为毫升(mL)；

V_0——空白实验所消耗氢氧化钠标准溶液的体积，单位为毫升(mL)；

10——10g 试样；

m_4——试样的质量，单位为克(g)；

0.1000——酸度理论定义氢氧化钠的摩尔浓度，单位为摩尔每升(mol/L)。

以重复性条件下获得的两次独立测定结果的算术平均值表示，结果保留三位有效数字。

粮食及制品试样中的酸度数值以°T 表示，按式(5)计算：

$$X_5=(V_5-V_0)\times\frac{V_{51}}{V_{52}}\times\frac{c_5}{0.1000}\times\frac{10}{m_5} \tag{5}$$

式中：X_5——试样的酸度，单位为度(°T)[以 10g 样品所消耗的 0.1 mol/L 氢氧化钠毫升数计，单位为毫升每 10 克(mL/10g)]；

V_5——试样滤液消耗的氢氧化钾标准溶液体积，单位为毫升(mL)；

V_0——空白试验消耗的氢氧化钾标准溶液体积，单位为毫升(mL)；

V_{51}——浸提试样的水体积，单位为毫升(mL)；

V_{52}——用于滴定的试样滤液体积，单位为毫升(mL)；

c_5——氢氧化钾标准溶液的浓度，单位为摩尔每升(mol/L)；

0.1000——酸度理论定义氢氧化钠的摩尔浓度，单位为摩尔每升(mol/L)；

10——10 g 试样；

m_5——试样的质量，单位为克(g)。

以重复性条件下获得的两次独立测定结果的算术平均值表示，结果保留三位有效数字。

7 精密度

在重复性条件下获得的两次独立测定结果的绝对差值不得超过算术平均值的10 %。

第二法 pH计法

8 原理

中和试样溶液至pH为8.30所消耗的0.1000 mol/L氢氧化钠体积，经计算确定其酸度。

9 试剂和材料

除非另有说明，本方法所用试剂均为分析纯，水为GB/T 6682规定的三级水。

9.1 氢氧化钠标准溶液：同3.2.1。

9.2 氮气：纯度为98 %。

9.3 不含二氧化碳的蒸馏水：同3.2.5。

10 仪器和设备

10.1 分析天平：感量为0.001 g。

10.2 碱式滴定管：分刻度0.1 mL，可准确至0.05 mL。或者自动滴定管满足同样的使用要求。

注：可以进行手工滴定，也可以使用自动电位滴定仪。

10.3 pH计：带玻璃电极和适当的参比电极。

10.4 磁力搅拌器。

10.5 高速搅拌器，如均质器。

10.6 恒温水浴锅。

11 分析步骤

11.1 试样制备

将样品全部移入到约两倍于样品体积的洁净干燥容器中（带密封盖），立即盖紧容器，反复旋转振荡，使样品彻底混合。在此操作过程中，应尽量避免样品暴露在空气中。

11.2 测定

称取4 g样品（精确到0.01 g）于250 mL锥形瓶中。用量筒量取96 mL约20 ℃的水（9.3），使样品复溶，搅拌，然后静置20 min。

用滴定管向锥形瓶中滴加氢氧化钠标准溶液（9.1），直到pH稳定在8.30±0.01处4 s～5 s。滴定过程中，始终用磁力搅拌器进行搅拌，同时向锥形瓶中吹氮气（9.2），防止溶液吸收空气中的二氧化碳。

整个滴定过程应在1 min内完成。记录所用氢氧化钠溶液的毫升数（V_6），精确至0.05 mL，代入式（6）计算。

11.3 空白滴定

用100 mL蒸馏水（9.3）做空白实验，读取所消耗氢氧化钠标准溶液的毫升数（V_0）。

注：空白所消耗的氢氧化钠的体积应不小于零，否则应重新制备和使用符合要求的蒸馏水。

12　分析结果的表述

乳粉试样中的酸度数值以(°T)表示，按式(6)计算：

$$X_6 = \frac{c_6 \times (V_6 - V_0) \times 12}{m_6 \times (1-w) \times 0.1} \tag{6}$$

式中：X_6——试样的酸度，单位为度(°T)；

c_6——氢氧化钠标准溶液的浓度，单位为摩尔每升(mol/L)；

V_6——滴定时所消耗氢氧化钠标准溶液的体积，单位为毫升(mL)；

V_0——空白实验所消耗氢氧化钠标准溶液的体积，单位为毫升(mL)；

12——12 g 乳粉相当 100 mL 复原乳(脱脂乳粉应为 9，脱脂乳清粉应为 7)；

m_6——称取样品的质量，单位为克(g)；

w——试样中水分的质量分数，单位为克每百克(g/100g)；

$1-w$——试样中乳粉质量分数，单位为克每百克(g/100g)；

0.1——酸度理论定义氢氧化钠的摩尔浓度，单位为摩尔每升(mol/L)。

以重复性条件下获得的两次独立测定结果的算术平均值表示，结果保留三位有效数字。

注：若以乳酸含量表示样品的酸度，那么样品的乳酸含量(g/100 g)＝$T \times 0.009$。T 为样品的滴定酸度(0.009 为乳酸的换算系数，即 1 mL0.1 mol/L 的氢氧化钠标准溶液相当于 0.009 g 乳酸)。

13　精密度

在重复性条件下获得的两次独立测定结果的绝对差值不得超过算术平均值的 10 %。

第三法　电位滴定仪法

14　原理

中和 100 g 试样至 pH 为 8.3 所消耗的 0.1000 mol/L 氢氧化钠体积，经计算确定其酸度。

15　试剂和材料

除非另有说明，本方法所用试剂均为分析纯，水为 GB/T6682 规定的三级水。

15.1　氢氧化钠标准溶液：同 3.2.1。

15.2　氮气：纯度为 98 %。

15.3　中性乙醇-乙醚混合液：同 3.2.4。

15.4　不含二氧化碳的蒸馏水：同 3.2.5。

16　仪器和设备

16.1　分析天平：感量为 0.001 g。

16.2　电位滴定仪。

16.3　碱式滴定管：分刻度为 0.1 mL。

16.4　水浴锅。

17 分析步骤

17.1 巴氏杀菌乳、灭菌乳、生乳、发酵乳

称取 10 g(精确到 0.001 g)已混匀的试样，置于 150 mL 锥形瓶中，加 20 mL 新煮沸冷却至室温的水，混匀，用氢氧化钠标准溶液电位滴定至 pH 8.3 为终点。滴定过程中，向锥形瓶中吹氮气，防止溶液吸收空气中的二氧化碳。记录消耗的氢氧化钠标准滴定溶液毫升数(V_7)，代入式(7)中进行计算。

17.2 奶油

称取 10 g(精确到 0.001 g)已混匀的试样，置于 250 mL 锥形瓶中，加 30 mL 中性乙醇-乙醚混合液，混匀，用氢氧化钠标准溶液电位滴定至 pH 8.3 为终点。滴定过程中，向锥形瓶中吹氮气，防止溶液吸收空气中的二氧化碳。记录消耗的氢氧化钠标准滴定溶液毫升数(V_7)，代入式(7)中进行计算。

17.3 炼乳

称取 10 g(精确到 0.001 g)已混匀的试样，置于 250 mL 锥形瓶中，加 60 mL 新煮沸冷却至室温的水溶解，混匀，用氢氧化钠标准溶液电位滴定至 pH 8.3 为终点。滴定过程中，向锥形瓶中吹氮气，防止溶液吸收空气中的二氧化碳。记录消耗的氢氧化钠标准滴定溶液毫升数(V_7)，代入式(7)中进行计算。

17.4 干酪素

称取 5 g(精确到 0.001 g)经研磨混匀的试样于锥形瓶中，加入 50 mL 水(15.4)，于室温下(18 ℃～20 ℃)放置 4 h～5 h，或在水浴锅中加热到 45 ℃并在此温度下保持 30 min，再加 50 mL 水(15.4)，混匀后，通过干燥的滤纸过滤。吸取滤液 50 mL 于锥形瓶中，用氢氧化钠标准溶液电位滴定至 pH 8.3 为终点。滴定过程中，向锥形瓶中吹氮气，防止溶液吸收空气中的二氧化碳。记录消耗的氢氧化钠标准滴定溶液毫升数(V_8)，代入式(8)进行计算。

17.5 空白滴定

用相应体积的蒸馏水(15.4)做空白实验，读取耗用氢氧化钠标准溶液的毫升数(V_0)(适用于 17.1、17.3、17.4)。用 30 mL 中性乙醇-乙醚混合液做空白实验，读取耗用氢氧化钠标准溶液的毫升数(V_0)(适用于 17.2)。

注：空白所消耗的氢氧化钠的体积应不小于零，否则应重新制备和使用符合要求的蒸馏水或中性乙醇-乙醚混合液。

18 分析结果的表述

巴氏杀菌乳、灭菌乳、生乳、发酵乳、奶油和炼乳试样中的酸度数值以(°T)表示，按式(7)计算：

$$X_7=\frac{c_7\times(V_7-V_0)\times 100}{m_7\times 0.1} \tag{7}$$

式中：X_7——试样的酸度，单位为度(°T)；

c_7——氢氧化钠标准溶液的摩尔浓度，单位为摩尔每升(mol/L)；

V_7——滴定时所消耗氢氧化钠标准溶液的体积，单位为毫升(mL)；

V_0——空白实验所消耗氢氧化钠标准溶液的体积，单位为毫升(mL)；

100——100 g 试样；

m_7——试样的质量，单位为克(g)；

0.1——酸度理论定义氢氧化钠的摩尔浓度，单位为摩尔每升(mol/L)。

以重复性条件下获得的两次独立测定结果的算术平均值表示，结果保留三位有效数字。

干酪素试样中的酸度数值以(°T)表示，按式(8)计算：

$$X_8 = \frac{c_8 \times (V_8 - V_0) \times 100 \times 2}{m_8 \times 0.1} \tag{8}$$

式中：X_8——试样的酸度，单位为度(°T)；

c_8——氢氧化钠标准溶液的摩尔浓度，单位为摩尔每升(mol/L)；

V_8——滴定时所消耗氢氧化钠标准溶液的体积，单位为毫升(mL)；

V_0——空白实验所消耗氢氧化钠标准溶液的体积，单位为毫升(mL)；

100——100 g 试样；

2——试样的稀释倍数；

m_8——试样的质量，单位为克(g)；

0.1——酸度理论定义氢氧化钠的摩尔浓度，单位为摩尔每升(mol/L)。

以重复性条件下获得的两次独立测定结果的算术平均值表示，结果保留三位有效数字。

19　精密度

在重复性条件下获得的两次独立测定结果的绝对差值不得超过算术平均值的10 %。

五、淀粉类制品卫生分析方法(GB/T 5009.53—2003)

1　范围

本标准规定了以豆类、薯类等粮食淀粉为原料制成的凉粉、粉皮等蒸煮制品及粉丝、粉条、淀粉等制品中各项卫生指标的分析方法。

本标准适用于以豆类、薯类等粮食淀粉为原料制成的凉粉、粉皮等蒸煮制品及粉丝、粉条、淀粉等制品中各项卫生指标的分析。

2　规范性引用文件

下列文件中的条款通过本标准的引用而成为本标准的条款。凡是注日期的引用文件，其随后所有的修改单(不包括勘误的内容)或修订版均不适用于本标准，然而，鼓励根据本标准达成协议的各方研究是否可使用这些文件的最新版本。凡是不注日期的引用文件，其最新版本适用于本标准。

GB 2713 淀粉类制品卫生标准

GB/T 5009.3 食品中水分的测定

GB/T 5009.11 食品中总砷及无机砷的测定

GB/T 5009.12 食品中铅的测定

GB/T 5009.22 食品中黄曲霉毒素 B_1 的测定

GB/T 5009.29 食品中山梨酸、苯甲酸的测定

GB/T 5009.34 食品中亚硫酸盐的测定

3 感官检查

具有本品应有体态和色泽，不酸，不黏，无杂质，无异味，无霉变。应符合 GB 2713 的规定。

4 理化检验

4.1 水分

按 GB/T 5009.3 中直接干燥法操作。

4.2 砷

按 GB/T 5009.11 操作。

4.3 铅

按 GB/T 5009.12 操作。

4.4 防腐剂

按 GB/T 5009.29 操作。

4.5 黄曲霉毒素 B1

按 GB/T 5009.22 操作

4.6 淀粉酸度

4.6.1 定义

淀粉酸度以 10.0 g 试样消耗氢氧化钠溶液(0.1000 mol/L)的体积(mL)表示。

4.6.2 试剂

4.6.2.1 氢氧化钠标准滴定溶液[$c(NaOH)=0.1000$ mol/L]。

4.6.2.2 酚酞指示液：称取 0.50 g 酚酞溶解在乙醇(95 %)中并定容至 50.0 mL。

4.6.3 分析步骤

称取 5.0 g 经研磨均匀的试样，置于 250 mL 锥形瓶中。加 30.0 mL～0.0 mL 水，摇匀，使成糊状，加 5 滴酚酞指示液，用氢氧化钠标准滴定溶液[$c(NaOH)=0.1000$ mol/L]滴定至初现粉红色，0.5 min 不褪色即为终点。

4.6.4 结果计算

$$X=V\times 2\times \frac{c}{0.1000}$$

式中：X——试样酸度，°T；

V——试样消耗氢氧化钠标准滴定溶液的体积，单位为毫升(mL)；

c——氢氧化钠标准滴定溶液浓度，单位为摩尔每升(mol/L)；

0.1000——氢氧化钠标准滴定溶液[$c(NaOH)=0.1000$ mol/L]的浓度，单位为摩尔每升(mol/L)。

计算结果保留三位有效数字。

4.6.5 精密度

在重复性条件下获得的两次独立测定结果的绝对差值不得超过算术平均值的 10 %。

4.7 二氧化硫

按 GB/T 5009.34 操作。

第四节　食品中脂肪的检验

一、概述

1. 脂肪在生物体内的功能及其测定意义

食品中的脂类主要包括脂肪（甘油三酸酯）以及一些类脂，如脂肪酸、磷脂、糖脂、甾醇、脂溶性维生素、蜡等。大多数动物性食品和某些植物性食品（如种子、果实、果仁）都含有天然脂肪和脂类化合物。

脂肪是食品中重要的营养成分之一，在生物体内具有重要的功能。

脂肪是生物体内储存能量并供给能量的物质。脂肪是食物中能量最高的营养素，是生物体内能量贮存的最好形式，每克脂肪在体内氧化后可释放能量 37.7 kJ（9 kcal），是等量的蛋白质和碳水化合物的近 2 倍，是人体能量的重要来源。除供生理代谢及人体活动所需能量外，多余的部分可转化为组织脂肪，贮存于体内各组织之间，在必要时可为身体提供能量。当摄入脂肪过多，体内贮存脂肪多时，人就会发胖；长期摄入脂肪过少会使贮存脂肪耗竭，而使人消瘦。

脂肪能提供人体组织材料。脂肪中的磷脂和胆固醇是人体细胞的主要成分，脑细胞和神经细胞中含量最多。一些固醇则是制造体内固醇类激素的必需物质，如肾上腺皮质激素和性激素等。

脂肪为人体提供必需脂肪酸。必需脂肪酸如亚油酸、亚麻酸等是人体磷脂、胆固醇和细胞膜的组成成分，均靠食物脂肪提供。

脂肪是脂溶性维生素的良好溶剂。维生素 A、维生素 D、维生素 E 等不能溶于水，只能溶于脂类物质中才能被人体吸收。

脂肪在动物体内具有保温、保护器脏的作用。脂肪是热的绝缘体，皮下的脂肪组织构成是保护身体的隔离层，能防止体温的发散，起到保持体温的作用。另外，脂肪作为填充衬垫，可以保护和固定人体器官，避免移位，使人体承受很大的外界压力。

脂肪能庇护蛋白质。膳食中有足够的脂肪，人体代谢和活动所需能量就无需动用蛋白质。作为建造和修补人体组织，促进生长发育的蛋白质得到脂肪的庇护，便可物尽其用，发挥更大的生理效用。脂肪与蛋白质结合生成的脂蛋白，在调节人体生理机能和完成体内生化反应方面也起着十分重要的作用。

脂肪的测定在食品工业中具有重要的意义。在食品生产加工过程中，原料、半成品、成品的脂类含量直接影响到产品的外观、风味、口感、组织结构、品质等。蔬菜本身的脂肪含量较低，在生产蔬菜罐头时，添加适量的脂肪可改善其产品的风味。对于面包之类的焙烤食品，脂肪含量特别是卵磷脂等组分，对于面包的柔软度、体积及其结构都有直接影响，因此，在含脂肪的食品中，其含量都有一定的规定，是食品质量管理中的一项重要指标。测定食品的脂肪含量，可以用来评价食品的品质，衡量食品的营养价值，而且对实行工艺监督，生产过程的质量管理，研究食品的储藏方式是否恰当等方面都有重要的意义。

2. 食品中脂肪的存在形式

食品中脂肪的存在形式有游离态的，如动物性脂肪和植物性油脂；也有结合态的，如天然存在的磷脂、糖脂、脂蛋白及其某些加工食品（如焙烤食品、麦乳精等）中的脂肪，与蛋白质或碳水化合物等形成结合态。对于大多数食品来说，游离态的脂肪是主要的，结合态的脂肪含量较少。

3. 测定脂肪常用的溶剂

脂类不溶于水，易溶于有机溶剂。测定脂类大多采用低沸点有机溶剂萃取的方法。常用的溶剂有：无水乙醚、石油醚、氯仿-甲醇的混合溶剂等。

（1）乙醚

乙醚沸点低（34.6 ℃），溶解脂肪的能力比石油醚强。现有的食品脂肪含量的标准分析方法都是采用乙醚作为提取剂。但乙醚易燃，可饱和 2 %的水分。含水乙醚会同时抽出糖分等非脂成分，所以，实际使用时必需采用无水乙醚作提取剂，被测样品也必须事先烘干。乙醚一般贮存在棕色瓶子中，因为光下照射会产生过氧化物，如果有应当除掉。

（2）石油醚

石油醚具有较高的沸点（沸程为 35～45 ℃），吸收水分比乙醚少，没有乙醚易燃，用它作提取剂时，允许样品含有微量的水分。它没有胶溶现象，不会夹带胶态的淀粉、蛋白质等物质。采用石油醚抽出物比较接近真实的脂类。

乙醚、石油醚这两种溶剂只能直接提取游离的脂肪，对于结合态的脂类，必须预先用酸或碱破坏脂类和非脂的结合后才能提取。因二者各有特点，故常常混合使用。

（3）三氯甲烷-甲醇

三氯甲烷-甲醇是另一种有效的溶剂，它对脂蛋白、磷脂的提取效率较高，特别适用于水产品、家禽、蛋制品等食品中脂肪的提取。

部分食品的脂肪含量如表 5－6 所示。

表 5－6　常见食品中脂肪含量

种类	牛乳	黄豆	生花生仁	芝麻	稻谷	全蛋	水果
脂肪含量 %	3.5～4.2	12.1～20.2	30.5～39.2	50～57	0.4～3.0	11.3～15.0	<1.1

二、出厂检验项目要求测定脂肪的食品

实行食品生产许可证制度，审查细则中出厂检验项目要求测定脂肪的食品如表 5－7 所示。

表 5－7　出厂检验项目要求测定脂肪的食品

产品单元名称	标准号	标准名称
食用油脂制品（食用氢化油、人造奶油（黄油）、起酥油、代可可脂、半固态调味料（花生酱、芝麻酱）、乳制品、婴幼儿配方乳粉婴幼儿及其他配方谷粉、蛋制品（高邮咸鸭蛋）、肉制品、方便面（油炸型）、膨化食品	GB 5009.6—2016	《食品安全国家标准 食品中脂肪的测定》

三、脂肪的测定方法

不同种类的食品，由于其中脂肪的含量及存在形式不同，因此测定脂肪的方法也就不同。常用的测脂肪的方法有：索氏提取法、酸水解法、罗紫-哥特里法、巴布科克氏法和盖勃氏法、氯仿-甲醇提取法等。过去普遍采用索氏提取法，该法至今仍被认为是测定多种食品脂类含量的具有代表性的方法，但对某些样品其测定结果往往偏低。酸水解法能对包括结合脂在内的全部脂类进行测定。罗紫-哥特里法、巴布科克氏法和盖勃氏法主要用于乳及乳制品中的脂类的测定。不同种类的食品，采用不同的测定方法。

1. 索氏抽提法

（1）原理

试样用无水乙醚或石油醚等溶剂抽提后，蒸去溶剂所得的物质，称为粗脂肪。因为除脂肪外，还含色素及挥发油、蜡、树脂等物。抽提法所测得的脂肪为游离脂肪。

即：样品经前处理后，放入圆筒滤纸内，将滤纸筒置于索式提取管中，利用乙醚或石油醚在水浴中加热回流，使样品的脂肪进入溶剂中，回收溶剂后所得到的残留物即为脂肪（粗脂肪）。用索氏抽提法测得的脂肪为粗脂肪。

（2）适用范围

适用于脂肪含量较高、结合态的脂类含量较少能烘干磨细、不易潮解结块的样品。如肉制品、豆制品、谷物、坚果、油炸果品、中西式糕点等粗脂肪含量的测定，不适用于乳及乳制品。是一种经典分析方法，但操作费时，而且溶剂消耗量大。

（3）仪器

索氏抽提器如图 5－2 所示。

（4）操作方法

按照 GB 5009.6—2016《食品中脂肪的测定》

第一法　执行，具体见第四节第四项。

（5）说明及注意事项

① 索氏抽提器是利用溶剂回流和虹吸原理，使固体物质每一次都被纯的溶剂所萃取，而固体物质中的可溶物则富集于接收瓶中。

② 乙醚或石油醚是易燃、易爆物质，实验室要注意通风并且不能有火源。挥发乙醚或石油醚时不能直火加热，应采用水浴。

③ 滤纸筒高度不能超过虹吸管（回流弯管），否则乙醚不易穿透样品，脂肪不能提尽而造成误差。

④ 所用乙醚必须是无水乙醚，如含有水分则可能将样品中的糖以及无机物抽出，造成误差。如果没有无水乙醚，可以自己制备，制备方法：在 100 mL 乙醚中加入无水石膏 50 g，振摇数次，静置 10 h 以上，蒸馏，收集 35 ℃以下的蒸馏液，即可用。

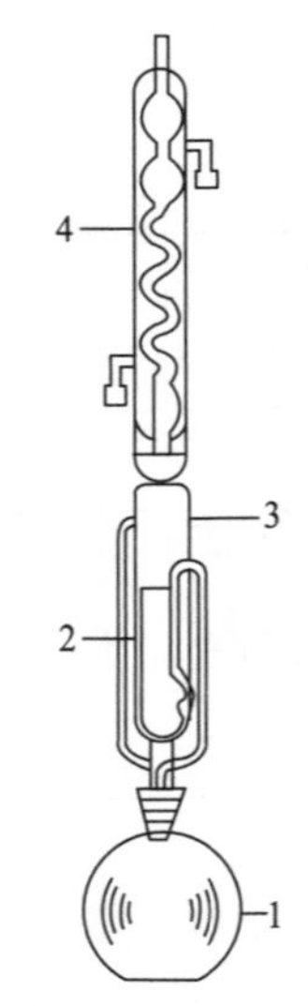

图 5－2　索氏抽提器

1—接收瓶；2—滤纸筒；3—抽提管；4—冷凝器

⑤ 乙醚若放置时间过长，会产生过氧化物。过氧化物不稳定，当蒸馏或干燥时会发生爆炸，故使用前应严格检查，并除去过氧化物。

检查方法:取 5 mL 乙醚于试管中,加 100 g/L 的 KI 溶液 1 mL,充分振摇 1 min。静置分层。若有过氧化物则放出游离碘,水层呈黄色,则该乙醚需处理后使用。

去除过氧化物的方法:将乙醚倒入蒸馏瓶中,加一段无锈铁丝或铝丝,收集重蒸馏乙醚。

⑥ 对于糖类、碳水化合物含量较高的样品,可先用冷水处理以除去糖分,干燥后再提取脂肪。

⑦ 提取时,水浴温度不能过高,一般使乙醚刚开始沸腾即可(约 45 ℃),回流速度以 6～8 次/h 为宜。

⑧ 接收瓶在烘箱中干燥时,瓶口侧放,以利于空气流通,而且先不要关上烘箱门,于 90 ℃以下鼓风干燥 10～20 min,驱尽残余溶剂后再将烘箱门关紧,升至所需温度。

⑨ 冷凝管上端最好连接一个氯化钙干燥管,这样不仅可以防止空气中的水分进入,而且还可以避免乙醚挥发在空气中,防止实验室微小环境空气污染。亦可用一小团脱脂棉轻轻塞入冷凝管上口。

⑩ 这里恒重的概念有区别,反复加热可能会因脂类氧化而增重,质量增加时,以增重前的质量作为恒重。

2. 酸水解法

(1) 原理

试样经酸水解后用乙醚提取,除去溶剂即得总脂肪含量。酸水解法测得的为游离及结合脂肪的总量。

(2) 仪器

100 mL 具塞刻度量筒。

(3) 操作方法

按照 GB 5009.6—2016《食品中脂肪的测定》第二法执行,具体见第四节第四项。

(4) 说明及注意事项

① 在用强酸处理样品时,一些本来溶于乙醚的碱性有机物质与酸结合生成不溶于乙醚的盐类,同时在处理过程中产生的有些物质也会进入乙醚,因此最好用石油醚处理抽提物。

② 固体样品应充分磨细,液体样品要混合均匀,否则会因消化不完全而使结果偏低。

③ 挥干溶剂后,若残留物中有黑色焦油状杂质(系分解物与水一同混入所致),可用等量的乙醚和石油醚溶解后过滤,再挥干溶剂,否则会导致测定结果偏高。

④ 由于磷脂在酸水解条件下会分解,故对于磷脂含量高的食品,如鱼、肉、蛋及其制品,大豆及其制品等不宜采用此法。对于含糖量高的食品,由于糖遇强酸易炭化而影响测定结果,因此也不适宜采用此法。

四、食品中脂肪的测定(GB 5009.6—2016)

1 范围

本标准规定了食品中脂肪含量的测定方法。

本标准第一法适用于水果、蔬菜及其制品、粮食及粮食制品、肉及肉制品、蛋及蛋制品、水产及其制品、焙烤食品、糖果等食品中游离态脂肪含量的测定。

本标准第二法适用于水果、蔬菜及其制品、粮食及粮食制品、肉及肉制品、蛋及蛋制品、水产及其制品、焙烤食品、糖果等食品中游离态脂肪及结合态脂肪总量的测定。

本标准第三法适用于乳及乳制品、婴幼儿配方食品中脂肪的测定。

本标准第四法适用于乳及乳制品、婴幼儿配方食品中脂肪的测定。

第一法　索氏抽提法

2　原理

脂肪易溶于有机溶剂。试样直接用无水乙醚或石油醚等溶剂抽提后，蒸发除去溶剂，干燥，得到游离态脂肪的含量。

3　试剂和材料

除非另有说明，本方法所用试剂均为分析纯，水为GB/T 6682规定的三级水。

3.1　试剂

3.1.1　无水乙醚（$C_4H_{10}O$）。

3.1.2　石油醚（C_nH_{2n+2}）：石油醚沸程为30 ℃～60 ℃。

3.2　材料

3.2.1　石英砂。

3.2.2　脱脂棉。

4　仪器和设备

4.1　索氏抽提器。

4.2　恒温水浴锅。

4.3　分析天平：感量0.001 g和0.0001 g。

4.4　电热鼓风干燥箱。

4.5　干燥器：内装有效干燥剂，如硅胶。

4.6　滤纸筒。

4.7　蒸发皿。

5　分析步骤

5.1　试样处理

5.1.1　固体试样：称取充分混匀后的试样2 g～5 g，准确至0.001 g，全部移入滤纸筒内。

5.1.2　液体或半固体试样：称取混匀后的试样5 g～10 g，准确至0.001 g，置于蒸发皿中，加入约20 g石英砂，于沸水浴上蒸干后，在电热鼓风干燥箱中于100 ℃±5 ℃干燥30 min后，取出，研细，全部移入滤纸筒内。蒸发皿及粘有试样的玻璃棒，均用沾有乙醚的脱脂棉擦净，并将棉花放入滤纸筒内。

5.2　抽提

将滤纸筒放入索氏抽提器的抽提筒内，连接已干燥至恒重的接收瓶，由抽提器冷凝管上端加入无水乙醚或石油醚至瓶内容积的三分之二处，于水浴上加热，使无水乙醚或石油醚不断回流抽提（6次/h～8次/h），一般抽提6 h～10 h。提取结束时，用磨砂玻璃棒接取1滴提取液，磨砂玻璃棒上无油斑表明提取完毕。

5.3 称量

取下接收瓶，回收无水乙醚或石油醚，待接收瓶内溶剂剩余 1 mL～2 mL 时在水浴上蒸干，再于 100 ℃±5 ℃干燥 1 h，放干燥器内冷却 0.5 h 后称量。重复以上操作直至恒重（直至两次称量的差不超过 2 mg）。

6 分析结果的表述

试样中脂肪的含量按式(1)计算：

$$X=\frac{m_1-m_0}{m_2}\times 100 \tag{1}$$

式中：X——试样中粗脂肪的含量，单位为克每百克(g/100g)；

m_1——恒重后接收瓶和粗脂肪的质量，单位为克(g)；

m_0——接收瓶的质量，单位为克(g)；

m_2——试样的质量，单位为克(g)。

100——换算系数。

计算结果表示到小数点后一位。

7 精密度

在重复性条件下获得的两次独立测定结果的绝对差值不得超过算术平均值的 10 %。

第二法 酸水解法

8 原理

食品中的结合态脂肪必须用强酸使其游离出来，游离出的脂肪易溶于有机溶剂。试样经盐酸水解后用无水乙醚或石油醚提取，除去溶剂即得游离态和结合态脂肪的总含量。

9 试剂和材料

除非另有说明，本方法所用试剂均为分析纯，水为 GB/T 6682 规定的三级水。

9.1 试剂

9.1.1 盐酸(HCl)。

9.1.2 乙醇(C_2H_5OH)。

9.1.3 无水乙醚($C_4H_{10}O$)。

9.1.4 石油醚(C_nH_{2n+2})：沸程为 30 ℃～60 ℃。

9.1.5 碘(I_2)。

9.1.6 碘化钾(KI)。

9.2 试剂的配制

9.2.1 盐酸溶液(2 mol/L)：量取 50 mL 盐酸，加入到 250 mL 水中，混匀。

9.2.2 碘液(0.05 mol/L)：称取 6.5 g 碘和 25 g 碘化钾于少量水中溶解，稀释至 1 L。

9.3 材料

9.3.1 蓝色石蕊试纸。

9.3.2 脱脂棉。

9.3.3 滤纸：中速。

10 仪器和设备

10.1 恒温水浴锅。

10.2 电热板：满足 200 ℃高温。

10.3 锥形瓶。

10.4 分析天平：感量为 0.1 g 和 0.001 g。

10.5 电热鼓风干燥箱。

11 分析步骤

11.1 试样酸水解

11.1.1 肉制品

称取混匀后的试样 3 g～5 g，准确至 0.001 g，置于锥形瓶（250 mL）中，加入 50 mL 2 mol/L 盐酸溶液和数粒玻璃细珠，盖上表面皿，于电热板上加热至微沸，保持 1 h，每 10 min 旋转摇动 1 次。取下锥形瓶，加入 150 mL 热水，混匀，过滤。锥形瓶和表面皿用热水洗净，热水一并过滤。沉淀用热水洗至中性（用蓝色石蕊试纸检验，中性时试纸不变色）。将沉淀和滤纸置于大表面皿上，于 100 ℃±5 ℃干燥箱内干燥 1 h，冷却。

11.1.2 淀粉

根据总脂肪含量的估计值，称取混匀后的试样 25 g～50 g，准确至 0.1 g，倒入烧杯并加入 100 mL 水。将 100 mL 盐酸缓慢加到 200 mL 水中，并将该溶液在电热板上煮沸后加入样品液中，加热此混合液至沸腾并维持 5 min，停止加热后，取几滴混合液于试管中，待冷却后加入 1 滴碘液，若无蓝色出现，可进行下一步操作。若出现蓝色，应继续煮沸混合液，并用上述方法不断地进行检查，直至确定混合液中不含淀粉为止，再进行下一步操作。

将盛有混合液的烧杯置于水浴锅（70 ℃～80 ℃）中 30 min，不停地搅拌，以确保温度均匀，使脂肪析出。用滤纸过滤冷却后的混合液，并用干滤纸片取出粘附于烧杯内壁的脂肪。为确保定量的准确性，应将冲洗烧杯的水进行过滤。在室温下用水冲洗沉淀和干滤纸片，直至滤液用蓝色石蕊试纸检验不变色。将含有沉淀的滤纸和干滤纸片折叠后，放置于大表面皿上，在 100 ℃±5 ℃的电热恒温干燥箱内干燥 1 h。

11.1.3 其他食品

11.1.3.1 固体试样：称取约 2 g～5 g，准确至 0.001 g，置于 50 mL 试管内，加入 8 mL 水，混匀后再加 10mL 盐酸。将试管放入 70 ℃～80 ℃水浴中，每隔 5 min～10 min 以玻璃棒搅拌 1 次，至试样消化完全为止，约 40 min～50 min。

11.1.3.2 液体试样：称取约 10 g，准确至 0.001 g，置于 50 mL 试管内，加 10 mL 盐酸。其余操作同 11.1.3.1。

11.2 抽提

11.2.1 肉制品、淀粉

将干燥后的试样装入滤纸筒内，其余抽提步骤同 5.2。

11.2.2 其他食品

取出试管，加入 10 mL 乙醇，混合。冷却后将混合物移入 100 mL 具塞量筒中，以 25 mL 无水乙醚分数次洗试管，一并倒入量筒中。待无水乙醚全部倒入量筒后，加塞振摇 1 min，小心开塞，放出气体，再塞好，静置 12 min，小心开塞，并用乙醚冲洗塞及量筒口附着的脂肪。静置 10 min～20 min，待上部液体清晰，吸出上清液于已恒重的锥形瓶内，再加 5 mL 无水乙醚于具塞量筒内，振摇，静置后，仍将上层乙醚吸出，放入原锥形瓶内。

11.3 称量

同 5.3。

12 分析结果的表述

同 6。

13 精密度

在重复性条件下获得的两次独立测定结果的绝对差值不得超过算术平均值的 10 %。

第三法 碱水解法(略)

第四法 盖勃法(略)

第五节 食品中碳水化合物的检验

一、概述

1. 碳水化合物

碳水化合物亦统称为糖类，是多羟基醛、多羟基酮以及它们的缩合物的总称。因为糖类由碳、氢、氧三种元素组成，所含的氢氧的比例为二比一，和水一样，大多数糖类的分子式可以用 $C_m(H_2O)_n$ 来表示，故称为碳水化合物。碳水化合物是生物界三大基础物质之一，也是人类生命活动所需能量的主要供给源。一些糖与蛋白质、脂肪等结合生成糖蛋白和糖脂，这些物质都具有重要的生理功能。

碳水化合物是自然界中最丰富的有机物质，主要存在于植物界，是食品工业的主要原辅材料，是大多数食品的重要的组成成分。谷类食物和水果、蔬菜的主要成分就是碳水化合物，但在各种食品中其存在形式和含量各不相同。

2. 碳水化合物的分类

碳水化合物分为单糖、双糖、低聚糖、多糖。糖的结合物有糖脂、糖蛋白、蛋白多糖。

单糖是不能再水解的糖。如葡萄糖、果糖、半乳糖。单糖易溶于水，不经过消化液的作用可以直接被肌体吸收利用，是新陈代谢中的主要燃料，能提供能量(主要以葡萄糖为主)及用于生物合成。人体中的血糖就是单糖中的葡萄糖。

双糖是由两分子单糖组合而成的糖类。它们是最简单的多糖，易溶于水，需经分解为单糖后，才能被肌体吸收利用。如蔗糖由一个葡萄糖分子与一个果糖分子缩合而成，是存量最为丰富的双糖，是植物体内存在最主要的糖类；乳糖是由一个半乳糖分子与一个葡萄糖分子形成的双糖，广泛地存在于天然产物中，如哺乳动物的乳；另外一个常见的双糖为麦芽糖，由两个葡萄糖分子缩合而成。

低聚糖是指由 3～10 个单糖分子通过糖苷键缩合而成的化合物。

多糖是指由 10 个以上的单糖分子通过糖苷键缩合而成的高分子化合物。在酸、碱或酶的作用下，可以逐级水解，直至为单糖。如淀粉、纤维素、果胶等，

3. 碳水化合物在生物体内的功能及其测定意义

碳水化合物在生物体内具有重要的功能。碳水化合物是人和动物体的主要供能物质。人体摄入的碳水化合物在体内经消化变成葡萄糖或其他单糖参加机体代谢，人体中所需要的热能 60 %～70 %来自于碳水化合物，特别是人体的大脑，不能利用其他物质供能，血中的葡萄糖是其唯一的热能来源，当血糖过低时，可出现休克、昏迷甚至死亡。

碳水化合物构成细胞和组织。每个细胞都有碳水化合物，其含量为 2 %～10 %，主要以糖脂、糖蛋白和蛋白多糖的形式存在，分布在细脑膜、细胞器膜、细胞浆以及细胞间质中。

碳水化合物可节省蛋白质。食物中碳水化合物不足，机体不得不动用蛋白质来满足机体活动所需的能量，这将影响机体用蛋白质进行合成新的蛋白质和组织更新。因此，完全不吃主食，只吃肉类是不适宜的，因肉类中含碳水化合物很少，这样机体组织将用蛋白质产热，对机体没有好处。

碳水化合物帮助脂肪代谢。脂肪氧化供能时必须依靠碳水化合物供给热能，才能氧化完全。糖类不足时，脂肪氧化不完全，就会产生酮体，甚至引起酸中毒。

碳水化合物的测定在食品工业中具有特别重要的意义。在食品加工工艺中，糖类对食品的形态、组织结构、理化性质及其色、香、味等都有很大的影响。同时，糖类的含量还是食品营养价值高低的重要标志，也是某些食品重要的质量指标。碳水化合物的测定是食品的主要分析项目之一。

二、出厂检验项目要求测定碳水化合物的食品

实行食品生产许可证制度，审查细则中出厂检验项目要求测定糖分的食品如表 5－8 所示。

表 5－8　出厂检验项目要求测定糖分的食品

产品单元名称	标准号	标准名称
酱类（甜面酱）、糖（还原糖）蜂蜜、（蔗糖）糖（绵白糖　赤砂糖）（总糖）、罐头（果酱罐头）、葡萄酒（总糖）	GB 5009.7—2016	食品安全国家标准 食品中还原糖的测定
	GB 5009.8—2016	食品安全国家标准　食品中果糖、葡萄糖、蔗糖、麦芽糖、乳糖的测定

三、碳水化合物的测定方法

食品中碳水化合物的测定方法很多，单糖和低聚糖的测定采用的方法有物理法、化学

法、色谱法和酶法等。物理法包括相对密度法、折光法和旋光法等。这些方法比较简便，对一些特定的样品，或在生产过程中进行监控，采用物理法较为方便。化学法是一种广泛采用的常规分析法，它包括还原糖法(斐林氏法、高锰酸钾法等)、碘量法、缩合反应法等。化学法测的多为糖的总量，不能确定糖的种类及每种糖的含量。利用色谱法可以对样品中的各种糖类进行分离定量。目前，利用气相色谱和高效液相色谱分离和定量食品中的各种糖类已得到广泛应用。近年来发展起来的离子交换色谱具有灵敏度高、选择性好等优点，也已成为一种卓有成效的糖的色谱分析法。用酶法测定糖类也有一定的应用，如β-半乳糖脱氢酶测定半乳糖、乳糖，用葡萄糖氧化酶测定葡萄糖等。

1. 还原糖的提取

(1) 提取方法

还原糖是指具有还原性的糖类，葡萄糖、果糖、麦芽糖和乳糖等均为还原糖。还原糖最常用的提取方法是温水(40 ℃～50 ℃)提取。例如，对于糖制品、果蔬及果蔬制品等通常都是用水作提取剂。但对于淀粉、菊糖含量较高的干果类，如板栗、菊芋、豆类及干燥植物样品，用水提取时会使部分淀粉、糊精等进入溶液而影响分析结果，故一般采用乙醇溶液作为这类样品的提取剂(若样品含水量高，可适当提高乙醇溶液的浓度，使混合后的最终浓度落在上述范围)。

(2) 澄清剂的使用

在糖类提取液中，除了所需测定的糖分外，还可能含有蛋白质、氨基酸、多糖、色素、有机酸等干扰物质，这些物质的存在将影响糖类的测定并使下一步的过滤产生困难。因此，需要在提取液中加入澄清剂以除去这些干扰物质。而对于水果等有机酸含量较高的样品，提取时还应调节 pH 至近中性，因为有机酸的存在会造成部分双糖的水解。

澄清剂的种类很多，使用时应根据提取液的性质、干扰物质的种类与含量以及采取的测定方法等加以选择。总的原则是：能完全除去干扰物质，但不会吸附糖类，也不会改变糖液的性质。常用的澄清剂有：

1) 中性醋酸铅溶液[$Pb(CH_3COO)_2 \cdot 3H_2O$]

醋酸铅溶液适用于植物性样品、果蔬及其果蔬制品、焙烤食品、浅色糖及其糖浆制品等，是食品分析中应用最广泛也是使用最安全的一种澄清剂。但中性醋酸铅不能用于深色糖液的澄清，同时还应避免澄清剂过量，否则当样品溶液在测定过程中进行加热时，残余的铅将与糖类发生反应生成铅糖，从而使测定产生误差。

有效的防止办法是在澄清作用完全后加入除铅剂，常用的除铅剂有 Na_2SO_4、$Na_2C_2O_4$ 等。

2) 醋酸锌和亚铁氰化钾溶液

醋酸锌溶液：称取 21.9 g 醋酸锌[$Zn(CH_3COO)_2 \cdot 2H_2O$]溶于少量水中，加入 3 mL 冰乙酸，加水稀释至 100 mL。

亚铁氰化钾溶液：称取 10.6 g 亚铁氰化钾[$K_4Fe(CN)_6 \cdot 3H_2O$]，用水溶解并稀释至 100 mL。使用前取两者等量混合。这种混合试剂的澄清效果好，适用于富含蛋白质的浅色溶液，如乳及乳制品等。

3) 碱性硫酸铜溶液

硫酸铜溶液:34.6 g硫酸铜晶体溶解于水中,并稀释至500 mL,用精制石棉过滤备用。

氢氧化钠溶液:称取20 gNaOH,加水稀释至500 mL。硫酸铜-氢氧化钠(10+4)溶液可作为牛乳等样品的澄清剂。

4) 活性炭

用活性炭可除去样品中的色素,选用动物性活性炭对糖类的吸附较少。

除以上澄清剂外,食品分析中常用的澄清剂还有碱性醋酸铅、氢氧化铝、钨酸钠等。

澄清剂的性质应根据具体样品和测定方法确定。例如,果蔬类样品可采用中性醋酸铅溶液作为澄清剂,乳制品则采用醋酸锌-亚铁氰化钾溶液或碱性硫酸铜溶液。直接滴定法不能用碱性硫酸铜作澄清剂,以免引入Cu^{2+},而选用高锰酸钾滴定法时不能用醋酸锌-亚铁氰化钾溶液作澄清剂,以免引入Fe^{2+}而影响测定结果

2. 还原糖的测定

葡萄糖分子中含有游离醛基,果糖分子中含有游离酮基,乳糖和麦芽糖分子中含有游离的半缩醛羟基,因而它们都具有还原性,都是还原糖。其他非还原性糖类,如双糖、三糖、多糖等(常见的蔗糖、糊精、淀粉等都属此类),它本身不具有还原性,但可以通过水解而生成具有还原性的单糖,再进行测定,然后换算成样品中相应糖类的含量。所以糖类的测定是以还原糖的测定为基础的。

还原糖的测定方法很多,其中最常用的有直接滴定法、高锰酸钾滴定法,现分别介绍如下。

(1) 直接滴定法

本法是目前最常用的测定还原糖的方法,该法又称费林试剂容量法、快速法,具有试剂用量少,操作简单、快速,滴定终点明显等特点。适用于所有食品中还原糖的检测,当称样量为5.0 g时,为检出限0.25 g/100 g。但对于深色样品(如酱油、深色果汁等),因色素干扰使终点难以判断,从而影响其准确性。

1) 原理

试样经除去蛋白质后,在加热条件下,以亚甲蓝作指示剂,滴定标定过的碱性酒石酸铜溶液(用还原糖标准溶液标定),根据样品液消耗体积计算还原含量。

2) 主要仪器

酸式滴定管、可调式电炉。

3) 操作方法

按照GB 5009.7—2016《食品中还原糖的测定》第一法执行,具体见第五节第四、第五项。

4) 说明及注意事项

① 碱性酒石酸铜甲液、乙液应分别配制贮存,用时才混合。

② 整个滴定过程必须在沸腾条件下进行,其目的是加快反应速率和防止空气进入,避免氧化亚铜和还原型的次甲基蓝被空气氧化从而增加耗糖量。

③ 测定中还原糖液的浓度、滴定速度、热源强度及煮沸时间等都对测定精密度有很大的影响。还原糖液浓度要求在0.1 %左右,与标准葡萄糖溶液的浓度相近;继续滴定至终点的体积应控制在0.5 mL~1 mL以内,以保证在1 min内完成续滴定的工作;热源一般采用800 w电炉,热源强度和煮沸时间应严格按照操作中的规定执行,否则,加热及煮沸时间不同,水蒸气

蒸发量不同，反应液的碱度也不同，从而会影响反应速率、反应程度及最终测定的结果。

④ 预测定与正式测定的操作条件应一致。平行实验中消耗样液量之差应不超过0.1 mL。样品中稀释的还原糖最终浓度应接近于葡萄糖标准溶液的浓度。

(2) 高锰酸钾滴定法

此法又称贝尔德法，适用于各类食品中还原糖的测定，对于深色样液也同样适用。

1) 原理

试样经除去蛋白质后，其中还原糖把铜盐还原为氧化亚铜，加硫酸铁后，氧化亚铜被氧化为铜盐，以高锰酸钾溶液滴定氧化作用后生成亚铁盐，根据高锰酸钾消耗量，计算氧化亚铜含量，再查表得还原糖量。

2) 主要仪器

25 mL 古氏坩埚或 G4 垂融坩埚；真空泵。

3) 操作方法

按照 GB 5009.7—2016《食品中还原糖的测定》第二法执行，具体见第五节第四、第五项。

4) 注意事项

操作过程必须严格按规定执行，加入碱性酒石酸铜甲液、乙液后，务必控制在 4 min 内加热至沸，沸腾时间 2 min 也要准确，否则会引起较大的误差。该法所用的碱性酒石酸铜溶液是过量的，即保证把所有的还原糖全部氧化后，还有过剩的 Cu^{2+} 存在。所以，经煮沸后的反应液应显蓝色。如不显蓝色，说明样液含糖浓度过高，应调整样液浓度，或减少样液取用体积，重新操作，而不能增加碱性酒石酸铜甲液、乙液的用量。样品中的还原糖既有单糖，也有麦芽糖或乳糖等双糖时，还原糖的测定结果会偏低，这主要是因为双糖的分子中仅含有一个还原基所致。在抽滤和洗涤时，要防止氧化亚铜沉淀暴露在空气中，应使沉淀始终在液面下，避免其氧化。

3. 蔗糖的测定

在食品生产中，为判断原料的成熟度，鉴别白糖、蜂蜜等食品原料的品质，以及控制糖果、果脯、加糖乳制品等产品的质量指标，常需要测定蔗糖的含量。

蔗糖是非还原性双糖，不能用测定还原糖的方法直接进行测定。但蔗糖经酸水解后可生成具有还原性的葡萄糖和果糖，故也可按测定还原糖的方法进行测定。对于纯度较高的蔗糖溶液，可用相对密度、折射率、旋光率等物理检验法进行测定。

(1) 原理

试样经除去蛋白质后，其中蔗糖经盐酸水解转化为还原糖，再按还原糖测定。水解前后还原糖的差值为蔗糖含量。

(2) 主要仪器

酸式滴定管、可调式电炉

(3) 操作方法

按照 GB 5009.8—2016《食品中果糖、葡萄糖、蔗糖、麦芽糖、乳糖的测定》执行，具体见第五节第五项。

(4) 说明及注意事项

① 蔗糖在本法规定的水解条件下，可以完全水解，而其他双糖和淀粉等的水解作用很

小，可忽略不计。所以必须严格控制水解条件，以确保结果的准确性与重现性。此外果糖在酸性溶液中易分解，故水解结束后应立即取出并迅速冷却、中和。

② 用还原糖法测定蔗糖时，为减少误差，测得的还原糖应以转化糖表示，故用直接法滴定时，碱性酒石酸铜溶液的标定需采用蔗糖标准溶液按测定条件水解后进行标定。

③ 若选用高锰酸钾滴定时，查附表时应查转化糖项结果计算。

4. 总糖的测定

许多食品中含有多种糖类，包括具有还原性的葡萄糖、果糖、麦芽糖、乳糖等，以及非还原性的蔗糖、棉子糖等。这些糖有的来自原料，有的是因生产需要而加入的，有的是在生产过程中形成的（如蔗糖水解为葡萄糖和果糖）。许多食品中通常只需测定其总量，即所谓的“总糖”。食品中的总糖通常是指食品中存在的具有还原性的或在测定条件下能水解为还原性单糖的碳水化合物总量，但不包括淀粉，因为在该测定条件下，淀粉的水解作用很微弱。应当注意这里所讲的总糖与营养学上所指的总糖是有区别的，营养学上的总糖是指被人体消化、吸收利用的糖类物质的总和，包括淀粉。

总糖是许多食品（如麦乳精、果蔬罐头、巧克力、软饮料等）的重要质量指标，是食品生产中的常规检验项目，总糖含量直接影响食品的质量及成本。所以，总糖的测定在食品分析中具有十分重要的意义。

总糖的测定通常采用以测定还原糖为基础的直接滴定法，也可用蒽酮比色法等。

（1）直接滴定法原理

样品经处理除去蛋白质等杂质后，加入稀盐酸，在加热条件下使蔗糖水解转化为还原糖，再以直接滴定法测定水解后样品中还原糖的总量。总糖测定的结果一般根据产品的质量指标要求，以转化糖或葡萄糖计。碱性酒石酸铜应使用相应的糖标准溶液来进行标定。

（2）蒽酮比色法原理

单糖类遇浓硫酸时，脱水生成糠醛衍生物，后者可与蒽酮缩合成蓝绿色的化合物，当糖含量在 20～200 mg 范围内时，其呈色强度与溶液中糖的含量成正比，故可比色定量。

四、食品中还原糖的测定（GB 5009.7—2016）

1 范围

本标准规定了食品中还原糖含量的测定方法。

本标准第一法、第二法适用于食品中还原糖含量的测定。

本标准第三法适用于小麦粉中还原糖含量的测定。

本标准第四法适用于甜菜块根中还原糖含量的测定。

第一法 直接滴定法

2 原理

试样经除去蛋白质后，以亚甲蓝作指示剂，在加热条件下滴定标定过的碱性酒石酸铜溶液（已用还原糖标准溶液标定），根据样品液消耗体积计算还原糖含量。

3 试剂和材料

除非另有说明，本方法所用试剂均为分析纯，水为 GB/T 6682 规定的三级水。

3.1 试剂

3.1.1 盐酸(HCl)

3.1.2 硫酸铜($CuSO_4 \cdot 5H_2O$)。

3.1.3 亚甲蓝($C_{16}H_{18}ClN_3S \cdot 3H_2O$)。

3.1.4 酒石酸钾钠($C_4H_4O_6KNa \cdot 4H_2O$)。

3.1.5 氢氧化钠(NaOH)。

3.1.6 乙酸锌[$Zn(CH_3COO)_2 \cdot 2H_2O$]。

3.1.7 冰乙酸($C_2H_4O_2$)。

3.1.8 亚铁氰化钾[$K_4Fe(CN)_6 \cdot 3H_2O$]。

3.2 试剂配制

3.2.1 盐酸溶液(1+1,体积比):量取盐酸 50 mL,加水 50 mL 混匀。

3.2.2 碱性酒石酸铜甲液:称取硫酸铜 15 g 和亚甲蓝 0.05 g,溶于水中,并稀释至 1000 mL。

3.2.3 碱性酒石酸铜乙液:称取酒石酸钾钠 50 g 和氢氧化钠 75 g,溶解于水中,再加入亚铁氰化钾 4 g,完全溶解后,用水定容至 1000 mL,贮存于橡胶塞玻璃瓶中。

3.2.4 乙酸锌溶液:称取乙酸锌 21.9 g,加冰乙酸 3 mL,加水溶解并定容于 100 mL。

3.2.5 亚铁氰化钾溶液(106 g/L):称取亚铁氰化钾 10.6 g,加水溶解并定容至 100 mL。

3.2.6 氢氧化钠溶液(40 g/L):称取氢氧化钠 4 g,加水溶解后,放冷,并定容至 100 mL。

3.3 标准品

3.3.1 葡萄糖($C_6H_{12}O_6$)

CAS:50-99-7,纯度≥99 %。

3.3.2 果糖($C_6H_{12}O_6$)

CAS:57-48-7,纯度≥99 %。

3.3.3 乳糖(含水)($C_6H_{12}O_6 \cdot H_2O$)

CAS:5989-81-1,纯度≥99 %。

3.3.4 蔗糖($C_{12}H_{22}O_{11}$)

CAS:57-50-1,纯度≥99 %。

3.4 标准溶液配制

3.4.1 葡萄糖标准溶液(1.0 mg/mL):准确称取经过 98 ℃～100 ℃烘箱中干燥 2 h 后的葡萄糖 1 g,加水溶解后加入盐酸溶液 5 mL,并用水定容至 1000 mL。此溶液每毫升相当于 1.0 mg 葡萄糖。

3.4.2 果糖标准溶液(1.0 mg/mL):准确称取经过 98 ℃～100 ℃干燥 2 h 的果糖 1 g,加水溶解后加入盐酸溶液 5 mL,并用水定容至 1000 mL。此溶液每毫升相当于 1.0 mg 果糖。

3.4.3 乳糖标准溶液(1.0 mg/mL)：准确称取经过 94 ℃～98 ℃干燥 2 h 的乳糖(含水)1 g，加水溶解后加入盐酸溶液 5 mL，并用水定容至 1000 mL。此溶液每毫升相当于 1.0 mg 乳糖(含水)。

3.4.4 转化糖标准溶液(1.0 mg/mL)：准确称取 1.0526 g 蔗糖，用 100 mL 水溶解，置具塞锥形瓶中，加盐酸溶液 5 mL，在 68 ℃～70 ℃水浴中加热 15 min，放置至室温，转移至 1000 mL 容量瓶中并加水定容至 1000 mL，每毫升标准溶液相当于 1.0 mg 转化糖。

4 仪器和设备

4.1 天平：感量为 0.1 mg。

4.2 水浴锅。

4.3 可调温电炉。

4.4 酸式滴定管：25 mL。

5 分析步骤

5.1 试样制备

5.1.1 含淀粉的食品：称取粉碎或混匀后的试样 10 g～20 g(精确至 0.001 g)，置 250 mL 容量瓶中，加水 200 mL，在 45 ℃水浴中加热 1 h，并时时振摇，冷却后加水至刻度，混匀，静置，沉淀。吸取 200.0 mL 上清液置于另一 250 mL 容量瓶中，缓慢加入乙酸锌溶液 5 mL 和亚铁氰化钾溶液 5 mL，加水至刻度，混匀，静置 30 min，用干燥滤纸过滤，弃去初滤液，取后续滤液备用。

5.1.2 酒精饮料：称取混匀后的试样 100 g(精确至 0.01 g)，置于蒸发皿中，用氢氧化钠溶液中和至中性，在水浴上蒸发至原体积的 1/4 后，移入 250 mL 容量瓶中，缓慢加入乙酸锌溶液 5 mL 和亚铁氰化钾溶液 5 mL，加水至刻度，混匀，静置 30 min，用干燥滤纸过滤，弃去初滤液，取后续滤液备用。

5.1.3 碳酸饮料：称取混匀后的试样 100 g(精确至 0.01 g)于蒸发皿中，在水浴上微热搅拌除去二氧化碳后，移入 250 mL 容量瓶中，用水洗涤蒸发皿，洗液并入容量瓶，加水至刻度，混匀后备用。

5.1.4 其他食品：称取粉碎后的固体试样 2.5 g～5 g(精确至 0.001 g)或混匀后的液体试样 5 g～25 g(精确至 0.001 g)，置 250 mL 容量瓶中，加 50 mL 水，缓慢加入乙酸锌溶液 5 mL 和亚铁氰化钾溶液 5 mL，加水至刻度，混匀，静置 30 min，用干燥滤纸过滤，弃去初滤液，取后续滤液备用。

5.2 标定碱性酒石酸铜溶液

吸取碱性酒石酸铜甲液 5.0 mL 和碱性酒石酸铜乙液 5.0 mL，于 150 mL 锥形瓶中，加水 10 mL，加入玻璃珠 2 粒至 4 粒，从滴定管中加葡萄糖(或其他还原糖标准溶液)约 9 mL，控制在 2 min 中内加热至沸，趁热以每 2s 1 滴的速度继续滴加葡萄糖(或其他还原糖标准溶液)，直至溶液蓝色刚好褪去为终点，记录消耗葡萄糖(或其他还原糖标准溶液)的总体积，同时平行操作 3 份，取其平均值，计算每 10 mL(碱性酒石酸甲、乙液各 5 mL)碱性酒石酸铜溶液相当于葡萄糖(或其他还原糖)的质量(mg)。

注：也可以按上述方法标定 4 mL～20 mL 碱性酒石酸铜溶液(甲、乙液各半)来适应试样中还原糖的浓度变化。

5.3　试样溶液预测

吸取碱性酒石酸铜甲液 5.0 mL 和碱性酒石酸铜乙液 5.0 mL 于 150 mL 锥形瓶中，加水 10 mL，加入玻璃珠 2 粒至 4 粒，控制在 2 min 内加热至沸，保持沸腾以先快后慢的速度，从滴定管中滴加试样溶液，并保持沸腾状态，待溶液颜色变浅时，以每 2s 1 滴的速度滴定，直至溶液蓝色刚好褪去为终点，记录样品溶液消耗体积。

注：当样液中还原糖浓度过高时，应适当稀释后再进行正式测定，使每次滴定消耗样液的体积控制在与标定碱性酒石酸铜溶液时所消耗的还原糖标准溶液的体积相近，约 10 mL 左右，结果按式(1)计算；当浓度过低时则采取直接加入 10 mL 样品液，免去加水 10 mL，再用还原糖标准溶液滴定至终点，记录消耗的体积与标定时消耗的还原糖标准溶液体积之差相当于 10 mL 样液中所含还原糖的量，结果按式(2)计算。

5.4　试样溶液测定

吸取碱性酒石酸铜甲液 5.0 mL 和碱性酒石酸铜乙液 5.0 mL，置于 150 mL 锥形瓶中，加水 10 mL，加入玻璃珠 2 粒～4 粒，从滴定管滴加比预测体积少 1 mL 的试样溶液至锥形瓶中，控制在 2 min 内加热至沸，保持沸腾继续以每 2s 1 滴的速度滴定，直至蓝色刚好褪去为终点，记录样液消耗体积，同法平行操作三份，得出平均消耗体积(V)。

6　分析结果的表述

试样中还原糖的含量(以某种还原糖计)按式(1)计算：

$$X=\frac{m_1}{m\times F\times V/250\times 1000}\times 100 \tag{1}$$

式中：X——试样中还原糖的含量(以某种还原糖计)，单位为克每百克(g/100g)；

m_1——碱性酒石酸铜溶液(甲、乙液各半)相当于某种还原糖的质量，单位为毫克(mg)；

m——试样质量，单位为克(g)；

F——系数；

V——测定时平均消耗试样溶液体积，单位为毫升(mL)；

250——定容体积，单位毫升(mL)；

当浓度过低时试样中还原糖的含量(以某种还原糖计)按式(2)计算：

$$X=\frac{m_2}{m\times F\times 10/250\times 1000}\times 100 \tag{2}$$

式中：X——试样中还原糖的含量(以某种还原糖计)，单位为克每百克(g/100g)；

m_2——标定时体积与加入样品后消耗的还原糖标准溶液体积之差相当于某种还原糖的质量，单位为毫克(mg)；

m——试样质量，单位为克(g)；

F——系数；

10——样液体积，单位毫升(mL)；

250——定容体积，单位毫升(mL)；

1000——换算系数。

还原糖含量≥10g/100g 时，计算结果保留三位有效数字；还原糖含量＜10 g/100 g 时，计算结果保留两位有效数字。

7　精密度

在重复性条件下获得的两次独立测定结果的绝对差值不得超过算术平均值的 5 %。

8　其他

当称样量为 5 g 时，定量限为 0.25 g/100 g。

第二法　高锰酸钾滴定法

9　原理

试样经除去蛋白质后，其中还原糖把铜盐还原为氧化亚铜，加硫酸铁后，氧化亚铜被氧化为铜盐，以高锰酸钾溶液滴定氧化作用后生成的亚铁盐，根据高锰酸钾消耗量，计算氧化亚铜含量，再查表得还原糖量。

10　试剂和材料

除非另有说明，本方法所用试剂均为分析纯，水为 GB/T6682 规定的三级水。

10.1　试剂

10.1.1　盐酸（HCl）。

10.1.2　氢氧化钠（NaOH）。

10.1.3　硫酸铜（$CuSO_4 \cdot 5H_2O$）。

10.1.4　硫酸（H_2SO_4）。

10.1.5　硫酸铁[$Fe_2(SO_4)_3$]。

10.1.6　酒石酸钾钠（$C_4H_4O_6KNa \cdot 4H_2O$）。

10.2　试剂配制

10.2.1　盐酸溶液（3 mol/L）：量取盐酸 30 mL，加水稀释至 120 mL。

10.2.2　碱性酒石酸铜甲液：称取硫酸铜 34.639 g，加适量水溶解，加硫酸 0.5 mL，再加水稀释至 500 mL，用精制石棉过滤。

10.2.3　碱性酒石酸铜乙液：称取酒石酸钾钠 173 g 与氢氧化钠 50 g，加适量水溶解，并稀释至 500 mL，用精制石棉过滤，贮存于橡胶塞玻璃瓶内。

10.2.4　氢氧化钠溶液（40 g/L）：称取氢氧化钠 4 g，加水溶解并稀释至 100 mL。

10.2.5　硫酸铁溶液（50 g/L）：称取硫酸铁 50 g，加水 200 mL 溶解后，慢慢加入硫酸 100 mL，冷后加水稀释至 1000 mL。

10.2.6　精制石棉：取石棉先用盐酸溶液浸泡 2d～3d，用水洗净，再加氢氧化钠溶液浸泡 2d～3d，倾去溶液，再用热碱性酒石酸铜乙液浸泡数小时，用水洗净。再以盐酸溶液浸泡数小时，以水洗至不呈酸性。然后加水振摇，使成细微的浆状软纤维，用水浸泡并贮存于玻璃瓶中，即可作填充古氏坩埚用。

10.3　标准品

高锰酸钾（$KMnO_4$），CAS：7722-64-7，优级纯或以上等级。

10.4　标准溶液配制

高锰酸钾标准滴定溶液[$c(1/5KMnO_4)=0.1000$ mol/L]：按 GB/T 601 配制与标定。

11 仪器和设备

11.1 天平：感量为 0.1 mg。

11.2 水浴锅。

11.3 可调温电炉。

11.4 酸式滴定管：25 mL。

11.5 25 mL 古氏坩埚或 G4 垂融坩埚。

11.6 真空泵。

12 分析步骤

12.1 试样处理

12.1.1 含淀粉的食品：称取粉碎或混匀后的试样 10 g～20 g（精确至 0.001 g），置 250 mL 容量瓶中，加水 200 mL，在 45 ℃水浴中加热 1 h，并时时振摇。冷却后加水至刻度，混匀，静置。吸取 200.0 mL 上清液置另一 250 mL 容量瓶中，加碱性酒石酸铜甲液 10 mL及氢氧化钠溶液 4 mL，加水至刻度，混匀。静置 30 min，用干燥滤纸过滤，弃去初滤液，取后续滤液备用。

12.1.2 酒精饮料：称取 100 g（精确至 0.01 g）混匀后的试样，置于蒸发皿中，用氢氧化钠溶液中和至中性，在水浴上蒸发至原体积的 1/4 后，移入 250 mL 容量瓶中。加水 50 mL，混匀。加碱性酒石酸铜甲液 10 mL 及氢氧化钠溶液 4 mL，加水至刻度，混匀。静置 30 min，用干燥滤纸过滤，弃去初滤液，取后续滤液备用。

12.1.3 碳酸饮料：称取 100 g（精确至 0.001 g）混匀后的试样，试样置于蒸发皿中，在水浴上除去二氧化碳后，移入 250 mL 容量瓶中，并用水洗涤蒸发皿，洗液并入容量瓶中，再加水至刻度，混匀后，备用。

12.1.4 其他食品：称取粉碎后的固体试样 2.5 g～5.0 g（精确至 0.001 g）或混匀后的液体试样 25 g～50 g（精确至 0.001 g），置 250 mL 容量瓶中，加水 50 mL，摇匀后加碱性酒石酸铜甲液 10 mL 及氢氧化钠溶液 4 mL，加水至刻度，混匀。静置 30 min，用干燥滤纸过滤，弃去初滤液，取后续滤液备用。

12.2 试样溶液的测定

吸取处理后的试样溶液 50.0 mL，于 500 mL 烧杯内，加入碱性酒石酸铜甲液 25 mL 及碱性酒石酸铜乙液 25 mL，于烧杯上盖一表面皿，加热，控制在 4 min 内沸腾，再精确煮沸 2 min，趁热用铺好精制石棉的古氏坩埚（或 G4 垂融坩埚）抽滤，并用 60 ℃热水洗涤烧杯及沉淀，至洗液不呈碱性为止。将古氏坩埚（或 G4 垂融坩埚）放回原 500 mL 烧杯中，加硫酸铁溶液 25 mL、水 25 mL，用玻棒搅拌使氧化亚铜完全溶解，以高锰酸钾标准溶液滴定至微红色为终点。

同时吸取水 50 mL，加入与测定试样时相同量的碱性酒石酸铜甲液、乙液、硫酸铁溶液及水，按同一方法做空白试验。

13 分析结果的表述

试样中还原糖质量相当于氧化亚铜的质量，按式（3）计算：

$$X_0=(V-V_0)\times c\times 71.54 \tag{3}$$

式中：X_0——试样中还原糖质量相当于氧化亚铜的质量，单位为毫克(mg)；

V——测定用试样液消耗高锰酸钾标准溶液的体积，单位为毫升(mL)；

V_0——试剂空白消耗高锰酸钾标准溶液的体积，单位为毫升(mL)；

c——高锰酸钾标准溶液的实际浓度，单位为摩尔每升(mol/L)；

71.54——1 mL 高锰酸钾标准溶液[$c(1/5)KMnO_4$]=1.000mol/L)相当于氧化亚铜的质量，单位为毫克(mg)。

根据式中计算所得氧化亚铜质量，查表 A.1，再计算试样中还原糖含量，按式(4)计算：

$$X=\frac{m_3}{m_4\times V/250\times 1000}\times 100 \tag{4}$$

式中：X——试样中还原糖的含量，单位为克每百克(g/100g)；

m_3——X_0 查附录 A 之表 1 得还原糖质量，单位为毫克(mg)；

m_4——试样质量或体积，单位为克或毫升(g 或 mL)；

V——测定用试样溶液的体积，单位为毫升(mL)；

250——试样处理后的总体积，单位为毫升(mL)。

还原糖含量≥10 g/100 g 时，计算结果保留三位有效数字；还原糖含量<10 g/100 g 时，计算结果保留两位有效数字。

14　精密度

在重复性条件下获得的两次独立测定结果的绝对差值不得超过算术平均值的 10 %。

15　其他

当称样量为 5 g 时，定量限为 0.5 g/100 g。

五、食品中果糖、葡萄糖、蔗糖、麦芽糖、乳糖的测定(GB 5009.8—2016)

1　范围

本标准规定了食品中果糖、葡萄糖、蔗糖、麦芽糖、乳糖的测定方法。

本标准第一法适用于食品中果糖、葡萄糖、蔗糖、麦芽糖、乳糖的测定，第二法适用于食品中蔗糖的测定。

“第一法”高效液相色谱法，本法适用于谷物类、乳制品、果蔬制品、蜂蜜、糖浆、饮料等食品中果糖、葡萄糖、蔗糖、麦芽糖和乳糖的测定。

“第二法”酸水解-莱因-埃农氏法，本法适用于食品中蔗糖的测定。

第一法　高效液相色谱法(略)

第二法　酸水解-莱因-埃农氏法

10　原理

本法适用于各类食品中蔗糖的测定：试样经除去蛋白质后，其中蔗糖经盐酸水解转化为还原糖，按还原糖测定。水解前后的差值乘以相应的系数即为蔗糖含量。

11　试剂和溶液

除非另有说明，本方法所用试剂均为分析纯，水为GB/T 6682规定的三级水。

11.1　试剂

11.1.1　乙酸锌[$Zn(CH_3OO)_2 \cdot 2H_2O$]。

11.1.2　亚铁氰化钾[$K_4Fe(CN)_6 \cdot 3H_2O$]。

11.1.3　盐酸(HCl)。

11.1.4　氢氧化钠(NaOH)。

11.1.5　甲基红($C_{15}H_{15}N_3O_2$)：指示剂。

11.1.6　亚甲蓝($C_{16}H_{18}C_1N_3S \cdot 3H_2O$)：指示剂。

11.1.7　硫酸铜($CuSO_4 \cdot 5H_2O$)。

11.1.8　酒石酸钾钠($C_4H_4O_6KNa \cdot 4H_2O$)。

11.2　试剂配制

11.2.1　乙酸锌溶液：称取乙酸锌21.9 g，加冰乙酸3 mL，加水溶解并定容于100 mL。

11.2.2　亚铁氰化钾溶液：称取亚铁氰化钾10.6 g，加水溶解并定容至100 mL。

11.2.3　盐酸溶液(1+1)：量取盐酸50 mL，缓慢加入50 mL水中，冷却后混匀。

11.2.4　氢氧化钠(40 g/L)：称取氢氧化钠4 g，加水溶解后，放冷，加水定容至100 mL。

11.2.5　甲基红指示液(1 g/L)：称取甲基红盐酸盐0.1 g，用95 %乙醇溶解并定容至100 mL。

11.2.6　氢氧化钠溶液(200 g/L)：称取氢氧化钠20 g，加水溶解后，放冷，加水并定容至100 mL。

11.2.7　碱性酒石酸铜甲液：称取硫酸铜15 g和亚甲蓝0.05 g，溶于水中，加水定容至1000 mL。

11.2.8　碱性酒石酸铜乙液：称取酒石酸钾钠50 g和氢氧化75 g，溶解于水中，再加入亚铁氰化钾4 g，完全溶解后，用水定容至1000 mL，贮存于橡胶塞玻璃瓶中。

11.3　标准品

葡萄糖($C_6H_{12}O_6$，CAS号：50-99-7)标准品：纯度≥99 %，或经国家认证并授予标准物质证书的标准物质。

11.4　标准溶液配制

葡萄糖标准溶液(1.0 mg/mL)：称取经过98 ℃～100 ℃烘箱中干燥2 h后的葡萄糖1 g(精确到0.001 g)，加水溶解后加入盐酸5 mL，并用水定容至1000 mL。此溶液每毫升相当于1.0 mg葡萄糖。

12　仪器和设备

12.1　天平：感量为0.1 mg。

12.2　水浴锅。

12.3　可调温电炉。

12.4　酸式滴定管：25 mL。

13　试样的制备和保存

13.1　试样的制备

13.1.1　固体样品

取有代表性样品至少 200 g，用粉碎机粉碎，混匀，装入洁净容器，密封，标明标记。

13.1.2　半固体和液体样品

取有代表性样品至少 200 g(mL)，充分混匀，装入洁净容器，密封，标明标记。

13.2　保存

蜂蜜等易变质试样于 0～4 ℃保存。

14　分析步骤

14.1　试样处理

14.1.1　含蛋白质食品

称取粉碎或混匀后的固体试样 2.5 g～5 g(精确到 0.001 g)或液体试样 5 g～25 g(精确到 0.001 g)，置 250 mL 容量瓶中，加水 50 mL，缓慢加入乙酸锌溶液 5 mL 和亚铁氰化钾溶液 5 mL，加水至刻度，混匀，静置 30 min，用干燥滤纸过滤，弃去初滤液，取后续滤液备用。

14.1.2　含大量淀粉的食品

称取粉碎或混匀后的试样 10 g～20 g(精确到 0.001 g)，置 250 mL 容量瓶中，加水 200 mL，在 45 ℃水浴中加热 1 h，并时时振摇，冷却后加水至刻度，混匀，静置，沉淀。吸取 200 mL 上清液于另一 250 mL 容量瓶中，缓慢加入乙酸锌溶液 5 mL 和亚铁氰化钾溶液 5 mL，加水至刻度，混匀，静置 30 min，用干燥滤纸过滤，弃去初滤液，取后续滤液备用。

14.1.3　酒精饮料

称取混匀后的试样 100 g(精确到 0.01 g)，置于蒸发皿中，用(40 g/L)氢氧化钠溶液中和至中性，在水浴上蒸发至原体积的 1/4 后，移入 250 mL 容量瓶中，缓慢加入乙酸锌溶液 5 m 和亚铁氰化钾溶 5 mL，加水至刻度，混匀，静置 30 min，用干燥滤纸过滤，弃去初滤液，取后续滤液备用。

14.1.4　碳酸饮料

称取混匀后的试样 100 g(精确到 0.01 g)于蒸发皿中，在水浴上微热搅拌除去二氧化碳后，移入 250 mL 容量瓶中，用水洗蒸发皿，洗液并入容量瓶，加水至刻度，混匀后备用。

14.2　酸水解

吸取 2 份试样各 50.0 mL，分别置于 100 mL 容量瓶中。

转化前：一份用水稀释至 100 mL。

转化后：另一份加(1+1)盐酸 5 mL，在 68 ℃～70 ℃水浴中加热 15 min，冷却后加甲基红指示液 2 滴，用 200 g/L 氢氧化钠溶液中和至中性，加水至刻度。

14.3　标定碱性酒石酸铜溶液

吸取碱性酒石酸铜甲液 5.0 mL 和碱性酒石酸铜乙液 5.0 mL 于 150 mL 锥形瓶中，加水 10 mL，加入 2 粒～4 粒玻璃珠，从滴定管中加葡萄糖标准溶液约 9 mL，控制在 2 min 中内加热至沸，趁热以每两秒一滴的速度滴加葡萄糖，直至溶液颜色刚好褪去，记录消耗葡萄糖总体积，同时平行操作三份，取其平均值，计算每 10 mL(碱性酒石酸甲、乙液各 5 mL)碱性酒石酸铜溶液相当于葡萄糖的质量(mg)。

注：也可以按上述方法标定 4 mL～20 mL 碱性酒石酸铜溶液(甲、乙液各半)来适应试样中还原糖的浓度变化。

14.4 试样溶液的测定

14.4.1 预测滴定：吸取碱性酒石酸铜甲液 5.0 mL 和碱性酒石酸铜乙液 5.0 mL 于同一 150 mL 锥形瓶中，加入蒸馏水 10 mL，放入 2 粒～4 粒玻璃珠，置于电炉上加热，使其在 2min 内沸腾，保持沸腾状态 15 s，滴入样液至溶液蓝色完全褪尽为止，读取所用样液的体积。

14.4.2 精确滴定：吸取碱性酒石酸铜甲液 5.0 mL 和碱性酒石酸铜乙液 5.0 mL 于同一 150 mL 锥形瓶中，加入蒸馏水 10 mL，放入几粒玻璃珠，从滴定管中放出的转化前样液或转化后样液样液（比预测滴定 14.4.1 预测的体积少 1 mL），置于电炉上，使其在 2 min内沸腾，维持沸腾状态 2 min，以每两秒一滴的速度徐徐滴入样液，溶液蓝色完全褪尽即为终点，分别记录转化前样液和转化后样液消耗的体积（V）。

注：对于蔗糖含量在 0.x %水平的样品，可以采用反滴定的方式进行测定。

15 分析结果的表述

15.1 转化糖的含量

试样中转化糖的含量（以葡萄糖计）按式(2)进行计算：

$$R=\frac{A}{m\times\frac{50}{250}\times\frac{V}{100}\times 1000}\times 100 \qquad (2)$$

式中：R——试样中转化糖的质量分数，单位为克每百克(g/100g)；

A——碱性酒石酸铜溶液（甲、乙液各半）相当于葡萄糖的质量，单位为毫克(mg)；

m——样品的质量，单位为克(g)；

50——酸水解中吸取样液体积，单位为毫升(mL)；

250——试样处理中样品定容体积，单位为毫升(mL)；

V——滴定时平均消耗试样溶液体积，单位为毫升(mL)；

100——酸水解中定容体积，单位为毫升(mL)；

1000——换算系数；

100——换算系数。

注：样液的计算值为转化前转化糖的质量分数 R_1，样液的计算值为转化后转化糖的质量分数 R_2。

15.2 蔗糖的含量

以葡萄糖为标准滴定溶液时，按式(3)计算试样中蔗糖含量：

$$X=(R_2-R_1)\times 0.95 \qquad (3)$$

式中：X——试样中蔗糖的质量分数，单位为克每百克(g/100g)；

R_2——转化后转化糖的质量分数，单位为克每百克(g/100g)；

R_1——转化前转化糖的质量分数，单位为克每百克(g/100g)；

0.95——转化糖（以葡萄糖计）换算为蔗糖的系数。

蔗糖含量≥10 g/100 g 时，结果保留三位有效数字，蔗糖含量＜10 g/100 g 时，结果保留两位有效数字。

16 精密度

在重复性条件下获得的两次独立测定结果的绝对差值不得超过算术平均值的 10 %。

17 其他

当称样量为 5 g 时，定量限为 0.24 g/100 g。

第六节 食品中蛋白质的检验

一、概述

1. 蛋白质

蛋白质是生命的物质基础，没有蛋白质就没有生命。因此，蛋白质是与生命及与各种形式的生命活动紧密联系在一起的物质。机体中的每一个细胞和所有重要组成部分都有蛋白质参与，一切有生命的物质都含有不同类型的蛋白质。

氨基酸是构成蛋白质的最基本物质。蛋白质的种类很多，性质、功能各异，但都是由20多种氨基酸按不同比例组合而成的，在酶、酸或碱的作用下，蛋白质被水解，可得到多种水解的中间产物，水解的最终产物为氨基酸。

2. 蛋白质在生物体内的功能及其测定意义

蛋白质是人体的建筑材料。蛋白质是机体细胞的重要组成部分，人体的肌肉、骨骼、皮肤、头发、指甲等都是由蛋白质构成，人体的所有器官都可以认为是蛋白质的有机组合。蛋白质占人体重量的16 %～20 %，即一个60 kg重的成年人其体内约有蛋白质9.6 kg～12 kg。

蛋白质是营养素的运输团队。蛋白质维持肌体正常的新陈代谢和各类物质在体内的输送。载体蛋白对维持人体的正常生命活动至关重要，它可以在体内运载各种物质。比如血红蛋白—输送氧、脂蛋白—输送脂肪、细胞膜上的受体还有转运蛋白等。

蛋白质为人体提供能量。蛋白质分解后可为人体提供能量，这不是蛋白质的主要功能，我们不能拿“肉”当“柴”烧。但当人体缺乏能量时，体内的蛋白质和脂肪会自动分解，为人体补充能量。每克蛋白质可提供16.75 kJ的热能。另外，从食物摄取的蛋白质，有些不符合人体需要或摄取数量过多，也会被氧化分解，释放能量。

蛋白质参与生理功能的调节。蛋白质构成人体必需的催化和调节功能的各种酶。人身体有数千种酶，每一种只能参与一种生化反应。酶有促进食物的消化、吸收、利用的作用。相应的酶充足，反应就会顺利、快捷地进行，人就会精力充沛，不易生病。否则，反应就变慢或者被阻断。蛋白质是激素的主要原料，具有调节体内各器官生理活性的作用。

蛋白质的免疫作用。免疫细胞和免疫蛋白有白细胞、淋巴细胞、巨噬细胞、抗体(免疫球蛋白)、补体、干扰素等，这些细胞和生理调节物质构成了人体内的“保安部队”，维护身体的安全，它们每七天需要更新一次。当蛋白质充足时，这支“部队”就很强大，而且一旦身体有需要时，这支“部队”数小时内可以增加100倍。

蛋白质修复人体组织。人的身体由细胞组成，细胞是生命的最小单位，它们处于永不停息的衰老、死亡、新生的新陈代谢过程中。例如年轻人的表皮28d更新一次，而胃黏膜两三天就要全部更新。身体的生长发育、衰老组织的更新、损伤组织的修复，都需要用蛋白质作为机体最重要的“材料”。儿童长身体更不能缺少它。

人及动物从食品中摄取蛋白质及其分解产物，并在体内不断进行代谢与更新，来构成自身的蛋白质。蛋白质是人体重要的营养物质，也是食品中重要营养指标。测定食品中蛋白质的含量对于评价食品的营养价值、合理开发利用食品资源、指导生产、优化食品配方、提高产品质量具有重要的意义。

各种不同的食品中蛋白质的含量各不相同，一般说来，动物性食品的蛋白质含量高于植物性食品，动物组织以肌肉内脏含量较多于其他部分，植物是以种子含量高，豆类含蛋白质最高，如黄豆蛋白质含量约 40 %。部分食品的蛋白质的含量如表 5 - 9 所示。

表 5 - 9 常见食品中蛋白质含量

种类	牛乳	全脂乳粉	牛肉	猪肉	大米	小麦粉	大白菜	大豆
蛋白质含量/%	3.5	26.2	15.8～21.5	13.3～18.5	8.5	9.9	1.1	36.3

3. 蛋白质组成及特征

蛋白质是复杂的含氮有机化合物，分子质量很大，主要由 C(碳)、H(氢)、O(氧)、N(氮)组成，一般蛋白质可能还会含有 P(磷)、S(硫)、Fe(铁)、Zn(锌)、Cu(铜)、B(硼)、I(碘)等。这些元素在蛋白质中的组成百分比约为：碳 50 %，氢 7 %，氧 23 %，氮 16 %，硫 0 %～3 %。

蛋白质中含氮且比较恒定，是蛋白质的特征之一。由于食物中另外两种重要的营养素——碳水化合物、脂肪中只含有 C、H、O，不含有 N，所以含氮是蛋白质区别于其他有机化合物的主要标志。不同的蛋白质含氮量很接近，平均含氮量为 16 %。

4. 氮-蛋白质的换算

因为：含氮量＝蛋白质量×16 %，

所以：蛋白质量＝含氮量/16 %＝含氮量×6.25

即 1 份氮相当于 6.25 份蛋白质，此数值称为蛋白质系数。

由于蛋白质中含氮量较恒定，通常是通过测定食品中氮的含量来确定蛋白质的含量。不同种类食品的蛋白质系数有所不同，一般食物为 6.25，纯乳与纯乳制品为 6.38，面粉为 5.70，玉米、高粱为 6.24，花生为 5.46，大米为 5.95，大豆及其粗加工制品为 5.71，大豆蛋白制品为 6.25，肉与肉制品为 6.25，大麦、小米、燕麦、裸麦为 5.83，芝麻、向日葵为 5.30，复合配方食品为 6.25。

二、出厂检验项目要求测定蛋白质的食品

实行食品生产许可证制度，审查细则中出厂检验项目要求测定蛋白质的食品如表 5 - 10 所示。

表 5 - 10 出厂检验项目要求测定蛋白质的食品

产品单元名称	标准号	标准名称
乳制品、婴幼儿配方乳粉、婴幼儿配方谷粉、茶饮料类(奶味茶饮料)、含乳饮料(包含乳酸菌饮料)、植物蛋白饮料、固体饮料(蛋白型固体饮料)、其他类蛋制品(蛋黄酱、色拉酱不检)、酱油、酱类、调味料、黄酒、酱腌菜	GB 5009.5—2016	《食品安全国家标准 食品中蛋白质的测定》

三、蛋白质的测定方法

测定蛋白质含量的方法可分为两大类：一类是利用蛋白质的共性，即含氮量、肽键和折射率等测定；另一类是利用蛋白质中特定氨基酸残基、酸性和碱性基团以及芳香基团等测定。蛋白质测定最常用的方法是凯氏定氮法，它是测定总有机氮的最准确和操作较简便的方法之一，在国内外应用普遍。此外，双缩脲分光光度比色法、染料结合分光光度比色法、酚试剂法等也常用于蛋白质含量测定，由于方法简便快速，多用于生产单位质量控制分析。近年来，国外采用红外检测仪对蛋白质进行快速定量分析。

下面主要介绍凯氏定氮法。

1. 原理

食品中的蛋白质在催化加热条件下被分解，产生的氨与硫酸结合生成硫酸铵。碱化蒸馏使氨游离，在硼酸吸收后以硫酸或盐酸标准滴定溶液滴定，根据酸的消耗量乘以换算系数，即为蛋白质的含量。

由于凯氏定氮法是测定食品中总氮量后，乘以蛋白质系数而得到的蛋白质含量，不能将样品中常含有的胺、核酸、生物碱、含氮脂类、含氮色素等非蛋白质的含氮物质分离，故结果称粗蛋白质。

2. 适用范围

适用于各种食品中蛋白质的测定。不适用于添加无机含氮物质、有机非蛋白质含氮物质的食品测定。

3. 仪器

天平：感量为 1 mg；

消化装置：如图 5－3 所示；

定氮蒸馏装置（或自动凯氏定氮仪）。

4. 操作方法

按照 GB 5009.5—2016《食品安全国家标准　食品中蛋白质的测定》第一法执行，具体见第六节第四项。

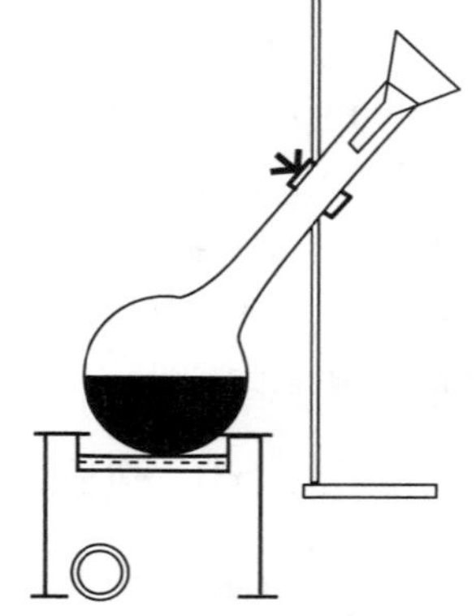

图 5－3　消化装置图

5. 说明及注意事项

（1）本法也适用于半固体试样以及液体样品检测。半固体试样一般取样范围为 2.00～5.00 g，液体样品取样 10.0～25.0 mL（相当于氮 30～40 mg）。若检测液体样品，结果以 g/100 mL表示。

（2）消化时加入的硫酸铜作为催化剂，加速反应的进行。硫酸铜还可以作为蒸馏时样液碱化时的指示剂，若加碱不足，样液呈蓝色而不生成氢氧化铜沉淀，需增加碱量；加入硫酸钾可以提高消化温度，加快有机物分解。

（3）消化时，若样品含糖高或含脂肪较多时，注意控制加热温度，以免大量泡沫喷出凯氏烧瓶，造成样品损失。可加入少量辛醇、液体石蜡或硅油消泡剂减少泡沫产生。

（4）消化时应注意旋转凯氏烧瓶，将附在瓶壁上的炭粒冲下，对样品进行彻底消化。若样品不易消化至澄清透明，可将凯氏烧瓶中溶液冷却，加入数滴过氧化氢后，再继续加热消化至完全。

(5) 硼酸吸收液的温度不应超过 40 ℃,否则氨吸收减弱,造成检测结果偏低。可把接收瓶置于冷水浴中。

(6) 定氮装置的检查与洗涤:检查微量定氮装置是否装好。在水蒸气发生器内装水约 2/3 体积,加甲基红指示剂数滴及数毫升硫酸,以保持水呈酸性,可避免水中的氨被蒸出而影响测定结果。加入数粒玻璃珠(或沸石)以防止暴沸。

测定前定氮装置如下法洗涤 2~3 次:从样品进口加入水适量(约占反应管 1/3 体积),通入蒸汽煮沸,产生的蒸汽冲洗冷凝管,数分钟后关闭夹子 3,使反应管中的废液倒吸流到反应室外层,打开夹子 7 由橡皮管排出,如此数次,即可使用。

(7) 蒸馏装置不能漏气。加碱量要足量,操作要迅速,漏斗应采用水封措施,防止氨气逸失。蒸馏前若加碱量不足,消化液呈蓝色,不生成氢氧化铜沉淀,此时需增加氢氧化钠的用量。蒸馏过程中,蒸气发生要均匀充足,中间不得停火断气,防止倒吸。蒸馏完毕后,应先将冷凝管下端提离液面清洗管口,再 1 min 后关掉热源,防止造成吸收液倒吸。

(8) 混合指示剂在碱性溶液中呈绿色,在中性溶液中呈灰色,在酸性溶液中呈红色。

四、食品安全国家标准 食品中蛋白质的测定(GB 5009.5—2016)

1 范围

本标准规定了食品中蛋白质的测定方法。

本标准第一法和第二法适用于各种食品中蛋白质的测定,第三法适用于蛋白质含量在 10 g/100 g 以上的粮食、豆类、奶粉、米粉、蛋白质粉等固体试样的测定。

本标准不适用于添加无机含氮物质、有机非蛋白质含氮物质的食品测定。

第一法 凯氏定氮法

2 原理

食品中的蛋白质在催化加热条件下被分解,产生的氨与硫酸结合生成硫酸铵。碱化蒸馏使氨游离,用硼酸吸收后以硫酸或盐酸标准滴定溶液滴定,根据酸的消耗量计算氮含量,再乘以换算系数,即为蛋白质的含量。

3 试剂和材料

除非另有说明,本方法中所用试剂均为分析纯,水为 GB/T 6682 规定的三级水。

3.1 试剂

3.1.1 硫酸铜($CuSO_4 \cdot 5H_2O$)。

3.1.2 硫酸钾(K_2SO_4)。

3.1.3 硫酸(H_2SO_4 密度为 1.84 g/L)。

3.1.4 硼酸(H_3BO_3)。

3.1.5 甲基红指示剂($C_{15}H_{15}N_3O_2$)。

3.1.6 溴甲酚绿指示剂($C_{21}H_{14}Br_4O_5S$)。

3.1.7 亚甲基蓝指示剂($C_{16}H_{18}ClN_3S \cdot 3H_2O$)。

3.1.8　氢氧化钠($NaOH$)。

3.1.9　95 %乙醇(C_2H_5OH)。

3.2　试剂配制

3.2.1　硼酸溶液(20 g/L)：称取 20 g 硼酸，加水溶解后并稀释至 1000 mL。

3.2.2　氢氧化钠溶液(400 g/L)：称取 40 g 氢氧化钠加水溶解后，放冷，并稀释至 100 mL。

3.2.3　硫酸标准滴定溶液[$c(1/2H_2SO_4)$]0.0500 mol/L 或盐酸标准滴定溶液[$c(HCl)$]0.0500 mol/L。

3.2.4　甲基红乙醇溶液(1 g/L)：称取 0.1 g 甲基红，溶于 95 %乙醇，用 95 %乙醇稀释至 100 mL。

3.2.5　亚甲基蓝乙醇溶液(1 g/L)：称取 0.1 g 亚甲基蓝，溶于 95 %乙醇，用 95 %乙醇稀释至 100 mL。

3.2.6　溴甲酚绿乙醇溶液(1 g/L)：称取 0.1 g 溴甲酚绿，溶于 95 %乙醇，用 95 %乙醇稀释至 100 mL。

3.2.7　A 混合指示液：2 份甲基红乙醇溶液与 1 份亚甲基蓝乙醇溶液临用时混合。

3.2.8　B 混合指示液：1 份甲基红乙醇溶液与 5 份溴甲酚绿乙醇溶液临用时混合。

4　仪器和设备

4.1　天平：感量为 1 mg。

4.2　定氮蒸馏装置：如图 1 所示。

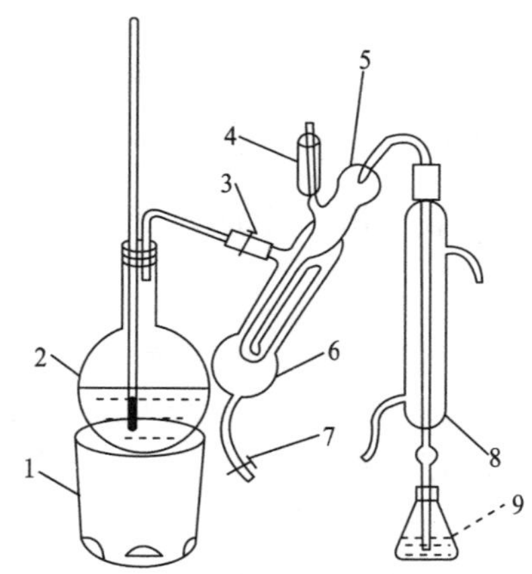

图 1　定氮蒸馏装置图

1—电炉；2—水蒸气发生器(2 L 烧瓶)；3—螺旋夹；4—小玻杯及棒状玻塞；5—反应室；6—反应室外层；7—橡皮管及螺旋夹；8—冷凝管；9—蒸馏液接收瓶

4.3　自动凯氏定氮仪。

5　分析步骤

5.1　凯氏定氮法

5.1.1　试样处理：称取充分混匀的固体试样 0.2 g～2 g、半固体试样 2 g～5 g 或液体试样 10 g～25 g(约相当于 30 mg～40 mg 氮)，精确至 0.001 g，移入干燥的 100 mL、

250 mL 或 500 mL 定氮瓶中，加入 0.2 g 硫酸铜、6 g 硫酸钾及 20 mL 硫酸（H_2SO_4 密度为 1.84g/L），轻摇后于瓶口放一小漏斗，将瓶以 45°角斜支于有小孔的石棉网上。小心加热，待内容物全部炭化，泡沫完全停止后，加强火力，并保持瓶内液体微沸，至液体呈蓝绿色并澄清透明后，再继续加热 0.5 h～1 h。取下放冷，小心加入 20 mL 水。放冷后，移入 100 mL 容量瓶中，并用少量水洗定氮瓶，洗液并入容量瓶中，再加水至刻度，混匀备用。同时做试剂空白试验。

5.1.2 测定：按图 1 装好定氮蒸馏装置，向水蒸气发生器内装水至 2/3 处，加入数粒玻璃珠，加甲基红乙醇溶液（1 g/L）数滴及数毫升硫酸（H_2SO_4 密度为 1.84 g/L），以保持水呈酸性，加热煮沸水蒸气发生器内的水并保持沸腾。

5.1.3 向接收瓶内加入 10.0 mL 硼酸溶液（20 g/L）及 1 滴～2 滴 A 混合指示剂或 B 混合指示剂，并使冷凝管的下端插入液面下，根据试样中氮含量，准确吸取 2.0 mL～10.0 mL 试样处理液由小玻杯注入反应室，以 10 mL 水洗涤小玻杯并使之流入反应室内，随后塞紧棒状玻塞。将 10.0 mL 氢氧化钠溶液倒入小玻杯，提起玻塞使其缓缓流入反应室，立即将玻塞盖紧，并水封。夹紧螺旋夹，开始蒸馏。蒸馏 10 min 后移动蒸馏液接收瓶，液面离开冷凝管下端，再蒸馏 1 min。然后用少量水冲洗冷凝管下端外部，取下蒸馏液接收瓶。尽快以硫酸或盐酸标准滴定溶液滴定至终点，如用 A 混合指示液，终点颜色为灰蓝色；如用 B 混合指示液，终点颜色为浅灰红色。同时做试剂空白。

5.2 自动凯氏定氮仪法

称取充分混匀的固体试样 0.2 g～2 g、半固体试样 2 g～5 g 或液体试样 10 g～25 g（约当于 30 mg～40 mg 氮），精确至 0.001 g，至消化管中，再加入 0.4 g 硫酸铜、6 g 硫酸钾及 20 mL 硫酸于消化炉进行消化。当消化炉温度达到 420 ℃之后，继续消化 1 h，此时消化管中的液体呈绿色透明状，取出冷却后加入 50 mL 水，于自动凯氏定氮仪（使用前加入氢氧化钠溶液，盐酸或硫酸标准溶液以及含有混合指示剂 A 或 B 的硼酸溶液）上实现自动加液、蒸馏、滴定和记录滴定数据的过程。

6 分析结果的表述

试样中蛋白质的含量按式（1）计算：

$$X=\frac{(V_1-V_2)\times c\times 0.0140}{m\times V_3/100}\times F\times 100 \tag{1}$$

式中：X——试样中蛋白质的含量，单位为克每百克（g/100 g）；

V_1——试液消耗硫酸或盐酸标准滴定液的体积，单位为毫升（mL）；

V_2——试剂空白消耗硫酸或盐酸标准滴定液的体积，单位为毫升（mL）；

V_3——吸取消化液的体积，单位为毫升（mL）；

c——硫酸或盐酸标准滴定溶液浓度，单位为摩尔每升（mol/L）；

0.0140——1.0 mL 硫酸[$c(1/2H_2SO_4)=1.000$ mol/L]或盐酸[$c(HCl)=1.000$ mol/L]标准滴定溶液相当的氮的质量，单位为克（g）；

m——试样的质量，单位为克（g）；

F——氮换算为蛋白质的系数，各种食品中氮转换系数见附录 A；

100——换算系数。

蛋白质含量≥1 g/100 g 时，结果保留三位有效数字；蛋白质含量<1 g/100 g 时，结果保留两位有效数字。

注：当只检测氮含量时，不需要乘蛋白质换算系数 F。

7 精密度

在重复性条件下获得的两次独立测定结果的绝对差值不得超过算术平均值的 10 %。

第二法 分光光度法

8 原理

食品中的蛋白质在催化加热条件下被分解，分解产生的氨与硫酸结合生成硫酸铵，在 pH=4.8 的乙酸钠-乙酸缓冲溶液中与乙酰丙酮和甲醛反应生成黄色的 3,5-二乙酰-2,6-二甲基-1,4-二氢化吡啶化合物。在波长 400 nm 下测定吸光度值，与标准系列比较定量，结果乘以换算系数，即为蛋白质含量。

9 试剂和材料

9.1 试剂

除非另有说明，本方法中所用试剂均为分析纯，水为 GB/T 6682 规定的三级水。

9.1.1 硫酸铜（$CuSO_4 \cdot 5H_2O$）。

9.1.2 硫酸钾（K_2SO_4）。

9.1.3 硫酸（H_2SO_4 密度为 1.84 g/L）：优级纯。

9.1.4 氢氧化钠（NaOH）。

9.1.5 对硝基苯酚（$C_6H_5NO_3$）。

9.1.6 乙酸钠（$CH_3COONa \cdot 3H_2O$）。

9.1.7 无水乙酸钠（CH_3COONa）。

9.1.8 乙酸（CH_3COOH）：优级纯。

9.1.9 37 %甲醛（HCHO）。

9.1.10 乙酰丙酮（$C_5H_8O_2$）。

9.2 试剂配制

9.2.1 氢氧化钠溶液（300 g/L）：称取 30 g 氢氧化钠加水溶解后，放冷，并稀释至 100 mL。

9.2.2 对硝基苯酚指示剂溶液（1 g/L）：称取 0.1 g 对硝基苯酚指示剂溶于 20 mL 95 %乙醇中，加水稀释至 100 mL。

9.2.3 乙酸溶液（1 mol/L）：量取 5.8 mL 乙酸（9.1.8），加水稀释至 100 mL。

9.2.4 乙酸钠溶液（1 mol/L）：称取 41 g 无水乙酸钠（9.1.7）或 68 g 乙酸钠（9.1.6），加水溶解后并稀释至 500 mL。

9.2.5 乙酸钠-乙酸缓冲溶液：量取 60 mL 乙酸钠溶液（9.2.4）与 40 mL 乙酸溶液（9.2.3）混合，该溶液 pH 4.8。

9.2.6 显色剂：15 mL 甲醛（9.1.9）与 7.8 mL 乙酰丙酮（9.1.10）混合，加水稀释至 100 mL，剧烈振摇混匀（室温下放置稳定 3 d）。

9.2.7 氨氮标准储备溶液（以氮计）（1.0 g/L）：称取 105 ℃干燥 2 h 的硫酸铵 0.4720 g 加水溶解后移于 100 mL 容量瓶中，并稀释至刻度，混匀，此溶液每毫升相当于 1.0 mg 氮。

9.2.8 氨氮标准使用溶液(0.1 g/L):用移液管吸取10.00 mL氨氮标准储备液(9.2.7)于100 mL容量瓶内,加水定容至刻度,混匀,此溶液每毫升相当于0.1 mg氮。

10 仪器和设备

10.1 分光光度计。

10.2 电热恒温水浴锅:100 ℃±0.5 ℃。

10.3 10 mL具塞玻璃比色管。

10.4 天平:感量为1 mg。

11 分析步骤

11.1 试样消解

称取经粉碎混匀过40目筛的固体试样0.1 g~0.5 g(精确至0.001 g)、半固体试样0.2 g~1 g(精确至0.001 g)或液体试样1 g~5 g(精确至0.001 g),移入干燥的100 mL或250 mL定氮瓶中,加入0.1 g硫酸铜、1 g硫酸钾及5 mL硫酸(H_2SO_4 密度为1.84 g/L),摇匀后于瓶口放一小漏斗,将定氮瓶以45°角斜支于有小孔的石棉网上。缓慢加热,待内容物全部炭化,泡沫完全停止后,加强火力,并保持瓶内液体微沸,至液体呈蓝绿色澄清透明后,再继续加热半小时。取下放冷,慢慢加入20 mL水,放冷后移入50 mL或100 mL容量瓶中,并用少量水洗定氮瓶,洗液并入容量瓶中,再加水至刻度,混匀备用。按同一方法做试剂空白试验。

11.2 试样溶液的制备

吸取2.00 mL~5.00 mL试样或试剂空白消化液于50 mL或100 mL容量瓶内,加1滴~2滴对硝基苯酚指示剂溶液(1 g/L),摇匀后滴加氢氧化钠溶液(300 g/L)中和至黄色,再滴加乙酸溶液(1 mol/L)至溶液无色,用水稀释至刻度,混匀。

11.3 标准曲线的绘制

吸取0.00 mL、0.05 mL、0.10 mL、0.20 mL、0.40 mL、0.60 mL、0.80 mL和1.00 mL氨氮标准使用溶液(相当于0.00 μg、5.00 μg、10.0 μg、20.0 μg、40.0 μg、60.0 μg、80.0 μg和100.0 μg氮),分别置于10 mL比色管中。加4.0 mL乙酸钠-乙酸缓冲溶液及4.0 mL显色剂,加水稀释至刻度,混匀。置于100 ℃水浴中加热15 min。取出用水冷却至室温后,移入1 cm比色杯内,以零管为参比,于波长400 nm处测量吸光度值,根据标准各点吸光度值绘制标准曲线或计算线性回归方程。

11.4 试样测定

吸取0.50 mL~2.00 mL(约相当于氮<100 μg)试样溶液和同量的试剂空白溶液,分别于10 mL比色管中。加4.0 mL乙酸钠-乙酸缓冲溶液及4.0 mL显色剂,加水稀释至刻度,混匀。置于100 ℃水浴中加热15 min。取出用水冷却至室温后,移入1 cm比色杯内,以零管为参比,于波长400 nm处测量吸光度值,试样吸光度值与标准曲线比较定量或代入线性回归方程求出含量。

12 分析结果的表述

试样中蛋白质的含量按式(2)进行计算。

$$X=\frac{(C-C_0)\times V_1\times V_3}{m\times V_2\times V_4\times 1000\times 1000}\times 100\times F \qquad (2)$$

式中：X——试样中蛋白质的含量，单位为克每百克（g/100g）；

C——试样测定液中氮的含量，单位为微克（μg）；

C_0——试剂空白测定液中氮的含量，单位为微克（μg）；

V_1——试样消化液定容体积，单位为毫升（mL）；

V_3——试样溶液总体积，单位为毫升（mL）；

m——试样质量，单位为克（g）；

V_2——制备试样溶液的消化液体积，单位为毫升（mL）；

V_4——测定用试样溶液体积，单位为毫升（mL）；

1000——换算系数；

100——换算系数；

F——氮换算为蛋白质的系数。

蛋白质含量≥1 g/100 g时，结果保留三位有效数字；蛋白质含量＜1g/100g时，结果保留两位有效数字。

13 精密度

在重复性条件下获得的两次独立测定结果的绝对差值不得超过算术平均值的10 %。

第三法 燃烧法

14 原理

试样在900 ℃～1200 ℃高温下燃烧，燃烧过程中产生混合气体，其中的碳、硫等干扰气体和盐类被吸收管吸收，氮氧化物被全部还原成氮气，形成的氮气气流通过热导检测仪（TCD）进行检测。

15 仪器和设备

15.1 氮/蛋白质分析仪。

15.2 天平：感量为0.1 mg。

16 分析步骤

按照仪器说明书要求称取0.1 g～1.0 g充分混匀的试样（精确至0.0001 g），用锡箔包裹后置于样品盘上。试样进入燃烧反应炉（900 ℃～1200 ℃）后，在高纯氧（≥99.99 %）中充分燃烧。燃烧炉中的产物（NO_x）被载气CO_2运送至还原炉（800 ℃）中，经还原生成氮气后检测其含量。

17 分析结果的表述

试样中蛋白质的含量按式（3）进行计算。

$$X = C \times F \tag{3}$$

式中：X——试样中蛋白质的含量，单位为克每百克（g/100 g）；

C——试样中氮的含量，单位为克每百克（g/100 g）；

F——氮换算为蛋白质的系数。

结果保留三位有效数字。

18 精密度

在重复性条件下获得的两次独立测定结果的绝对差值不得超过算术平均值的10 %。

19 其他

本方法第一法当称样量为 5.0 g 时，定量检出限为 8 mg/100 g。

本方法第二法当称样量为 5.0 g 时，定量检出限为 0.1 mg/100 g。

生活小常识

豆制品的消费提示

转自《食品伙伴网》

大豆在我国已有 2000 多年的食用历史，以豆腐为代表的豆制品深受我国人民喜爱。大豆含丰富的蛋白质、必需脂肪酸、维生素、膳食纤维和多种植物化学物质，《中国居民膳食指南》(2016 版)建议每人每天摄入 25～35 g 大豆及坚果。

1. 豆制品需要防止变质

豆制品需要妥善储存，尤其是在夏秋季更应注意，避免细菌滋生。豆制品通常含丰富的营养，同时水分含量高，很容易滋生细菌，贮藏不当容易变质。例如，豆腐、豆浆、纳豆等生鲜豆制品，需要在 4 ℃条件下冷藏保存。如果豆制品闻起来发酸，豆腐、豆干等豆制品摸起来黏滑，没有弹性，说明已经变质，不要再食用。

2. 家庭自制豆浆需防范皂甙中毒

豆类含有一种叫皂甙的物质，当豆浆煮至 80～90 ℃时会产生大量泡沫，形成"假沸"现象，此时应当关小火继续煮 5～10 min。如果立即关火，皂甙无法被彻底破坏，可能导致中毒，症状多为恶心、呕吐，严重者可呼吸困难，需送医院治疗。

3. 家庭自制发酵豆制品需防范肉毒杆菌中毒

我国部分地区有食用自制发酵豆制品的习惯，如臭豆腐、豆豉等。这些食物容易受到杂菌的污染，如果污染肉毒杆菌，可引起肉毒杆菌中毒。建议消费者尽量不要自制发酵豆制品，如果食用后出现恶心、呕吐、眼睑下垂、视力模糊、呼吸困难等疑似肉毒杆菌中毒的症状，应当尽快送医院治疗。

案例题

1. 老师介绍完 GB 5009.6—2016《食品中脂肪的测定》标准后，请同学们总结食品中脂肪的测定要特别注意的安全事项及关键环节，大家纷纷发表了自己的观点。你的观点呢？

2. 某蛋白饮料生产企业检验室里，检验员不小心把凯氏定氮装置上棒状玻塞损坏了，于是用一个胶塞代替棒状玻塞做检验。这样处理正确吗？

3. "三鹿问题奶粉事件"后，人们都知道不法商家往奶粉里加入三聚氰胺的目的是为了增加蛋白质的含量。为什么加入三聚氰胺能增加蛋白质的含量呢？

第六章 食品添加剂检验

第一节 概 述

食品添加剂是指为改善食品品质和色、香、味,以及为防腐和加工工艺的需要而加入食品中的化学合成或天然物质。由于食品工业的快速发展,食品添加剂已经成为现代食品工业的重要组成部分,并且已经成为食品工业技术进步和科技创新的重要推动力。在食品添加剂的使用中,除保证其发挥应有的功能和作用外,最重要的是应保证食品的安全卫生。

一、食品添加剂的定义

《中华人民共和国食品安全法》(2015)第一百五十条对食品添加剂的定义是:为改善食品品质和色、香、味以及为防腐、保鲜和加工工艺的需要而加入食品中的人工合成或者天然物质,包括营养强化剂。

在 GB 2760—2014《食品安全国家标准 食品添加剂使用标准》中定义:食品添加剂是为改善食品品质和色、香、味以及为防腐、保鲜和加工工艺的需要而加入食品中的人工合成或者天然物质。食品用香料、胶基糖果中基础剂物质、食品工业用加工助剂也包括在内。

食品添加剂具有三个特征:一是加入到食品中的物质,因此,它一般不单独作为食品来食用;二是既包括人工合成的物质,也包括天然物质;三是加入到食品中的目的是为改善食品品质和色、香、味以及为防腐、保鲜和加工工艺的需要。

二、食品添加剂的作用

1. 有利于提高食品的质量

随着人们的生活水平日益提高,人们对食品的品质要求也越来越高,不但要求食品有良好的色、香、味、形,而且还要求食品具有合理的营养结构。这就需要在食品中添加合适的食品添加剂。食品添加剂对食品质量的影响主要有以下三个方面。

(1) 提高食品的储藏性,防止食品腐败变质

大多数食品都来自动植物,对于各种生鲜食品,若不能及时加工或加工不当,往往会发生腐败变质,失去原有的食用价值。适当地使用食品添加剂,可以防止食品的败坏,延长保质期。例如抗氧化剂可阻止或推迟食品的氧化变质,以提高食品的稳定性和耐藏性,例如在油脂中加入抗氧化剂就是防油脂氧化变质;防腐剂可以防止由微生物引起的食品腐败变质,延长食品的保存期,同时还具有防止由微生物污染引起的食物中毒作用,例如,在酱油中加入防腐剂苯甲酸就是为防止酱油变质。

(2) 改善食品的感官性状

食品的色、香、味、形态和质地是衡量食品质量的重要指标。在食品加工中,若适当使用护色剂、着色剂、漂白剂、食用香料及增稠剂、乳化剂等食品添加剂,能改良食品的形态和组织结构,可以明显提高食品的感官性状。例如着色剂可赋予食品诱人的色泽,增稠剂可赋予饮料所要求的稠度。

(3) 保持和提高食品的营养价值

食品质量的高低与其营养价值密切相关。防腐剂和抗氧化剂在防止食品腐败变质的同时,对保持食品的营养价值也有一定的作用。在加工食品中适当地添加食品营养强化剂,可以大大提高食品的营养价值。这对防止营养不良和营养缺乏、促进营养平衡具有重要意义。例如,人们喜爱的精制粮食制品中都会缺乏一定的维生素,若用食品添加剂来补充维生素,可以使精制食品的营养更合理。

2. 有利于食品加工,适应生产的机械化和自动化

在食品的加工中使用食品添加剂,有利于食品加工。如面包加工中,膨松剂是必不可少的基料;制糖工业中添加乳化剂,可缩短糖膏煮炼时间,消除泡沫,提高过饱和溶液的稳定性,使晶粒分散、均匀,降低糖膏黏度,提高热交换系数,稳定糖膏,进而提高糖果的产量与质量;采用葡萄糖酸内脂作豆腐的凝固剂,有利于豆腐生产机械化和自动化。

3. 有利于满足不同特殊人群的需要

研究开发食品必须要考虑如何满足不同人群的需要,对于糖尿病人的一些食品,可以用无热量或低热量的非营养性甜味剂作食品甜味剂,例如糖醇类甜味剂山梨糖醇、非糖天然甜味剂甜菊糖、人工合成甜味剂天门冬酰苯丙氨酸甲酯等可通过非胰岛素机制进入果糖代谢途径。实验证明这些食品添加剂不会引起血糖升高,所以是糖尿病人的理想甜味剂。

4. 有利于原料的综合利用

各类食品添加剂要使原来认为只能被丢弃的东西得到重新利用,并开发出物美价廉的新型食品。例如,食品厂制造罐头的果渣、菜浆经过回收,加工处理,而后加入适量的维生素、香料等添加剂,可制成便宜可口的果蔬汁。又如生产豆腐的副产品豆渣,加入适当的添加剂,可以生产出膨化食品。

总之,食品添加剂成就了现代食品工业。添加和使用食品添加剂是现代食品加工生产的需要,对于防止食品腐败变质,保证食品供应,繁荣食品市场,满足人们对食品营养、质量以及色、香、味的追求,起到了重要作用。食品添加剂已成为食品加工行业中的“秘密武器”。

三、食品添加剂的分类

按来源分,食品添加剂可分为天然食品添加剂和化学合成食品添加剂两类。前者是指利用动植物或微生物的代谢产物等为原料,经提取所获得的天然物质。后者是指利用各种化学反应如氧化、还原、缩合、聚合、成盐等得到的物质。其又可分为一般化学合成品与人工合成天然等同物,如 β-胡萝卜素、叶绿素铜钠就是通过化学方法得到的天然等同色素。

由于各国对食品添加剂的定义不同,因而分类也有所不同,且食品添加剂在开发和应用过程中,它的分类也不断地变动和完善。例如,联合国粮农组织(FAO)和世界卫生组织(WHO),在《FAO/WHO 食品添加剂分类系统》(1984 年)中,将食品添加剂按用途细分为

95类，1994年改为40类。美国在《食品、药品和化妆品法》中将食品添加剂按功能分为32类，欧洲共同体将食品添加剂分为9类。

2014年12月，我国发布GB 2760—2014《食品安全国家标准　食品添加剂使用标准》，公布批准使用的包括食品添加剂、食品用加工助剂、胶母糖基础剂和食品用香料等2325个品种（包括2007～2014年原卫生部及卫计委公告增补品种），食品添加剂按功能类别分为22类（详见GB 2760—2014《食品安全国家标准　食品添加剂使用标准》附录D食品添加剂功能类别）。

食品添加剂按功能分为22类：01酸度调节剂、02抗结剂、03消泡剂、04抗氧化剂、05漂白剂、06膨松剂、07胶基糖果中基础剂物质、08着色剂、09护色剂、10乳化剂、11酶制剂、12增味剂、13面粉处理剂、14被膜剂、15水分保持剂、16防腐剂、17稳定和凝固剂、18甜味剂、19增稠剂、20食品用香料、21食品工业用加工助剂、22其他。

我国相关行政管理部门还将不定期的以公告形式公布新批准的食品添加剂名单及其使用范围、使用限量。

四、食品添加剂的发展趋势

1. 研究开发天然食品添加剂

绿色食品是当今食品发展的一大潮流，天然食品添加剂是这一潮流中的主角，当前，人们对食品安全问题越来越关注，大力开发天然、安全、多功能食品添加剂，不仅有益消费者的健康，而且能促进食品工业的发展。在我国有保健作用的天然抗氧化剂（如绿茶萃取物、甘草萃取物）的市场日益增长。

2. 研究开发新技术

很多传统的食品添加剂本身有很好的使用效果，但由于制造成本高，产品价格昂贵，应用受到限制，迫切需要开发一些新技术，如研究生物工程技术、膜分离技术、吸附分离技术、微胶囊技术在食品添加剂生产中的应用，以促进食品添加剂质量的提高。

3. 研究复配食品添加剂

生产实践表明，很多复配食品添加剂可以产生增效作用或派生出一些新的效用，研究复配食品添加剂不仅可以降低食品添加剂的用量，而且可以进一步改善食品的品质，提高食品的食用安全性，其经济意义和社会意义是不言而喻的。

五、食品添加剂的使用管理

目前，国内外均允许使用食品添加剂，建立了食品添加剂监督管理和安全性评价法规制度，规范食品添加剂的生产经营和使用管理。我国与国际食品法典委员会和其他发达国家的管理措施基本一致，有一套完善的食品添加剂监督管理和安全性评价制度。列入我国国家标准的食品添加剂，均进行了安全性评价，并经过食品安全国家标准审评委员会食品添加剂分委会严格审查，公开向社会及各有关部门征求意见，确保其技术必要性和安全性。

1. 我国食品添加剂管理现状

《中华人民共和国食品安全法》对食品添加剂新品种许可、食品添加剂评估、生产以及标准均做出了明确的规定。

根据《中华人民共和国食品安全法》及相关法规的规定，国家对食品添加剂生产实行许可制度。从事食品添加剂生产，应当具有与所生产食品添加剂品种相适应的场所、生产设备或者设施、专业技术人员和管理制度，依照相关规定的程序，取得食品添加剂生产许可。

国务院卫生行政部门负责制定、公布食品添加剂相关的食品安全标准，负责食品添加剂的安全性评价及审批工作。国务院食品药品监督管理部门负责食品添加剂生产、流通的监督管理，县级以上地方人民政府食品药品监督管理部门应当组织对食品添加剂的生产经营和使用情况进行监督，并向社会公布监督抽查结果。

2. 食品添加剂使用的管理

GB 2760《食品安全国家标准　食品添加剂使用标准》是食品添加剂使用的依据，该标准规定了我国批准使用的食品添加剂的种类、名称、每个食品添加剂的使用范围和使用量等内容，同时还明确规定了食品添加剂的使用原则，包括基本要求、使用条件、带入原则等内容。食品生产者应严格按照该标准规定的食品添加剂品种、使用范围、使用量使用食品添加剂。

对科学研究结果或者有证据表明食品添加剂安全性可能存在问题的，或者不再具备技术上必要性的，国务院卫生行政部门应当及时组织对食品添加剂进行重新评估，对重新审查认为有不符合食品安全要求的，可以公告撤销已批准的食品添加剂品种或者修订其使用限量。

依据《中华人民共和国食品安全法》第三十六条规定，食品生产者采购食品添加剂产品时，应当查验供货者的许可证和产品合格证明文件不得采购或者使用不符合食品安全国家标准的食品添加剂产品。食品生产企业应当建立食品添加剂产品进货查验记录制度，如实记录食品添加剂产品的名称、规格、数量、供货者名称及联系方式、进货日期等内容。产品进货查验记录应当真实，保存期限不得少于两年。

第二节　食品添加剂使用标准

一、GB 2760—2014《食品安全国家标准　食品添加剂使用标准》介绍

1. 版本变更历程

我国于 1973 年成立“食品添加剂卫生标准科研协作组”，开始有组织、有计划地管理食品添加剂。1977 年制定了最早的《食品添加剂使用卫生标准(试行)》(GB/T 50—1977)；1980 年在原协作组基础上成立了中国食品添加剂标准化技术委员会，并于 1981 年制定了《食品添加剂使用卫生标准》(GB 2760—1981)，于 1986 年、1996 年、2007 年先后进行了修订，改为 GB 2760—1996、GB 2760—2007(2008 年 6 月 1 日实施)(整合和梳理了 1996 年以来卫生部公告的添加剂名单)。自 2009 年 6 月 1 日《中华人民共和国食品安全法》正式实施以来，食品添加剂的使用与生产受到极大的关注，于 2011 年 4 月 20 日发布的 GB 2760—2011《食品安全国家标准　食品添加剂使用标准》，代替 GB 2760—2007《食品添加剂使用卫生标准》。2014 年 12 月 24 日发布的 GB 2760—2014《食品安全国家标准　食品添加剂使用

标准》代替 GB 2760—2011《食品安全国家标准　食品添加剂使用标准》，涉及 16 大类食品，22 个功能类别食品添加剂，其中具有允许使用品种、使用范围以及最大使用量或残留量的食品添加剂 280 种，可在各类食品中按生产需要适量使用的食品添加剂 75 种；食品香料 1870 种；食品工业加工助剂 169 种。

2. 新旧版本的变化

增加了原卫生部 2010 年 16 号公告、2010 年 23 号公告、2012 年 6 号公告、2012 年 15 号公告、2013 年 2 号公告，国家卫生和计划生育委员会 2013 年 2 号公告、2013 年 5 号公告、2013 年 9 号公告、2014 年 3 号公告、2014 年 5 号公告、2014 年 9 号公告、2014 年 11 号公告、2014 年 17 号公告的食品添加剂规定；

将食品营养强化剂和胶基糖果中基础剂物质及配料名单调整由其他相关标准进行规定；

修改了 3.4 带入原则，增加了 3.4.2；

修改了附录 A“食品添加剂的使用规定”；

修改了附录 B 食品用香料、香精的使用规定；

修改了附录 C 食品工业用加工助剂使用规定；

删除了附录 D 胶基糖果中基础剂物质及其配料名单；

修改了附录 F 食品分类系统；

增加了附录 F“附录 A 中食品添加剂使用规定索引”。

3. 对食品添加剂的要求及使用原则

食品添加剂用于食品行业，其安全性至关重要。很多食品中都含有不同品种的食品添加剂。如食用油中含有抗氧化剂，豆腐和香干等豆制品中含有消泡剂及凝固剂，面粉中含有面粉处理剂，方便面中含有色素和增筋剂，酱油中含有防腐剂和防霉剂，饮料中含有甜味剂和酸度调节剂，牛奶饮料中含有稳定剂等。可见，随着食品工业的发展，人们追求食品的色、香、味、形、营养等质量要求越来越高，随着食品进入人体的添加剂数量和种类也越来越多，食品添加剂已经广泛存在于我们日常消费的食品之中，因此食品添加剂的安全使用极为重要。据此，对食品添加剂的一般要求和使用原则如下。

(1) 食品添加剂使用要求

食品添加剂使用时应符合以下基本要求：

① 不应对人体产生任何健康危害；

② 不应掩盖食品腐败变质；

③ 不应掩盖食品本身或加工过程中的质量缺陷或以掺杂、掺假、伪造为目的而使用食品添加剂；

④ 不应降低食品本身的营养价值；

⑤ 在达到预期目的前提下尽可能降低在食品中的使用量。

(2) 可使用食品添加剂的情况

① 保持或提高食品本身的营养价值；

② 作为某些特殊膳食食用食品的必要配料或成分；

③ 提高食品的质量和稳定性，改进其感官特性；

④ 便于食品的生产、加工、包装、运输或贮藏。

(3) 食品添加剂质量标准

按照 GB 2760—2014 使用的食品添加剂应当符合相应的质量规格要求。

(4) 带入原则

① 在下列情况下食品添加剂可以通过食品配料(含食品添加剂)带入食品中:

a. 根据本标准,食品配料中允许使用该食品添加剂;

b. 食品配料中该添加剂的用量不应超过允许的最大使用量

c. 应在正常生产工艺条件下使用这些配料,并且食品中该添加剂的含量不应超过由配料带入的水平;

d. 由配料带入食品中该添加剂的含量应明显低于直接将其添加到该食品中通常所需要的水平。

【例 6-1】

牛肉干,检出有微量苯甲酸。按照 GB 2760—2014 的规定,牛肉干生产中不允许添加苯甲酸,但是可能其在生产加工中需要使用添加酱油作为配料,而酱油中允许使用苯甲酸,其最大使用量为 1.0g/kg,因此在正常生产工艺条件下,牛肉干中可以含有苯甲酸,但其在牛肉干中的含量不应超过由酱油带入的水平。此种,为符合带入原则,不属于违规。

② 当某食品配料作为特定终产品的原料时,批准用于上述特定终产品的添加剂允许添加到这些食品配料中,同时该添加剂在终产品中的量应符合本标准的要求。在所述特定食品配料的标签上应明确标示该食品配料用于上述特定食品的生产。

【例 6-2】

一种植物油产品是某种蛋糕的配料,为了方便这种蛋糕的生产,这种植物油中添加了在蛋糕的生产过程中起着色作用的 β-胡萝卜素(β-胡萝卜素是脂溶性色素,在植物油中分散均匀,便于在蛋糕中使用)。根据 GB 2760—2014 规定,β-胡萝卜素不能在植物油中使用,但它可以作为着色剂在焙烤食品中使用,蛋糕属于焙烤食品的一种,因此 β-胡萝卜素可在蛋糕中使用,最大使用量为 1.0 g/kg,这种情况符合带入原则,同时,这种植物油的标签上应明确标示 β-胡萝卜素用于蛋糕的生产。

食品中食品添加剂的使用必须严格按照 GB2760 执行,但在判定食品中食品添加剂的使用情况时应考虑带入原则,结合食品终产品以及配料表中各成分允许使用的食品添加剂的使用范围和使用量进行综合判定。

标准中关于食品添加剂的使用原则要求,对于食品用香料、胶基糖果中基础剂物质以及食品工业用加工助剂同样适用。

二、GB 2760—2014《食品安全国家标准　食品添加剂使用标准》的使用方法

1. 标准的基本框架

GB 2760—2014 包括前言、正文和附录。各附录内容见表 6-1。

表 6－1　附录名称及主要内容

附录名称	附录 A 食品添加剂的使用规定	附录 B 食品用香料使用规定	附录 C 食品工业用加工助剂使用规定	附录 D 食品添加剂功能类别	附录 E 食品分类系统	附录 F 附录 A 中食品添加剂使用规定索引
附录主要内容	表 A.1 食品添加剂的允许使用品种、使用范围以及最大使用量或残留量	B.1 不得添加食品用香料、香精的食品名单	表 C.1 可在各类食品加工过程中使用，残留量不需限定的加工助剂名单（不含酶制剂）	共 22 类	表 E.1 食品分类系统 共分 16 大类：大类基础上依次分为亚类、次亚类、小类、次小类。大类食品为 1 级，目前依次下分至 5 级。食品分类号以 3～10 位数字组成。各级之间以“.”号分隔。 食品分类采用分级系统，如允许某一食品添加剂应用于一个大类时，则允许其可应用于该大类下的所有亚类（另有规定的除外）？	（按食品添加剂名称汉语拼音顺序排列）
	表 A.2 可在各类食品中按生产需要适量使用的食品添加剂名单	表 B.2 允许使用的食品用天然香料名单	表 C.2 需要规定功用和使用范围的加工助剂名单（不含酶制剂）			
	表 A.3 按生产需要适量使用的食品添加剂所例外的食品类别名单	表 B.3 允许使用的食品用合成香料名单	表 C.3 食品用酶制剂及其来源名单			

2. 食品添加剂使用规定

（1）遵循表 A.1 规定的食品添加剂允许使用品种、使用范围以及最大使用量或残留量来使用食品添加剂。没有列入的不允许使用。

在表 A.1 中使用范围以食品分类号和食品名称来表示。

最大使用量：食品添加剂使用时所允许的最大添加量。

最大残留量：食品添加剂或其分解产物在最终食品中的允许残留水平。

（2）表 A.1 列出的同一功能的食品添加剂（相同色泽着色剂、防腐剂、抗氧化剂）在混合使用时，各自用量占其最大使用量的比例之和不应超过 1。即符合公式：

$$a/a'+b/b'\leqslant 1$$

式中：a——A（品种）的实际用量；

a'——A（品种）的标准规定的最大用量；

b——B（品种）的实际用量；

b'——B（品种）的标准规定的最大用量。

【例 6-3】

GB 2760 规定碳酸饮料中防腐剂苯甲酸钠和二甲基二碳酸盐的允许最大使用量分别为 0.2 g/kg 和 0.25 g/kg，如果这两种防腐剂在碳酸饮料中同时使用且其实际使用量分别为 0.15 g 和 0.2 g，则 $0.15/0.2+0.2/0.25=1.55>1$，不符合 $a/a'+b/b'\leqslant 1$，即这两种防腐剂的使用不符合该规定。

(3) 表 A.2 规定了可在各类食品(表 A.3 所列食品类别除外)中按生产需要适量使用的食品添加剂。

(4) 表 A.3 规定了表 A.2 所例外的食品类别，这些食品类别使用添加剂时应符合表 A.1 的规定。同时，这些食品类别不得使用表 A.1 规定的其上级食品类别中允许使用的食品添加剂。

表 A.3 的内容，是表 A.2 规定的食品添加剂的使用范围的例外，原则上表 A.3 中的食品类别及其所有下级食品不能使用表 A.2 的食品添加剂，除非在表 A.1 中另有规定。

【例 6-4】

表 A.1 可查到丁基羟基茴香醚(BHA)在 02.0 脂肪，油和乳化脂肪制品中的使用规定，按理丁基羟基茴香醚(BHA)可在 02.0 这一大类下的所有亚类、次亚类、小类、次小类使用。由于表 A.3 中列有 02.01 基本不含水的脂肪和油、02.02.01.01 黄油和浓缩黄油，则这两类食品原则上不能使用其上级 02.0 脂肪，油和乳化脂肪制品中允许使用的丁基羟基茴香醚(BHA)。但在表 A.1 中同时可查到丁基羟基茴香醚(BHA)可在 02.01 基本不含水的脂肪和油中的使用规定，则丁基羟基茴香醚(BHA)可在 02.01 基本不含水的脂肪和油中使用，也可在 02.01 基本不含水的脂肪和油的下级食品类别如 02.01.01 植物油脂、02.01.02 动物油脂中使用。由于表 A.1 中没有丁基羟基茴香醚(BHA)在 02.02.01.01 黄油和浓缩黄油中的使用规定，因此丁基羟基茴香醚(BHA)不能在 02.02.01.01 黄油和浓缩黄油中使用。

【例 6-5】

表 A.3 中的 06.03.02.02 生干面制品原则上不能使用表 A.2 中的果胶(见表 A.2 中的序号 23)，但是在 GB 2760—2014 的表 A.1 查到了在“06.03.02.02 生干面制品”中可使用果胶的规定，因此，06.03.02.02 生干面制品可使用果胶。

(5) 表 A.1 和表 A.2 未包括食品用香料和用作食品工业用加工助剂的食品添加剂的有关规定。

3. 食品添加剂使用注意事项

(1) 认清 GB 2760—2014 中表 A.1、表 A.2 和表 A.3 之间的关系：

表 A.1——食品添加剂的允许使用品种、使用范围以及最大使用量或残留量；

表 A.2——可在各类食品中按生产需要适量使用的食品添加剂名单；

表 A.3——按生产需要适量使用的食品添加剂所例外的食品类别名单。

(2) 查看食品在食品分类系统(表 E.1)中食品分类号，如允许某一食品添加剂应用于一个大类时，则允许其可应用于该大类下的所有亚类(另有规定的除外)；同样，允许一种食品添加剂应用于某一个亚类时，也就意味其次亚类食品亦可使用。即“下级适用原则”：

① 如果食品大类可用的食品添加剂，则其下的亚类、次亚类、小类和次小类所包含的食品均可使用；亚类可以使用的，则其下的次亚类、小类和次小类可以使用。

② 亚类可以使用的，大类不可以使用，另有规定的除外。

(3) 注意表 A.3 与表 A.2 的关系，表 A.3 的内容，是表 A.2 规定的食品添加剂的使用范围的例外，原则上表 A.3 中的食品类别及其所有下级食品不能使用表 A.2 的食品添加剂，除非在表 A.1 中另有规定。

(4) 注意查看有关行政管理部门发布的扩大食品添加剂和营养强化剂使用量和使用范围的公告。

4. 标准 GB 2760—2014 的应用

(1) 检索某种食品添加剂的使用规定

查找某种食品添加剂的具体使用规定，应综合看 GB 2760—2014 的表 A.1、表 A.2、表 A.3。可按照下述流程图进行，查询结果可能出现 4 种情况，具体见图 6-1。查询食品添加剂出现的 4 种情况具体分析见表 6-2。

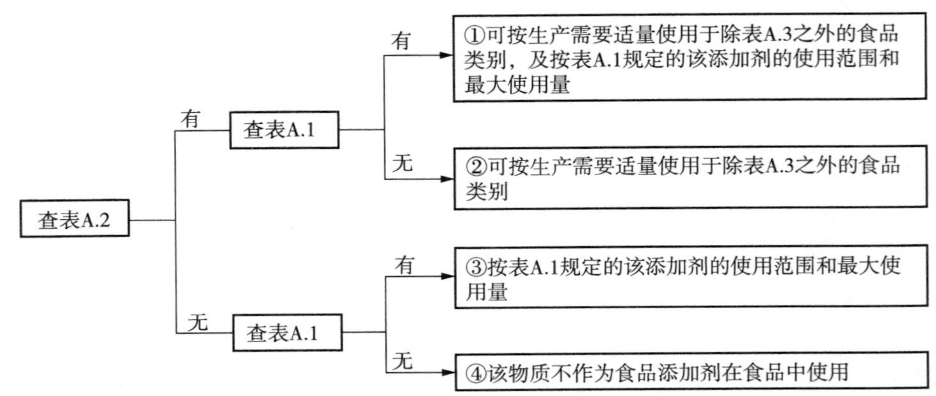

图 6-1 查询食品添加剂使用规定流程图

表 6-2 食品添加剂使用情况分析

食品添加剂出现情况	使用范围	示例
既在表 A.1，又在表 A.2 出现	其使用规定由两部分共同组成：①除表 A.3 所列的食品以外的食品类别按生产需要适量使用。②表 A.1 所列的食品类别按表 A.1 规定执行。	查询食品添加剂柑橘黄的使用规定 查 GB 2760—2014 柑橘黄在表 A.2 和表 A.1 中均出现，柑橘黄的使用情况：①除表 A.3 所列的食品以外的食品类别按生产需要适量使用。如 06.03.01 小麦粉出现在表 A.3，故小麦粉不能使用柑橘黄；而类似 06.03.02.03发酵面制品，06.03.02.04 面糊（如用于鱼和禽肉的拖面糊）、裹粉、煎炸粉，06.03.02.05 油炸面制品等是在表 A.3 以外的食品类别，故可按生产需要适量使用柑橘黄。②表 A.1 所列的食品类别按表 A.1 规定执行。查表 A.1，柑橘黄，着色剂，规定可在 06.03.02.02生干面制品中按生产需要适量使用

续表

食品添加剂出现情况	使用范围	示例
只在表 A.2 出现	可按生产需要适量使用于除表 A.3 之外的食品类别。	查询食品添加剂乳酸钾的使用规定 查 GB 2760—2014 表 A.2 和表 A.1，乳酸钾只出现在表 A.2 中，故乳酸钾的使用情况：可按生产需要适量使用于除表 A.3 之外的食品类别。如肉制品、果酱、果冻等不在表 A.3 中，可按生产需要适量使用
只在表 A.1 出现	按表 A.1 规定的该添加剂使用范围和最大使用量。	查询食品添加剂硫酸铝钾的使用规定 查 GB 2760—2014 表 A.2 和表 A.1，硫酸铝钾只出现在表 A.1 中，故硫酸铝钾的使用情况表 A.1 中的规定使用即可
既不在表 A.1，又不在表 A.2 出现	不是我国允许使用的食品添加剂（营养强化剂、食品用香料、胶基糖果中基础剂物质、食品工业用加工助剂除外）	溴酸钾、亮黑

（2）查找某种食品中允许使用的食品添加剂

在实际食品生产加工中，常常要根据所生产的食品来确定哪些食品添加剂可以使用，因此需要综合看 GB 2760—2014 的表 A.1、表 A.2、表 A.3 和表 E.1。为方便查询，建议利用 GB 2760—2014 的 PDF 格式电子文本搜索进行查找。

查找某种食品中允许使用的食品添加剂步骤：

① 目标食品的类别确定。人工确定该目标食品在 GB 2760—2014 的表 E.1 中所属最低的食品类别。

② 确定该最低食品类别（以及上级食品类别）是否在表 A.3 中。

③ 食品不在表 A.3 中，该食品能够使用食品添加剂规定由两部分组成：

a. 表 A.2 中的全部食品添加剂，按生产需要适量使用；

b. 以最低食品类别编号（以及上级食品类别编号）为检索词，分别检索 GB 2760—2014 的 PDF 格式电子文本的表 A.1 中允许使用的添加剂及限量。

④ 在表 A.3，该食品能使用食品添加剂规定由表 A.1 的允许使用情况决定。

⑤ 以最低食品类别编号至表 A.3 列出的上级食品类别编号为检索词，分别检索 GB 2760—2014 的 PDF 格式电子文本的表 A.1 中允许使用的添加剂及限量。

三、正确认识食品添加剂

1. 食品添加剂并不危害食品安全

在超市或商店里，我们经常看见一些食品的包装上标有“本产品不含添加剂、不含防腐剂”的字样。实际上，凡经相关行政管理部门批准的食品添加剂，都经过了安全性评价和危险性评估，只要按照规定的使用范围、使用量添加到食品中，对消费者的健康是有安全保障的。

如食品添加剂硫酸铝钾，长期食用硫酸铝钾含量超标的食品，硫酸铝钾产生蓄积，铝离子会影响人体对铁、钙等成分的吸收，导致骨质疏松、贫血，甚至影响神经细胞的发育，严重的会对人体细胞的正常代谢产生影响，引发老年人痴呆。正在成长和智力发育过程中的儿童，过量食用铝超标食品会严重影响其骨骼和智力发育。

基于2007年～2009年全国食品污染物监测网和2010年中国疾病预防控制中心的加工食品中铝含量专项监测项目中，对油条、馒头、面条、粉条、油饼、面包、海蜇、麻花、炸糕、膨化食品等11种使用含铝添加剂加工食品的铝含量监测数据和来自2002年中国居民营养调查的食物消费量数据的评估结果显示，高食物消费量和低年龄组人群膳食铝摄入量均超过JECFA提出的PTWI（每周允许耐受量），与其他国家及地区的膳食铝暴露研究结果相比，我国膳食铝摄入量明显高于其他国家及地区。鉴于此我国需要采取措施降低我国居民膳食铝摄入量，以降低铝摄入过量可能带来的健康风险，GB 2760—2014《食品添加剂使用标准》对含铝食品添加剂的使用进行了修订，缩小硫酸铝钾和硫酸铝铵的使用范围；缩小合成着色剂铝色淀的使用范围；撤销部分含铝食品添加剂做为膨松剂和稳定剂。我国GB 2760—2014《食品添加剂使用标准》中明确规定在豆类制品、面糊、油炸面制品、虾味片、焙烤食品、腌制水产品（仅限海蜇）等产品中按生产需要适量使用，并规定铝的残留量（干样品，以Al计）≤100mg/kg。在正常使用范围、按规定量使用，无明显的毒性影响，是安全的。

2. 不允许使用并不意味着不得检出

某种食品添加剂不允许在某食品中使用，并不等于不得检出。除了带入因素外，食品贮存过程中某些成分发生分解或者食品天然含有该成分，就有可能在食品中检出该成分或组分。

如亚硝酸钠作为食品添加剂，有规定的使用范围以及最大使用量和残留量，不允许在酱腌菜中添加。但萝卜、大白菜、雪里红、大头菜、莴笋、甜菜、菠菜、芹菜、大白菜、小白菜、洋白菜、菜花等“嗜硝酸盐”类蔬菜能从施用氮肥的土壤中浓集硝酸盐，硝酸盐含量较高。以这些蔬菜为原料做酱腌菜，在腌制过程中蔬菜中的硝酸盐就还原成为亚硝酸盐，特别是腌至7～8d时，含量最高，因此在酱腌菜食品会检出亚硝酸盐。

3. 非食用物质不是食品添加剂

部分公众对食品添加剂闻之色变，甚至存在将食品添加剂等同于有毒有害物质的认识误区，其原因主要是因为概念上的混淆，将食品中违法添加的非食用物质误认为食品添加剂。食品添加剂是用于改善食物品质、口感用的可食用物质，而非食用物质是禁止使用和向食品中添加的。例如，苏丹红、孔雀石绿、三聚氰胺等都不是食品添加剂。

4. 允许添加不代表无限制添加

对于安全性较高的某些食品添加剂品种，标准中往往没有最大使用量的限值规定，而是规定按照生产需要适量使用。在这种情况下，同样应该在正常生产工艺条件下，在达到该添加剂预期效果前提下，尽可能降低在食品中的使用量，而不是想添多少就添加多少。

总之，随着现代食品工业的崛起，食品添加剂的地位日益突出，尽管部分食品安全事件的确与食品添加剂有关，但应正确区分“食品添加剂”与“非食用物质”，不能因“剂”废食，谈“剂”色变就更没有必要，食品添加剂对食品工业发展的贡献不可估量。

四、食品中可能违法添加的非食用物质和易滥用的食品添加剂

为配合打击违法添加非食用物质和易滥用食品添加剂的专项整治工作，原国家卫生部于2008年底组成打击违法添加非食用物质和易滥用食品添加剂专项整治专家委员会，从2008年12月12日至2011年1月25日，根据既往发现的违法添加非食用物质和滥用食品添加剂，并在充分征求各相关部门意见的基础上，由专家委员会进行认真研究，原国家卫生部先后发布了五批《食品中可能违法添加的非食用物质和易滥用的食品添加剂品种名单》(以下简称《名单》)，可能违法添加的非食用物质47种，易滥用的食品添加剂22种，经收集整理如表6－3、表6－4所示。

《名单》的制定与公布，是为了帮助食品生产企业、各相关监管部门和全社会更加有针对性地及时发现和整治违法添加行为。打击违法添加非食用物质和滥用食品添加剂的行为，就是要加强各个环节的监管：一是要强化企业的主体责任意识；二是要规范食品生产经营行为，指导企业正确使用食品添加剂；三是有针对性地实施相应的监管措施。各食品安全监管部门要加强对各环节的系统排查，凡发现企业存放、私藏与食品生产经营无关的化学品或可疑物质，要及时调查送检。

表6－3 食品中可能违法添加的非食用物质名单

序号	俗称	学名	可能添加的食品品种	危害
1	吊白块	甲醛合次硫酸氢钠	腐竹、粉丝、面粉、竹笋	吊白块的毒性与其分解时产生的甲醛有关。人长期接触低浓度甲醛蒸汽可出现头晕、乏力、嗜睡、食欲减退、视力下降等。甲醛的致癌性已引起国内外的高度关注
2	苏丹红	苏丹红Ⅰ、Ⅱ、Ⅲ、Ⅳ	辣椒粉、含辣椒类的食品(辣椒酱、辣味调味品)	“苏丹红”是一种化学染色剂，具有致癌性，对人体的肝肾器官具有明显的毒性作用。由于苏丹红用后不容易褪色，可以弥补辣椒放置久后变色，保持辣椒鲜亮的色泽，一些不法企业将玉米等植物粉末用苏丹红染色后，混在辣椒粉中以降低成本
3	王金黄、块黄	碱性橙	腐皮	致癌物。它比其他水溶性染料(如柠檬黄、日落黄等)更易于在豆腐以及水产品上染色且不易褪色。过量摄取、吸入以及皮肤接触该物质均会造成急性和慢性的中毒伤害
4	蛋白精	三聚氰胺	乳及乳制品	造成生殖泌尿系统损害。添加到奶粉中，可造成奶类产品蛋白质含量高的假象，误导消费者。动物摄入过量三聚氰胺会出现泌尿系统结石，婴幼儿摄入导致不明原因哭闹、血尿、少尿或无尿、尿中排出结石、尿痛、排尿困难及高血压等
5	硼酸与硼砂	硼醋钠	腐竹、肉丸、凉粉、凉皮、面条、饺子皮	硼砂进入体内后经过胃酸作用就转变为硼酸，而硼酸在人体内有积存性，妨害消化道的酶的作用，其急性中毒症状为呕吐、腹泻、休克、昏迷等所谓硼酸症。硼砂中的硼对细菌的DNA合成有抑制作用，但同时也对人体内的DNA也会产生伤害

续表

序号	俗称	学名	可能添加的食品品种	危害
6	硫氰酸钠	硫氰酸钠	乳及乳制品	少量的食入就会对人体造成极大伤害，轻度中毒表现为口唇及咽部麻木，出现呕吐、震颤等；重度中毒表现为意识丧失，出现强直性和阵发性抽搐，血压下降，尿、便失禁，常伴发脑水肿和呼吸衰竭。原料乳或奶粉中掺入硫氰酸钠后可有效的抑菌、保鲜
7	玫瑰红 B	罗丹明 B	调味品	罗丹明 B 被用作调味品染色剂。导致人体皮下组织生肉瘤，具有致癌和致突变性
8	美术绿	铅铬绿	茶叶	可对人的中枢神经、肝、肾等器官造成极大损害，并会引发多种病变
9	碱性嫩黄	盐基槐黄	豆制品	可引起结膜炎、皮炎和上呼吸道刺激症状，人接触或者吸入都会引起中毒
10	福尔马林	工业用甲醛	海参、鱿鱼等干水产品、血豆腐	不法商贩用甲醛浸泡海参、鱿鱼等水产品，以改善水产品的外观和质地。甲醛为较高毒性的物质，食用含甲醛成分的食品严重时可导致癌症
11	工业用火碱	氢氧化钠	海参、鱿鱼等干水产品、生鲜乳	工业用火碱对人体危害巨大，属剧毒化学品，具有极强的腐蚀性，还存在致癌、致畸形和引发基因突变的潜在危害，只需食用 1.95g 就能致人死亡
12	一氧化碳	一氧化碳	金枪鱼、三文鱼	导致食用者急性肠道疾病，严重的还会引起食物中毒，多食甚至能损伤肾功能
13	臭碱	硫化钠	味精	食用后在胃肠道中能分解出硫化氢，引起硫化氢中毒
14	工业硫磺	硫	白砂糖、辣椒、蜜饯、银耳、龙眼等	硫与氧结合生成二氧化硫，遇水后变成亚硫酸。亚硫酸进入食品，破坏食品中的维生素 B_1 并能影响人体对钙的吸收。熏蒸食品如使用工业用硫会发生更严重的中毒
15	工业染料	工业染料	玉米粉、熟肉制品	对人体的神经系统和膀胱等有致癌作用
16	大烟	罂粟壳	火锅底料及小吃类	如果长期食用含有毒品的食物，会出现发冷、乏力等症状，严重时可能对神经系统等造成损害，甚至会出现内分泌失调等症状，对人体肝脏、心脏有一定的毒害
17	革皮水解物		乳与乳制品含乳饮料	皮革水解物是由废品皮革用石灰鞣制后生成，常含有重铬酸钾和重铬酸钠，用这种原料生产水解蛋白会产生大量重金属六价铬有毒化合物，被人体吸收危害人体健康
18	溴酸钾		小麦粉	对眼睛、皮肤、黏膜有刺激性。口服后可引起恶心、呕吐、胃痛、咯血、腹泻等
19	β-内酰胺酶	金玉兰酶制剂	乳与乳制品	β-内酰胺酶类物质被用作牛奶中抗生素的分解剂，添加到乳与乳制品中，起到掩蔽抗生素的作用，所有乳制品生产企业严禁在产品中添加此类物质

续表

序号	俗称	学名	可能添加的食品品种	危害
20	霉克星	富马酸二甲酯	糕点	是一种工业消毒剂，会损害肠道、内脏和引起过敏，尤其对儿童的成长发育会造成很大危害
21	地沟油	废弃食用油脂	食用油脂	经高温加热的油脂，不仅不易被机体吸收，而且还妨碍对同时进食的其他食物的吸收。黄曲霉毒素等多种有毒有害成分大大增加，其中多环芳烃等致癌物质也开始形成。人们食用掺兑餐饮业废油的食用油时，最初会出现头晕、恶心、呕吐、腹泻等中毒症状。如长期食用，轻者会使人体营养缺乏，重者内脏严重受损甚至致癌
22	工业用矿物油		陈化大米	工业用矿物油，其目的是使大米色泽靓丽，矿物油是石油裂解的产物，含有多种有毒、有害的物质。食入后将对人体产生潜在的危害
23	工业明胶		冰淇淋、肉皮冻等	神经系统中毒，出现头晕、失眠、腹泻、皮炎等症状，且易在肝、肾积累
24	工业酒精	工业甲醛	勾兑假酒	对脑神经细胞造成损伤，引发智力障碍，甚至致人伤残、死亡
25	敌敌畏	2-二氯乙烯磷酸酯	火腿、鱼干、咸鱼等制品	不法商贩将敌敌畏用于火腿防腐，敌敌畏为广谱性杀虫、杀螨剂
26	毛发水		酱油等	毛发中含有砷、铅等有害物质，对人体的生殖系统等有毒副作用，可以致癌。加工过程中也会产生一些有害致癌物质
27	工业用乙酸	工业醋酸	勾兑食醋	工业冰醋酸使食醋可能会产生游离矿酸、重金属砷、铅超标，轻者食用以后会造成消化不良腹泻，长期食用会危害身体健康
28	瘦肉精	肾上腺素受体激动剂类药物	猪肉、牛羊肉及肝脏等	使用后会在猪体组织中形成残留，其主要危害是：出现肌肉振颤、心慌、战栗、头疼、呕吐等症状，特别是对高血压、心脏病、甲亢和前列腺肥大等疾病患者危害更大，严重的可导致死亡
29	硝基呋喃类药物	呋喃唑酮、呋喃它酮等	猪肉、禽肉、动物性水产品	呋喃它酮为强致癌性药物，呋喃唑酮具中等强度致癌性。呋喃唑酮可以诱发乳腺癌和支气管癌，能降低胚胎的成活率。硝基呋喃类化合物是直接致变剂，它不用附加外源性激活系统就可以引起细菌的突变
30	畜大壮	玉米赤霉醇	牛羊肉及肝脏、牛奶	用于畜牧业生产作为促生长剂。该物质在动物组织中的残留会引起人体性机能紊乱及影响第二性征的正常发育，在外部条件诱导下，还可能致癌
31	抗生素残渣	抗生素类药物	猪肉	残留抗生素的动物产品长期食用后，可在体内蓄积，经常食用含有抗生素的“有抗食品”，微量的也可能使人出现荨麻疹或过敏性症状及其它不良反应；长期食用“有抗食品”，耐药性也会不知不觉增强，将来一旦患病，很可能就无药可治

续表

序号	俗称	学名	可能添加的食品品种	危害
32	镇静剂	巴比妥类	猪肉	镇静剂残留在猪肉里，人吃了会产生副作用，如恶心、呕吐、口舌麻木等。如果残留的量比较大，还可能出现心跳过快、呼吸抑制，甚至有短时间的精神失常
33	荧光增白物质	荧光增白剂	双孢蘑菇、金针菇、白灵菇、面粉	荧光染料，可提高食物、纤维织物和纸张等白度。荧光物质一旦进入人体，会对人体造成伤害，如果剂量达到一定程度还可能使细胞发生变异，成为潜在致癌因素
34	工业氯化镁	工业氯化镁	木耳	经过工业氯化镁处理的木耳用手一掰容易变得粉碎，尝起来还有一点甜味，工业氯化镁是金属类的化学物质，食用后会对身体造成损害
35	磷化铝	磷化铝	木耳	吸入磷化氢气体引起头晕、头痛、乏力；食入产生磷化氢中毒，有胃肠道症状，以及发热、畏寒、兴奋及心律紊乱，严重者有气急、少尿、抽搐、休克及昏迷等
36	馅料原料漂白剂	二氧化硫脲	焙烤食品	接触二氧化硫脲时请佩带橡胶手套，及口罩，虽然对身体没有毒害，但少数过敏体质的人容易引起湿疹。接触后注意露在外面的皮肤用水充分洗净
37	酸性橙Ⅱ	酸性橙Ⅱ	黄鱼、腌卤肉制品、红壳瓜子等	酸性橙Ⅱ是一种化学染色剂，其染色效果好，色泽鲜亮，但人食用后可中毒致癌。因此，日常在购买卤制品的过程中应避免选择颜色过于鲜亮的食品
38	氯霉素	氯霉素	生食水产品、肉制品、猪肠衣等	氯霉素属于国家严禁使用的渔药，长期食用含有氯霉素残留物的水产品会对人体产生致癌危害
39	喹诺酮类	诺氟沙星依诺沙星	麻辣烫类食品	这类药物添加在麻辣烫类食品中主要是防止人食用该类食物后细菌中毒，引起肠胃不适等。但是这类药物的滥用会使人体细菌产生耐药性，所以需要作为检测的重点
40	水玻璃	硅酸钠	面制品	人食用后可能会出现恶心、呕吐、头疼等症状，还可能对内脏造成损害。误食则会对人体的肝脏造成危害
41	孔雀石绿	三苯甲烷类化学物	鱼类	孔雀石绿是有毒的三苯甲烷类化学物，可致癌，既是染料也是杀菌剂，渔民将其用于防治鱼类真菌感染，运输商将其用作消毒以延长鱼类的存活时间
42	乌洛托品	六甲四胺	腐竹、米线等	对胃有刺激性，服用时间过长有时可能产生尿频，血尿等副作用
43	五氯酚钠		河蟹	症状有肌肉强直性痉挛、血压下降等，昏迷、可致死。皮肤接触可致接触性皮炎

续表

序号	俗称	学名	可能添加的食品品种	危害
44	倍育诺、快育灵	喹乙醇	水产养殖饲料	由于喹乙醇有中度至明显的蓄积毒性，对大多数动物有明显的致畸作用，对人也有潜在致畸形，致突变，致癌。喹乙醇在美国和欧盟都被禁止用作饲料添加剂
45	碱性黄	N，N-二甲基苯胺	大黄鱼	长期过量食用，将对人体肾脏、肝脏造成损害甚至致癌
46	磺胺二甲嘧啶	磺胺类药物	叉烧肉类	长期食用可能损伤肝脏功能
47	敌百虫	O，O-二甲基膦酸酯	腌制食品	食用含有敌百虫农药的腌制品，剂量较大的容易发生急性中毒；剂量较小的若长期食用，毒素能在人体内蓄积，形成慢性中毒，以致损害肝、肾等内脏器官

表 6－4　食品中可能滥用的食品添加剂品种名单

序号	食品品种	可能易滥用的添加剂品种	危害
1	渍菜（泡菜等）葡萄酒	着色剂（胭脂红、柠檬黄、诱惑红、日落黄）等	食用色素容易在体内积蓄导致慢性中毒，过多色素会妨碍神经系统的冲动传导，还是癌症的潜在诱因
2	水果冻、蛋白冻类	着色剂、防腐剂、酸度调节剂	使用不当有副效应，长期过量摄入会对身体造成损害
3	腌菜	着色剂、防腐剂、甜味剂	摄入过量对人体的肝脏和神经系统造成危害
4	面点、月饼	乳化剂、防腐剂、着色剂、甜味剂	摄入过量容易引起代谢紊乱等或引起慢性疾病
5	面条、饺子皮	面粉处理剂	过多食用肝、肾会出现病理变化，生长和寿命都将受到影响
6	糕点	膨松剂、增稠剂、甜味剂	对人体肝脏和神经系统造成危害
7	馒头	漂白剂（硫磺）	长期积累会危害人体造血功能，使胃肠道中毒，甚至会毒害神经系统，损害心脏、肾脏功能
8	油条	膨松剂（硫酸铝钾、硫酸铝铵）	长期食用含量超标食品会引起神经系统病变，影响儿童发育
9	肉制品和卤制熟食、腌肉料和嫩肉粉类产品	护色剂（硝酸盐、亚硝酸盐）	亚硝酸盐与人体血液作用，形成高铁血红蛋白，从而使血液失去携氧功能，使人缺氧中毒
10	小麦粉	二氧化钛、硫酸铝钾	在多种器官都可能产生蓄积，易引起老年痴呆、智力下降等
11	小麦粉	滑石粉	长期食用会导致口腔溃疡等，使用过量或长期食用有致癌性
12	臭豆腐	硫酸亚铁	对呼吸道等有刺激性。大量服用引起肺及肝受损、昏迷等

续表

序号	食品品种	可能易滥用的添加剂品种	危害
13	乳制品 （除干酪外）	山梨酸	山梨酸不超量是很安全的，如果超标严重长期服用，在一定程度上会危害肾、肝脏的健康
14	乳制品 （除干酪外）	纳他霉素， 商业名称为“霉克”	长期超量食用会引发多种疾病，短期过量食用会中毒
15	蔬菜干制品	硫酸铜	可引起急性铜中毒
16	“酒类” （配制酒除外）	甜蜜素	经常食用甜蜜素含量超标食品，对肝脏和神经系统造成危害。且有有致癌、致畸等副作用
17	“酒类”	安塞蜜	对肝脏和神经系统造成危害，如果短时间内大量食用，会引起血小板减少导致急性大出血
18	面制品和 膨化食品	硫酸铝钾、硫酸铝铵	长期食用会造成体内铝超标，引起进食者神经系统病变等
19	鲜瘦肉	胭脂红	对肝肾脾有危害
20	大黄鱼、小黄鱼	柠檬黄	大量食用含柠檬黄超标的食品，会在体内蓄积伤害肾、肝脏
21	陈粮、米粉等	焦亚硫酸钠	破坏 B 族维生素，引起腹泻，严重时会毒害肝、肾脏
22	烤鱼片、冷冻虾、 烤虾、鱼干、 鱿鱼丝、蟹肉等	亚硫酸钠	食用了超量使用亚硫酸钠的食品会发生多发性神经炎与骨髓萎缩等症状，对成长有阻碍作用

注：滥用食品添加剂的行为包括超量使用或超范围使用食品添加剂的行为。

为继续严厉打击在食品及食品添加剂生产中违法添加非食用物质的行为，保障消费者身体健康，国家卫生部又于 2011 年 6 月 1 日公布第六批《食品中可能违法添加的非食用物质和易滥用的食品添加剂名单》，如表 6－5 所示。因此，国家卫生部是动态公布食品中可能违法添加的非食用物质和易滥用的食品添加剂名单。

表 6－5　食品中可能违法添加的非食用物质和易滥用的食品添加剂名单（第六批）

名称	可能添加的食品品种	检验方法	危害
邻苯二甲酸酯类物质，主要包括： 邻苯二甲酸二（2-乙基）己酯（DEHP）、邻苯二甲酸二异壬酯（DINP）、邻苯二甲酸二苯酯、邻苯二甲酸二甲酯（DMP）、邻苯二甲酸二乙酯（DEP）、邻苯二甲酸二丁酯（DBP）、邻苯二甲酸二戊酯（DPP）、邻苯二甲酸二己酯（DHXP）、邻苯二甲酸二壬酯（DNP）、邻苯二甲酸二异丁酯（DIBP）、邻苯二甲酸二环己酯（DCHP）、邻苯二甲酸二正辛酯（DNOP）、邻苯二甲酸丁基苄基酯（BBP）、邻苯二甲酸二（2-甲氧基）乙酯（DMEP）、邻苯二甲酸二（2-乙氧基）乙酯（DEEP）、邻苯二甲酸二（2-丁氧基）乙酯（DBEP）、邻苯二甲酸二（4-甲基-2-戊基）酯（BMPP）等	乳化剂类食品添加剂、使用乳化剂的其他类食品添加剂或食品等	GB/T 21911 食品中邻苯二甲酸酯的测定	邻苯二甲酸酯类增塑剂是一类具有生殖毒性和发育毒性的环境雌激素，可以通过消化系统、呼吸系统和接触等途径进入体内，干扰人体内分泌系统及生殖与发育

第三节　常用食品添加剂

一、防腐剂

防腐剂是防止食品腐败变质，延长食品储存期的物质。防腐剂一般分为酸型防腐剂、酯型防腐剂和生物防腐剂。

1. 酸型防腐剂

常用的有苯甲酸、山梨酸和丙酸(及其盐类)。这类防腐剂的抑菌效果主要取决于它们未解离的酸分子，其效力随 pH 而定，酸性越大，效果越好，在碱性环境中几乎无效。

(1) 苯甲酸及其钠盐：苯甲酸又名安息香酸。由于其在水中溶解度低，故多使用其钠盐。成本低廉。

苯甲酸进入机体后，大部分在 9～15 h 内与甘氨酸化合成马尿酸而从尿中排出，剩余部分与葡萄糖醛酸结合而解毒。但由于苯甲酸钠有一定的毒性，目前已逐步被山梨酸钠替代。

(2) 山梨酸及其盐类：又名花楸酸。由于在水中的溶解度有限，故常使用其钾盐。山梨酸是一种不饱和脂肪酸，可参与机体的正常代谢过程，并被同化产生二氧化碳和水，故山梨酸可看成是食品的成分，按照目前的资料可以认为对人体是无害的。

(3) 丙酸及其盐类：抑菌作用较弱，使用量较高。常用于面包糕点类，价格也较低廉。

丙酸及其盐类，其毒性低，可认为是食品的正常成分，也是人体内代谢的正常中间产物。

(4) 脱氢醋酸及其钠盐：为广谱防腐剂，特别是对霉菌和酵母的抑菌能力较强，为苯甲酸钠的 2～10 倍。本品能迅速被人体吸收，并分布于血液和许多组织中。但有抑制体内多种氧化酶的作用，其安全性受到怀疑，故已逐步被山梨酸所取代，其 ADI 值尚未规定。

2. 酯型防腐剂

包括对羟基苯甲酸酯类(有甲、乙、丙、异丙、丁、异丁、庚等)。成本较高。对霉菌、酵母与细菌有广泛的抗菌作用。对霉菌和酵母的作用较强，但对细菌特别是革兰氏阴性杆菌及乳酸菌的作用较差。作用机理为抑制微生物细胞呼吸酶和电子传递酶系的活性，以及破坏微生物的细胞膜结构。其抑菌的能力随烷基链的增长而增强；溶解度随酯基碳链长度的增加而下降，但毒性则相反。但对羟基苯甲酸乙酯和丙酯复配使用可增加其溶解度，且有增效作用。在胃肠道内能迅速完全吸收，并水解成对羟基苯甲酸而从尿中排出，不在体内蓄积。我国目前仅限于应用丙酯和乙酯。

3. 生物型防腐剂

主要是乳酸链球菌素。乳酸链球菌素是乳酸链球菌属微生物的代谢产物，可用乳酸链球菌发酵提取而得。乳酸链球菌素的优点是在人体的消化道内可为蛋白水解酶所降解，因而不以原有的形式被吸收入体内，是一种比较安全的防腐剂，不会向抗生素那样改变肠道正常菌群，以及引起常用其他抗生素的耐药性，更不会与其他抗生素出现交叉抗性。

其他防腐剂包括双乙酸钠，既是一种防腐剂，也是一种螯合剂。对谷类和豆制品有防止霉菌繁殖的作用。二氧化碳，二氧化碳分压的增高，影响需氧微生物对氧的利用，能终止各种微生物呼吸代谢，如高食品中存在着大量二氧化碳可改变食品表面的 pH，而使微生物失去生存的必要条件。但二氧化碳只能抑制微生物生长，而不能杀死微生物。

在 GB 2760—2014《食品安全国家标准　食品添加剂使用标准》中列出的主要防腐剂，如表 6-6 所示。

表 6-6　防腐剂名称、使用范围及在标准 GB 2760—2014 中的页码

防腐剂名称	使用范围	页码
苯甲酸及其钠盐	风味冰、冰棍类，果酱（罐头除外），蜜饯凉果，腌渍的蔬菜，胶基糖果，除胶基糖果以外的其他糖果，调味糖浆，醋，酱油，酱及酱制品，复合调味料，半固体复合调味料，液体复合调味料（不包括 12.03，12.04），浓缩果蔬汁（浆）（仅限食品工业用），果蔬汁（浆）类饮料，蛋白饮料，碳酸饮料，茶、咖啡、植物（类）饮料，特殊用途饮料，风味饮料，配制酒，果酒（以上以苯甲酸计）	5
丙酸及其钠盐、钙盐	豆类制品，原粮，生湿面制品（如面条、饺子皮、馄饨皮、烧麦皮），面包，糕点，醋，酱油，其他（杨梅罐头加工工艺用）（以是以丙酸计）	7
单辛酸甘油酯	生湿面制品（如面条、饺子皮、馄饨皮、烧麦皮），糕点，焙烤食品馅料及表面用挂浆（仅限豆馅），肉灌肠类	10
对羟基苯甲酸酯类及其钠盐（对羟基苯甲酸甲酯钠，对羟基苯甲酸乙酯及其钠盐	经表面处理的鲜水果，果酱（罐头除外），经表面处理的新鲜蔬菜，焙烤食品馅料及表面用挂浆（仅限糕点馅），热凝固蛋制品（如蛋黄酪、松花蛋肠），醋，酱油，酱及酱制品，蚝油、虾油、鱼露等，果蔬汁（浆）类饮料，碳酸饮料，风味饮料（仅限果味饮料）（以上以对羟基苯甲酸计）	12
二甲基二碳酸盐（又名维果灵）	果蔬汁（浆）类饮料，碳酸饮料，茶（类）饮料，风味饮料（仅限果味饮料），其他饮料类（仅限麦芽汁发酵的非酒精饮料）	15
2,4-二氯苯氧乙酸	经表面处理的鲜水果，经表面处理的新鲜蔬菜，残留量≤2.0 mg/kg	16
二氧化碳	除胶基糖果以外的其他糖果，饮料类，配制酒，其他发酵酒类（充气型），按生产需要适量使用	19
ε-聚赖氨酸	焙烤食品，熟肉制，果蔬汁类及其饮料	43
ε-聚赖氨酸盐酸盐	水果、蔬菜（包括块根类）、豆类、食用菌、藻类、坚果以及籽类等，大米及制品，小麦粉及其制品，杂粮制品，肉及肉制品，调味品，饮料类	43
联苯醚（又名二苯醚）	经表面处理的鲜水果（仅限柑橘类），残留量≤12 mg/kg	51
纳他霉素	干酪和再制干酪及类似品，糕点，酱卤肉制品类，熏、烧、烤肉类，油炸肉类，西式火腿（熏烤、烟熏、蒸煮火腿）类，肉满肠类，发酵肉制品类，蛋黄酱、沙拉酱，果蔬汁（浆），发酵酒	64
溶菌酶	干酪和再制干酪及其类似品，发酵酒	70
肉桂醛	经表面处理的鲜水果	71

续表

防腐剂名称	使用范围	页码
乳酸链球菌素	乳及乳制品(01.01.01、01.01.02、13.0 涉及品种除外),食用菌和藻类罐头,杂粮罐头,其他杂粮制品(仅限杂粮灌肠制品),方便米面制品(仅限方便湿面制品),方便米面制品(仅限米面灌肠制品),预制肉制品,熟肉制品,熟制水产品(可直接食用),蛋制品(改变其物理性状),醋,酱油,酱及酱制品,复合调味料,饮料类(14.01 包装饮用水除外)	71
山梨酸及其钾盐	干酪和再制干酪及其类似品,氢化植物油,人造黄油(人造奶油)及其类似制品(如黄油和人造黄油混合品),风味冰、冰棍类,经表面处理的鲜水果,果酱,蜜饯凉果,经表面处理的新鲜蔬菜,腌渍的蔬菜,加工食用菌和藻类,豆干再制品,新型豆制品(大豆蛋白膨化食品、大豆素肉等),胶基糖果,除胶基糖果以外的其他糖果,其他杂粮制品(仅限杂粮灌肠制品),方便米面制品(仅限米面灌肠制品),面包,糕点,焙烤食品馅料及表面用挂浆,熟肉制品,肉灌肠类,预制水产品(半成品),风干、烘干、压干等水产品,熟制水产品(可直接食用),其他水产品及其制品,蛋制品(改变其物理性状),调味糖浆,醋,酱油,酱及酱制品,复合调味料,饮料类(14.01 包装饮用水类除外),浓缩果蔬汁(浆)(仅限食品工业用),乳酸菌饮料,配制酒,配制酒(仅限青稞干酒),葡萄酒,果酒,果冻,胶原蛋白肠衣(以上以山梨酸计)	75
双乙酸钠 (又名二醋酸钠)	豆干类,豆干再制品,原粮,粉圆,糕点,预制肉制品,熟肉制品,熟制水产品(可直接食用),调味品,复合调味料,膨化食品	78
脱氢乙酸及其钠盐 (又名脱氢醋酸及其钠盐)	黄油和浓缩黄油,腌渍的蔬菜,腌渍的食用菌和藻类,发酵豆制品,淀粉制品,面包,糕点,焙烤食品馅料及表面用挂浆,预制肉制品,熟肉制品,复合调味料,果蔬汁(浆)(以上以脱氢乙酸计)	90
稳定态二氧化氯	经表面处理的鲜水果,经表面处理的新鲜蔬菜,水产品及其制品(包括鱼类、甲壳类、贝类、软体类、棘皮类等水产吕及其加工制品)(仅限鱼类加工)	91
液体二氧化碳 (煤气化法)	碳酸饮料,其他发酵酒类(充气型)	101
乙氧基喹	经表面处理的鲜水果	102

二、护色剂

护色剂又称发色剂,是能与肉及肉制品中呈色物质作用,使之在食品加工、保藏等过程中不致分解、破坏,呈现良好色泽的物质。

1. 护色剂的发色原理和其他作用

(1) 发色作用:为使肉制品呈鲜艳的红色,在加工过程中多添加硝酸盐(钠或钾)或亚硝酸盐。硝酸盐在细菌硝酸盐还原酶的作用下,还原成亚硝酸盐。亚硝酸盐在酸性条件下会生成亚硝酸。在常温下,也可分解产生亚硝基(NO),此时生成的亚硝基会很快的与肌红蛋白反应生成稳定的、鲜艳的、亮红色的亚硝化肌红蛋白。故使肉可保持稳定的鲜艳。

(2) 抑菌作用:亚硝酸盐在肉制品中,对抑制微生物的增殖有一定的作用,如对肉毒梭状孢杆菌有特殊的抑制作用。

2. 护色剂的应用

亚硝酸盐是添加剂中急性毒性较强的物质之一，是一种剧毒药，可使正常的血红蛋白变成高铁血红蛋白，失去携带氧的能力，导致组织缺氧。其次亚硝酸盐为亚硝基化合物的前体物，其致癌性引起了国际性的注意，因此各方面要求把硝酸盐和亚硝酸盐的添加量，在保证发色的情况下，限制在最低水平。

抗坏血酸与亚硝酸盐有高度亲和力，在体内能防止亚硝化作用，从而几乎能完全抑制亚硝基化合物的生成。所以在肉类腌制时添加适量的抗坏血酸，有可能防止生成致癌物质。

虽然硝酸盐和亚硝酸盐的使用受到了很大限制，但至今国内外仍在继续使用。其原因是亚硝酸盐对保持腌制肉制品的色、香、味有特殊作用，迄今未发现理想的替代物质。更重要的原因是亚硝酸盐对肉毒梭状芽孢杆菌有抑制作用。

在 GB 2760—2014《食品安全国家标准　食品添加剂使用标准》中列出的主要护色剂，如表 6－7 所示。

表 6－7　护色剂名称、功能、使用范围、最大使用量及在标准 GB 2760—2014 中的页码

护色剂名称	功能	使用范围	最大使用量/(g/kg)	备注	页码
葡萄糖酸亚铁	护色剂	腌渍的蔬菜（仅限橄榄）	0.15	以铁计	68
硝酸钠、硝酸钾	护色剂、防腐剂	腌腊肉制品类（如咸肉、腊肉、板鸭、中式火腿、腊肠），酱卤肉制品类，熏、烧、烤肉类，油炸肉类，西式火腿（熏烤、烟熏、蒸煮火腿）类，肉灌肠类，发酵肉制品类	0.5	以亚硝酸钠（钾）计，残留量≤30 mg/kg	93
亚硝酸钠、亚硝酸钾	护色剂、防腐剂	腌腊肉制品类（如咸肉、腊肉、板鸭、中式火腿、腊肠），酱卤肉制品类，熏、烧、烤肉类，油炸肉类，西式火腿（熏烤、烟熏、蒸煮火腿）类，肉灌肠类，发酵肉制品类，肉罐头	0.15	以亚硝酸计，残留量≤30 mg/kg	95

三、漂白剂

漂白剂是能够破坏、抑制食品的发色因素，使其褪色或使食品免于褐变的物质。可分为还原型和氧化型两类，目前，我国使用的大都是以亚硫酸类化合物为主的还原型漂白剂。这类物质均能产生二氧化硫（SO_2），通过 SO_2 的还原作用而使食品褪色漂白，同时还具有防腐和抗氧化作用。如 SO_2 遇水形成亚硫酸，由于亚硫酸的强还原性，能消耗果蔬组织中的氧，抑制氧化酶的活性，可防止果蔬中的维生素 C 的氧化破坏。

亚硫酸盐在人体内可被代谢成为硫酸盐，通过解毒过程从尿中排出。亚硫酸盐这类化合物不适用于动物性食品，以免产生不愉快的气味。亚硫酸盐对维生素 B_1 有破坏作用，故 B_1 含量较多的食品如肉类、谷物、乳制品及坚果类食品也不适合。

在《食品安全国家标准　食品添加剂使用标准》GB 2760—2014 中列出的主要漂白剂，如表 6－8 所示。

表 6－8　漂白剂名称、功能、使用范围、最大使用量及在标准 GB 2760—2014 中的页码

<table>
<tr><th>漂白剂名称</th><th>功能</th><th>使用范围</th><th>最大使用量/(g/kg)</th><th>备注</th><th>页码</th></tr>
<tr><td rowspan="9">二氧化硫，焦亚硫酸钾，焦亚硫酸钠，亚硫酸钠，亚硫酸氢钠，低亚硫酸钠</td><td rowspan="9">漂白剂、防腐剂、抗氧化剂</td><td>经表面处理的鲜水果，蔬菜罐头（仅限竹笋、酸菜），干制的食用菌和藻类，食用菌和藻类罐头（仅限蘑菇罐头），坚果与籽类罐头，生湿面制品（如面条、饺子皮、馄饨皮、烧麦皮）（仅限拉面），冷冻米面制品（仅限风味派），调味糖浆，半固体复合调味料，果蔬汁（浆），果蔬汁（浆）类饮料</td><td>0.05</td><td rowspan="7">最大使用量以二氧化硫残留量计</td><td rowspan="9">17</td></tr>
<tr><td>水果干类，腌渍的蔬菜，可可制品、巧克力和巧克力制品（包括代可可脂巧克力及制品）以及糖果，饼干，食糖</td><td>0.1</td></tr>
<tr><td>蜜饯凉果</td><td>0.35</td></tr>
<tr><td>干制蔬菜，腐竹类（包括腐竹、油皮等）</td><td>0.2</td></tr>
<tr><td>干制蔬菜（仅限脱水马铃薯）</td><td>0.4</td></tr>
<tr><td>食用淀粉</td><td>0.03</td></tr>
<tr><td>淀粉糖（果糖、葡萄糖、饴糖、部分转化糖等）</td><td>0.04</td></tr>
<tr><td>葡萄酒，果酒</td><td>0.25 g/L</td><td>甜型葡萄酒及果酒系列产品最大使用量为 0.4 g/L，最大使用量以二氧化硫残留量计</td></tr>
<tr><td>啤酒和麦芽饮料</td><td>0.01</td><td>最大使用量以二氧化硫残留量计</td></tr>
<tr><td rowspan="5">硫磺</td><td rowspan="5">漂白剂、防腐剂、</td><td>水果干类，食糖</td><td>0.1</td><td rowspan="5">只限用于熏蒸，最大使用量以二氧化硫残留量计</td><td rowspan="5">57</td></tr>
<tr><td>蜜饯凉果</td><td>0.35</td></tr>
<tr><td>干制蔬菜</td><td>0.2</td></tr>
<tr><td>经表面处理的鲜食用菌和藻类</td><td>0.4</td></tr>
<tr><td>其他（仅限魔芋粉）</td><td>0.9</td></tr>
</table>

四、甜味剂

甜味剂是指赋予食品甜味的物质。按来源可分为：

（1）天然甜味剂，又分为糖醇类和非糖类。其中①糖醇类有：木糖醇、山梨糖醇、甘露糖醇、乳糖醇、麦芽糖醇、异麦芽糖醇、赤鲜糖醇；②非糖类包括：甜菊糖甙、甘草、奇异果素、罗汉果素、索马甜。

（2）人工合成甜味剂其中磺胺类有：糖精、环己基氨基磺酸钠、乙酰磺胺酸钾。二肽类有：天门冬酰苯丙酸甲酯（又阿斯巴甜）、L-α-天冬氨酰-N-（2，2，4，4-四甲基-3-硫化三亚甲基）-D-丙氨酰胺（又称阿力甜）。蔗糖的衍生物有：三氯蔗糖、异麦芽酮糖醇（又称帕拉金糖）、新糖（果糖低聚糖）。

此外，按营养价值可分为营养性和非营养性甜味剂，如蔗糖、葡萄糖、果糖等也是天然甜味剂。由于这些糖类除赋予食品以甜味外，还是重要的营养素，供给人体以热能，通常被视作食品原料，一般不作为食品添加剂加以控制。

在《食品安全国家标准　食品添加剂使用标准》GB 2760—2014 中列出的主要甜味剂，如表 6－9 所示。

表 6－9　甜味剂名称、使用范围及在标准 GB 2760—2014 中的页码

甜味剂名称	使用范围	页码
N-[N-（3，3-二甲基丁基）]-L-α-天门冬氨-L-苯丙氨酸 1-甲酯（又名纽甜）	调制乳，风味发酵乳，调制乳粉和调制奶油粉，稀奶油（淡奶油）及其类似品（01.05.01 稀奶油除外），干酪类似品，以乳为主要配料的即食风味食品或其预制产品（不包括冰淇淋和风味发酵乳），02.02 类以外的脂肪乳化制品，包括混合的和（或）调味的脂肪乳化制品，脂肪类甜品，冷冻饮品（03.04 食用冰除外），冷冻水果，水果干类，醋、油或盐渍水果，水果罐头，果酱，果泥，除 04.01.02.05 外的果酱（如印度酸辣酱），蜜饯凉果，装饰性果蔬，水果甜品，包括果味液体甜品，发酵的水果制品，煮熟的或油炸的水果，加工蔬菜，腌渍的蔬菜，腌渍的食用菌和藻类，食用菌和藻类罐头，经水煮或油炸的藻类，其他加工食用菌和藻类，加工坚果与籽类，坚果与籽类的泥（酱），包括花生酱等，可可制品、巧克力和巧克力制品（包括代可可脂巧克力及制品）以及糖果（05.02 糖果除外），胶基糖果，除胶基糖果以外的其他糖果，即食谷物，包括碾轧燕麦（片），谷类和淀粉类甜品（如米布丁、木薯布丁），焙烤食品，焙烤食品馅料及其表面用挂浆，预制水产品（半成品），水产品罐头，其他蛋制品，餐桌甜味料，调味糖浆，醋，香辛料酱（如芥末酱、青芥酱），复合调味料，果蔬汁（浆）类饮料，含乳饮料，植物蛋白饮料，复合蛋白饮料，碳酸饮料，茶、咖啡、植物（类）饮料，植物饮料，特殊用途饮料，风味饮料，发酵酒（15.03.01 葡萄酒除外），果冻，膨化食品	13
甘草酸铵，甘草酸一钾及三钾	蜜饯凉果，糖果，饼干，肉罐头类，调味品，饮料类（14.01 包装饮用水类除外）	21
D-甘露糖醇	糖果	22
环己基氨基磺酸钠（又名甜蜜素），环己基氨基磺酸钙	冷冻饮品（03.04 食用冰除外），水果罐头，果酱，蜜饯凉果，凉果类，话化类，果糕类，腌渍的蔬菜，熟制豆类，腐乳类，带壳熟制坚果与籽类，脱壳熟制坚果与籽类，面包，糕点，饼干，复合调味料，饮料类（14.01 包装饮用水类除外），配制酒，果冻（以上以环己基氨基磺酸计）	33

续表

甜味剂名称	使用范围	页码
麦芽糖醇和麦芽糖醇液	调味乳,炼乳及其调制产品,稀奶油类似品,冷冻饮品(03.04 食用冰除外),加工水果,腌渍的蔬菜,熟制豆类,加工坚果与籽类,可可制品、巧克力和巧克力制品,包括代可可脂巧克力及制品,糖果,粮食制品馅料,面包,糕点,饼干,焙烤食品馅料及表面用挂浆,冷冻鱼糜制品(包括鱼丸等),餐桌甜味料,半固体复合调味料,液体复合调味料(不包括 12.03、12.04),饮料类(14.01 包装饮用水类除外),果冻,其他(豆制品工艺用),其他(制糖工艺用),其他(酿造工艺用)	61
乳糖醇	稀奶油,香辛料类	72
三氯蔗糖(又名蔗糖素)	调味乳,风味发酵乳,调制乳粉和调制奶油粉,冷冻饮品(03.04 食用冰除外),水果干类,水果罐头,果酱,蜜饯凉果,煮熟的或油炸的水果,腌渍的蔬菜,加工食用菌和藻类,腐乳类,加工坚果与籽类,糖果,杂粮罐头,其他杂粮制品(仅限微波爆米花),即食谷物,包括碾轧燕麦(片),方便米面制品,焙烤食品,餐桌甜味料,醋,酱油,酱及酱制品,香辛料酱(如芥末酱、青芥酱),复合调味料,蛋黄酱,沙拉酱,饮料类(14.01 包装饮用水类除外),配制酒,发酵酒,果冻	73
山梨糖醇和山梨糖醇液	炼乳及其调制产品,02.02 类以外的脂肪乳化制品,包括混合的和/或调味的脂肪乳化制品(仅限植脂奶油),冷冻饮品(03.04 食用冰除外),腌渍的蔬菜,熟制坚果与籽类(仅限油炸坚果与籽类),巧克力和巧克力制品,队 05.01.01 以外的可可制品,糖果,生湿面制品(如面条、饺子皮、馄饼皮、烧麦皮),面包,糕点,饼干,焙烤食品馅料及表面用挂浆(仅限焙烤食品馅料),冷冻鱼糜制品(包括鱼丸等),调味品,饮料类(14.01 包装饮用水类除外),膨化食品,其他(豆制品工艺用),其他(制糖工艺用),其他(酿造工艺用)	77
索马甜	冷冻饮品(03.04 食用冰除外),加工坚果与籽类,焙烤食品,餐桌甜味料,饮料类(14.01 包装饮用水除外)	82
糖精钠	冷冻饮品(03.04 食用冰除外),水果干类(仅限芒果干、无花果干),果酱,蜜饯凉果,凉果类,话化类(甘草制品),果糕类,腌渍的蔬菜,新型豆制品(大豆蛋白及其膨化食品、大豆素肉等),熟制豆类,带壳熟制坚果与籽类,脱壳熟制坚果与籽类,复合调味料,配制酒	84
L-α-天冬氨酰-N-(2,2,4,4-四甲基-3-硫化三亚甲基)-D-丙氨酰胺(又名阿力甜)	冷冻饮品(03.04 食用冰除外),话化类,胶基糖果,餐桌甜味料,饮料类(14.01 包装饮用水除外),果冻	85
天门冬酰苯丙氨酸甲酯(又名阿斯巴甜)	调制乳,风味发酵乳,调制乳粉和调制奶油粉,稀奶油(淡奶油)及其类似品(01.05.01 稀奶油除外),非熟化干酪,干酪类似品,以乳为主要配料的即食风味食品或其预制产品(不包括冰淇淋和风味发酵乳),02.02 类以外的脂肪乳化制品,包括混合的和(或)调味的脂肪乳化制品,脂肪类甜品,冷冻饮品(03.04 食用冰除外),冷冻水果,水果干类,醋、油或盐渍水果,水果罐头,果酱,果泥,除 04.01.02.05 外的果酱(如印度酸辣酱),蜜饯凉果,装饰性果蔬,水果甜品,包括果味液体甜品,发酵的水果制品,煮熟的或油炸的水果,冷冻蔬菜,干制蔬菜,腌渍的蔬菜	86

续表

甜味剂名称	使用范围	页码
天门冬酰苯丙氨酸甲酯乙酰磺胺酸	风味发酵乳，冷冻饮品（03.04 食用冰除外），水果罐头，果酱，蜜饯类，腌渍的蔬菜，糖果，胶基糖果，杂粮罐头，餐桌甜味料，调味品，酱油，饮料类（14.01 包装饮用水除外）	88
甜菊糖苷	风味发酵乳，冷冻饮品（03.04 食用冰除外），蜜饯凉果，熟制坚果与籽类，糖果，糕点，餐桌甜味料，调味品，饮料类（14.01 包装饮用水类除外），果冻，膨化食品，茶制品（包括调味茶和代用茶类）	89
乙酰磺胺酸钾（又名安赛蜜）	风味发酵乳，以乳为主要配料的即食风味食品或其预制产品（不包括冰淇淋和风味发酵乳）（仅限乳基甜品罐头），冷冻饮品（03.04 食用冰除外），蜜饯凉果，水果罐头，果酱，蜜饯类，腌渍的蔬菜，加工食用菌和藻类，熟制坚果与籽类，糖果，胶基糖果，杂粮罐头，其他杂粮制品（仅限黑芝麻糊），谷类和淀粉类甜品（仅限谷类甜品罐头），焙烤食品，餐桌甜味料，调味品，酱油，饮料类（14.01 包装饮用水类除外），果冻	102
异麦芽酮糖	调制乳，风味发酵乳，冷冻饮品（03.04 食用冰除外），水果罐头，果酱，蜜饯凉果，糖果，其他杂粮制品，面包，糕点，饼干，饮料类（14.01 包装饮用水类除外），配制酒	103
赤藓糖醇	除去 GB 2760—2014 中表 A.3 所列出的不允许使用食品类别名单以外的所有食品皆可按需要使用	114
罗汉果甜苷		115
木糖醇		115
乳糖醇		115

第四节　食品出厂检验项目常见食品添加剂残留量的测定

一、亚硝酸盐或硝酸盐的测定

1. 出厂检验要求测定亚硝酸盐残留量的的食品

实行食品生产许可证制度，审查细则中出厂检验项目要求测定亚硝酸钠残留量的食品如表 6 - 10 所示。

表 6 - 10　部分要求测定亚硝酸盐残留量（以亚硝酸钠计）的食品

产品单元名称	标准号	标准名称
腌腊肉制品（咸肉类、腊肉类、板鸭、中国腊肠类、中国火腿类、其他产品），酱卤肉制品（白煮肉类、酱卤肉类、肉糕类、肉冻类、油炸肉类和其他产品），熏烧烤肉制品、油炸肉类、熏煮香肠火腿制品、发酵肉制品，肉罐头类，半固态调味料（限添加腌腊制品和酱腌制品），蔬菜干制品，饮用天然矿泉水，瓶（桶）装饮用纯净水，酱腌菜，熟制鱼糜灌肠产品	GB 5009.33	食品安全国家标准 食品中亚硝酸盐与硝酸盐的测定

2. 测定方法

硝酸盐和亚硝酸盐测定的方法很多，根据 GB 5009.33—2016《食品安全国家标准　食品中亚硝酸盐和硝酸盐的测定》，有第一法离子色谱法、第二法分光光度法、第三法蔬菜、水果中硝酸盐的测定-紫外分光光度法。

（1）离子色谱法

1）原理

试样经沉淀蛋白质、除去脂肪后，采用相应的方法提取和净化，以氢氧化钾溶液为淋洗液，阴离子交换柱分离，电导检测器检测。以保留时间定性，外标法定量。

2）仪器

离子色谱仪：包括电导检测器，配有抑制器，高容量阴离子交换柱，25μL 定量环。

食物粉碎机。

超声波清洗器。

天平：感量为 0.1 mg 和 1 mg。

离心机：转速≥10000 r/min，配 5 mL 或 10 mL 离心管。

0.22μm 水性滤膜针头滤器。

净化柱：包括 C_{18} 柱、Ag 柱和 Na 等效柱。

注射器：1.0 mL、2.5 mL。

3）操作方法

按 GB 5009.33—2016《食品安全国家标准　食品中亚硝酸盐和硝酸盐的测定》第一法执行。

4）说明及注意事项

①有玻璃器皿使用前均需依次用 2 mol/L 氢氧化钠和水分别浸泡 4h，然后用水冲洗 3 次～5 次，晾干备用。

② 固相萃取柱使用前需进行活化。

③ 色谱柱是具有氢氧化物选择性，可兼容梯度洗脱的高容量阴离子交换柱。

（2）分光光度法

1）原理

亚硝酸盐采用盐酸萘乙二胺法测定，硝酸盐采用镉柱还原法测定。

试样经沉淀蛋白质、除去脂肪后，在弱酸条件下亚硝酸盐与对氨基苯磺酸重氮化后，再与盐酸萘乙二胺偶合形成紫红色染料，外标法测得亚硝酸盐含量。采用镉柱将硝酸盐还原成亚硝酸盐，测得亚硝酸盐总量，由此总量减去亚硝酸盐含量，即得试样中硝酸盐含量。

2）仪器

天平：感量为 0.1 mg 和 1mg。

组织捣碎机。

超声波清洗器。

恒温干燥箱。

分光光度计。

镉柱。

3）操作方法

按照 GB 5009.33—2016《食品安全国家标准　食品中亚硝酸盐和硝酸盐的测定》第二法执行，具体见本节三中所述。

4）说明及注意事项

① 亚铁氰化钾和乙酸锌溶液为蛋白质沉淀剂。

② 饱和硼砂溶液既可作为亚硝酸盐提取剂，又可用作蛋白质沉淀剂。

③ 镉是有害元素之一，在制备、处理过程的废弃液含大量的镉，应经处理之后再放入水道，以免造成环境污染。

④ 在制取海绵状镉和装填镉柱时最好在水中进行，勿使颗粒暴露于空气中以免氧化。

⑤ 为保证硝酸盐测定结果准确，镉柱还原效率应当经常检查。

（3）蔬菜、水果中硝酸盐的测定

1）原理

用 pH9.6～9.7 的氨缓冲液提取样品中硝酸根离子，同时加活性炭去除色素类，加沉淀剂去除蛋白质及其他干扰物质，利用硝酸根离子和亚硝酸根离子在紫外区 219nm 处具有等吸收波长的特性，测定提取液的吸光度，其测得结果为硝酸盐和亚硝酸盐吸光度的总和，鉴于新鲜蔬菜、水果中亚硝酸盐含量甚微，可忽略不计。测定结果为硝酸盐的吸光度，可从工作曲线上查得相应的质量浓度，计算样品中硝酸盐的含量。

2）仪器

紫外分光光度计。

分析天平：感量 0.001 g 和 0.0001 g。

组织捣碎机。

可调式往返振荡机。

pH 计：精度为 0.01。

烧杯：100 mL。

锥型瓶：250 mL，500 mL。

容量瓶：100 mL，500 mL 和 1000 mL。

移液管：2 mL、5 mL、10 mL 和 20 mL。

吸量管：2 mL、5 mL、10 mL 和 25 mL。

量筒：根据需要选取。

玻璃漏斗：直径约 9 cm，短颈。

定性滤纸：直径约 18 cm。

3）操作方法按 GB 5009.33—2016《食品安全国家标准　食品中亚硝酸盐和硝酸盐的测定》第三法执行。

二、二氧化硫残留量的测定

1. 出厂检验要求测定二氧化硫残留量的食品

实行食品生产许可证制度，审查细则中出厂检验项目要求测定二氧化硫残留量的食品如表 6－11 所示。

表 6-11 部分要求测定二氧化硫残留量的食品

产品单元名称	标准号	标准名称
果脯、干菜、米粉类、粉条、砂糖、食用菌和葡萄酒	GB 5009.34	食品安全国家标准 食品中二氧化硫的测定

2. 测定方法

根据国家标准 GB 5009.34《食品安全国家标准 食品中二氧化硫的测定》，测定食品中二氧化硫采用滴定法。

(1) 原理

在密闭容器中对样品进行酸化、蒸馏，蒸馏物用乙酸铅溶液吸收。吸收后的溶液用盐酸酸化，碘标准溶液滴定，根据所消耗的碘标准溶液量计算出样品中的二氧化硫含量。

(2) 仪器

全玻璃蒸馏器：500 mL，或等效的蒸馏设备。

酸式滴定管：25 mL 或 50 mL。

剪切式粉碎机。

碘量瓶：500 mL。

(3) 操作方法

按照 GB 5009.34—2016《食品安全国家标准 食品中二氧化硫的测定》执行，具体见本节四所述。

三、食品安全国家标准 食品中亚硝酸盐与硝酸盐的测定(GB 5009.33)

1 范围

本标准规定了食品中亚硝酸盐和硝酸盐的测定方法。

本标准适用于食品中亚硝酸盐和硝酸盐的测定。

第一法 离子色谱法

2 原理

试样经沉淀蛋白质、除去脂肪后，采用相应的方法提取和净化，以氢氧化钾溶液为淋洗液，阴离子交换柱分离，电导检测器或紫外检测器检测。以保留时间定性，外标法定量。

3 试剂和材料

除非另有说明，本方法所用试剂均为分析纯，水为 GB/T 6682 规定的一级水。

3.1 试剂

3.1.1 乙酸(CH_3COOH)。

3.1.2 氢氧化钾(KOH)。

3.2 试剂配制

3.2.1 乙酸溶液(3 %)：量取乙酸 3 mL 于 100 mL 容量瓶中，以水稀释至刻度，混匀。

3.2.2 氢氧化钾溶液(1 mol/L)：称取 6 g 氢氧化钾，加入新煮沸过的冷水溶解，并稀释至 100 mL，混匀。

3.3　标准品

3.3.1　亚硝酸钠（$NaNO_2$，CAS号：7632-00-0）：基准试剂，或采用具有标准物质证书的亚硝酸盐标准溶液。

3.3.2　硝酸钠（$NaNO_3$，CAS号：7631-99-4）：基准试剂，或采用具有标准物质证书的硝酸盐标准溶液。

3.4　标准溶液的制备

3.4.1　亚硝酸盐标准储备液（100 mg/L，以 NO_2^- 计，下同）：准确称取 0.1500 g 于 110 ℃～120 ℃干燥至恒重的亚硝酸钠，用水溶解并转移至 1000 mL 容量瓶中，加水稀释至刻度，混匀。

3.4.2　硝酸盐标准储备液（1000 mg/L，以 NO_3^- 计，下同）：准确称取 1.3710 g 于 110 ℃～120 ℃干燥至恒重的硝酸钠，用水溶解并转移至 1000 mL 容量瓶中，加水稀释至刻度，混匀。

3.4.3　亚硝酸盐和硝酸盐混合标准中间液：准确移取亚硝酸根离子（NO_2^-）和硝酸根离子（NO_3^-）的标准储备液各 1.0 mL 于 100 mL 容量瓶中，用水稀释至刻度，此溶液每升含亚硝酸根离子 1.0 mg 和硝酸根离子 10.0 mg。

3.4.4　亚硝酸盐和硝酸盐混合标准使用液：移取亚硝酸盐和硝酸盐混合标准中间液，加水逐级稀释，制成系列混合标准使用液，亚硝酸根离子浓度分别为 0.02 mg/L、0.04 mg/L、0.06 mg/L、0.08 mg/L、0.10 mg/L、0.15 mg/L、0.20 mg/L；硝酸根离子浓度分别为 0.2 mg/L、0.4 mg/L、0.6 mg/L、0.8 mg/L、1.0 mg/L、1.5 mg/L、2.0 mg/L。

4　仪器和设备

4.1　离子色谱仪：配电导检测器及抑制器或紫外检测器，高容量阴离子交换柱，50 μL定量环。

4.2　食物粉碎机。

4.3　超声波清洗器。

4.4　分析天平：感量为 0.1 mg 和 1 mg。

4.5　离心机：转速≥10000 r/min，配 50 mL 离心管。

4.6　0.22 μm 水性滤膜针头滤器。

4.7　净化柱：包括 C_{18} 柱、Ag 柱和 Na 柱或等效柱。

4.8　注射器：1.0 mL 和 2.5 mL。

注：所有玻璃器皿使用前均需依次用 2 mol/L 氢氧化钾和水分别浸泡 4 h，然后用水冲洗 3 次～5 次，晾干备用。

5　分析步骤

5.1　试样预处理

5.1.1　蔬菜、水果：将新鲜蔬菜、水果试样用自来水洗净后，用水冲洗，晾干后，取可食部切碎混匀。将切碎的样品用四分法取适量，用食物粉碎机制成匀浆，备用。如需加水应记录加水量。

5.1.2　粮食及其他植物样品：除去可见杂质后，取有代表性试样 50 g～100 g，粉碎后，过 0.30 mm 孔筛，混匀，备用。

5.1.3 肉类、蛋、水产及其制品：用四分法取适量或取全部，用食物粉碎机制成匀浆，备用。

5.1.4 乳粉、豆奶粉、婴儿配方粉等固态乳制品（不包括干酪）：将试样装入能够容纳2倍试样体积的带盖容器中，通过反复摇晃和颠倒容器使样品充分混匀直到使试样均一化。

5.1.5 发酵乳、乳、炼乳及其他液体乳制品：通过搅拌或反复摇晃和颠倒容器使试样充分混匀。

5.1.6 干酪：取适量的样品研磨成均匀的泥浆状。为避免水分损失，研磨过程中应避免产生过多的热量。

5.2 提取

5.2.1 蔬菜、水果等植物性试样：称取试样 5 g（精确至 0.001 g，可适当调整试样的取样量，以下相同），置于 150 mL 具塞锥形瓶中，加入 80 mL 水，1 mL 1 mol/L 氢氧化钾溶液，超声提取 30 min，每隔 5 min 振摇 1 次，保持固相完全分散。于 75 ℃水浴中放置 5 min，取出放置至室温，定量转移至 100 mL 容量瓶中，加水稀释至刻度，混匀。溶液经滤纸过滤后，取部分溶液于 10000 r/min 离心 15 min，上清液备用。

5.2.2 肉类、蛋类、鱼类、及其制品等：称取试样匀浆 5 g（精确至 0.001 g），置于 150 mL 具塞锥形瓶中，加入 80 mL 水，超声提取 30 min，每隔 5 min 振摇 1 次，保持固相完全分散。于 75 ℃水浴中放置 5 min，取出放置至室温，定量转移至 100 mL 容量瓶中，加水稀释至刻度，混匀。溶液经滤纸过滤后，取部分溶液于 10000 r/min 离心 15 min，上清液备用。

5.2.3 腌鱼类、腌肉类及其他腌制品：称取试样匀浆 2 g（精确至 0.001 g），置于 150 mL具塞锥形瓶中，加入 80 mL 水，超声提取 30 min，每隔 5 min 振摇 1 次，保持固相完全分散。于 75 ℃水浴中放置 5 min，取出放置至室温，定量转移至 100 mL 容量瓶中，加水稀释至刻度，混匀。溶液经滤纸过滤后，取部分溶液于 10000 r/min 离心 15 min，上清液备用。

5.2.4 乳：称取试样 10 g（精确至 0.01 g），置于 100 mL 具塞锥形瓶中，加水 80 mL，摇匀，超声 30 min，加入 3 %乙酸溶液 2 mL，于 4 ℃放置 20 min，取出放置至室温，加水稀释至刻度。溶液经滤纸过滤，滤液备用。

5.2.5 乳粉及干酪：称取试样 2.5 g（精确至 0.01 g），置于 100 mL 具塞锥形瓶中，加水 80 mL，摇匀，超声 30 min，取出放置至室温，定量转移至 100 mL 容量瓶中，加入 3 %乙酸溶液 2 mL，加水稀释至刻度，混匀。于 4 ℃放置 20 min，取出放置至室温，溶液经滤纸过滤，滤液备用。

5.2.6 取上述备用溶液约 15 mL，通过 0.22 μm 水性滤膜针头滤器、C_{18}柱，弃去前面 3 mL（如果氯离子大于 100 mg/L，则需要依次通过针头滤器、C_{18}柱、Ag 柱和 Na 柱，弃去前面 7 mL），收集后面洗脱液待测。固相萃取柱使用前需进行活化，C_{18}柱（1.0 mL）、Ag 柱（1.0 mL）和 Na 柱（1.0 mL），其活化过程为：C_{18}柱（1.0 mL）使用前依次用 10 mL 甲醇、15 mL 水通过，静置活化 30 min。Ag 柱（1.0 mL）和 Na 柱（1.0 mL）用 10 mL 水通过，静置活化 30 min。

5.3 仪器参考条件

5.3.1 色谱柱：氢氧化物选择性，可兼容梯度洗脱的二乙烯基苯-乙基苯乙烯共聚物基质，烷醇基季铵盐功能团的高容量阴离子交换柱，4 mm×250 mm（带保护柱 4 mm×50 mm），或性能相当的离子色谱柱。

5.3.2 淋洗液

5.3.2.1 氢氧化钾溶液，浓度为 6 mmol/L～70 mmol/L；洗脱梯度为 6 mmol/L 30 min，70 mmol/L 5 min，6 mmol/L 5 min；流速 1.0 mL/min。

5.3.2.2 粉状婴幼儿配方食品：氢氧化钾溶液，浓度为 5 mmol/L～50 mmol/L；洗脱梯度为 5 mmol/L 33 min，50 mmol/L 5 min，5 mmol/L 5 min；流速 1.3 mL/min。

5.3.3 抑制器。

5.3.4 检测器：电导检测器，检测池温度为 35 ℃；或紫外检测器，检测波长为 226 nm。

5.3.5 进样体积：50 μL（可根据试样中被测离子含量进行调整）。

5.4 测定

5.4.1 标准曲线的制作

将标准系列工作液分别注入离子色谱仪中，得到各浓度标准工作液色谱图，测定相应的峰高（μS）或峰面积，以标准工作液的浓度为横坐标，以峰高（μS）或峰面积为纵坐标，绘制标准曲线（亚硝酸盐和硝酸盐标准色谱图见图 A.1）。

5.4.2 试样溶液的测定

将空白和试样溶液注入离子色谱仪中，得到空白和试样溶液的峰高（μS）或峰面积，根据标准曲线得到待测液中亚硝酸根离子或硝酸根离子的浓度。

6 分析结果的表述

试样中亚硝酸离子或硝酸根离子的含量按式（1）计算：

$$X=\frac{(\rho-\rho_0)\times V\times f\times 1000}{m\times 1000} \tag{1}$$

式中：X——试样中亚硝酸根离子或硝酸根离子的含量，单位为毫克每千克（mg/kg）；

ρ——测定用试样溶液中的亚硝酸根离子或硝酸根离子浓度，单位为毫克每升（mg/L）；

ρ_0——试剂空白液中亚硝酸根离子或硝酸根离子的浓度，单位为毫克每升（mg/L）；

V——试样溶液体积，单位为毫升（mL）；

f——试样溶液稀释倍数；

1000——换算系数；

m——试样取样量，单位为克（g）。

试样中测得的亚硝酸根离子含量乘以换算系数 1.5，即得亚硝酸盐（按亚硝酸钠计）含量；试样中测得的硝酸根离子含量乘以换算系数 1.37，即得硝酸盐（按硝酸钠计）含量。

结果保留 2 位有效数字。

7 精密度

在重复性条件下获得的两次独立测定结果的绝对差值不得超过算术平均值的 10 %。

8　其他

第一法中亚硝酸盐和硝酸盐检出限分别为 0.2 mg/kg 和 0.4 mg/kg。

第二法　分光光度法

9　原理

亚硝酸盐采用盐酸萘乙二胺法测定，硝酸盐采用镉柱还原法测定。

试样经沉淀蛋白质、除去脂肪后，在弱酸条件下，亚硝酸盐与对氨基苯磺酸重氮化后，再与盐酸萘乙二胺偶合形成紫红色染料，外标法测得亚硝酸盐含量。采用镉柱将硝酸盐还原成亚硝酸盐，测得亚硝酸盐总量，由测得的亚硝酸盐总量减去试样中亚硝酸盐含量，即得试样中硝酸盐含量。

10　试剂和材料

除非另有说明，本方法所用试剂均为分析纯，水为 GB/T 6682 规定的一级水。

10.1　试剂

10.1.1　亚铁氰化钾[$K_4Fe(CN)_6 \cdot 3H_2O$]。

10.1.2　乙酸锌[$Zn(CH_3COO)_2 \cdot 2H_2O$]。

10.1.3　冰乙酸(CH_3COOH)。

10.1.4　硼酸钠($Na_2B_4O_7 \cdot 10H_2O$)。

10.1.5　盐酸(HCl，ρ=1.19 g/mL)。

10.1.6　氨水($NH_3 \cdot H_2O$，25 %)。

10.1.7　对氨基苯磺酸($C_6H_7NO_3S$)。

10.1.8　盐酸萘乙二胺($C_{12}H_{14}N_2 \cdot 2HCl$)。

10.1.9　锌皮或锌棒。

10.1.10　硫酸镉($CdSO_4 \cdot 8H_2O$)。

10.1.11　硫酸铜($CuSO_4 \cdot 5H_2O$)。

10.2　试剂配制

10.2.1　亚铁氰化钾溶液(106 g/L)：称取 106.0 g 亚铁氰化钾，用水溶解，并稀释至 1000 mL。

10.2.2　乙酸锌溶液(220 g/L)：称取 220.0 g 乙酸锌，先加 30 mL 冰乙酸溶解，用水稀释至 1000 mL。

10.2.3　饱和硼砂溶液(50 g/L)：称取 5.0 g 硼酸钠，溶于 100 mL 热水中，冷却后备用。

10.2.4　氨缓冲溶液(pH9.6～9.7)：量取 30 mL 盐酸，加 100 mL 水，混匀后加 65 mL 氨水，再加水稀释至 1000 mL，混匀。调节 pH 至 9.6～9.7。

10.2.5　氨缓冲液的稀释液：量取 50 mL pH9.6～9.7 氨缓冲溶液，加水稀释至 500 mL，混匀。

10.2.6　盐酸(0.1 mol/L)：量取 8.3 mL 盐酸，用水稀释至 1000 mL。

10.2.7　盐酸(2 mol/L)：量取 167 mL 盐酸，用水稀释至 1000 mL。

10.2.8　盐酸（20 %）：量取 20 mL 盐酸，用水稀释至 100 mL。

10.2.9　对氨基苯磺酸溶液（4 g/L）：称取 0.4 g 对氨基苯磺酸，溶于 100 mL 20 %盐酸中，混匀，置棕色瓶中，避光保存。

10.2.10　盐酸萘乙二胺溶液（2 g/L）：称取 0.2 g 盐酸萘乙二胺，溶于 100 mL 水中，混匀，置棕色瓶中，避光保存。

10.2.11　硫酸铜溶液（20 g/L）：称取 20 g 硫酸铜，加水溶解，并稀释至 1000 mL。

10.2.12　硫酸镉溶液（40 g/L）：称取 40 g 硫酸镉，加水溶解，并稀释至 1000 mL。

10.2.13　乙酸溶液（3 %）：量取冰乙酸 3 mL 于 100 mL 容量瓶中，以水稀释至刻度，混匀。

10.3　标准品

10.3.1　亚硝酸钠（$NaNO_2$，CAS 号：7632-00-0）：基准试剂，或采用具有标准物质证书的亚硝酸盐标准溶液。

10.3.2　硝酸钠（$NaNO_3$，CAS 号：7631-99-4）：基准试剂，或采用具有标准物质证书的硝酸盐标准溶液。

10.4　标准溶液配制

10.4.1　亚硝酸钠标准溶液（200 μg/mL，以亚硝酸钠计）：准确称取 0.1000 g 于 110 ℃～120 ℃干燥恒重的亚硝酸钠，加水溶解，移入 500 mL 容量瓶中，加水稀释至刻度，混匀。

10.4.2　硝酸钠标准溶液（200 μg/mL，以亚硝酸钠计）：准确称取 0.1232 g 于 110 ℃～120 ℃干燥恒重的硝酸钠，加水溶解，移入 500 mL 容量瓶中，并稀释至刻度。

10.4.3　亚硝酸钠标准使用液（5.0 μg/mL）：临用前，吸取 2.50 mL 亚硝酸钠标准溶液，置于 100 mL 容量瓶中，加水稀释至刻度。

10.4.4　硝酸钠标准使用液（5.0 μg/mL，以亚硝酸钠计）：临用前，吸取 2.50 mL 硝酸钠标准溶液，置于 100 mL 容量瓶中，加水稀释至刻度。

11　仪器和设备

11.1　天平：感量为 0.1 mg 和 1 mg。

11.2　组织捣碎机。

11.3　超声波清洗器。

11.4　恒温干燥箱。

11.5　分光光度计。

11.6　镉柱或镀铜镉柱。

11.6.1　海绵状镉的制备：镉粒直径 0.3 mm～0.8 mm。

将适量的锌棒放入烧杯中，用 40 g/L 硫酸镉溶液浸没锌棒。在 24 h 之内，不断将锌棒上的海绵状镉轻轻刮下。取出残余锌棒，使镉沉底，倾去上层溶液。用水冲洗海绵状镉 2 次～3 次后，将镉转移至搅拌器中，加 400 mL 盐酸（0.1 mol/L），搅拌数秒，以得到所需粒径的镉颗粒。将制得的海绵状镉倒回烧杯中，静置 3 h～4 h，期间搅拌数次，以除去气泡。倾去海绵状镉中的溶液，并可按下述方法进行镉粒镀铜。

11.6.2 镉粒镀铜

将制得的镉粒置锥形瓶中（所用镉粒的量以达到要求的镉柱高度为准），加足量的盐酸（2 mol/L）浸没镉粒，振荡 5 min，静置分层，倾去上层溶液，用水多次冲洗镉粒。在镉粒中加入 20 g/L 硫酸铜溶液（每克镉粒约需 2.5 mL），振荡 1 min，静置分层，倾去上层溶液后，立即用水冲洗镀铜镉粒（注意镉粒要始终用水浸没），直至冲洗的水中不再有铜沉淀。

11.6.3 镉柱的装填

如图 1 所示，用水装满镉柱玻璃柱，并装入约 2 cm 高的玻璃棉做垫，将玻璃棉压向柱底时，应将其中所包含的空气全部排出，在轻轻敲击下，加入海绵状镉至 8 cm～10 cm[见图 1 装置 a)]或 15 cm～20 cm[见图 1 装置 b)]，上面用 1 cm 高的玻璃棉覆盖。若使用装置 b)，则上置一贮液漏斗，末端要穿过橡皮塞与镉柱玻璃管紧密连接。

如无上述镉柱玻璃管时，可以 25 mL 酸式滴定管代用，但过柱时要注意始终保持液面在镉层之上。

当镉柱填装好后，先用 25 mL 盐酸（0.1 mol/L）洗涤，再以水洗 2 次，每次 25 mL，镉柱不用时用水封盖，随时都要保持水平面在镉层之上，不得使镉层夹有气泡。

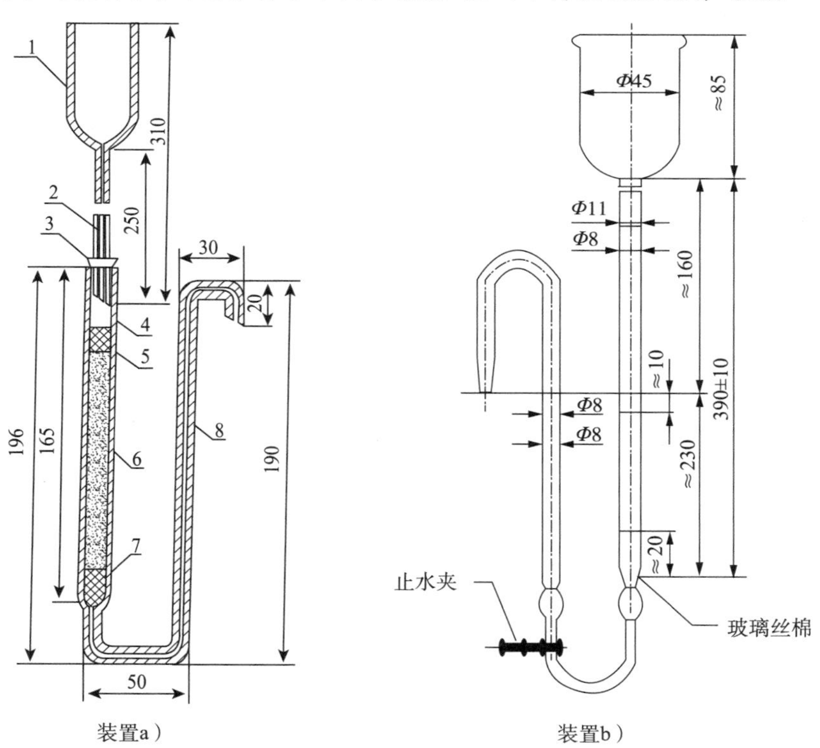

图 1 镉柱示意图

说明：1—贮液漏斗，内径 35 mm，外径 37 mm；2—进液毛细管，内径 0.4 mm，外径 6 mm；3—橡皮塞；4—镉柱玻璃管，内径 12 mm，外径 16 mm；5、7—玻璃棉；6—海绵状镉；8—出液毛细管，内径 2 mm，外径 8 mm

11.6.4 镉柱每次使用完毕后，应先以 25 mL 盐酸（0.1 mol/L）洗涤，再以水洗 2 次，每次 25 mL，最后用水覆盖镉柱。

11.6.5　镉柱还原效率的测定：吸取 20 mL 硝酸钠标准使用液，加入 5 mL 氨缓冲液的稀释液，混匀后注入贮液漏斗，使流经镉柱还原，用一个 100 mL 的容量瓶收集洗提液。洗提液的流量不应超过 6 mL/min，在贮液杯将要排空时，用约 15 mL 水冲洗杯壁。冲洗水流尽后，再用 15 mL 水重复冲洗，第 2 次冲洗水也流尽后，将贮液杯灌满水，并使其以最大流量流过柱子。当容量瓶中的洗提液接近 100 mL 时，从柱子下取出容量瓶，用水定容至刻度，混匀。取 10.0 mL 还原后的溶液（相当 10 μg 亚硝酸钠）于 50 mL 比色管中，以下按 12.3 自“吸取 0.00 mL、0.20 mL、0.40 mL、0.60 mL、0.80 mL、1.00 mL……”起操作，根据标准曲线计算测得结果，与加入量一致，还原效率应大于 95 %为符合要求。

11.6.6　还原效率计算按式(2)计算：

$$X=\frac{m_1}{10}\times 100\ \% \tag{2}$$

式中：X——还原效率，%；

m_1——测得亚硝酸钠的含量，单位为微克(μg)；

10——测定用溶液相当亚硝酸钠的含量，单位为微克(μg)。

如果还原率小于 95 %时，将镉柱中的镉粒倒入锥形瓶中，加入足量的盐酸(2moL/L)中，振荡数分钟，再用水反复冲洗。

12　分析步骤

12.1　试样的预处理

同 5.1。

12.2　提取

12.2.1　干酪：称取试样 2.5 g(精确至 0.001 g)，置于 150 mL 具塞锥形瓶中，加水 80 mL，摇匀，超声 30 min，取出放置至室温，定量转移至 100 mL 容量瓶中，加入 3 %乙酸溶液 2 mL，加水稀释至刻度，混匀。于 4 ℃放置 20 min，取出放置至室温，溶液经滤纸过滤，滤液备用。

12.2.2　液体乳样品：称取试样 90 g(精确至 0.001 g)，置于 250 mL 具塞锥形瓶中，加 12.5 mL 饱和硼砂溶液，加入 70 ℃左右的水约 60 mL，混匀，于沸水浴中加热 15 min，取出置冷水浴中冷却，并放置至室温。定量转移上述提取液至 200 mL 容量瓶中，加入 5 mL 106 g/L 亚铁氰化钾溶液，摇匀，再加入 5 mL 220 g/L 乙酸锌溶液，以沉淀蛋白质。加水至刻度，摇匀，放置 30 min，除去上层脂肪，上清液用滤纸过滤，滤液备用。

12.2.3　乳粉：称取试样 10 g(精确至 0.001 g)，置于 150 mL 具塞锥形瓶中，加 12.5 mL 50 g/L 饱和硼砂溶液，加入 70 ℃左右的水约 150 mL，混匀，于沸水浴中加热 15 min，取出置冷水浴中冷却，并放置至室温。定量转移上述提取液至 200 mL 容量瓶中，加入 5 mL 106 g/L 亚铁氰化钾溶液，摇匀，再加入 5 mL 220 g/L 乙酸锌溶液，以沉淀蛋白质。加水至刻度，摇匀，放置 30 min，除去上层脂肪，上清液用滤纸过滤，弃去初滤液 30 mL，滤液备用。

12.2.4 其他样品：称取 5 g(精确至 0.001 g)匀浆试样(如制备过程中加水，应按加水量折算)，置于 250 mL 具塞锥形瓶中，加 12.5 mL 50 g/L 饱和硼砂溶液，加入 70 ℃左右的水约 150 mL，混匀，于沸水浴中加热 15 min，取出置冷水浴中冷却，并放置至室温。定量转移上述提取液至 200 mL 容量瓶中，加入 5 mL 106 g/L 亚铁氰化钾溶液，摇匀，再加入 5 mL 220 g/L 乙酸锌溶液，以沉淀蛋白质。加水至刻度，摇匀，放置 30 min，除去上层脂肪，上清液用滤纸过滤，弃去初滤液 30 mL，滤液备用。

12.3 亚硝酸盐的测定

吸取 40.0 mL 上述滤液于 50 mL 带塞比色管中，另吸取 0.00 mL、0.20 mL、0.40 mL、0.60 mL、0.80 mL、1.00 mL、1.50 mL、2.00 mL、2.50 mL 亚硝酸钠标准使用液(相当于 0.0 μg、1.0 μg、2.0 μg、3.0 μg、4.0 μg、5.0 μg、7.5 μg、10.0 μg、12.5 μg 亚硝酸钠)，分别置于 50 mL 带塞比色管中。于标准管与试样管中分别加入 2 mL 4 g/L 对氨基苯磺酸溶液，混匀，静置 3 min～5 min 后各加入 1 mL 2 g/L 盐酸萘乙二胺溶液，加水至刻度，混匀，静置 15 min，用 1 cm 比色杯，以零管调节零点，于波长 538 nm 处测吸光度，绘制标准曲线比较。同时做试剂空白。

12.4 硝酸盐的测定

12.4.1 镉柱还原

12.4.1.1 先以 25 mL 氨缓冲液的稀释液冲洗镉柱，流速控制在 3 mL/min～5 mL/min(以滴定管代替的可控制在 2 mL/min～3 mL/min)。

12.4.1.2 吸取 20 mL 滤液于 50 mL 烧杯中，加 5 mL pH9.6～9.7 氨缓冲溶液，混合后注入贮液漏斗，使流经镉柱还原，当贮液杯中的样液流尽后，加 15mL 水冲洗烧杯，再倒入贮液杯中。冲洗水流完后，再用 15 mL 水重复 1 次。当第 2 次冲洗水快流尽时，将贮液杯装满水，以最大流速过柱。当容量瓶中的洗提液接近 100 mL 时，取出容量瓶，用水定容刻度，混匀。

12.4.2 亚硝酸钠总量的测定

吸取 10 mL～20 mL 还原后的样液于 50 mL 比色管中。以下按 12.3 自“吸取 0.00 mL、0.20 mL、0.40 mL、0.60 mL、0.80 mL、1.00 mL……”起操作。

13 分析结果的表述

13.1 亚硝酸盐含量计算

亚硝酸盐(以亚硝酸钠计)的含量按式(3)计算：

$$X_1 = \frac{m_2 \times 1000}{m_3 \times \frac{V_1}{V_0} \times 1000} \tag{3}$$

式中：X_1——试样中亚硝酸钠的含量，单位为毫克每千克(mg/kg)；

m_2——测定用样液中亚硝酸钠的质量，单位为微克(μg)；

1000——转换系数；

m_3——试样质量，单位为克(g)；

V_1——测定用样液体积，单位为毫升(mL)；

V_0——试样处理液总体积，单位为毫升(mL)。

结果保留 2 位有效数字。

13.2　硝酸盐含量的计算

硝酸盐(以硝酸钠计)的含量按式(4)计算：

$$X_2=\left(\frac{m_4\times 100}{m_5\times\frac{V_3}{V_2}\times\frac{V_5}{V_4}\times 1000}-X_1\right)\times 1.232 \qquad (4)$$

式中：X_2——试样中硝酸钠的含量，单位为毫克每千克(mg/kg)；

m_4——经镉粉还原后测得总亚硝酸钠的质量，单位为微克(μg)；

1000——转换系数；

m_5——试样的质量，单位为克(g)；

V_3——测总亚硝酸钠的测定用样液体积，单位为毫升(mL)；

V_2——试样处理液总体积，单位为毫升(mL)；

V_5——经镉柱还原后样液的测定用体积，单位为毫升(mL)；

V_4——经镉柱还原后样液总体积，单位为毫升(mL)；

X_1——由式(3)计算出的试样中亚硝酸钠的含量，单位为毫克每千克(mg/kg)；

1.232——亚硝酸钠换算成硝酸钠的系数。

结果保留 2 位有效数字。

14　精密度

在重复性条件下获得的两次独立测定结果的绝对差值不得超过算术平均值的 10 %。

15　其他

第二法中亚硝酸盐检出限：液体乳 0.06 mg/kg，乳粉 0.5 mg/kg，干酪及其他 1 mg/kg；硝酸盐检出限：液体乳 0.6 mg/kg，乳粉 5 mg/kg，干酪及其他 10 mg/kg。

第三法　蔬菜、水果中硝酸盐的测定紫外分光光度法

16　原理

用 pH9.6～9.7 的氨缓冲液提取样品中硝酸根离子，同时加活性炭去除色素类，加沉淀剂去除蛋白质及其他干扰物质，利用硝酸根离子和亚硝酸根离子在紫外区 219 nm 处具有等吸收波长的特性，测定提取液的吸光度，其测得结果为硝酸盐和亚硝酸盐吸光度的总和，鉴于新鲜蔬菜、水果中亚硝酸盐含量甚微，可忽略不计。测定结果为硝酸盐的吸光度，可从工作曲线上查得相应的质量浓度，计算样品中硝酸盐的含量。

17　试剂和材料

除非另有说明，本方法所用试剂均为分析纯。水为 GB/T 6682 规定的一级水。

17.1　试剂

17.1.1　盐酸(HCl，ρ=1.19 g/mL)。

17.1.2　氨水($NH_3\cdot H_2O$，25 %)。

17.1.3　亚铁氰化钾[$K_4Fe(CN)_6\cdot 3H_2O$]。

17.1.4　硫酸锌($ZnSO_4\cdot 7H_2O$)。

17.1.5　正辛醇($C_8H_{18}O$)。

17.1.6 活性炭(粉状)。

17.2 试剂配制

17.2.1 氨缓冲溶液(pH=9.6~9.7):量取 20 mL 盐酸,加入到 500 mL 水中,混合后加入 50 mL 氨水,用水定容至 1000 mL。调 pH 至 9.6~9.7。

17.2.2 亚铁氰化钾溶液(150 g/L):称取 150 g 亚铁氰化钾溶于水,定容至 1000 mL。

17.2.3 硫酸锌溶液(300 g/L):称取 300 g 硫酸锌溶于水,定容至 1000 mL。

17.3 标准品

17.3.1 硝酸钾(KNO_3,CAS 号:7757-79-1):基准试剂,或采用具有标准物质证书的硝酸盐标准溶液。

17.4 标准溶液配制

17.4.1 硝酸盐标准储备液(500 mg/L,以硝酸根计):称取 0.2039 g 于 110 ℃~120 ℃干燥至恒重的硝酸钾,用水溶解并转移至 250 mL 容量瓶中,加水稀释至刻度,混匀。此溶液硝酸根质量浓度为 500 mg/L,于冰箱内保存。

17.4.2 硝酸盐标准曲线工作液:分别吸取 0 mL、0.2 mL、0.4 mL、0.6 mL、0.8 mL、1.0 mL 和 1.2 mL 硝酸盐标准储备液于 50 mL 容量瓶中,加水定容至刻度,混匀。此标准系列溶液硝酸根质量浓度分别为 0 mg/L、2.0 mg/L、4.0 mg/L、6.0 mg/L、8.0 mg/L、10.0 mg/L 和 12.0 mg/L。

18 仪器和设备

18.1 紫外分光光度计。

18.2 分析天平:感量 0.01 g 和 0.0001 g。

18.3 组织捣碎机。

18.4 可调式往返振荡机。

18.5 pH 计:精度为 0.01。

19 分析步骤

19.1 试样制备

选取一定数量有代表性的样品,先用自来水冲洗,再用水清洗干净,晾干表面水分,用四分法取样,切碎,充分混匀,于组织捣碎机中匀浆(部分少汁样品可按一定质量比例加入等量水),在匀浆中加 1 滴正辛醇消除泡沫。

19.2 提取

称取 10 g(精确至 0.01 g)匀浆试样(如制备过程中加水,应按加水量折算)于 250 mL 锥形瓶中,加水 100 mL,加入 5 mL 氨缓冲溶液(pH=9.6~9.7),2 g 粉末状活性炭。振荡(往复速度为 200 次/min)30 min。定量转移至 250 mL 容量瓶中,加入 2 mL 150 g/L 亚铁氰化钾溶液和 2 mL 300 g/L 硫酸锌溶液,充分混匀,加水定容至刻度,摇匀,放置 5 min,上清液用定量滤纸过滤,滤液备用。同时做空白实验。

19.3 测定

根据试样中硝酸盐含量的高低,吸取上述滤液 2 mL~10 mL 于 50 mL 容量瓶中,加水定容至刻度,混匀。用 1 cm 石英比色皿,于 219 nm 处测定吸光度。

19.4　标准曲线的制作

将标准曲线工作液用1 cm石英比色皿，于219 nm处测定吸光度。以标准溶液质量浓度为横坐标，吸光度为纵坐标绘制工作曲线。

20　结果计算

硝酸盐（以硝酸根计）的含量按式(5)计算：

$$X=\frac{\rho\times V_6\times V_8}{m_6\times V_7} \tag{5}$$

式中：X——试样中硝酸盐的含量，单位为毫克每千克(mg/kg)；

ρ——由工作曲线获得的试样溶液中硝酸盐的质量浓度，单位为毫克每升(mg/L)；

V_6——提取液定容体积，单位为毫升(mL)；

V_8——待测液定容体积，单位为毫升(mL)；

m_6——试样的质量，单位为克(g)；

V_7——吸取的滤液体积，单位为毫升(mL)。

结果保留2位有效数字。

21　精密度

在重复性条件下获得的两次独立测定结果的绝对差值不得超过算术平均值的10 %。

22　其他

第三法中硝酸盐检出限为1.2 mg/kg。

四、《食品安全国家标准　食品中二氧化硫的测定》(GB 5009.34)

1　范围

本标准规定了果脯、干菜、米粉类、粉条、砂糖、食用菌和葡萄酒等食品中总二氧化硫的测定方法。

本标准适用于果脯、干菜、米粉类、粉条、砂糖、食用菌和葡萄酒等食品中总二氧化硫的测定。

2　原理

在密闭容器中对样品进行酸化、蒸馏，蒸馏物用乙酸铅溶液吸收。吸收后的溶液用盐酸酸化，碘标准溶液滴定，根据所消耗的碘标准溶液量计算出样品中的二氧化硫含量。

3　试剂和材料

除非另有说明，本方法所用试剂均为分析纯，水为GB/T 6682规定的三级水。

3.1　试剂

3.1.1　盐酸(HCl)。

3.1.2　硫酸(H_2SO_4)。

3.1.3　可溶性淀粉[$(C_6H_{10}O_5)n$]。

3.1.4　氢氧化钠(NaOH)。

3.1.5　碳酸钠(Na_2CO_3)。

3.1.6 乙酸铅($C_4H_6O_4Pb$)。

3.1.7 硫代硫酸钠($Na_2S_2O_3 \cdot 5H_2O$)或无水硫代硫酸钠($Na_2S_2O_3$)。

3.1.8 碘(I_2)。

3.1.9 碘化钾(KI)。

3.2 试剂配制

3.2.1 盐酸溶液(1+1):量取 50 mL 盐酸,缓缓倾入 50 mL 水中,边加边搅拌。

3.2.2 硫酸溶液(1+9):量取 10 mL 硫酸,缓缓倾入 90 mL 水中,边加边搅拌。

3.2.3 淀粉指示液(10 g/L):称取 1 g 可溶性淀粉,用少许水调成糊状,缓缓倾入 100 mL 沸水中,边加边搅拌,煮沸 2 min,放冷备用,临用现配。

3.2.4 乙酸铅溶液(20 g/L):称取 2 g 乙酸铅,溶于少量水中并稀释至 100 mL。

3.3 标准品

重铬酸钾($K_2Cr_2O_7$),优级纯,纯度≥99 %。

3.4 标准溶液配制

3.4.1 硫代硫酸钠标准溶液(0.1 mol/L):称取 25 g 含结晶水的硫代硫酸钠或 16 g 无水硫代硫酸钠溶于 1000 mL 新煮沸放冷的水中,加入 0.4 g 氢氧化钠或 0.2 g 碳酸钠,摇匀,贮存于棕色瓶内,放置两周后过滤,用重铬酸钾标准溶液标定其准确浓度。或购买有证书的硫代硫酸钠标准溶液。

3.4.2 碘标准溶液[$c(1/2I_2)=0.10$ mol/L]:称取 13 g 碘和 35 g 碘化钾,加水约 100 mL,溶解后加入 3 滴盐酸,用水稀释至 1000 mL,过滤后转入棕色瓶。使用前用硫代硫酸钠标准溶液标定。

3.4.3 重铬酸钾标准溶液[$c(1/6K_2Cr_2O_7)=0.1000$ mol/L]:准确称取 4.9031 g 已于 120 ℃±2 ℃电烘箱中干燥至恒重的重铬酸钾,溶于水并转移至 1000 mL 量瓶中,定容至刻度。或购买有证书的重铬酸钾标准溶液。

3.4.4 碘标准溶液[$c(1/2I_2)=0.01000$ mol/L]:将 0.1000 mol/L 碘标准溶液用水稀释 10 倍。

4 仪器和设备

4.1 全玻璃蒸馏器:500 mL,或等效的蒸馏设备。

4.2 酸式滴定管:25 mL 或 50 mL。

4.3 剪切式粉碎机。

4.4 碘量瓶:500 mL。

5 分析步骤

5.1 样品制备

果脯、干菜、米粉类、粉条和食用菌适当剪成小块,再用剪切式粉碎机剪碎,搅均匀,备用。

5.2 样品蒸馏

称取 5 g 均匀样品(精确至 0.001 g,取样量可视含量高低而定),液体样品可直接吸取 5.00 mL~10.00 mL 样品,置于蒸馏烧瓶中。加入 250 mL 水,装上冷凝装置,冷凝管下端插入预先备有 25 mL 乙酸铅吸收液的碘量瓶的液面下,然后在蒸馏瓶中加入 10 mL

盐酸溶液，立即盖塞，加热蒸馏。当蒸馏液约 200 mL 时，使冷凝管下端离开液面，再蒸馏 1 min。用少量蒸馏水冲洗插入乙酸铅溶液的装置部分。同时做空白试验。

5.3 滴定

向取下的碘量瓶中依次加入 10 mL 盐酸、1 mL 淀粉指示液，摇匀之后用碘标准溶液滴定至溶液颜色变蓝且 30 s 内不褪色为止，记录消耗的碘标准滴定溶液体积。

6 分析结果的表述

试样中二氧化硫的含量按式(1)计算：

$$X=\frac{(V-V_0)\times 0.032\times c\times 1000}{m} \quad (1)$$

式中：X——试样中的二氧化硫总含量（以 SO_2 计），单位为克每千克(g/kg)或克每升(g/L)；

V——滴定样品所用的碘标准溶液体积，单位为毫升(mL)；

V_0——空白试验所用的碘标准溶液体积，单位为毫升(mL)；

0.032——1mL 碘标准溶液[$c(1/2I_2)=1.0$ mol/L]相当于二氧化硫的质量，单位为克(g)；

c——碘标准溶液浓度，单位为摩尔每升(mol/L)；

m——试样质量或体积，单位为克(g)或毫升(mL)。

计算结果以重复性条件下获得的两次独立测定结果的算术平均值表示，当二氧化硫含量≥1 g/kg(L)时，结果保留三位有效数字；当二氧化硫含量<1 g/kg(L)时，结果保留两位有效数字。

7 精密度

在重复性条件下获得的两次独立测试结果的绝对差值不得超过算术平均值的 10 %。

8 其他

当取 5 g 固体样品时，方法的检出限(LOD)为 3.0 mg/kg，定量限为 10.0 mg/kg；当取 10 mL 液体样品时，方法的检出限(LOD)为 1.5 mg/L，定量限为 5.0 mg/L。

生活小常识

什么是塑化剂，塑化剂对人体有什么危害？

编者收集整理

塑化剂（增塑剂）是一种高分子材料助剂，其种类繁多，最常见的品种是 DEHP(商业名称 DOP)，DEHP 是指邻苯二甲酸二(2-乙基己基)酯，是一种有毒的化工业用塑料软化剂，属无色、无味液体，添加后可让微粒分子更均匀散布，因此能增加延展性、弹性及柔软度，常作为沙发、汽车座椅、橡胶管、化妆品及玩具的原料，属于工业添加剂，会对人体造成损害。它是一种被广泛使用的增塑剂，在塑料加工中添加这种物质，可以使其柔韧性增强，容易加工。

某厂商用这种常见的增塑剂 DEHP 代替棕榈油配制的有毒起云剂也能产生和乳化剂相似的增稠效果。但是，业内人士指出，DEHP 作为增塑剂并不属于食品香料原料，因此，

DEHP不仅不能被添加在食物中，甚至不允许使用在食品包装上。

正规的起云剂应使用阿拉伯胶、乳化剂、棕榈油或葵花油以及淀粉等食品添加剂，按照一定配方和步骤复配而成，并计算到合适的用量用于食品中。其作用是在溶液中起到乳化、增稠、稳定作用，使不易相融的水油溶液能够形成混合均匀的胶状分散体。常用在运动饮料、果汁、茶饮、果浆果酱类、粉状胶体中来防止出现沉淀，并能增加口感。是一种合法的复合食品添加剂。和老百姓常说的浑浊剂、乳浊剂、增浊剂作用类似。

但因棕榈油价格昂贵，售价为塑化剂的五倍，某香料公司遂以便宜却有毒性的塑化剂取代，加入到"起云剂"中。

塑化剂的分子结构类似荷尔蒙，被称为"环境荷尔蒙"，若长期食用可能引起生殖系统异常，甚至造成畸胎、癌症的危险。

案例题

1. 小张说："食品添加剂一定有害！天然的物质一定无害！"小张说的准确吗？

2. 看了有关"三聚氰胺奶粉""牛肉膏""染色馒头""瘦肉精"等食品安全事件的报道后，因"病灶"与其含有的一些添加物有关，小张在一个辩论会上将矛头指向食品添加剂，认为食品添加剂是"罪魁祸首"，"食品添加剂已经成为食品安全的最大威胁"。小张的观点正确吗？

3. 某馒头生产企业在馒头中添加了食品添加剂柠檬黄，请按GB 2760的规定，分析食品添加剂柠檬黄能否用在馒头的生产加工中？

4. 在豆制品的生产加工中，某企业不知道卤制半干豆腐是否能使用食品添加剂焦糖色。请你按GB 2760的规定，帮企业解决这个问题。

5. 某食品生产企业在生产果蔬汁时采用新红和胭脂红二种红色着色剂，着色剂的配料比分别0.03 g/kg、0.04 g/kg，请问该企业是否符合GB 2760的使用规定。

第七章 食品中有害元素检验

第一节 概 述

任何食品都有一定量的金属和非金属元素，各种食品中所含有的元素已知约有80余种，从人体对其需要量而言，每日膳食需要量在100 mg以上的，称为常量元素，如钙、磷、镁、钾、钠等；另一类在代谢上同样重要，但含量相对较少，常称为微量元素，微量元素的含量常低于50 mg/kg。从营养的角度可分为必需元素、非必需元素和有害元素三类。必需元素，其中包括铁、铜、碘、锌、锰等；非必需元素，包括铝、锡、镍、铬等；有害元素，包括砷、铅、镉、汞和锑等。

微量元素在机体组织中的作用浓度很低，往往用百万分之一或十亿分之一甚至更低的量来描述，故需要从食物中摄取的量也很低。微量元素的浓度与功能形式常严格限定在一定的范围内，而且有的元素的这个范围相当窄。微量元素在这个特定的范围内可以使组织的结构和功能的完整性得以保持，当其含量低于机体需要的量时，组织的功能会减弱或不健全，甚至会受到损害并处于不健康的状态之中。但如果含量高于这一特定的范围，则可能导致不同程度的毒性反应，严重的可以引起死亡。例如，碘是合成甲状腺激素的重要微量元素，甲状腺激素通过血液作用于器官，尤其是肝、肾、肌肉、心脏和发育中的大脑，碘缺乏与碘过量，都不利于健康。碘缺乏可影响儿童身高、体重、骨骼、肌肉的增长和性发育，其中对于胎儿和婴幼儿脑发育与神经系统发育形成的操作不可逆转。碘过量可以引起中毒及发育不良，尤其是对于婴幼儿的影响更为明显。

无论是人体必需的微量元素还是有害元素，在食品卫生要求中都有一定的限量规定（以砷元素为例，见表7-1、表7-2），从食品理化分析的角度统称为限量元素。我国食品安全国家标准中对这类元素的含量有严格的规定，详见GB 2762—2017《食品安全国家标准 食品中污染物限量》。此标准规定了食品中铅、镉、汞、砷、锡、镍、铬、亚硝酸盐、硝酸盐、苯并[a]芘、N-二甲基亚硝胺、多氯联苯、3-氯-1,2-丙二醇的限量指标。

表7-1 要求测定砷元素的部分食品

元素		食品品种
砷	总砷	谷物（稻谷[a]除外）、谷物碾磨加工品（糙米、大米除外）、蔬菜、食用菌及其制品、肉及肉制品、乳及乳制品、油脂及其制品、调味品（水产调味品、藻类调味品和香辛料类除外）、食糖及淀粉糖、包装引用水、可可制品、巧克力和巧克力制品、辅食营养补充品、运动营养食品
	无机砷	稻谷、水产动物、婴幼儿谷类辅助食品、婴幼儿谷类罐装辅助食品
[a] 稻谷以糙米计。		

表 7－2　食品中砷限量指标

食品类别(名称)	限量(以 As 计) mg/kg	
	总砷	无机砷[b]
谷物及其制品		
谷物(稻谷[a] 除外)	0.5	—
谷物碾磨加工品(糙米、大米除外)	0.5	—
稻谷[a]、糙米、大米	—	0.2
水产动物及其制品(鱼类及其制品除外)	—	0.5
鱼类及其制品	—	0.1
蔬菜及其制品		
新鲜蔬菜	0.5	—
食用菌及其制品	0.5	—
肉及肉制品	0.5	—
乳及乳制品		
生乳、巴氏杀菌乳、灭菌乳、调制乳、发酵乳	0.1	—
乳粉	0.5	—
油脂及其制品	0.1	—
调味品(水产调味品、藻类调味品和香辛料类除外)	0.5	—
水产调味品(鱼类调味品除外)	—	0.5
鱼类调味品	—	0.1
食糖及淀粉糖	0.5	—
饮料类		
包装饮用水	0.01 mg/L	—
可可制品、巧克力和巧克力制品以及糖果		
可可制品、巧克力和巧克力制品	0.5	—
特殊膳食用食品		
婴幼儿辅助食品		
婴幼儿谷类辅助食品(添加藻类的产品除外)	—	0.2
添加藻类的产品	—	0.3
婴幼儿罐装辅助食品(以水产及动物肝脏为原料的产品除外)	—	0.1
以水产及动物肝脏为原料的产品	—	0.3
辅食营养补充品	0.5	—
运动营养食品		
固态、半固态或粉状	0.5	—
液态	0.2	—
孕妇及乳母营养补充食品	0.5	—

[a] 稻谷以糙米计。

[b] 对于制定无机砷限量的食品可先测定其总砷，当总砷水平不超过无机砷限量值时，不必测定无机砷；否则，需再测定无机砷。

第二节　砷的测定

砷常用于生产农药和药物等。环境中砷的污染主要来自开采、焙烧、冶炼含砷矿石以及施用含砷农药等。水产品和其他食品由于受水质或其他原因的砷污染而含有一定量的砷，元素砷不溶于水，无毒；三价砷化合物，例如三氯化砷的毒性较五价砷化合物大。五价砷，只有在体内被还原成三价砷才能发挥其毒性作用。砷的化合物，例如砒霜（三氧化二砷）、三氯化砷、亚砷酸、砷化氢等皆有剧毒。人体摄入微量砷化合物，在体内有积累中毒作用，能引起多发性神经炎、皮肤感觉和触觉减退等症状。长期吸入砷化合物，如含砷农药粉尘可引起诱发性肺癌和呼吸道肿瘤。所以在各种食品中砷含量都有限量规定，一般为 0.1～1.0 mg/kg。

现行国家标准 GB 5009.11—2014《食品安全国家标准　食品中总砷和无机砷的测定》中总砷的测定有三种方法，适用于各类食品中总砷的测定。具体方法有：(1)电感耦合等离子体质谱法（称样量为 1 g，定容体积为 25 mL 时检出限为 0.003 mg/kg）、氢化物发生原子荧光光度法（称样量为 1 g，定容体积为 25 mL 时检出限为 0.010 mg/kg）、银盐法（称样量为 1 g，定容体积为 25 mL 时检出限为 0.2 mg/kg）。

无机砷的测定有二种方法，适用于稻谷、水产动物、婴幼儿谷类辅助食品、婴幼儿谷类罐装辅助食品中无机砷（包括砷酸盐和亚砷酸盐）含量的测定，具体方法有：液相色谱-原子荧光光谱法（称样量为 1 g，定容体积为 20 mL 时，检出限为：稻米 0.02 mg/kg、水产动物 0.03 mg/kg、婴幼儿辅助食品 0.02 mg/kg）；(2)液相色谱-电感耦合等离子质谱法（称样量为1 g，定容体积为 20 mL 时，检出限为：稻米 0.01 mg/kg、水产动物 0.02 mg/kg、婴幼儿辅助食品 0.01 mg/kg）。

第三节　铅的测定

铅的主要污染来自于交通、有色金属冶炼燃烧以及汽车油燃烧等排出的含铅废气。大气中的铅可直接进入人体或由于雨淋洗或微尘散落而污染农作物、水面和表面土壤，再由动植物转入人体。罐头食品由于镀锡薄板焊锡部分溶出或食品加工过程中造成的铅污染是罐头食品中含铅的原因。铅不是人类营养所必需的元素，经口摄入过量的铅可发生中毒。若通过各种途径长期摄入铅则引起铅慢性中毒，症状主要有神经衰弱症、中毒性多发生性神经炎和中毒性脑病等。铅是具有蓄积性的有害元素，所以对食品中铅的含量控制比较严格，食品中铅的允许含量为 0.1～3.0 mg/kg（见表 7－3、表 7－4）。

表 7-3 要求测定铅元素的部分食品

元素	食品类别
铅	谷物及其制品、蔬菜及其制品、水果及其制品、食用菌及其制品、豆类及其制品、豆类及其制品、藻类及其制品、坚果及籽类、肉及肉制品、水产动物及其制品、水产动物及其制品、乳及乳制品、蛋及蛋制品、油脂及其制品、调味品、食糖及淀粉糖、淀粉及淀粉制品、焙烤食品、饮料类、酒类、可可制品、巧克力和巧克力制品以及糖果、特殊膳食用食品、其他类

表 7-4 食品中铅限量指标

食品类别(名称)	限量(以 Pb 计) mg/kg
谷物及其制品[a][麦片、面筋、八宝粥罐头、带馅(料)面米制品除外]	0.2
麦片、面筋、八宝粥罐头、带馅(料)面米制品	0.5
蔬菜及其制品	
新鲜蔬菜(芸薹类蔬菜、叶菜蔬菜、豆类蔬菜、薯类除外)	0.1
芸薹类蔬菜、叶菜蔬菜	0.3
豆类蔬菜、薯类	0.2
蔬菜制品	1.0
水果及其制品	
新鲜水果(浆果和其他小粒水果除外)	0.1
浆果和其他小粒水果	0.2
水果制品	1.0
食用菌及其制品	1.0
豆类及其制品	
豆类	0.2
豆类制品(豆浆除外)	0.5
豆浆	0.05
藻类及其制品(螺旋藻及其制品除外)	1.0(以干重计)
螺旋藻及其制品	2.0(以干重计)
坚果及籽类(咖啡豆除外)	0.2
咖啡豆	0.5
肉及肉制品	
肉类(畜禽内脏除外)	0.2
畜禽内脏	0.5
肉制品	0.5
水产动物及其制品	
鲜、冻水产动物(鱼类、甲壳类、双壳类除外)	1.0(去除内脏)
鱼类、甲壳类	0.5
双壳类	1.5
水产制品(海蜇制品除外)	1.0
海蜇制品	2.0

续表

食品类别(名称)	限量(以 Pb 计) mg/kg
乳及乳制品(生乳、巴氏杀菌乳、灭菌乳、发酵乳、调制乳、乳粉、非脱盐乳清粉除外)	0.3
生乳、巴氏杀菌乳、灭菌乳、发酵乳、调制乳	0.05
乳粉、非脱盐乳清粉	0.5
蛋及蛋制品(皮蛋、皮蛋肠除外)	0.2
皮蛋、皮蛋肠	0.5
油脂及其制品	0.1
调味品(食用盐、香辛料类除外)	1.0
食用盐	2.0
香辛料类	3.0
食糖及淀粉糖	0.5
淀粉及淀粉制品	
食用淀粉	0.2
淀粉制品	0.5
焙烤食品	0.5
饮料类(包装饮用水、果蔬汁类及其饮料、含乳饮料、固体饮料除外)	0.3 mg/L
包装饮用水	0.01 mg/L
果蔬汁类及其饮料[浓缩果蔬汁(浆)除外]、含乳饮料	0.05 mg/L
浓缩果蔬汁(浆)	0.5 mg/L
固体饮料	1.0
酒类(蒸馏酒、黄酒除外)	0.2
蒸馏酒、黄酒	0.5
可可制品、巧克力和巧克力制品以及糖果	0.5
冷冻饮品	0.3
特殊膳食用食品	
婴幼儿配方食品(液态产品除外)	0.15(以粉状产品计)
液态产品	0.02(以即食状态计)
婴幼儿辅助食品	
婴幼儿谷类辅助食品(添加鱼类、肝类、蔬菜类的产品除外)	0.2
添加鱼类、肝类、蔬菜类的产品	0.3
婴幼儿罐装辅助食品(以水产及动物肝脏为原料的产品除外)	0.25
以水产及动物肝脏为原料的产品	0.3
特殊医学用途配方食品(特殊医学用途婴儿配方食品涉及的品种除外)	
10 岁以上人群的产品	0.5(以固态产品计)
1 岁～10 岁人群的产品	0.15(以固态产品计)
辅食营养补充品	0.5
运动营养食品	
固态、半固态或粉状	0.5
液态	0.05
孕妇及乳母营养补充食品	0.5

续表

食品类别(名称)	限量(以 Pb 计) mg/kg
其他类	
果冻	0.5
膨化食品	0.5
茶叶	5.0
干菊花	5.0
苦丁茶	2.0
蜂产品	
蜂蜜	1.0
花粉	0.5
[a]稻谷以糙米计。	

GB 5009.12—2017《食品安全国家标准 食品中铅的测定》中铅的测定有四种方法:石墨炉原子吸收光谱法(以称样量 0.5 g 或 0.5 mL 计算,检出限为 0.02 mg/kg 或 0.02 mg/L)、电感耦合等离子体质谱法(固体样品以 0.5 g 定容体积至 50 mL,检出限为 0.02 mg/kg,液体样品以 2 mL 定容体积至 50 mL 计算,检出限为 0.005 mg/kg)、火焰原子吸收光谱法(以称样量 0.5 g或 0.5 mL 计算,检出限为 0.4 mg/kg 或 0.4 mg/L)、二硫腙比色法(以称样量 0.5 g 或 0.5 mL计算,检出限为 1 mg/kg 或 1 mg/L)。

第四节 镉的测定

镉与锌是共存的金属。镉和其化合物应用于冶炼、高级磷肥和化学工业中,所以镉的污染主要来自于冶炼、电镀、印刷、塑料等工业中的废水、废汽、废渣中。镉是毒性很强的金属,不是人体必需的元素。新生婴儿的肾脏中几乎不含镉,但随着年龄的增大而逐渐积累,主要贮存于肝、肾组织中。镉的慢性中毒主要造成肝、肾和骨组织损害,症状表现为疲劳、嗅觉失灵和血红蛋白降低等。中毒严重者产生骨痛病,钙质严重缺乏和骨质软化萎缩,而引起骨折、卧床不起,疼痛不止,最后可发生其他并发症而死亡。食品中镉含量受自然环境影响,一般食品中镉含量为 0.02~1.00 mg/kg(见表 7-5、表 7-6)。

表 7-5 要求测定镉元素的部分食品

元素	食品品种
镉	饮料类、谷物及其制品、蔬菜及其制品、水果及其制品、食用菌及其制品、豆类、花生、肉及肉制品、水产动物及其制品、蛋及蛋制品、调味品

表 7-6　食品中镉限量指标

食品类别(名称)	限量(以 Cd 计) mg/kg
谷物及其制品	
谷物(稻谷[a]除外)	0.1
谷物碾磨加工品(糙米、大米除外)	0.1
稻谷[a]、糙米、大米	0.2
蔬菜及其制品	
新鲜蔬菜(叶菜蔬菜、豆类蔬菜、块根和块茎蔬菜、茎类蔬菜、黄花菜除外)	0.05
叶菜蔬菜	0.2
豆类蔬菜、块根和块茎蔬菜、茎类蔬菜(芹菜除外)	0.1
芹菜、黄花菜	0.2
水果及其制品	
新鲜水果	0.05
食用菌及其制品	
新鲜食用菌(香菇和姬松茸除外)	0.2
香菇	0.5
食用菌制品(姬松茸制品除外)	0.5
豆类及其制品	
豆类	0.2
坚果及籽类	
花生	0.5
肉及肉制品	
肉类(畜禽内脏除外)	0.1
畜禽肝脏	0.5
畜禽肾脏	1.0
肉制品(肝脏制品、肾脏制品除外)	0.1
肝脏制品	0.5
肾脏制品	1.0
水产动物及其制品	
鲜、冻水产动物	
鱼类	0.1
甲壳类	0.5
双壳类、腹足类、头足类、棘皮类	2.0(去除内脏)
水产制品	
鱼类罐头(凤尾鱼、旗鱼罐头除外)	0.2
凤尾鱼、旗鱼罐头	0.3
其他鱼类制品(凤尾鱼、旗鱼制品除外)	0.1
凤尾鱼、旗鱼制品	0.3
蛋及蛋制品	0.05

续表

食品类别(名称)	限量(以 Cd 计) mg/kg
调味品	
食用盐	0.5
鱼类调味品	0.1
饮料类	
包装饮用水(矿泉水除外)	0.005 mg/L
矿泉水	0.003 mg/L
[a]稻谷以糙米计。	

GB 5009.15—2014《食品安全国家标准　食品中镉的测定》只有一种方法,即石墨炉原子吸收光谱法(检出限为 0.001 mg/kg)。

第五节　汞的测定

汞又称水银,在常温下呈液体状态。它广泛地应用于皮毛加工、制药和电解食盐以及化工厂作为触媒等。所以当工业废水大量倾注入江河时,造成了土壤和水中含汞量的增加。植物和水产鱼类等生物体由于生活在被污染的土壤和水质中而不断地富集了汞。在生物体内能够从无机汞转化成有机汞(即甲基汞),而且以有机汞形式积累在生物体内。

汞并不是人体内的必需元素。但汞及其化合物可以通过呼吸道、消化道和皮肤进入到人体内。金属汞在人体内被氧化成离子后才能产生毒性。大量误服含汞化合物或含汞药物会引起急性中毒,如呕吐和腹泻等。长期吸入较浓的汞蒸汽或含汞较高的食品会引起慢性中毒,如神经衰弱等症。而甲基化的甲基汞比无机汞毒性更大,它是一种亲脂性高毒物,能引起中枢神经系统,如脑、脊髓、肾、肝脏等疾病。水俣病就是其中一个病例。

GB 5009.17—2014《食品安全国家标准　食品中总汞及有机汞的测定》中总汞的测定有两种方法:原子荧光光谱分析法(当样品称样量为 0.5 g,定容体积为 25 mL 时检出限为 0.003 mg/kg)、冷原子吸收光谱法(当样品称样量为 0.5 g,定容体积为 25 mL 时,检出限为为 0.002 mg/kg);甲基汞测定只有一种方法,即液相色谱-原子荧光光谱联用法(当样品称样量为 1 g,定容体积为 10 mL 时,检出限为 0.025 mg/kg)(见表 7-7、表 7-8)。

表 7-7　要求测定汞元素的部分食品

元素		食品品种
汞	总汞	谷物及其制品、蔬菜及其制品、食用菌及其制品,肉类、乳及乳制品、蛋及蛋制品、调味品、饮料类、特殊膳食用食品
	甲基汞	水产动物及其制品

表 7-8 食品中汞限量指标

食品类别(名称)	限量(以 Hg 计) mg/kg	
	总汞	甲基汞[a]
水产动物及其制品(肉食性鱼类及其制品除外) 　肉食性鱼类及其制品	— —	0.5 1.0
谷物及其制品 　稻谷[b]、糙米、大米、玉米、玉米面(渣、片)、小麦、小麦粉	0.02	—
蔬菜及其制品 　新鲜蔬菜	0.01	—
食用菌及其制品	0.1	—
肉及肉制品 　肉类	0.05	—
乳及乳制品 　生乳、巴氏杀菌乳、灭菌乳、调制乳、发酵乳	0.01	—
蛋及蛋制品 　鲜蛋	0.05	—
调味品 　食用盐	0.1	—
饮料类 　矿泉水	0.001 mg/L	—
特殊膳食用食品 　婴幼儿罐装辅助食品	0.02	—

[a] 水产动物及其制品可先测定总汞，当总汞水平不超过甲基汞限量值时，不必测定甲基汞；否则，需再测定甲基汞。
[b] 稻谷以糙米计。

生活小常识

喝纯牛奶是否可解重金属中毒？

生活中存在食用或饮用的受污染食物或水源使得老百姓体内重金属富集的现象。比如有些地区的水稻种植区附近有镉矿，那么当地出产的大米中可能就有镉，长期食用这种含镉大米就有可能产生镉金属中毒；再比如日光灯管或者水银温度计破碎了，汞被人体吸入后引起汞中毒，这也是重金属中毒。那么，在重金属中毒后，人们真的可以用喝纯牛奶的方法来解毒吗？

重金属进入人体，一般会和人体的某些酶（大部分酶都是蛋白质）结合，影响人的正常生理活动。比如重金属汞可与蛋白质及酶系统中的巯基（—SH，也就是氢硫基）结合，而氢硫基是蛋白质中的半胱氨酸的侧链。

牛奶里含有丰富的营养成分，水分是主要组成部分，约占85 %左右。除水分外，纯牛奶中还有含有蛋白质(3 %左右)，这些蛋白质富含有一种叫做半胱氨酸的物质，它能起到一定的解重金属中毒的作用。

重金属中毒后喝纯牛奶，重金属就会跟外来蛋白质(比如牛奶)更容易结合(重金属与牛奶蛋白质成分中的半胱氨酸结合)，使得重金属尽量少地与人体的功能蛋白结合，从而起到保护人体自身蛋白质的作用。但是要注意，牛奶只对轻微的重金属中毒是有效的，例如，日常生活中在不知情的情况下摄入微量的铅、镉等重金属，每天喝纯牛奶可防止铅、镉在人体内富集，这种情况下牛奶确实有解毒的功能。但如果中毒太深、情况严重，必须到正规医院寻求最佳治疗。(转自科学启蒙)

案例题

1.2017 年 7 月 21 日，河北省雄安区安新县公安局在工作中发现，该县李某在未办理危险废物经营许可证的情况下，在其租赁的厂房内，将 23 t 含有废铅膏和废酸液的废旧铅酸蓄电池壳露天堆放在无防渗措施的地面上，对土壤造成污染，同时查明 2017 年 5 月至 7 月间，李某采用粉碎清洗的方式处置废旧铅酸蓄电池壳 3700 余千克，经环保部门认定，该废旧铅酸蓄电池壳属于危险废物。李某的行为触犯了《中华人民共和国刑法》第三百三十八条之规定，涉嫌污染环境罪。2017 年 7 月 24 日，犯罪嫌疑人李某被安新县公安局依法刑事拘留，8 月 4 日被安新县人民检察院依法批准逮捕。

请结合上述案例，试述铅污染对人体的危害及如何在生活中防止铅中毒。

2.2012 年 2 月，广西龙江河突发环境事件应急指挥部召开新闻发布会通报称，某材料厂没有建设污染防治设施，利用溶洞恶意排放高浓度镉污染物的废水，存在非法生产、非法经营、违法排污行为，某冶化厂通过岩溶落水洞将镉浓度超标的废水排放入龙江河，存在违法排污行为，两家企业与龙江河污染事件有直接关系，分别违反了《中华人民共和国环境影响评价法》《中华人民共和国水污染防治法》等相关法律。你知道镉污染对人体的危害吗?

第八章　食品微生物检验

第一节　微生物概论

一、微生物的概念

1. 微生物

微生物是指大量的、多样的、一般借助显微镜才能看见的微小生物的总称。微生物不是生物分类学中的名词，而是所有微小生物的统称。

微生物通常包括原核类的细菌、放线菌、支原体、衣原体、立克次氏体和蓝细菌，真核类的真菌（霉菌、酵母菌）、原生动物和显微藻类，以及非细胞类的病毒和类病毒等。

2. 微生物学

微生物学就是研究微生物的形态结构、生长繁殖、遗传、变异、生理生化等特征以及微生物在自然界中的分布、作用和与人类及其他生物相互关系的一门学科，通过对各种微生物的研究，达到利用、控制改造它们、使其为人类造福的目的。

二、微生物的五大共性

1. 体积小，面积大

微生物体积小，所以比表面积大，因而能与环境之间迅速进行物质交换，以最大的代谢速率进行营养物质吸收和废弃物排泄，代谢强度是高等生物的几千甚至上万倍。

2. 吸收多，转化快

研究表明，发酵乳糖的细菌 1h 内能分解其自身重量的 1000 倍甚至 10000 倍的乳糖。

3. 生长旺，繁殖快

微生物具有极高的生长和繁殖速度。在适宜的条件下，大肠杆菌 20min 可以繁殖一代。微生物的这一特性在发酵工业上具有重要的实践意义，主要体现在它的生产效率高、发酵周期短上。

4. 适应强，易变异

为了适应多变的环境条件，微生物在其长期的进化过程中产生许多代谢调控机制，甚至对于恶劣的极端环境，微生物也能适应。

微生物个体通常都是单倍体，因为繁殖快即使变异频率很低也可以在短时间内产生大量变异的后代，常见的是基因突变。

5. 分布广，种类多

微生物无孔不入，只要条件合适，就会繁殖。地球上除了火山的中心区域外，从土壤圈、水圈、大气圈甚至岩石圈，到处都有微生物家族的踪迹。可以认为微生物是生物圈上限和下限的开拓者和各种记录的保持者。

三、人们对微生物世界的认识过程

1. 感性认识阶段——“不识庐山真面目”

人们利用微生物已有数千年的历史，早到新石器时代，在食物足够且有剩余时，人类就开始用各种方式保藏食品，出现酿造活动。公元前3500年古埃及有了利用微生物制造乳制品，如干酪、酸乳酪的记载。

尽管酿造等技术人类早已熟悉，但在当时对其原理却不得而知，仅是一种感性认识，在显微镜未发明之前，他们无法知道或证明微生物的存在。

2. 形态学发展阶段——显微技术

1675年，荷兰科学家列文虎克(Leeuwenhock)发明了显微镜，能放大200～300倍。他利用自制的显微镜观察了污水、牙垢、腐败有机物等，直接看到了微小生物，并作了相当正确地描述。他绘制的图现在还保存着，并且仍可很清楚地辨别杆菌、链球菌和其他独特的形态，观察时期持续近200年。这一时期微生物学无多大进展。

3. 生理学阶段——无菌操作技术、纯化分离技术

19世纪60年代，欧洲一些国家的酿酒工业和蚕桑业发生了酒变质和蚕病危害等问题，进一步推动了对微生物的研究，促进了卫生学的兴起。其中法国人巴斯德(Pasteur)与德国人柯赫(Koch)起了积极的作用。

巴斯德的主要成就是：

(1) 否定了自然发生学说；

(2) 证明发酵是微生物引起的；

(3) 巴斯德消毒法；

(4) 证实传染病是由病原微生物引起的，并提出接种疫苗的方法预防传染病。

柯赫(Koch)发明了细菌纯培养、染色、分离等技术，以及对病原菌的研究，创立了确定某一微生物是否为相应疾病病原的基本原则——柯赫法则。

4. 现代微生物的发展

现代技术的发展，促进了微生物学的发展。

1929年弗莱明发现了青霉素——抗菌工业的兴起——发酵工业的兴起。

20世纪30年代电子显微镜的问世——病毒学得以大发展。

基因工程使人们可以按照需要去定向改造和创建新的微生物类型，使获得新型微生物产品成为可能。

四、微生物与食品安全性

1. 食品的微生物污染

食品的微生物污染是指食品所受外来的多种微生物的污染，这些微生物主要有细菌、霉菌以及它们产生的毒素等，它们可直接或间接通过各种途径使食品受污染。食品的污染源如下。

（1）土壤

土壤是微生物的大本营。土壤中存在着大量的有机质和和无机质，为微生物提供了极为丰富的营养；土壤具有一定的持水性，满足了微生物对水分的要求；各种土壤的酸碱度多接近中性，渗透压为303.9～607.8kPa，基本上适合微生物的需要；土壤的团粒结构调节了空气和水分的含量，适合多种好氧和厌氧微生物的生长；温度一般为10～30 ℃，适宜微生物生长，土壤的覆盖保护微生物免遭紫外线的杀害，为微生物的生长、繁殖提供了有利条件。所以土壤素有“微生物的天然培养基”之称。土壤中的微生物种类多，有细菌、放线菌、霉菌、酵母、藻类、原生动物等。其中细菌占有较大比例，作为食品污染源危害性最大。其次是霉菌、放线菌、酵母，它们主要生存在土壤的表层。

（2）空气

空气中虽有微生物存在，但空气并不是微生物的繁殖场所，因为空气中缺乏营养物质。但空气中仍然存在着数量不等、种类不同的微生物。这主要是由于其他环境中微生物进入空气的缘故。在空气中存活时间较长的微生物主要有各种芽孢杆菌、小球菌、霉菌、酵母的各种孢子等。有时也出现一些致病菌，如结核杆菌、炭疽杆菌、流感嗜血杆菌、金黄色葡萄球等。

（3）水

各种水域具有微生物生存的一定条件，自然界的水源中都含有不同量的无机物质和有机物质。不同性质的水源中可能含有不同类群的微生物。一般来说水中的微生物的数量取决于水中的有机质的含量。水中的微生物可分为两大类：一类为清水型水生微生物，如硫细菌、铁细菌、衣细菌及含光合色素的蓝细菌、绿硫细菌、紫硫细菌等化能自养类型；另一类为腐败型的水生微生物，它们是随腐败的有机质进入水体，获得营养而大量繁殖的微生物类群，是造成水体污染、传播疾病的重要原因，主要是革兰氏阴性杆菌，如变形杆菌、大肠杆菌、产气杆菌及各种芽孢杆菌、弧菌和螺菌。污染水源的来源有土壤、污水、废物、人畜排泄物。

（4）人和动物

人及动物因生活在一定的自然环境中，体表会受到周围环境中微生物的污染。健康的人体和动物的消化道、上呼吸道均有一定种类的微生物存在。当人和动物有病原微生物寄生而造成病害时，患者体内就会有大量的病原微生物通过呼吸道和消化道排泄物向体外排出，其中少数菌是人畜共患病原微生物，如沙门氏菌、结核杆菌、布氏杆菌。它们污染食品和饲料造成人、畜患病或食物中毒。

（5）食品加工设备与包装材料

各种加工机械设备本身无微生物所需的营养物质，但在食品加工过程中，由于食品的汁液和颗粒黏附于内表面，食品生产结束时机械未得到彻底的清洗、灭菌，使少量的微生物得以在其上大量生长繁殖，成为污染源。

（6）食品原料

① 动物性原料

健康的畜禽具有健全而完整的免疫系统，能有效地防御和阻止微生物的侵入和在肌肉组织内扩散，所以正常机体组织内部是无菌的，而在体表、被毛、消化道、上呼吸道等器官有大量的微生物存在。患病的畜禽其器官及组织内部可能带有病原微生物。这些微生物在加工过程中如操作不当均可作为污染源污染食品。

② 植物性原料

健康的植物内部是无菌的，但体表存在大量的微生物，主要来自其原来所生活的环境，如细菌（假单胞菌属、微球菌属、乳杆菌属和芽孢菌属等）、霉菌（曲霉属、青霉属、交链孢霉属、镰刀霉属等）、酵母，有时还附着有植物病原菌及来自人畜粪便的肠道微生物及病原菌。受伤的植物组织或患病植物的果实，其内部可能含有大量的微生物。

2. 污染途径

(1) 通过水而污染

食品被微生物污染是通过水作为媒介造成的，如果用不清洁、含菌数较高的水处理食品就会造成食品污染。

(2) 通过空气而污染

空气中微生物分布是不均匀的，往往随尘埃飞扬和沉降将微生物带到食品上。

(3) 通过人及动物而污染

人接触食品，特别是通过人的手造成食品污染最为常见。

(4) 通过用具及杂物而污染

应用于食品的一切工具，都有可能作媒介使食品受微生物的污染。

3. 食品中微生物的消长情况

(1) 加工前

无论动物性的或植物性的食品原料都有不同程度的污染，这些原料中所含的微生物无论在种类还是数量上都比加工后多得多。

(2) 加工过程中

食品加工过程中，有些条件对微生物的生存是不利的，特别是清洗、消毒和灭菌。可使微生物数量明显下降，甚至完全消除。如果加工过程中卫生条件差，会出现二次污染，使残存在食品中的微生物大量繁殖。

(3) 加工后

加工后的食品在贮存过程中，微生物消长有两种情况。一种是食品中残存的微生物或再度污染的微生物，在遇到适宜的条件时，生长繁殖而出现食品变质。另一种是食品在加工后残留的少量微生物，由于贮存条件适宜，微生物的数量不断下降。

4. 微生物引起的食物中毒

食物中毒类型很多，与微生物有关的食物中毒有明显的季节性，多发生于 5 月～10 月间，发病率高，但死亡率较低。常见的与微生物有关的食物中毒可以分为细菌性食物中毒和真菌性食物中毒。

(1) 细菌性食物中毒

细菌性食物中毒可以分为感染型和毒素型两种，其中感染型是由于食入大量活细菌而引起，毒素型是食入细菌所产生的毒素而引起的。

1) 沙门氏菌食物中毒

该种食物中毒是由于食用被沙门氏菌污染的食品而发生的，属感染型食物中毒。

沙门氏菌属肠道病原菌，现已发现有2000多种血清型，其中有引起人类发病的菌群，也有引起哺乳动物及鸟类发病的菌群。

沙门氏菌为G^-短杆菌，不产生芽孢和荚膜。菌体有周鞭毛，能运动，为兼性厌氧菌，最适生长温度为37 ℃，但在18～20 ℃也能繁殖。对热的抵抗力较差，在60 ℃经20～30 min即可杀死。

其中毒表现为急性胃肠炎，如有毒素则伴有神经症状，本菌引起中毒必须有大量的活菌存在，潜伏期长短与进食菌数有关系，平均为12～24 h，病程为3～7d，死亡率为0.5 %。常引起的中毒食品有：鱼、肉、蛋、乳等。

2）金黄色葡萄球菌食品中毒

该种食物中毒是由于食用被金黄色葡萄球菌污染并产生肠毒素的食品而发生的，属毒素型食物中毒。

金黄色葡萄球菌为G^+、无芽孢、无鞭毛、不能运动、兼性厌氧性细菌。最适生长温度为35 ℃～37 ℃，加热60 ℃，30 min即可杀死。

其毒素的抗原性有6种以上，即A、B、C、D、E、F型，以A型毒力最强，摄入1μg即可中毒，毒素抗热力很强，煮沸1～15 h仍保持毒力。完全消除毒性须经218 ℃～248 ℃，30分钟才能去除。

其中毒症状是急性胃肠炎。潜伏期2～5 h，特别短的仅10 min，一般1～2d可恢复，死亡率较低。儿童对毒素较敏感，可因吐泻而导致虚脱，甚至出现循环衰竭。

造成中毒的常见食物有乳及乳制品、腌肉、鸡和蛋以及剩饭也易发生金黄色葡萄球菌食物中毒。

（2）真菌性食物中毒

真菌性食物中毒主要是指真菌毒素的食物中毒。真菌毒素是真菌的代谢产物，主要产生于碳水化合物含量高的食品原料，经产毒的真菌繁殖而分泌的细胞外毒素。产毒的真菌以霉菌为主。

1）霉菌产毒的特点

霉菌产毒仅限于少数的产毒霉菌，而产毒菌种也只有一部分菌株产毒。产毒菌株的产毒能力还表现出可变性和易变性。产毒菌株经过累代培养可以完全失去产毒能力，而非产毒菌株在一定的条件下，也会出现产毒能力。霉菌毒素的产生并不具有一定的严格性，即一种菌种或菌株可以产生几种不同的毒素，而同一种霉菌毒素也会由几种霉菌产生。产毒霉菌产生毒素需要有一定的条件，主要有食品的基质、水分、湿度、温度及空气流通情况等。

2）主要的产毒霉菌

① 曲霉属

曲霉在自然界分布很广，对有机质分解能力很强，很多种生产发酵菌，同时曲霉也是重要的食品污染霉菌。主要有黄曲霉、赭曲霉、杂色曲霉、烟曲霉、构巢曲霉和寄生曲霉等。

② 青霉属

青霉分布很广，种类多，常存在于土壤和粮食及果蔬上。有些具有很高的经济价值，能产生多种酶及有机酸。青霉可引起水果、蔬菜、谷物及食品的腐败变质，有些株还产生毒素。如岛青霉、橘青霉、黄绿青霉、红色青霉、扩展青霉、圆弧青霉等。

③ 镰刀霉属

镰刀霉属包括的种很多，其中大部分是植物的病原菌，并能产生毒素。如禾谷镰刀霉、三线镰刀霉、玉米赤霉、梨孢镰刀霉、茄属镰刀霉和分红镰刀霉等。

④ 交链孢霉属

交链孢霉广泛分布于土壤和空气中，有些是植物病原菌，可引起果蔬腐败变质，产生毒素。

3）常见的真菌中毒类型

① 黄曲霉毒素中毒

黄曲霉毒素是由黄曲霉和寄生曲霉中的一些菌株产生的毒素，目前已发现17种，是一类结构类似的化合物。其基本结构有二呋喃和香豆素（氧杂萘邻酮）。其毒性与结构有关，凡呋喃末端有双键的毒性强，并有致癌性。造成中毒的食品主要有粮油及其制品。

② 赤霉毒素中毒

引起麦类赤霉病的病原菌是几种镰刀霉，其中主要是玉米赤霉。此菌在18 ℃～24 ℃，湿度85 %时，繁殖最快。病麦中含有赤霉毒素，耐高温，人畜食用后发生中毒。以知的赤霉毒素有两大类，即赤霉病麦毒素及赤霉烯酮。其中毒症状为恶心、头痛、呕吐，有时手足麻木，步伐紊乱等，一般潜伏期为0.5～2d，也有表现为慢性中毒。

③ 霉变甘蔗中毒

霉变甘蔗中毒主要发生在北方冬末春初，贮藏甘蔗出售的季节。甘蔗在不良条件下贮藏，到第二年出售时，多种霉菌在其上面生长繁殖并产生毒素，其中主要产生毒素并造成中毒的是节菱孢菌。其中毒症状表现为恶心、呕吐、头痛、复视等，严重者可导致死亡。病程长短不一，潜伏期最短为15 min，长则几小时。中毒严重者愈后不良，诱导可留下终生残疾。

5. 食品介导的病毒感染

病毒通过食品传播的主要途径是粪-口传播模式，但由于病毒对组织有亲和性，所以真正能起到传播载体功能的食品也只是针对人类肠道的病毒。引起腹泻或胃肠炎的病毒包括轮状病毒、诺沃克病毒、肠道腺病毒、冠状病毒等。引起消化道以外器官损伤的病毒有脊髓灰质炎病毒、柯萨奇病毒、埃可病毒、甲型肝炎病毒、呼肠孤病毒和肠道病毒等71种。

在食品环境中胃肠炎病毒常见于海产品和水源中，主要是水生贝类动物对病毒能起到过滤浓缩作用。

第二节　食品微生物检验基本知识

一、食品微生物检验的意义

食品微生物检验是食品检验不可缺少的的重要组成部分。

（1）食品的微生物污染情况是食品卫生质量的重要指标之一，也是判定被检食品能否食用的科学依据之一。

（2）通过食品微生物检验，可以对食品原料、加工环境、食品加工过程等被细菌污染的程度做出正确的评价，为各项环境卫生管理、食品生产管理及对某些传染病的防疫工作提供科学依据，提供传染病以及食物中毒的防治措施。

(3) 食品微生物检验贯彻“预防为主”的方针，有效防止或者减少人类因食物而发生微生物中毒或感染，保障人民的身体健康。

二、食品微生物检验的范围

食品微生物检验的范围包括以下几点：

(1) 生产环境的检验：车间用水、空气、地面、墙壁等。

(2) 原辅料检验：包括食用动植物、谷物、添加剂等一切原辅材料。

(3) 食品加工、储藏、销售诸环节的检验：包括食品从业人员的卫生状况检验、加工工具、运输车辆、包装材料的检验等。

(4) 食品的检验：重点是对出厂食品、可疑食品及食物中毒食品的检验。

三、食品微生物检验的种类

(1) 感官检验通过观察食品表面有无霉斑、霉状物、粒状、粉状及毛状物，色泽是否变灰、变黄，有无霉味及其他异味，食品内部是否霉变等，从而确定食品的微生物污染程度。

(2) 直接镜检将送检样品放在显微镜下进行菌体测定计数。

(3) 培养检验根据食品的特点和分析目的选择适宜的培养方法求得带菌量。

四、食品微生物检验的指标

我国食品安全标准中的微生物指标一般是指菌落总数、大肠菌群、致病菌、霉菌和酵母等。

1. 菌落总数

菌落总数是指在普通营养琼脂培养基上生长出的菌落数。常用平皿菌落计数法测定食品中的活菌数，以菌落形成单位表示，简称CFU，一般以1 g或1 mL食品所含有的细菌数来报告结果。

菌落总数具有两个方面的食品意义，其一作为食品被污染，衡量其卫生状况的标志；其二可用来预测食品的可能存放的期限。

2. 大肠菌群

大肠菌群是指在一定培养条件下能发酵乳糖，产酸、产气的需氧和兼性厌氧革兰氏阴性无芽孢杆菌。其中包括肠杆菌科的埃希氏菌属、柠檬酸杆菌属、克雷伯氏菌属、产气肠杆菌属等。其中以埃希氏菌属为主，称为典型大肠杆菌，其他三属习惯上称为非典型大肠杆菌。这群细菌能在含有胆盐的培养基上生长。一般认为，大肠菌群都是直接或间接来源于人与温血动物肠道内的肠居菌，它随着的大便排出体外。食品中如果大肠菌群数越多，说明食品受粪便污染的程度越大。

3. 霉菌和酵母菌

霉菌和酵母菌是食品酿造的重要菌种，但霉菌和酵母菌也可造成食品的腐败变质，有些霉菌还可产生霉菌毒素。因此，霉菌和酵母菌也作为评价某些食品卫生质量的指示菌，并以霉菌和酵母菌的计数来判断其被污染的程度。

4. 致病菌

致病菌即能够引起人们发病的细菌。对不同的食品和不同的场合，应该选择一定的参考菌群进行检验。

食品中不允许有致病性病原菌的存在，致病菌种类繁多，且食品的加工，贮存条件各异，因此被病原菌污染的情况是不同的。只有根据不同食品的可能污染的情况来作针对性的检查。如对禽、蛋、肉类食品必须作沙门氏菌检查；酸度不高的罐头必须作肉毒梭菌的检查；发生食物中毒必须根据当地传染病的流行情况，对食品进行有关病原菌的检查等。

五、微生物检验室的建设

1. 微生物检验室

(1) 微生物检验室基本条件

微生物检验室通常包括准备室和无菌室（包括无菌室外的缓冲间），微生物检验室要求高度的清洁卫生，要尽可能地其创造无菌条件。为达此目的，房屋的墙壁和地板，使用的各种家具都要符合便于清洗的要求。另外，微生物检验室必须具备保证显微镜工作、微生物分离培养工作等能顺利进行的基本条件（具体见第九章第三节）。

(2) 微生物检验室管理制度

1) 检验室应制定仪器配备管理使用制度，药品管理使用制度，玻璃器皿管理使用制度，卫生管理制度。本室工作人员应严格掌握，认真执行。

2) 进入检验室必须穿工作服，进入无菌室换无菌衣、帽、鞋，戴好口罩，非检验室人员不得进入检验室。严格执行安全操作规程。

3) 检验室内物品摆放整齐，试剂定期检查并有明晰标签，仪器定期检查、保养、检修，严禁在冰箱内存放和加工私人食品。

4) 室内应经常保持整洁，样品检验完毕后及时清理桌面。凡是要丢弃的培养物应经高压灭菌后处理，污染的玻璃仪器高压灭菌后再洗刷干净。

5) 各种器材应建立请领消耗记录，贵重仪器有使用记录，破损遗失应填写报告；药品、器材、菌种不经批准不得擅自外借和转让，更不得私自拿出，应严格执行“菌种保管制度”。

6) 禁止在检验室内吸烟、进餐、会客、喧哗，检验室内不得带入私人物品，对于有毒、有害、易燃、污染、腐蚀的物品和废弃物品应按有关要求执行。

7) 离开检验室前一定要用肥皂将手洗净，脱去工作衣、帽、专用鞋。关闭门窗以及水、电（培养箱、冰箱除外）、煤气等开关，认为妥善后方可离去。

8) 科、室负责人督促本制度严格执行，根据情况给于奖惩，出现问题立即报告，造成病原扩散等责任事故者，应视情节处罚直至追究法律责任。

(3) 微生物检验注意事项

1) 每次检验前必须充分熟悉检验流程，熟悉检验操作的主要步骤和环节，对整个检验的安排做到先后有序、有条不紊和避免差错。

2) 非必要的物品不要带进实验室。

3) 每次实验前须用 75 %酒精棉球擦净台面，必要时可用 0.1 %“新洁尔灭”溶液擦。

实验前要洗手，以减少染菌的概率。

4）微生物实验中最重要的一环，就是要严格地进行无菌操作，防止杂菌污染。为此，在实验过程中，每个人要严格做到以下几点：

① 操作时要预防空气对流：在进行微生物实验操作时，要关闭门窗，以防空气对流。

② 接种时不要走动和讲话：接种时尽量不要走动和讲话，以免因尘埃飞扬和唾沫四溅而导致杂菌污染。

③ 吸过菌液的吸管，要投入盛有 3 %来苏水或 5 %石炭酸溶液的玻璃筒中，不得放在桌子上；菌液流洒桌面，立即用抹布浸沾 3 %来苏水或 5 %石炭酸泡在污染部位，经半小时后方可抹去。若手上沾有活菌，亦应在上述消毒液中浸泡 10～20 min，再以肥皂及水洗刷。

④ 含培养物的器皿要杀菌后清洗：在清洗带菌的培养皿、三角瓶或试管等之前，应先煮沸 10 min 或进行加压蒸汽灭菌。

⑤ 要穿干净的白色工作服：微生物检验人员在进行实验操作时应穿上白色工作服，离开时脱去，并经常洗涤以保持清洁。

⑥ 凡须进行培养的材料，都应注明菌名、接种日期及操作者姓名（或组别），放在指定的培养箱中进行培养，按时观察并如实地记录实验结果，按时交实验报告。

⑦ 实验室内严禁吸烟，不准吃东西，切忌用舌舔标签、笔尖或手指等物，以免感染。

⑧ 各种仪器应按要求操作，用毕按原样放置妥当。

5）冷静处理意外事故

① 打碎玻璃器皿：如遇因打碎玻璃器皿而把菌液洒到桌面或地上时，应立即以 5 %石炭酸液或 0.1 %新洁尔灭溶液覆盖，30 min 后擦净。若遇皮肤破伤，可先去除玻璃碎片，再用蒸馏水洗净后，涂上碘酒或红贡。

② 菌液污染手部皮肤：先用 75 %乙醇棉花拭净，再用肥皂水洗净。如污染了致病菌，应将手浸于 2 %～3 %来苏尔或 0.1 %新洁尔灭溶液中，经 10～20 min 后洗净。

③ 衣服或易燃品着火：应先断绝火源或电源，搬走易燃物品（乙醚、汽油等），再用湿布掩盖灭火，或将身体靠墙或着地滚动灭火，必要时可用灭火器。

④ 皮肤烫伤：可用 5 %鞣酸、2 %苦味酸（苦味酸氨苯甲酸丁酯油膏）或 2 %龙胆紫液涂抹伤口。

2. 无菌室

（1）无菌室的结构与要求

具体见第九章第三节。

（2）无菌室操作规程

1）菌室应保持清洁，严禁堆放杂物，并能定期用适宜的消毒液灭菌清洁，以保证无菌室的洁净度符合要求。

2）无菌室应备有工作浓度的消毒液，如 5 %的甲酚溶液，75 %的酒精，0.1 %的新洁尔灭溶液等。

3）需要带入无菌室使用的仪器、器械、平皿等一切物品，均应包扎严密，并应经过适宜的方法灭菌。严防一切灭菌器材和培养基污染，已污染者应停止使用。

4）工作人员进入无菌室前，必须用肥皂或消毒液洗手消毒，然后在缓冲间更换专用工作服、鞋、帽子、口罩和手套(或用75 %的乙醇再次擦拭双手),方可进入无菌室进行操作。

5) 供试品在检查前,应保持外包装完整,不得开启,以防污染。检查前,用75 %的酒精棉球消毒外表面。

6) 吸取菌液时,必须用吸耳球吸取,切勿直接用口接触吸管。

7) 无菌室内应备有专用开瓶器、金属勺、镊子、剪刀、接种针、接种环,每次使用前和使用后应在酒精灯火焰上烧灼灭菌。

8) 带有菌液的吸管,试管,培养皿等器皿应浸泡在盛有5 %来苏尔溶液的消毒桶内消毒,24 h后取出冲洗。

9) 如有菌液洒在桌上或地上,应立即用5 %石炭酸溶液或3 %的来苏尔倾覆在被污染处至少30 min,再做处理。工作衣帽等受到菌液污染时,应立即脱去,高压蒸汽灭菌后洗涤。

10) 凡带有活菌的物品,必须经消毒后,才能在水龙头下冲洗,严禁污染下水道。

11) 无菌室应每月检查无菌程度。一般采用平板法:将已灭菌的营养琼脂培养基分别倒入已灭过菌的培养皿内,每皿约15 mL培养基,打开皿盖暴露于无菌室内的不同地方,一般均匀取5个采样点,每个采样点设置3个培养皿,暴露30 min后,盖好皿盖。将培养皿倒置于37 ℃培养24 h后,观察菌落情况,统计菌落数。如果每个皿内菌落不超过4个,则可以认为无菌程度良好,若菌落数很多,则应对无菌室进行彻底灭菌。对于无菌超净工作台,最好由生产厂家每半年检测一次滤过空气的无菌情况。

(3) 无菌室的熏蒸消毒

1) 新建无菌室的处理程序

先用消毒液擦洗工作台面及地面,再用甲醛加高锰酸钾熏蒸空气。日后要定期熏蒸。每两星期用酒精棉球擦拭紫外线灯管;每次使用无菌室前用紫外线灯照射30 min;每次使用完无菌室后,要及时用消毒液擦洗工作台面及地面,再用紫外线灯照射30 min。

2) 无菌室的熏蒸与消毒

工作台、地面和墙壁的消毒:可以选用0.1 %新洁尔灭、3 %的煤酚皂、0.05 %过氧乙酸溶液或2 %~3 %来苏尔水进行擦洗消毒。

无菌室及工作台面消毒:操作前开紫外灯照射30 min,关灯30 min后,方可进入无菌室工作。操作结束后清洁台面,再用紫外线消毒30 min。

熏蒸:甲醛加高锰酸钾,放出甲醛气体熏蒸。称取高锰酸钾(甲醛用量的十分之一)于一瓷碗或玻璃容器内,再量取定量的甲醛溶液(按每立方米空间5mL左右计)。室内准备妥当后,把甲醛溶液倒在盛有高锰酸钾的器皿内,立即关门。几秒钟后,甲醛溶液即沸腾而挥发。高锰酸钾是一种强氧化剂,当它与一部分甲醛溶液作用时,由氧化作用产生的热可使其余的甲醛溶液挥发为气体。甲醛液熏蒸后关门密闭应保持12 h以上。甲醛液熏蒸对人的眼、鼻有强烈刺激,在相当时间内不能入室工作。为减弱甲醛对人的刺激作用,甲醛熏蒸后12 h,再量取与甲醛液等量的氨水,迅速放人室内,同时敞开门窗以放出剩余有刺激性气体。

第三节 微生物的培养技术

一、培养基的配制与灭菌技术

1. 培养基

培养基是按照微生物生长繁殖所需要的各种营养物质，用人工方法配制而成的基质。其中含有微生物生长所需的水分、碳水化合物、含氮化合物、无机盐及各种必需的维生素。培养基可以为微生物生长提供能源、组成菌体细胞的原料以及调节代谢活动。由于不同微生物营养类型不同，培养基种类也就很多，大致可分为以下几类。

（1）根据营养物质来分

合成培养基：是由已知化学成分及数量的化学药品配制而成的。这种培养基成分精确，重复性强，但价格高，一般多用于实验室内供研究有关微生物的营养、代谢、分离和鉴定生物制品及选育菌种用。

天然培养基：采用化学成分还不十分清楚或化学成分不恒定的天然有机物，可用组织提取液等。如牛肉膏、酵母膏、麦芽汁、蛋白胨、牛奶、血清等。玉米粉、马铃薯配制方便、经济，运用于实验室和生产。

半合成培养基：在天然有机物的基础上，加入一些化学药品，以补充无机盐成分，使其更能充分满足微生物生长需要。该培养基是使用最多的培养基。

（2）根据培养基物理性状分

液体培养基：不含凝固剂，利于菌体的快速繁殖、代谢和积累产物，一般用于生产。

流体培养基：含 0.05 %～0.07 %琼脂，增强培养基的黏度，可以降低空气中的氧气进入培养基的速度，使培养基保持长时间的厌氧条件，有利于一般厌氧菌的生长繁殖。

半固体培养基：加入 0.2 %～0.8 %琼脂，多用于细菌的动力观察、菌种传代保存及贮藏运输菌样等。

固体培养基：含有 1.5 %～2 %琼脂，使培养基成固体状，用于菌种保藏、分离、菌落特征观察、计数等。

（3）根据培养基的用途来分

基础培养基：满足一般微生物生长需要的营养物质。

加富培养基：在培养基中加入额外的营养物质，使某些微生物在其中生长，而不适合其他微生物生长。通常加入血、血清、动植物提取液。

选择培养基：在培养基中加入某些化学药品以抑制不需要的微生物生长，而促进需要的微生物生长，往往加入一些抑菌剂或杀菌剂。

鉴别培养基；根据微生物能否利用培养基中的某种成分，依靠指示剂的颜色反应，以鉴别不同种类的微生物。

2. 培养基配制原则

(1) 选择适宜的营养物质;

(2) 营养物质浓度及配比合适;

(3) 控制 pH 条件和氧化还原电位;

(4) 注重原料来源和灭菌处理。

3. 培养基的配制方法

(1) 称量按照配方的组分及用量,准确称取各成分于烧杯中。

(2) 溶化向上述烧杯中加入所需要的水量,搅动,然后加热使其溶解。然后加入其他成分继续加热至其溶化,补足水量。

(3) 调节 pH 根据要求调 pH,用 1 mol/L NaOH 或 1 mol/L HCl 调至合适的范围。

(4) 分装根据所需数量,将制好的培养基分装入试管或三角烧瓶内,管(瓶)口塞上棉塞(或硅胶塞),用报纸或牛皮纸包扎管(瓶)口。

液体培养基根据需要分装于不同容量的三角烧瓶中,分装的量不宜超过容器的 2/3,以免灭菌时外溢。液体培养基分装于试管中,约是试管长度的 1/3。

固体琼脂斜面分装量为试管容量的 1/5,灭菌后须趁热放置成斜面,斜面长约为全长的 2/3。

半固体培养基分装量约为试管长的 1/3。

(5)包扎　对于中试管可每 10～15 支用线绳捆扎好,再在棉塞外包报纸或牛皮纸,以防止灭菌时冷凝水润湿棉塞,其外再用一道线绳扎紧,并用记号笔注明培养基名称、组别、配制日期,如图 8－1 所示。三角瓶加塞后,每只单独用报纸或牛皮纸包好,用线绳以活结形式扎紧,使用时容易解开,并用记号笔注明培养基名称、组别、配制日期。

图 8－1　包扎成捆

4. 培养基制作注意事项

(1) 加热溶化过程中,要用搅拌棒贴烧杯底不断搅拌,以免琼脂或其他物质粘在烧杯底上烧焦碳化,甚至可能导致烧杯破裂,加热过程中所蒸发的水分应补足。

(2) 所用器皿要洁净,勿用铜质和铁质器皿。

(3) 分装培养基时,注意不得使培养基在瓶口或管壁上端沾染,以免引起杂菌污染。

(4) 培养基的灭菌时间和温度,需按照检验标准的要求进行,以保证杀菌效果和不损失培养基的必要成分。培养基灭菌后,必须放在 37 ℃温箱培育 24h,无菌生长方可使用。

(5) 对于新开封的脱水培养基,应对其质量进行检查,通过粉末的流动性、均匀性、结块情况和色泽变化等判断脱水培养基的质量变化,若发现培养基受潮或物理状态发生明显的改变则不应再使用。

(6) 对于商品化培养基,基础培养基应在 4 ℃冰箱中保存不超过 3 个月,或在室温下保存不超过 1 个月,以保证其成分不会改变。不稳定的选择性物质和其他添加成分应即配即用,对发生化学反应或含有不稳定成分的固体培养基也应即配即用,不可二次融化。

(7) 观察培养基琼脂层的厚度、色泽、透明度、凝固稳定性、稠度和湿度和是否存在肉眼可见的杂质。当培养基出现脱水、杂质沉淀等现象时,应禁止使用。

(8) 对于由商品化合成脱水培养基制备的培养基，应进行质控菌株的测试。对于选择性固体培养基，应使用质控菌株培养物进行划线接种，观察菌落形态特征是否符合，如菌落特征符合，才能使用。对于诊断血清，应使用质控菌株的琼脂培养物进行凝集试验，如能够发生凝集才能使用。对于糖发酵管等，应接种质控菌株培养物，如在规定时间内，发生明显的阳性反应，才能使用。

(9) 质控菌株主要购置有资质的标准菌株保藏单位，也可以是实验室自己分离的具有良好特性的菌株。每种培养基的质控菌株应包括：具有典型反应特性的阳性菌株；阴性菌株。

5. 培养基及常用器皿的灭菌

培养基在接入菌种前必须先行灭菌，使培养基呈无菌状态。培养基可装入器皿中一起灭菌，也可在单独灭菌后以无菌操作装入无菌的器皿中。培养微生物常用的玻璃器皿主要有试管、三角瓶、培养皿、吸管等，在使用前也必须先进行灭菌，使容器中不含任何杂菌。

(1) 培养基与器皿的高压蒸汽灭菌

一般培养基、生理盐水、耐热药物及玻璃器皿等常采用高压蒸汽灭菌法。该法的优点是时间短、灭菌效果好。它可以杀灭所有的微生物，包括最耐热的细菌芽孢及其他休眠体。

1) 需灭菌的物品（分装在试管、三角烧瓶中的固、液体培养基），加上棉塞或硅胶塞，用报纸或牛皮纸包好（防止锅内水汽把棉塞淋湿），放入灭菌锅内的套筒中。按照高压蒸汽灭菌器的操作规范进行灭菌。摆放不可太挤，否则阻碍蒸汽流通，影响灭菌效果。

2) 注意不能打开过早，否则突然降压会致使培养基冲腾，使棉塞、硅胶泡沫塞沾污，甚至冲出容器以外。

(2) 干热灭菌法

常用于空玻璃器皿、金属器皿及其他干燥耐热的物品的灭菌。凡带有橡胶或塑料的物品、液体及固体培养基等，都不能用干热法灭菌。接触培养基的器皿在进行干热灭菌时，先将要灭菌器皿（如：培养皿、吸管）包好，放入电热烘箱内，调节温度至 160 ℃，维持 2 h。灭菌后，当温度降至 30～40 ℃时，打开箱门，取出灭菌器皿。

二、无菌操作技术

微生物无处不在，无孔不入，在进行食品微生物检验时，必须随时注意待检物品不被环境中微生物所污染，防止被检微生物在操作中污染环境或感染操作人员。因此，微生物检验的操作均应在无菌环境下进行严格的无菌操作。

1. 相关概念

(1) 防腐

防止或抑制微生物生长繁殖的方法称为防腐。用于防腐的药物称为防腐剂。某些药物在低浓度时是防腐剂，在高浓度时则为消毒剂。

(2) 消毒

用物理的、化学的或生物学的方法杀死病原微生物的过程称为消毒。具有消毒作用的药物称为消毒剂，一般消毒剂在常用浓度下，只对细菌的繁殖体有效，对于细菌芽孢则无杀灭作用。

（3）灭菌

杀灭物体中或物体上所有微生物（包括病原微生物和非病原微生物）的繁殖体和芽孢的过程称为灭菌，即灭菌是杀死或消灭一定环境中的所有微生物。灭菌的方法分物理灭菌法和化学灭菌法两大类。

（4）无菌

无菌是不含有活的微生物的意思。防止微生物进入机体或物体的方法叫无菌技术或无菌操作。

2. 灭菌方法

（1）物理灭菌法

物理灭菌法分为光、热及机械灭菌法等方法，可随不同需要选择采用。凡供细菌学检验用的培养基及器械，常借热力灭菌，即加热灭菌；若遇易被热破坏的液体培养基可用机械过滤除菌法；对于空气、不耐热物品或包装材料的表面消毒可用紫外线照射消毒。最常用的物理灭菌法有：干热灭菌法、湿热灭菌法、过滤除菌法、紫外线杀菌法。

另外，被污染的纸张、实验动物尸体等无经济价值的物品可以通过火来焚烧掉；对于接种环、接种针或其他金属用具等耐燃物品，可直接在酒精灯火焰上烧至红热进行灭菌；在接种过程中，试管或三角瓶口，也采用灼烧灭菌法通过火焰而达到灭菌的目的。

（2）化学灭菌法

使用化学药物进行灭菌的方法叫化学灭菌法。

化学物质对微生物的影响，分为三种情况：作为微生物所需要的营养物质，促进微生物的代谢活动；抑制微生物的代谢活动，起抑菌作用；破坏微生物的代谢机制或菌体结构，起杀菌作用。化学物质对微生物的作用是抑菌还是杀菌，常常是相对的，不易严格的区分，通常情况下取决于浓度，较高的浓度可以杀菌，较低的浓度可以抑菌。另外，还与微生物种类、化学物质与微生物接触的时间长短、温度的高低等因素有关。能抑菌的化学药物称为抑菌剂，能杀灭病原菌的化学药物称为消毒剂。消毒剂对细菌和机体都有毒性，故只能用于体表或物品的消毒。理想的消毒剂应杀菌力强、价格低廉、能长期保存、无腐蚀性、对机体毒性或刺激性小。实验室中常用的消毒灭菌化学试剂见表 8－1。

表 8－1　实验室中常用的消毒灭菌化学试剂

类别	化学物质	常用浓度	用途
烷化剂	甲醛（福尔马林）	37 %～40 %	熏蒸空气（接种室、培养室）2～6 mL/m^3
去污剂	新洁尔灭肥皂	0.1 %	皮肤及器皿消毒；浸泡用过的载玻片、盖玻片，皮肤清洁剂
碱类	烧碱（氢氧化钠） 石灰水（氢氧化钙）	40 g/L 10～30 g/L	病毒性传染病　粪便消毒、畜舍消毒
酸类	无机酸（如盐酸） 有机酸（如乳酸） 醋酸	2 % 80 % 20 %	玻璃器皿的浸泡 熏蒸空气，1 mL/m^3 熏蒸空气，3～5 mL/m^3

续表

类别	化学物质	常用浓度	用途
酚类	石炭酸 来苏尔溶液	3 %～5 % 3 %～5 %	室内喷雾消毒，擦洗被污染的桌、地面皮肤消毒、浸泡用过的吸管等玻璃器皿
醇类	乙醇	70 %～75 %	皮肤消毒（对芽孢无效）或器具表面消毒
氧化剂	高锰酸钾漂白粉	1～30 g/L 10～50 g/L	皮肤、水果、茶具消毒 洗刷培养室
染料	结晶紫	20～40 g/L	体表及伤口消毒

3. 无菌操作技术

指在微生物实验工作中，控制或防止各类微生物的污染及其干扰的一系列操作方法和有关措施。如培养基经高压灭菌后，用经过灭菌的工具（如接种针和吸管等）在无菌条件下接种含菌材料（如样品、菌苔或菌悬液等）于培养基上，这个过程叫做无菌接种操作。

4. 无菌环境条件

无菌环境操作是指在无菌室、超净工作台等无菌或相对无菌的环境条件下进行操作。

目前常用的是无菌室或超净工作台。无菌室是在工作前的一段时间内，先用紫外线灯或化学药剂对室内空气进行灭菌，以维持其相对无菌状态；超净工作台是通过经超细过滤的无菌空气，以维持其无菌状态的。

5. 无菌操作

进行微生物学实验操作时，须严格注意无菌操作。

（1）进入无菌室前的准备要求

① 定期检查无菌环境的空气是否符合规定；

② 用紫外线灭菌处理 30～60 分钟；

③ 检查无菌器材是否完备；

④ 洗手消毒；

⑤ 手部消毒后，再穿戴无菌工作服。

（2）检验操作过程的无菌操作要求：

① 在操作中不应有大幅度或快速的动作；

② 使用玻璃器皿应轻取轻放；

③ 在酒精灯正火焰上方操作；

④ 接种用具在使用前、后都必须用酒精火焰灼烧灭菌；

⑤ 在接种培养物时，动作应轻、准；

⑥ 不能用嘴直接吸吹吸管；

⑦ 带有菌液的吸管、玻片等器材应及时置于盛有 5 %来苏尔溶液的消毒桶内消毒。

三、微生物接种、分离纯化技术

1. 接种

将微生物的培养物或含有微生物的样品移植到适于它生长繁殖的培养基的过程叫做接

种。接种是食品微生物检验最基本的一项操作技术。接种的关键是要严格地进行无菌操作,如操作不慎引起污染,则检验结果就不可靠,影响下一步工作的进行。

(1) 接种工具

接种工具如图 8-2、图 8-3、图 8-4 所示。

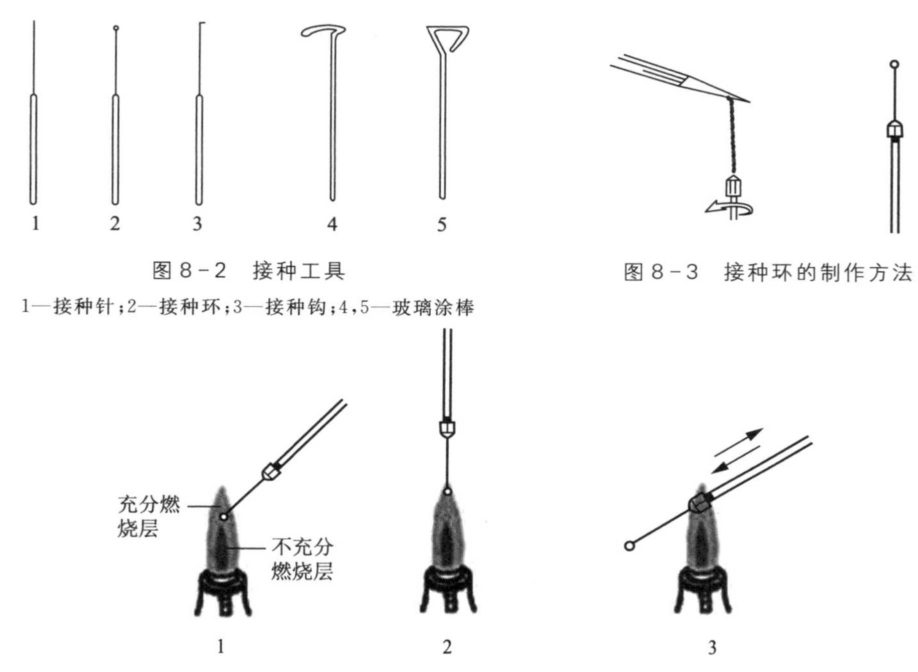

图 8-2 接种工具

1—接种针;2—接种环;3—接种钩;4,5—玻璃涂棒

图 8-3 接种环的制作方法

图 8-4 接种环的灼烧灭菌

(2)接种方法

常用的无菌接种操作包括穿刺接种、斜面接种和液体培养基接种等,操作方法如图 8-5、图 8-6 所示。

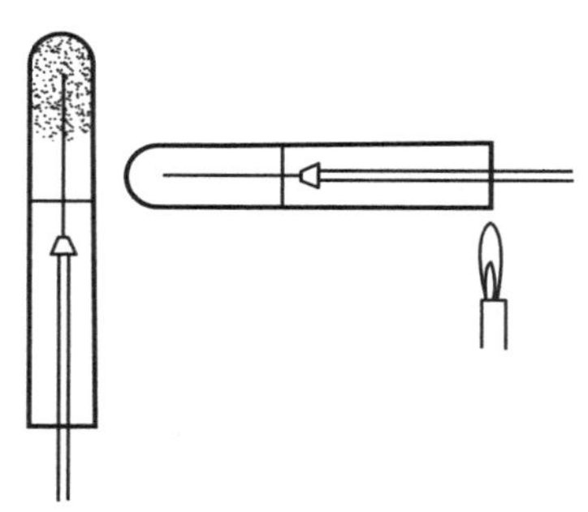

图 8-5 穿刺接种

2. 分离与纯化

从混杂微生物群体中获得只含有某一种或某一株微生物的过程称为分离与纯化,方法有:稀释混合倒平板法、稀释涂布平板法、平板划线分离法、稀释摇管法、液体培养基分离法、单细胞分离法、选择培养分离法等。其中前三种平板分离法最为常用,不需要特殊的仪器设

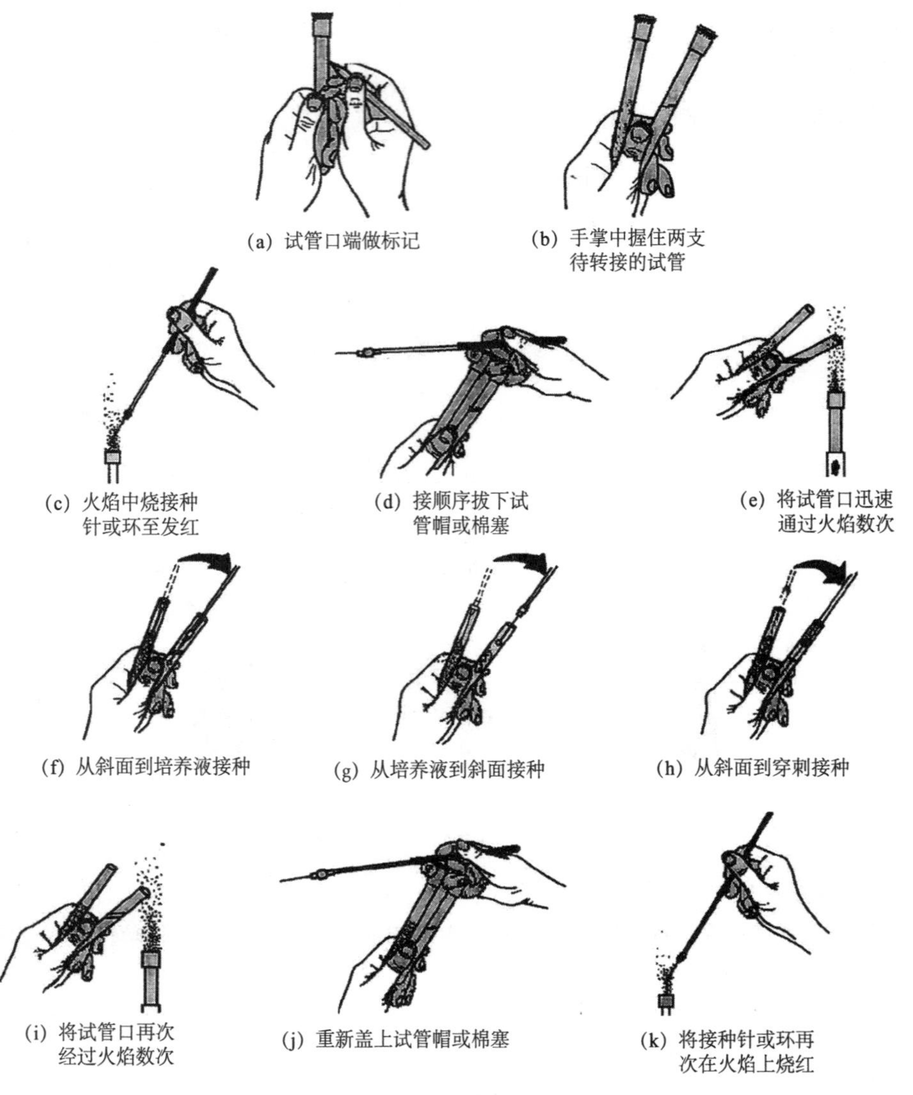

图 8-6 各种无菌操作接种技术示意图

备，分离纯化效果好。

（1）稀释混合倒平板法

该法是先将待分离的含菌样品，用无菌生理盐水做一系列的稀释（常用十倍稀释法），然后分别取不同稀释液少许（0.5～1mL）于无菌培养皿中，倾入已熔化并冷却至 46 ℃左右的营养琼脂培养基 15～20 mL，迅速旋摇，充分混匀。待琼脂凝固后，即成为可能含菌的琼脂平板。于恒温箱中倒置培养一定时间后，在营养琼脂平板表面或培养基中即可出现分散的单个菌落。每个菌落可能是由一个细胞繁殖形成的。挑取单个菌落，一般再重复该法 1～2 次，结合显微镜检测个体形态特征，便可得到真正的纯培养物。若样品稀释时能充分混匀，取样量和稀释倍数准确，则该法还可用于活菌计数测定。稀释混合倒平板法如图 8-7 所示。

倒平板的方法：右手持盛有培养基的试管或三角瓶置火焰旁边，用左手将试管塞或瓶塞轻轻拔出，试管或瓶口保持对着火焰；然后左手拿培养皿并将皿盖在火焰附近打开一缝隙迅速倒入培养基约 15～20 mL，加盖后轻轻摇动培养皿，使培养基均匀分布在培养皿底部，然后平置于桌面上，凝固后即为平板。

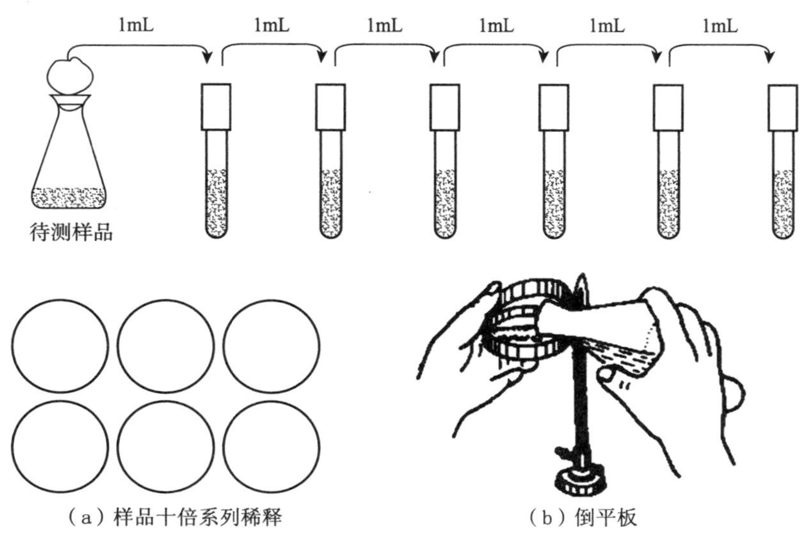

(a) 样品十倍系列稀释　　(b) 倒平板

图 8-7　稀释混合倒平板法操作示意图

(2)稀释涂布平板法

该法是将已熔化并冷却至约 46 ℃的营养琼脂培养基先倒入无菌培养皿中，制成无菌平板，待充分冷却凝固后，将一定量(约 0.1mL)的某一稀释度的样品悬液滴加在平板表面，再用三角形无菌玻璃涂棒涂布，使菌液均匀分散在整个平板表面，倒置于恒温箱中培养。玻璃涂布棒的制作及涂布操作如图 8-8、图 8-9 所示。

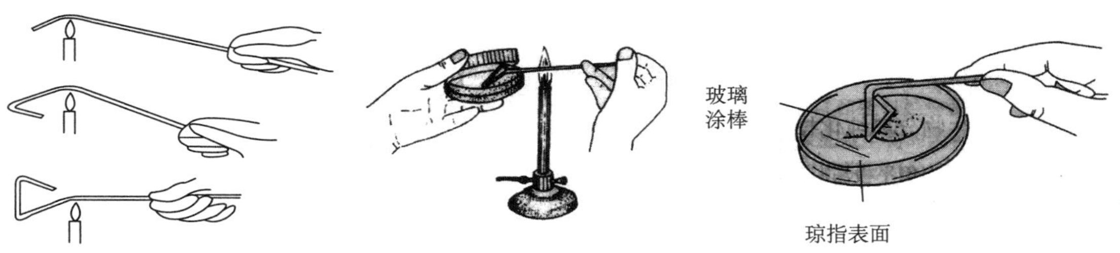

图 8-8　玻璃涂棒的制作　　图 8-9　涂布操作

(3)平板划线分离法

先制备无菌营养琼脂培养基平板，待充分冷却凝固后，用无菌接种环蘸取少量待分离的含菌样品，在无菌营养琼脂平板表面进行有规则地划线。划线的方式有连续划线、平行划线、扇形划线或其他形式的划线。通过这样在平板上进行划线稀释，微生物细胞数量将随着划线次数的增加而减少，并逐步分散开来。经培养后，可在平板表面形成分散的单个菌落。但单个菌落并不一定是由单个细胞形成的，需再重复划线 1～2 次，并结合显微镜检测个体形态特征，才可获得真正的纯培养物。该法的特点是简便快速，如图 8－10 所示。

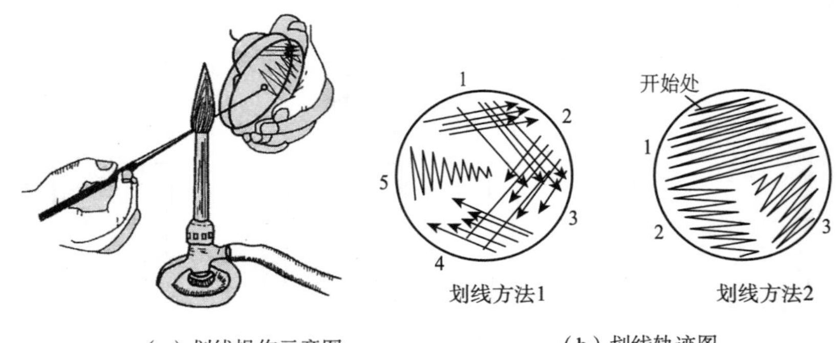

（a）划线操作示意图　　（b）划线轨迹图

图 8－10　平板划线分离法操作示意图

1,2,3,4,5—划线步骤

第四节　食品出厂检验项目常见微生物指标的测定

一、食品中菌落总数的测定

1. 菌落总数

菌落总数是指食品检样经过处理，在一定条件下（如培养基、培养温度和培养时间等）培养后，所得每克（毫升）检样中形成的微生物菌落总数。

菌落总数主要作为判定食品被污染程度的标志，也可以应用这一方法观察细菌在食品中繁殖的动态，以便为对被检样品进行卫生学评价时提供依据。

每种细菌都有它一定的生理特性，培养时，应用不同的营养条件及其他生理条件（如温度、培养时间、pH、需氧性质等）去满足其要求，才能分别将各种细菌培养出来。但在实验测定中，菌落总数一般只用一种常用方法去测定，如按照国家标准方法，平板计数法中，菌落总数指在需氧情况下，(36±1) ℃培养 48 h±2 h，能在平板计数琼脂培养基平板上生长的菌落总数，所以厌氧或微需氧菌、有特殊营养要求的以及非嗜中温的细菌，由于现有条件不能满足其生理需求，故难以繁殖生长。

因此菌落总数并不表示实际中的所有细菌总数，也并不能区分其中细菌的种类，所以有时被称为杂菌数、需氧菌数等。

2. 出厂检验项目要求测定菌落总数的食品

实行食品生产许可证制度，审查细则中出厂检验项目要求测定菌落总数的食品如表 8－2 所示。

表 8-2 出厂检验项目要求测定菌落总数的食品

产品单元名称	标准号	标准名称
酱油、食醋、酱卤肉制品、饮料、方便面、饼干、冷冻饮品、速冻面米食品、速冻其他食品、膨化食品、黄酒、蜜饯、油炸类和花生类炒货、蛋制品、乳制品、水产加工品、即食类淀粉制品、糕点、非发酵性豆制品、蜂蜜产品、果冻、调味料(即食类)、谷物碾磨加工品、谷物粉类制成品、食用油脂制品、婴幼儿配方乳粉、婴幼儿及其他配方谷粉、其他配方谷粉、其他方便食品、薯类食品、蔬菜干制品、水果干制品、水产调味品、淀粉糖	GB 4789.2—2016	《食品安全国家标准 食品微生物学检验 菌落总数测定》

3. GB 4789.2—2016《食品安全国家标准 食品微生物学检验 菌落总数测定》简介

本标准代替 GB 4789.2—2010《食品安全国家标准 食品微生物学检验 菌落总数测定》。

在本标准中，菌落总数测定采用是平板计数法。食品检样经过处理，经(36±1) ℃、48 h±2 h 培养后，所得每克(毫升)检样在平板计数琼脂培养基平板上生长的菌落总数。

4. 菌落总数实验注意事项

(1) 检验所用的玻璃器皿，必须完全灭菌，且灭菌前彻底清洗干净，不得残留有抑菌物质。

(2) 用做样品的稀释液，每批都要有空白对照。

(3) 在做 10 递增稀释时，注意更换灭菌吸管。灭菌吸管在进入装有稀释液的玻璃瓶或试管时，不要触及瓶(试管)口的外侧部分；用灭菌吸管吸检样到另一装有 9 mL 空白灭菌稀释液时，应小心沿管壁加入，吸管尖端不得触及管内稀释液。

(4) 为了防止细菌增殖及产生片状菌落，在检液加入平皿后，应在 20min 内倾入平板计数琼脂，并立即使其与琼脂混合均匀。检样与琼脂混合时，可将皿底在桌子平面上按顺时针和逆时针方向旋转，以使充分混匀。混合过程中应小心，不要使混合物溅到培养皿边的四周和上方。

(5) 待培养皿内琼脂凝固后，在数分钟内即将培养皿翻转，倒置于培养箱进行培养，避免菌落蔓延生长，防止冷凝水落到培养基表面影响菌落形成。

(6) 培养温度与培养时间，应根据食品种类而定。一般食品是(36±1) ℃下，培养 48 h±2 h。水产品是(30±1) ℃，培养 72 h±3 h。

(7) 如果稀释度大的平板上菌落数反比稀释度小的平板上菌落数高，是检验过程中发生的差错，属实验失误，也可能是因有抑制剂混入样品中所致，均不可用作计数报告的依据。

二、食品安全国家标准 食品微生物学检验 菌落总数测定(GB 4789.2—2016)

1 范围

本标准规定了食品中菌落总数(aerobic plate count)的测定方法。

本标准适用于食品中菌落总数的测定。

2　术语和定义

菌落总数 aerobic plate count

食品检样经过处理，在一定条件下（如培养基、培养温度和培养时间等）培养后，所得每 g(mL) 检样中形成的微生物菌落总数。

3　设备和材料

除微生物实验室常规灭菌及培养设备外，其他设备和材料如下：

3.1　恒温培养箱：36 ℃±1 ℃，30 ℃±1 ℃。

3.2　冰箱：2 ℃～5 ℃。

3.3　恒温水浴箱：46 ℃±1 ℃。

3.4　天平：感量为 0.1 g。

3.5　均质器。

3.6　振荡器。

3.7　无菌吸管：1 mL（具 0.01 mL 刻度）、10 mL（具 0.1 mL 刻度）或微量移液器及吸头。

3.8　无菌锥形瓶：容量 250 mL、500 mL。

3.9　无菌培养皿：直径 90 mm。

3.10　pH 计或 pH 比色管或精密 pH 试纸。

3.11　放大镜或/和菌落计数器。

4　培养基和试剂

4.1　平板计数琼脂培养基：见附录 A 中 1。

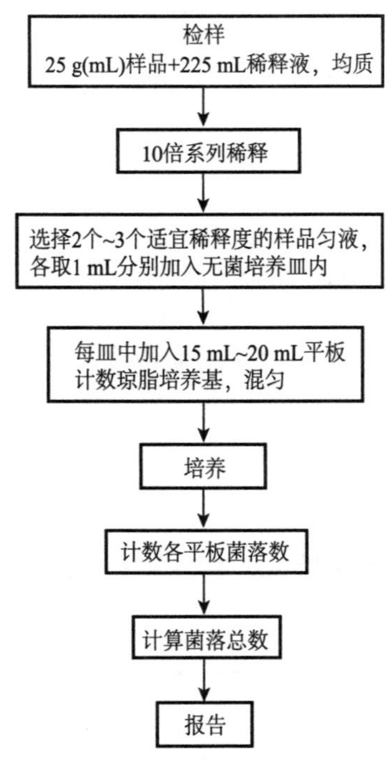

图 1　菌落总数的检验程序

4.2 磷酸盐缓冲液:见附录A中2。

4.3 无菌生理盐水:见附录A中3。

5 检验程序

6 操作步骤

6.1 样品的稀释

6.1.1 固体和半固体样品:称取25 g样品置盛有225 mL磷酸盐缓冲液或生理盐水的无菌均质杯内,8 000 r/min～10 000 r/min均质1 min～2 min,或放入盛有225 mL稀释液的无菌均质袋中,用拍击式均质器拍打1 min～2 min,制成1:10的样品匀液。

6.1.2 液体样品:以无菌吸管吸取25 mL样品置盛有225 mL磷酸盐缓冲液或生理盐水的无菌锥形瓶(瓶内预置适当数量的无菌玻璃珠)中,充分混匀,制成1:10的样品匀液。

6.1.3 用1 mL无菌吸管或微量移液器吸取1:10样品匀液1 mL,沿管壁缓慢注于盛有9 mL稀释液的无菌试管中(注意吸管或吸头尖端不要触及稀释液面),振摇试管或换用1支无菌吸管反复吹打使其混合均匀,制成1:100的样品匀液。

6.1.4 按6.1.3操作程序,制备10倍系列稀释样品匀液。每递增稀释一次,换用1次1 mL无菌吸管或吸头。

6.1.5 根据对样品污染状况的估计,选择2个～3个适宜稀释度的样品匀液(液体样品可包括原液),在进行10倍递增稀释时,吸取1 mL样品匀液于无菌平皿内,每个稀释度做两个平皿。同时,分别吸取1 mL空白稀释液加入两个无菌平皿内作空白对照。

6.1.6 及时将15 mL～20 mL冷却至46 ℃的平板计数琼脂培养基(可放置于46 ℃±1 ℃恒温水浴箱中保温)倾注平皿,并转动平皿使其混合均匀。

6.2 培养

6.2.1 待琼脂凝固后,将平板翻转,36 ℃±1 ℃培养48 h±2 h。水产品30 ℃±1 ℃培养72 h±3 h。

6.2.2 如果样品中可能含有在琼脂培养基表面弥漫生长的菌落时,可在凝固后的琼脂表面覆盖一薄层琼脂培养基(约4 mL),凝固后翻转平板,按6.2.1条件进行培养。

6.3 菌落计数

可用肉眼观察,必要时用放大镜或菌落计数器,记录稀释倍数和相应的菌落数量。菌落计数以菌落形成单位(colony-forming units,CFU)表示。

6.3.1 选取菌落数为30 CFU～300 CFU、无蔓延菌落生长的平板计数菌落总数。低于30 CFU的平板记录具体菌落数,大于300 CFU的可记录为多不可计。每个稀释度的菌落数应采用两个平板的平均数。

6.3.2 其中一个平板有较大片状菌落生长时,则不宜采用,而应以无片状菌落生长的平板作为该稀释度的菌落数;若片状菌落不到平板的一半,而其余一半中菌落分布又很均匀,即可计算半个平板后乘以2,代表一个平板菌落数。

6.3.3 当平板上出现菌落间无明显界线的链状生长时,则将每条单链作为一个菌落计数。

7　结果与报告

7.1　菌落总数的计算方法

7.1.1　若只有一个稀释度平板上的菌落数在适宜计数范围内，计算两个平板菌落数的平均值，再将平均值乘以相应稀释倍数，作为每克(毫升)样品中菌落总数结果。

7.1.2　若有两个连续稀释度的平板菌落数在适宜计数范围内时，按公式(1)计算：

$$N = \sum C/(n_1 + 0.1_{n2})d \qquad (1)$$

式中：N—— 样品中菌落数；

$\sum C$—— 平板(含适宜范围菌落数的平板)菌落数之和；

n_1—— 第一稀释度(低稀释倍数)平板个数；

n_2—— 第二稀释度(高稀释倍数)平板个数；

d—— 稀释因子(第一稀释度)。

示例：

稀释度	1:100(第一稀释度)	1:1000(第二稀释度)
菌落数(CFU)	232,244	33,35

$$N = \sum C/(n_1 + 0.1_{n2})d = \frac{232 + 244 + 33 + 35}{[2 + (0.1 \times 2)] \times 10^{-2}} = \frac{544}{0.022} = 24727$$

上述数据按“7.2 菌落总数的报告”中的7.2.2进行数字修约后，表示为25000或2.5×10^4。

7.1.3　若所有稀释度的平板上菌落数均大于300 CFU，则对稀释度最高的平板进行计数，其他平板可记录为多不可计，结果按平均菌落数乘以最高稀释倍数计算。

7.1.4　若所有稀释度的平板菌落数均小于30 CFU，则应按稀释度最低的平均菌落数乘以稀释倍数计算。

7.1.5　若所有稀释度(包括液体样品原液)平板均无菌落生长，则以小于1乘以最低稀释倍数计算。

7.1.6　若所有稀释度的平板菌落数均不在30 CFU～300 CFU之间，其中一部分小于30 CFU或大于300CFU时，则以最接近30 CFU或300 CFU的平均菌落数乘以稀释倍数计算。

7.2　菌落总数的报告

7.2.1　菌落数小于100 CFU时，按“四舍五入”原则修约，以整数报告。

7.2.2　菌落数大于或等于100 CFU时，第3位数字采用“四舍五入”原则修约后，取前2位数字，后面用0代替位数；也可用10的指数形式来表示，按“四舍五入”原则修约后，采用两位有效数字。

7.2.3　若所有平板上为蔓延菌落而无法计数，则报告菌落蔓延。

7.2.4　若空白对照上有菌落生长，则此次检测结果无效。

7.2.5　称重取样以CFU/g为单位报告，体积取样以CFU/mL为单位报告。

附录 A
培养基和试剂

A.1 平板计数琼脂(plate count agar,PCA)培养基

A.1.1 成分

胰蛋白胨	5.0 g
酵母浸膏	2.5 g
葡萄糖	1.0 g
琼脂	15.0 g
蒸馏水	1000 mL

pH7.0±0.2

A.1.2 制法

将上述成分加于蒸馏水中,煮沸溶解,调节 pH。分装试管或锥形瓶,121 ℃高压灭菌 15 min。

A.2 磷酸盐缓冲液

A.2.1 成分

磷酸二氢钾(KH_2PO_4)	34.0 g
蒸馏水	500 mL

pH 7.2

A.2.2 制法

贮存液:称取 34.0 g 的磷酸二氢钾溶于 500 mL 蒸馏水中,用大约 175 mL 的 1 mol/L 氢氧化钠溶液调节 pH,用蒸馏水稀释至 1 000 mL 后贮存于冰箱。

稀释液:取贮存液 1.25 mL,用蒸馏水稀释至 1 000 mL,分装于适宜容器中,121 ℃高压灭菌 15 min。

A.3 无菌生理盐水

A.3.1 成分

氯化钠	8.5 g
蒸馏水	1 000 mL

A.3.2 制法

称取 8.5 g 氯化钠溶于 1 000 mL 蒸馏水中,121 ℃高压灭菌 15 min。

三、食品中大肠菌群的测定

1. 大肠菌群

大肠菌群是指在一定培养条件下能发酵乳糖、产酸产气的需氧和兼性厌氧革兰氏阴性无芽孢杆菌。一般是在(36±1) ℃、24～48h 能分解乳糖产酸产气。主要包括埃希氏菌属,称为典型大肠杆菌;其次还有柠檬酸杆菌属、克雷伯氏菌属、产气肠杆菌属等,习惯上称为非典型大肠杆菌。

大肠菌群主要来源于人畜粪便,故以此作为粪便污染指标来评价食品的卫生质量,它反

映了食品是否被粪便污染，同时间接地指出食品是否有肠道致病菌污染的可能性。

大肠菌群能在很多培养基和食品上繁殖，能在只有一种有机碳（如葡萄糖）和一种氮源（如硫酸铵）以及一些无机盐类组成的培养基上生长。在肉汤培养基上，36 ℃培养 24h，就出现可见菌落。它们能够在含有胆盐的培养基上生长（胆盐能抑制革兰氏阳性杆菌）。大肠菌群的一个最显著特点是能分解乳糖而产酸产气，利用这一点能够把大肠菌群与其他细菌区别开来。

2. 出厂检验项目要求测定大肠菌群的食品

实行食品生产许可证制度，审查细则中出厂检验项目要求测定大肠菌群的食品如表 8－3 所示。

表 8－3　出厂检验项目要求测定大肠菌群的食品

产品单元名称	标准号	标准名称
酱油、食醋、酱卤肉制品、饮料、方便面、饼干、冷冻饮品、速冻面米食品、速冻其他食品、膨化食品、黄酒、蜜饯、油炸类和花生类炒货、蛋制品、乳制品、水产加工品、即食类淀粉制品、糕点、非发酵性豆制品、蜂蜜产品、果冻、调味料（即食类）、谷物碾磨加工品、谷物粉类制成品、食用油脂制品、婴幼儿配方乳粉、婴幼儿及其他配方谷粉、其他配方谷粉、其他方便食品、薯类食品、蔬菜干制品、水果干制品、水产调味品、淀粉糖	GB 4789.3—2016	食品安全国家标准　食品微生物学检验　大肠菌群计数

3. GB 4789.3—2016《食品安全国家标准　食品微生物学检验　大肠菌群计数》简介

食品中大肠菌群的检测按照 GB 4789.3—2016《食品安全国家标准　食品微生物学检验　大肠菌群计数》执行。

本标准代替 GB 4789.3—2010《食品安全国家标准　食品微生物学检验　大肠菌群计数》、GB/T 4789.32—2002 食品卫生微生物学检验　大肠菌群的快速检测》和 SN/T 0169—2010《进出口食品中大肠菌群、粪大肠菌群和大肠杆菌检测方法》大肠菌群计数部分。

标准中有两种检测方法：第一法 MPN 计数法和第二法平板计数法，第一法适用于大肠菌群含量较低的食品中大肠菌群的计数；第二法适用于大肠菌群含量较高的食品中大肠菌群的计数。

4. 大肠菌群计数实验注意事项

（1）双料管是指除配制培养基所需要的蒸馏水的量不变外，其他成分加倍。

（2）最可能数（MPN）是表示样品中活菌密度的估测。MPN 检索表是采用三个稀释度九管法，较理想的检测结果应是最低稀释度 3 管为阳性，而最高稀释度 3 管为阴性。在 MPN 检索表第一栏阳性管数下面列出的毫升（克），系指原样品（包括液体和固体）的毫升（克）数，并非样品稀释后的毫升（克）数，对固体样品更应注意。如固体样品 1 g 经 10 倍稀释后，虽加入 1 mL 量，但实际其中只含有 0.1 g 样品，故应按 0.1 g 计，不应按 1 mL 计。

（3）关于试管内的玻璃小倒管如储留气体则是阳性结果，如果不存留气体，但液面及管壁可以看到缓慢上浮的小气泡，或者对没有气体产生的试管用手轻轻弹动管壁，有气泡出现而且沿管壁上升，都应考虑可能是由大肠菌群发酵产生气体的缘故．应做进一步观察，因为这种情况阳性检出率可达 50 %以上

四、食品安全国家标准　食品微生物学检验　大肠菌群计数(GB 4789.3—2016)

1　范围

本标准规定了食品中大肠菌群(Coliforms)计数的方法。

本标准第一法适用于大肠菌群含量较低的食品中大肠菌群的计数;第二法适用于大肠菌群含量较高的食品中大肠菌群的计数。

2　术语和定义

2.1　大肠菌群 coliforms

在一定培养条件下能发酵乳糖、产酸产气的需氧和兼性厌氧革兰氏阴性无芽胞杆菌。

2.2　最可能数 most probable number,MPN

基于泊松分布的一种间接计数方法。

3　检验原理

3.1　MPN 法

MPN 法是统计学和微生物学结合的一种定量检测法。待测样品经系列稀释并培养后,根据其未生长的最低稀释度与生长的最高稀释度,应用统计学概率论推算出待测样品中大肠菌群的最大可能数。

3.2　平板计数法

大肠菌群在固体培养基中发酵乳糖产酸,在指示剂的作用下形成可计数的红色或紫色,带有或不带有沉淀环的菌落。

4　设备和材料

除微生物实验室常规灭菌及培养设备外,其他设备和材料如下:

4.1　恒温培养箱:36 ℃±1 ℃。

4.2　冰箱:2 ℃～5 ℃。

4.3　恒温水浴箱:46 ℃±1 ℃。

4.4　天平:感量 0.1 g。

4.5　均质器。

4.6　振荡器。

4.7　无菌吸管:1 mL(具 0.01 mL 刻度)、10 mL(具 0.1 mL 刻度)或微量移液器及吸头。

4.8　无菌锥形瓶:容量 500 mL。

4.9　无菌培养皿:直径 90 mm。

4.10　pH 计或 pH 比色管或精密 pH 试纸。

4.11　菌落计数器。

5　培养基和试剂

5.1　月桂基硫酸盐胰蛋白胨(lauryl sulfate tryptose,LST)肉汤:见 A.1。

5.2　煌绿乳糖胆盐(brilliant green lactose bile,BGLB)肉汤:见 A.2。

5.3　结晶紫中性红胆盐琼脂(violetredbileagar,VRBA):见 A.3。

5.4　磷酸盐缓冲液:见 A.4。

5.5　无菌生理盐水:见 A.5。

5.6　1 mol/L NaOH:见 A.6。

5.7　1 mol/L HCl.见 A.7。

第一法　大肠菌群 MPN 计数法

6　检验程序

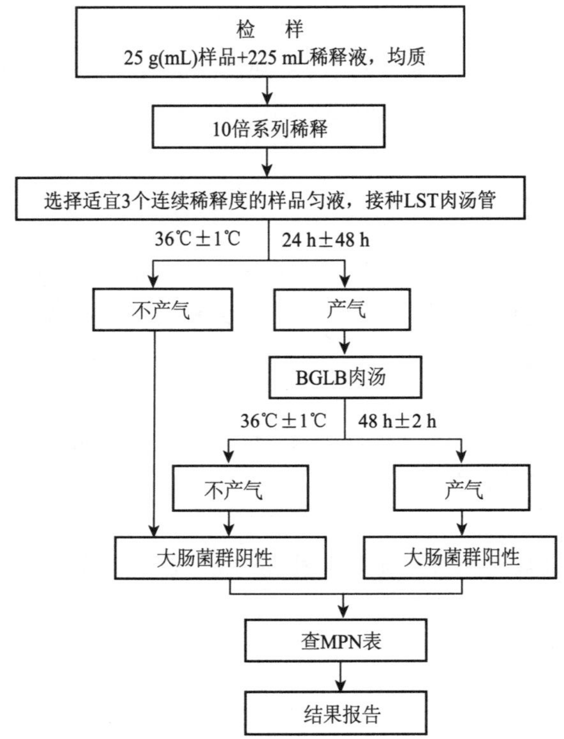

图 1　大肠菌群 MPN 计数法的检验程序

7　操作步骤

7.1　样品的稀释

7.1.1　固体和半固体样品:称取 25 g 样品,放入盛有 225 mL 磷酸盐缓冲液或生理盐水的无菌均质杯内,8 000 r/min～10 000 r/min 均质 1 min～2 min,或放入盛有 225 mL 磷酸盐缓冲液或生理盐水的无菌均质袋中,用拍击式均质器拍打 1 min～2 min,制成 1∶10 的样品匀液。

7.1.2　液体样品:以无菌吸管吸取 25 mL 样品置盛有 225 mL 磷酸盐缓冲液或生理盐水的无菌锥形瓶(瓶内预置适当数量的无菌玻璃珠)中,充分混匀,制成 1∶10 的样品匀液。

7.1.3　样品匀液的 pH 应为 6.5～7.5,必要时分别用 1 mol/L NaOH 或 1 mol/L HCl调节。

7.1.4　用 1 mL 无菌吸管或微量移液器吸取 1∶10 样品匀液 1 mL，沿管壁缓缓注入 9 mL 磷酸盐缓冲液或生理盐水的无菌试管中（注意吸管或吸头尖端不要触及稀释液面），振摇试管或换用 1 支 1 mL 无菌吸管反复吹打，使其混合均匀，制成 1∶100 的样品匀液。

7.1.5　根据对样品污染状况的估计，按上述操作，依次制成十倍递增系列稀释样品匀液。每递增稀释 1 次，换用 1 支 1 mL 无菌吸管或吸头。从制备样品匀液至样品接种完毕，全过程不得超过 15 min。

7.2　初发酵试验

每个样品，选择 3 个适宜的连续稀释度的样品匀液（液体样品可以选择原液），每个稀释度接种 3 管月桂基硫酸盐胰蛋白胨（LST）肉汤（每管装 10 mL 培养基），每管接种 1 mL（如接种量超过 1 mL，则用双料 LST 肉汤），36 ℃±1 ℃培养 24 h±2 h，观察倒管内是否有气泡产生，24 h±2 h 产气者进行复发酵试验，如未产气则继续培养至 48 h±2 h，产气者进行复发酵试验。未产气者为大肠菌群阴性。

7.3　复发酵试验

用接种环从产气的 LST 肉汤管中分别取培养物 1 环，移种于煌绿乳糖胆盐（BGLB）肉汤管中（每管装 10 mL 培养基），36 ℃±1 ℃培养 48 h±2 h，观察产气情况。产气者，计为大肠菌群阳性管。

7.4　大肠菌群最可能数（MPN）的报告

按 7.3 确证的大肠菌群 LST 阳性管数，检索 MPN 表（见附录 B），报告每 g(mL) 样品中大肠菌群的 MPN 值。

第二法　大肠菌群平板计数法

8　检验程序

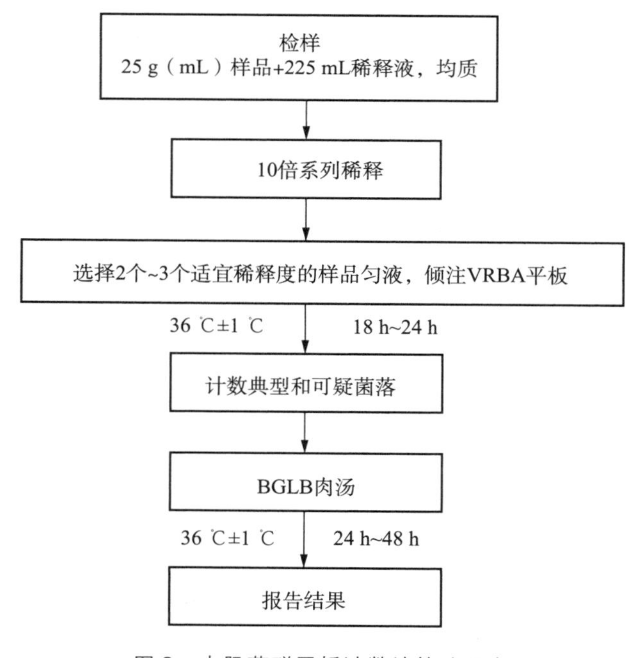

图 2　大肠菌群平板计数法检验程序

9　操作步骤

9.1　样品的稀释

按7.1进行。

9.2　平板计数

9.2.1　选取2～3个适宜的连续稀释度，每个稀释度接种2个无菌平皿，每皿1 mL。同时取1 mL无菌生理盐水加入无菌平皿作空白对照。

9.2.2　及时将15 mL～20 mL融化并恒温至46 ℃的结晶紫中性红胆盐琼脂（VRBA）倾注于每个平皿中。小心旋转平皿，将培养基于样液充分混匀，待琼脂凝固后，再加3 mL～4 mL VRBA覆盖平板表层。翻转平板，置于36 ℃±1 ℃培养18 h～24 h。

9.3　平板菌落数的选择

选取菌落数中15CFU～150CFU之间的平板，分别计数平板上出现的典型和可疑大肠菌群菌落（如菌落直径较典型菌落小）。典型菌落为紫红色，菌落周围有红色的胆盐沉淀环，菌落直径为0.5 mm或者更大，最低稀释度平板低于15CFU的记录具体菌落数。

9.4　证实试验

从VRBA平板上挑取10个不同类型的典型和可疑菌落，少于10个菌落的挑取全部典型和可疑菌落。分别移种于BGLB肉汤管内，36 ℃±1 ℃培养24 h～48 h，观察产气情况。凡BGLB肉汤管产气，即可报告为大肠菌群阳性。

9.5　大肠菌群平板计数的报告

经最后证实为大肠菌群阳性的试管比例乘以操作步骤5.2中平板计数5.2.3中计数的平板菌落数，再乘以稀释倍数，即为每克（毫升）样品中大肠菌群数。例：10^{-4}样品稀释液1 mL，中VRBA平板上有100个典型和可疑菌落，挑取其中10个接种BGLB肉汤管，证实有6个阳性管，则该样品的大肠菌群数为：$6/10\times100\times10000=6.0\times10^{5}$ CFU/g(mL)。若所有稀释度（包括液体样品原液）平板均无菌落生长，则以<1乘以最低稀释倍数计算。

附录A
培养基和试剂

A.1　月桂基硫酸盐胰蛋白胨（LST）肉汤

A.1.1　成分

胰蛋白胨或胰酪胨	20.0 g
氯化钠	5.0 g
乳糖	5.0 g
磷酸氢二钾（K_2HPO_4）	2.75 g
磷酸二氢钾（KH_2PO_4）	2.75 g
月桂基硫酸钠	0.1 g
蒸馏水	1 000 mL

pH 6.8±0.2

A. 1.2 制法

将上述成分溶解于蒸馏水中，调节 pH。分装到有玻璃小倒管的试管中，每管 10 mL。121 ℃高压灭菌 15 min。

A. 2 煌绿乳糖胆盐(BGLB)肉汤

A. 2.1 成分

蛋白胨	10.0 g
乳糖	10.0 g
牛胆粉(oxgall 或 oxbile)溶液	200 mL
0.1 %煌绿水溶液	13.3 mL
蒸馏水	800 mL

pH 7.2±0.1

A. 2.2 制法

将蛋白胨、乳糖溶于约 500 mL 蒸馏水中，加入牛胆粉溶液 200 mL(将 20.0 g 脱水牛胆粉溶于 200 mL 蒸馏水中，调节 pH 至 7.0～7.5)，用蒸馏水稀释到 975 mL，调节 pH，再加入 0.1 %煌绿水溶液 13.3 mL，用蒸馏水补足到 1 000 mL，用棉花过滤后，分装到有玻璃小倒管的试管中，每管 10 mL。121 ℃高压灭菌 15 min。

A. 3 结晶紫中性红胆盐琼脂(VRBA)

A. 3.1 成分

蛋白胨	7.0 g
酵母膏	3.0 g
乳糖	10.0 g
氯化钠	5.0 g
胆盐或 3 号胆盐	1.5 g
中性红	0.03 g
结晶紫	0.002 g
琼脂	15 g～18 g
蒸馏水	1 000 mL

pH7.4±0.1

A. 3.2 制法

将上述成分溶于蒸馏水中，静置几分钟，充分搅拌，调节 pH。煮沸 2 min，将培养基冷却至 45 ℃～50 ℃倾注平板。使用前临时制备，不得超过 3 h。

A. 4 磷酸盐缓冲液

A. 4.1 成分

磷酸二氢钾(KH_2PO_4)	34.0 g
蒸馏水	500 mL

pH 7.2

A. 4.2　制法

贮存液：称取 34.0 g 的磷酸二氢钾溶于 500 mL 蒸馏水中，用大约 175 mL 的 1 mol/L 氢氧化钠溶液调节 pH，用蒸馏水稀释至 1 000 mL 后贮存于冰箱。

稀释液：取贮存液 1.25 mL，用蒸馏水稀释至 1 000 mL，分装于适宜容器中，121 ℃高压灭菌 15 min。

A. 5　无菌生理盐水

A. 5.1　成分

氯化钠　8.5 g

蒸馏水　1 000 mL

A. 5.2　制法

称取 8.5 g 氯化钠溶于 1 000 mL 蒸馏水中，121 ℃高压灭菌 15 min。

A. 6　1 mol/L NaOH

A. 6.1　成分

NaOH　40.0 g

蒸馏水　1 000 mL

A. 6.2　制法

称取 40 g 氢氧化钠溶于 1 000 mL 无菌蒸馏水中。

A. 7　1 mol/L HCl

A. 7.1　成分

HCl　90 mL

蒸馏水　1 000 mL

A. 7.2　制法

移取浓盐酸 90 mL，用无菌蒸馏水稀释至 1 000 mL。

附录 B
大肠菌群最可能数(MPN)检索表

每 g(mL)检样中大肠菌群最可能数(MPN)的检索如表 B.1 所示。

表 B.1　大肠菌群最可能数(MPN)检索表

阳性管数			MPN	95 %可信限		阳性管数			MPN	95 %可信限	
0.10	0.01	0.001		下限	上限	0.10	0.01	0.001		下限	上限
0	0	0	＜3.0	—	9.5	2	2	0	21	4.5	42
0	0	1	3.0	0.15	9.6	2	2	1	28	8.7	94
0	1	0	3.0	0.15	11	2	2	2	35	8.7	94
0	1	1	6.1	1.2	18	2	3	0	29	8.7	94
0	2	0	6.2	1.2	18	2	3	1	36	8.7	94
0	3	0	9.4	3.6	38	3	0	0	23	4.6	94

续表

阳性管数			MPN	95 %可信限		阳性管数			MPN	95 %可信限	
0.10	0.01	0.001		下限	上限	0.10	0.01	0.001		下限	上限
1	0	0	3.6	0.17	18	3	0	1	38	8.7	110
1	0	1	7.2	1.3	18	3	0	2	64	17	180
1	0	2	11	3.6	38	3	1	0	43	9	180
1	1	0	7.4	1.3	20	3	1	1	75	17	200
1	1	1	11	3.6	38	3	1	2	120	37	420
1	2	0	11	3.6	42	3	1	3	160	40	420
1	2	1	15	4.5	42	3	2	0	93	18	420
1	3	0	16	4.5	42	3	2	1	150	37	420
2	0	0	9.2	1.4	38	3	2	2	210	40	430
2	0	1	14	3.6	42	3	2	3	290	90	1000
2	0	2	20	4.5	42	3	3	0	240	42	1000
2	1	0	15	3.7	42	3	3	1	460	90	2000
2	1	1	20	4.5	42	3	3	2	1100	180	4100
2	1	2	27	8.7	94	3	3	3	>1100	420	—

注 1:本表采用 3 个稀释度[0.1 g(mL)、0.01 g(mL)和 0.001 g(mL)],每个稀释度接种 3 管。

注 2:表内所列检样量如改用 1 g(mL)、0.1 g(mL)和 0.01 g(mL)时,表内数字应相应降低 10 倍;如改用 0.01g(mL)、0.001 g(mL)、0.0001 g(mL)时,则表内数字应相应增高 10 倍,其余类推。

五、根据产品标准确定采样方案

根据 GB 4789.1—2016 规定,食品微生物检验的采样方案分为二级采样和三级采样两类。

1. 采样原则

(1) 根据检验目标产品的食品安全国家标准(卫生标准)具体微生物限量规定确定采样方案。

(2) 应采用随机原则进行采样,确保所采集的样品具有代表性。

(3) 采样过程遵循无菌操作程序,防止一切可能的外来污染。

(4) 样品在保存和运输的过程中,应采取必要的措施防止样品中原有微生物的数量变化,保持样品的原有状态。

2. 采样方案

采样方案分为二级方案和三级方案。

(1)二级采样方案设有 n、c 和 m 值。

(2) 三级采样方案设有 n、c、m 和 M 值。

(3) 各指标的含义：

n：同一批次产品应采集的样品件数。

c：最大可允许超出 m 值的样品数，指该批产品的检样菌数中，超过限量的检样数，即结果超过合格菌数限量的最大允许数。

m：微生物指标可接受水平的限量值，指合格菌数限量，将可接受与不可接受的数量区别开。

M：微生物指标的最高安全限量值，指附加条件，判定为合格的菌数限量，表示边缘的可接受数与边缘的不可接受数之间的界限。

注 1：按照二级采样方案设定的指标，在 n 个样品中，允许有 $\leqslant c$ 个样品其相应微生物指标检验值大于 m 值。

注 2：按照三级采样方案设定的指标，在 n 个样品中，允许全部样品中相应微生物指标检验值小于或等于 m 值；允许有 $\leqslant c$ 个样品其相应微生物指标检验值在 m 值和 M 值之间；不允许有样品相应微生物指标检验值大于 M 值。

例：

蜜饯微生物限量(GB 14884—2016)

项目	采样方案[a] 及限量				检验方法
	n	c	m	M	
菌落总数/(CFU/g)	5	2	10^3	10^4	GB 4789.2
大肠菌群/(CFU/g)	5	2	10	10^2	GB 4789.3
霉菌/(CFU/g)≤	50				GB 4789.15
[a]样品的分析及处理按 GB 4789.1 和 GB/T 4789.24 执行。					

参照《食品安全国家标准　蜜饯》(GB 14884—2016)中微生物限量的规定，我们在检测蜜饯菌落总数和大肠菌群时，采样标准要采用三级采样方案。

① 样品数为 5 个。

② 验结果判定：

a. 若所有的样品的菌落总数均小于 1000 CFU，大肠菌群均小于 10 CFU，合格。

b. 若样品的菌落总数有一个大于 10000 CFU，大肠菌群有一个大于 100 CFU，不合格。

c. 若样品的菌落总数有≤2 个为 1000～10000 CFU，其他样品的菌落总数小于 1000 CFU，大肠菌群有≤2 个为 10～100 CFU，其他样品的大肠菌群小于 10 CFU，合格。

d. 若样品的菌落总数有＞2 个为 1000～10000 CFU，大肠菌群有＞2 个为 10～100CFU，不合格。

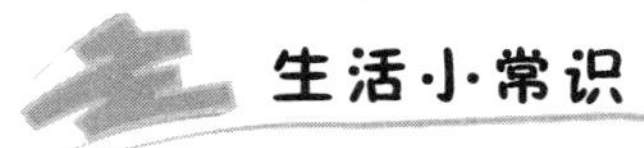

生活小常识

速冻面米制品的消费提示

转自食品伙伴网

速冻面米制品是指以小麦粉、大米、杂粮等谷物为主要原料，或同时配以肉、禽、蛋、水产品、蔬菜、果料、糖、油、调味品等单一或多种配料为馅料，加工成型（或熟制），经速冻工艺加工制备的食品。速冻面米制品主要包括速冻饺子、馄饨、汤圆、粽子、馒头、包子、油条等。根据产品冻结前是否经过加热工艺，又分为熟制品和生制品。带馅的速冻面米制品原料丰富多样，存在被微生物等污染的可能性，也存在后续加工处理不当带来问题的风险，消费者更需要关注其食用安全。即使经过加热熟制的速冻面米制品，因在冷冻环境下长期存放，有可能与生制品交叉污染，食用前必须妥当处理。

1. 如何选购

应选购存放于低温冷柜中、保质期内、包装完整、冷冻坚硬、形状正常的食品。如发现冷柜温度变暖、包装破损、饺子粘成一坨（有可能是冷柜温度变化，货品被反复冻融所致），不宜购买，并要告知超市的销售人员。速冻食品要随吃随买，每次尽量少买，应在交款前最后将速冻食品放上购物车，并以最短的时间运送回家，第一时间放入冰箱冷冻层。

2. 如何存放

家用冰箱的冷冻层应设置为－18 ℃，目的是抑制食品中可能携带致病菌的生长繁殖。速冻食品的存放应生熟制品分开，并定期清理过期、变质食品。速冻饺子、馄饨等产品的保质期一般不超过 12 个月，除去超市存放的时间，家庭存放在冷冻条件下的速冻食品最好在 3 个月以内，最长不要超过 6 个月。

3. 如何蒸煮

速冻面米制品的传统食用方式是蒸、煮、煎、炸，应按照食品包装标识的方法，正确加热、熟制。特别是带馅制品，一定要沸水煮熟、蒸透，荤馅比素馅需要的时间略长，确保杀死生鲜原料中可能存在的食源性致病菌，保证食用安全。餐后剩余的饺子、馄饨，要在室温下凉透后放入冰箱冷藏，再食用前一定要彻底加热。

案 例 题

1. 某糕点厂检验员小王在测定某一批次的糕点菌落总数时，发现经 36 ℃±1 ℃，48 h±2 h 培养后，两个稀释度的培养皿及空白对照中均无菌落生长，他在原始记录中写下菌落总数的测定结果为 0，请问这样写测定结果是否正确？

2. 用 MPN 计数法测定食品大肠菌群含量，使用 10^{-2}、10^{-3}、10^{-4} 3 个样品稀释浓度，复发酵结束后相对应的大肠菌群阳性管数是：2、1、0，请问该食品样品的检测结果报告值是多少？

第九章　食品检验室的设施与布局

第一节　食品检验室设置的原则

食品检验室应能承担以现行国家标准以及行业、地方、企业等标准规定的检验方法，对食品的质量、安全进行分析评价，完成科研及综合性、设计性实验等任务。按照需要，食品检验室可分设若干功能的分析室。本部分仅介绍食品企业的食品检验室。

对于食品企业，检验室的主要功能就是对产品进行过程检验和出厂检验，按照规定，企业应具备生产许可证审查细则中规定的必备出厂检验设备设施，出厂检验设备设施的性能、准确度应能达到规定的要求，具有与所生产产品相适应的质量检验和计量检测手段，实验室布局应合理。

一、食品检验室设备设施的配置

食品企业的食品检验室可根据生产的产品品种、检测项目的多少和生产规模的大小设置，实验室仪器设备也应该根据检测项目进行配置。

首先，根据产品品种查看相应的生产许可证审查细则，根据审查细则确定出厂检验项目及必备的出厂检验设备设施。

例如，生产豆浆的食品企业，豆浆属于饮料产品中的蛋白饮料类，查看饮料审查细则中第六章《蛋白饮料生产许可审查要求》可知，蛋白饮料企业的检验能力至少满足感官、蛋白质、乳酸菌数(活菌型产品)、菌落总数、大肠菌群、pH 等项目的测定。

企业可以使用快速检测方法及设备，但应保证检测结果准确。使用快速检测方法及设备做检验时，应定期与国家标准规定的检验方法比对或验证。快速检测结果不合格时，应使用国家标准规定的检验方法进行确认。

检验设备一般应包括：无菌室(或超净工作台)、灭菌锅、微生物培养箱、生物显微镜(或菌落计数器)、定氮装置、酸度计(罐头加工工艺)、分析天平(0.1 mg)、相应检测特征性指标的设备(出厂需检特征性指标项目时)及相关的计量器具等。

其次，根据产品标准补充完整出厂检验设备设施。有的产品标准规定的出厂检验项目跟审查细则一致，有的比审查细则的多，这时就需要把产品标准多出的检验项目及相应的检验设备设施配置齐全。总之，企业食品检验室设备设施的配置，应该综合满足生产许可证审查细则和产品标准的要求。

二、食品检验室设置的原则

食品检验室按照需要，可分设化学分析室、精密仪器室、天平室、药品储存室，有微生物检验项目的，还需要有微生物检验室，茶叶企业还需要有茶叶感官审评室。对于食品企业，可根据实际需要取舍，或者根据企业条件，对检验室进行区域划分、隔离，不强求分设各室。不管是分设各室，还是在同一室内进行区域划分，必须把握好下列两个原则：

1. 仪器设备需分类安放

根据仪器设备功能分室或划分区域安放，满足仪器设备的使用要求。条件许可，可根据产品检验要求选择分设化学分析室（如安放滴定装置、定氮装置、蒸馏装置、恒温水浴箱、干燥箱、灭菌锅、微生物培养箱、通风橱等）、精密仪器室（如安放分光光度计、酸度计等）、天平室（安放分析天平）、药品储存室、微生物检验室（无菌操作间、缓冲间）、茶叶感官审评室（干评台、湿评台等）。如果企业条件有限，且室内面积许可，在同一室内可以通过上述分室原则，合理隔离或分区安放仪器设备，必须注意要隔离出远离热源、震源的天平间。

2. 分析室的设置要合理

分析室、分析检验室应按相关标准要求选择适合的组成材料，应采光良好、有良好的通风条件，有充足的洗水池和水龙头，上下水通畅，实验台面应平整、不易碎裂、耐酸碱及溶剂腐蚀，耐热，不易碰碎玻璃器皿等。

第二节 食品理化分析检验室常用仪器及布局

一、食品理化分析常用仪器及操作

1. 分析天平

分析天平是定量分析中最重要的仪器之一。开始做分析工作之前必须熟悉如何正确使用分析天平，因为称量的准确度对分析结果有很大的影响。常用的分析天平有半自动电光天平、全自动电光天平、电子天平等，如图 9-1 所示。半自动电光天平已经较少使用，取而代之的是技术先进操作简便的电子天平，但因为价格较贵在食品企业里还受到一定的制约，目前仍有部分企业使用全自动电光天平。分析天平在结构和使用上虽有差异，但基本原理是相同的，下面主要介绍全自动电光天平，如图 9-2 所示。

（a）半自动电光天平 TG328B

（b）全自动电光天平 TG328A

（c）电子天平

图 9-1 分析天平

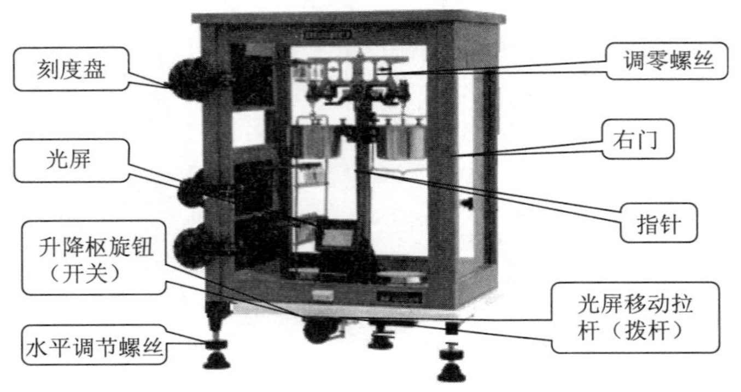

图 9-2　全自动电光天平

(1)分析天平使用规则

1）称量前应检查天平是否正常，是否处于水平位置，并检查和调整天平的零点。

2）使用过程中要注意保护玛瑙刀口。开启升降枢旋钮（开关旋钮）应缓慢。取放物体、加减砝码时，都必须先把天平梁托起，即关闭天平，以免损坏刀口。

3）天平的前门不得随意打开，它主要供装卸、调节和维修用。全自动电光天平只有右盘，右盘供放称量物，称量物要放在天平盘的中央以防盘的摆动。试样不得直接放在盘上，必须盛在干净的容器中称量。具有腐蚀性或吸湿性物质，必须放在适当密闭的容器中称量。

4）旋转刻度盘自动加码时，应一挡一挡慢慢地旋转，防止砝码跳落、互撞。加减砝码的原则是“由大到小，减半加码”。

5）称量完毕，托起天平，取出物体，将刻度盘复位转到“0”，关闭边门，切断电源，盖上防尘罩。

6）天平的载重绝对不能超过天平的最大负载。不能任意移动天平位置。在同一次实验中应使用同一台天平，以免造成误差。

(2) 分析天平操作使用

1）水平调节　观察天平水准器中的水泡是否位于正中，若不居中，可调节天平前部下方支脚底座上的两个水平调节螺丝，使水泡居中即天平处于水平位置。

2）零点调节　接通电源，缓慢开启升降枢旋钮，当天平指针静止后，观察投影屏上的刻度线是否与投影屏标尺上的 0.00mg 刻度重合。如不重合，调节升降枢旋钮下面的调屏拉杆，移动投影屏位置，使之重合，即调好零点。若调屏拉杆调到尽头仍不能重合，则需关闭天平，调节天平梁上的平衡螺丝，然后再重复上述操作，直至调好零点。

注意：零点调节时，天平要完全开启。

3）粗称　将称量物先用台秤称量，初步知道称量物的质量，为精确称量时提供依据。

4）称量　打开天平右门，将在台秤上粗称过的称量物放右盘中央，关闭右门。逐次旋转刻度盘，加上粗称质量的砝码。缓慢半开启天平升降枢旋钮试重，根据指针或投影屏标尺偏转的方向来判断加减砝码。判断加减砝码的方法：①指针偏向轻的一边，偏向左边，应增加砝码；偏向右边，应减少砝码。②投影屏标尺向正方向移动，增加砝码；投影屏标尺向负方向移动，减少砝码。根据判断，应立即关闭升降枢旋钮，依照加减砝码的原则增加或减少砝码，然后再重复上述操作，反复调整直至完全开启升降枢旋钮后，投影屏上的刻度线在标尺的 0.00～10.0 mg。

注意：试重时，天平只能半开启。当投影屏上的刻度线在标尺的 0.00～10.0 mg 时才能完全开启。

5）读数　当升降枢旋钮完全开启后，刻度线在标尺的 0.00～10.0 mg 时即可读数。读数要读到小数点后第四位。天平的读数方法为：砝码＋投影标尺，即小数点前及小数点后第一、第二位读刻度盘上的砝码，小数点后第三、第四位读投影标尺。读数完后应立即关闭升降枢旋钮，不能让天平长时间处于工作状态以保护玛瑙刀口。称量结果应立即如实记录在专用记录本上，不可记在手上或纸片上。

注意：读数时，天平要完全开启。

(3) 分析天平称量方法

常用的称量方法有直接称量法、固定质量称量法和递减称量法，现分别介绍如下。

1）直接称量法　此法是将称量物直接放在天平盘上直接称量物体的质量。例如，称量小烧杯的质量，重量分析实验中称量某坩埚的质量等，都使用这种称量法。

具体操作方法为：调好分析天平零点后，用镊子或纸条将称量物体放到天平盘上，根据分析天平操作使用所述，准确称出称量物质量。

2）固定质量称量法　此法用于称量某一固定质量的试剂（如基准物质）或试样。适用于称量不易吸潮、在空气中能稳定存在的粉末状或小颗粒样品。具体操作方法如下。

① 根据分析天平操作使用所述，准确称出容器（如清洁干燥的小烧杯等）的质量。

② 旋转刻度盘增加与所称试样量相等的砝码，然后用牛角匙逐步加入试样，半开天平进行试重。直到所加试样只差很小量时，完全开启天平，极其小心地用右手持盛有试样的牛角匙，伸向容器中心位置上方 2～3cm 处，用右手拇指、中指及掌心拿稳牛角匙柄，食指轻弹牛角匙，让牛角匙里的试样以非常缓慢的速度抖入容器中，眼睛同时观察投影屏，待刻度线正好移至所需要的刻度时，立即停止抖入试样。若不慎加入试剂超过指定质量，应先关闭升降旋钮，然后用牛角匙取出多余试剂。重复上述操作，直至试样质量符合指定要求为止。操作时不能将试样散落于天平盘等容器以外的地方，称好的试样必须定量地由容器转入处理试样的接受器中。

3）递减称量法

又称减量法，此法用于称量一定质量范围的样品或试剂。在称量过程中样品易吸水、易氧化或易与 CO_2 等发生反应时，可选择此法。由于称取试样的质量是由两次称量之差求得，故也称差减法。

具体操作方法为：从干燥器中用纸带夹住称量瓶后取出称量瓶，用纸片夹住称量瓶盖柄，打开瓶盖，用牛角匙加入适量试样（一份试样量的整数倍，此步骤可在台秤上完成），盖上瓶盖。称出称量瓶加试样后的准确质量。将称量瓶从天平上取出，在接收容器的上方倾斜瓶身，用称量瓶盖轻敲瓶口上部使试样慢慢落入容器中，瓶盖始终不要离开接受器上方，如图 9－3 所示。

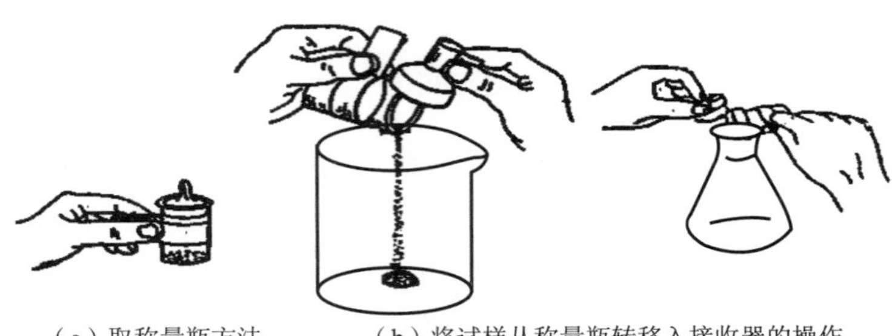

（a）取称量瓶方法　（b）将试样从称量瓶转移入接收器的操作

图 9-3　减量法称量

当倾出的试样接近所需量(可从体积上估计或试重得知)时,一边继续用瓶盖轻敲瓶口,一边逐渐将瓶身竖直,使粘附在瓶口上的试样落回称量瓶,然后盖好瓶盖,准确称其质量。两次质量之差,即为试样的质量。按上述方法连续递减,可称量多份试样。有时一次很难得到合乎质量范围要求的试样,可重复上述称量操作 1～2 次。

2. 滴定管

滴定管是用来测定放出溶液体积的量出式玻璃量器,主要用于滴定操作中对标准溶液体积的准确测量。

在食品分析中广泛使用的是普通滴定管,如图 9-4 所示。滴定管的管臂上有刻度线和数值,最小刻度为 0.1 mL。常用的是 10 mL、25 mL、50 mL 容量的滴定管。滴定管分为酸式滴定管和碱式滴定管两种,目前也生产出了酸碱两用滴定管。

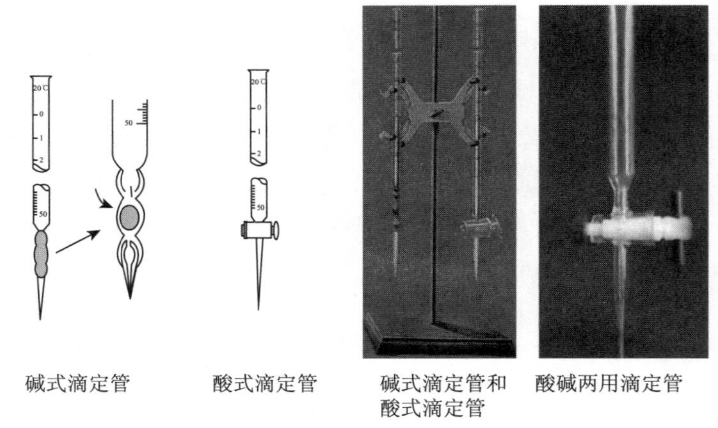

碱式滴定管　酸式滴定管　碱式滴定管和酸式滴定管　酸碱两用滴定管

图 9-4　滴定管

(1) 酸式滴定管

酸式滴定管用于盛装酸性溶液或强氧化剂液体,不可装碱性溶液。使用时按下列操作进行。

1) 洗涤

当滴定管有明显污染时,先用铬酸洗液 5～10mL 清洗。预先关闭酸管旋塞,倒入洗液后,一手拿住滴定管上端无刻度部分,另一手拿住旋塞上部无刻度部分,边转动边将管口倾斜,使洗液流经全管内壁,洗净后将一部分洗液从管口放回原试剂瓶中,然后将滴定管竖起,打开旋塞将剩余洗液从下端放回原洗液瓶中。

当滴定管没有明显污染时，可以直接用自来水冲洗，然后用蒸馏水冲洗 3 次，每次 10mL。每次加入蒸馏水后，要边转动边将管口倾斜，使水布满全管内壁，然后将管竖起，打开旋塞，使水流出一部分以冲洗滴定管的下端，关闭旋塞，将其余的水从管口倒出。在装溶液前还要用操作溶液洗涤三次，第一次用量为 10 mL，第二、第三次用量各 5 mL，其洗法同蒸馏水。

2）涂油

给滴定管的旋塞涂凡士林，使旋塞转动灵活并克服漏液现象。把滴定管平放在桌面上，取下旋塞，将旋塞和旋塞套用滤纸擦干，用手指沾上少量凡士林，在旋塞孔的两边沿圆周涂上一薄层（不宜涂得太多，尤其是在孔的两边，以免堵塞）。然后把旋塞插入旋塞套中，向同一方向转动旋塞使凡士林均匀透明，且旋塞转动灵活，如图 9－5 所示。若旋转不灵活或出现纹路，表示涂凡士林不够；若有凡士林从旋塞隙缝溢出或被挤入旋塞孔，表示涂凡士林太多。凡出现上述情况，都必须重新涂凡士林。

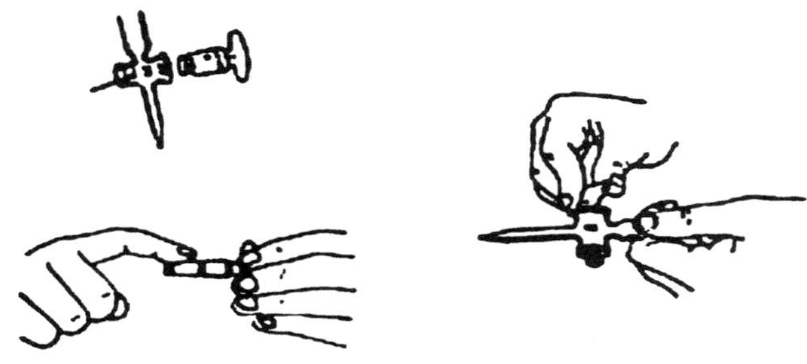

图 9－5　酸式滴定管旋塞涂油

3）试漏

关闭旋塞，装水至“0”线以上，直立约 2min，仔细观察有无水滴滴下，然后将旋塞转 180°，再直立 2min，观察有无水滴滴下。如发现有漏水或旋塞转动不灵活的现象，需将旋塞拆下重涂凡士林。

4）装溶液和排气泡

装溶液时左手持滴定管上部无刻度处，可稍微倾斜，右手持试剂瓶向滴定管中倒入溶液，润洗 3 次，以除去管内残留的水分。洗涤方法同蒸馏水操作。最后旋好旋塞，装入溶液。

当操作溶液装入滴定管后，如下端留有气泡或有未充满的部分，用右手拿住酸管上部无刻度处，将滴定管倾斜 30°，左手迅速打开旋塞，使溶液快速冲出带走气泡，从而使溶液布满滴定管下端。调整液面至“0”刻度备用。

5）滴定操作

先将滴定管夹在滴定管架上。左手控制旋塞，大拇指在管前，食指和中指在后，三指轻拿旋塞柄，向内扣住旋塞控制旋塞的转动，无名指和小手指略微弯曲，轻轻贴着出口管。右手前三指拿住锥型瓶瓶颈，使滴定管下端伸入瓶口约 1cm，左手旋转旋塞使溶液滴出，右手运用腕力向同一个方向摇瓶，边滴加溶液边摇动，如图 9－6 所示。

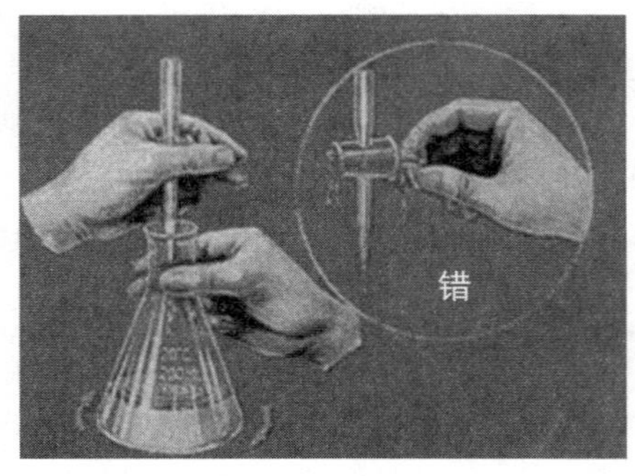

图 9-6 酸式滴定管滴定操作

6)读数

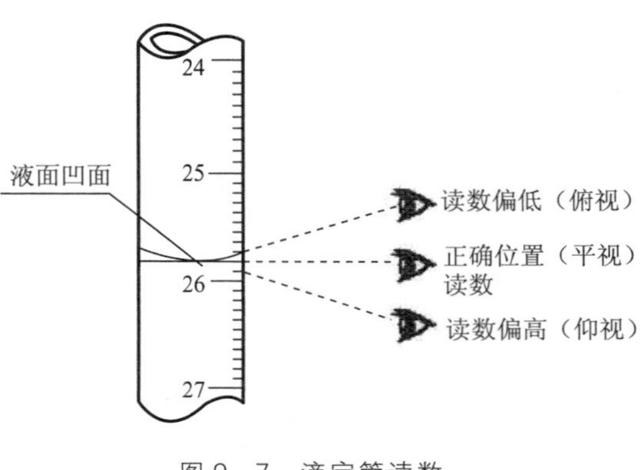

图 9-7 滴定管读数

读取滴定管内液体体积时，应遵循下列原则。

注入溶液或放出溶液后，必须等 1～2min，待附着在内壁上的溶液流下后再读数；读数时，把滴定管夹在滴定管夹上，并保持垂直，或用右手的两个手指掐住滴定管上部无刻度处，让其自然下垂，然后读数；对于无色或浅色溶液，应读取弯月面下缘最低点。读数时，眼睛必须与弯月面下缘最低点处于同一个水平面上，如图 9-7 所示，否则会引起读数误差。对于有色溶液，应读取液面两测的最上缘；必须读到小数点后第二位，即估计到 0.01 mL，数据应立刻写在记录本上。

每次滴定最好是在 0.00 mL 或接近零的任一刻度开始，并每次都从上端开始，以消除因上下刻度不匀所造成的误差。

（2）碱式滴定管

1）洗涤　洗涤方法同酸式滴定管。但需要用洗液洗涤时，洗液不能直接接触胶管。将碱管倒夹在滴定管架上，管口插入盛装洗液的烧杯中，用吸球反复吸取洗液进行洗涤。然后用自来水和蒸馏水将滴定管洗净。在装溶液前还要用操作溶液洗涤三次。

2）试漏　将碱式滴定管装满水后夹在滴定管架上静置 1～2min。若漏水应更换橡皮管或管内玻璃珠，直至不漏水且能灵活控制液滴为止。

3）装溶液和排气泡　装溶液同酸式滴定管。排气泡的方法是：把橡皮管向上弯曲，出口上斜，挤捏玻璃珠，使溶液从尖嘴快速喷出，气泡即可随之排掉，如图 9-8 所示。调整液面至“0”刻度备用。

4）滴定操作　用左手的无名指和小手指夹注出口管，拇指和食指在玻璃珠所在部位往一旁（左右均可）捏橡皮管，使其与玻璃珠之间形成一条缝隙，溶液即可流出。右手操作同酸式滴定管，如图 9-9 所示。

5）读数　读数同酸式滴定管。

用毕的滴定管，倒出管内剩余溶液，用自来水冲洗干净，并用蒸馏水淋洗以备下次使用。

无论使用哪种滴定管，都必须掌握下面三种加液法：①逐滴连续滴加；②只加一滴；③使液滴悬而未落，即加半滴。

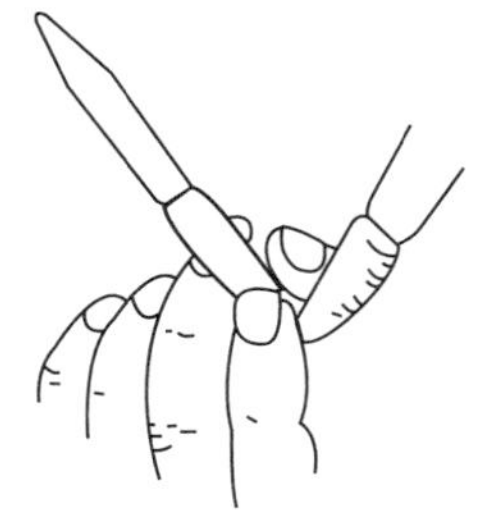

图 9－8　碱式滴定管排气

图 9－9　碱式滴定管滴定操作

3. 移液管和吸量管

移液管和吸量管都是用来准确移取一定量溶液的量出式玻璃量器，如图 9－10 所示。

移液管是一支细长而中间膨大的玻璃管，管径上刻有环形标线，膨大部分标有容积和标定温度，如图 9－11 所示。常用的移液管有 5 mL、10 mL、25 mL、50 mL、100 mL 等规格。

吸量管是具有分刻度的直形玻璃吸管，可用于准确量取任意体积的溶液，如图 9－12 所示。但吸量管的准确度不如移液管。常用的吸量管有 1 mL、2 mL、5 mL、10 mL 等规格。

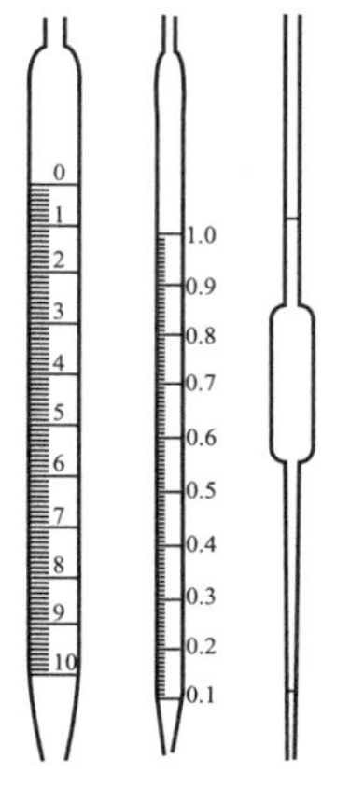

图 9－10　吸量管（左、中）
移液管（右）

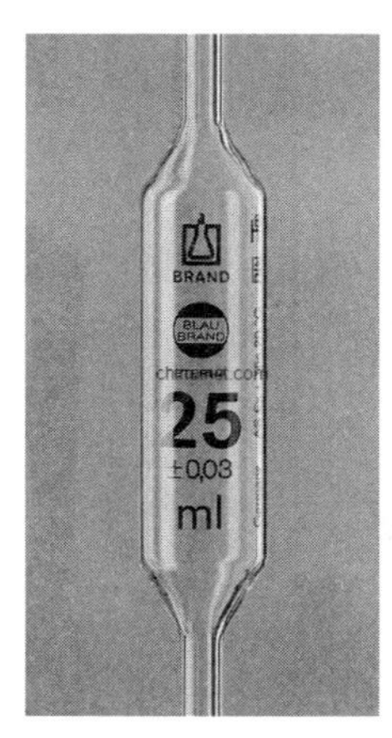

图 9－11　移液管

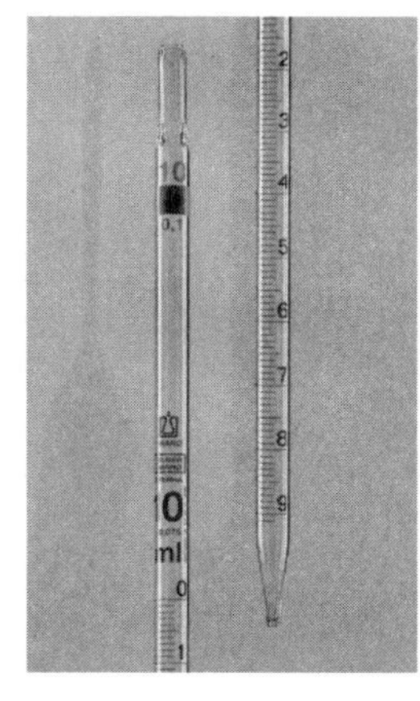

图 9－12　吸量管

移液管和吸量管正确的使用方法如下。

（1）洗涤

使用前，移液管和吸量管都应该洗净，使整个内壁和下部的外壁不挂水珠。有明显污染时，先用铬酸洗液清洗。没有明显污染时，可以直接用自来水清洗。具体操作为：将移液管和吸量管插入洗液瓶中，右手拿住移液管和吸量管管颈标线以上地方，左手持洗耳球挤排出其中的气体，再使之紧密接触管口，慢慢放松手指将洗液缓缓吸入至全管的 1/3 处，移去洗耳球，同时迅速用右手食指按住管口，取出吸管横放，左手扶住管的下端，慢慢开启右手食指，一边转动管一边使管口降低，让洗液布满全管内壁进行润洗，最后将洗液从上口放回原瓶。然后用自来水充分冲洗，再用蒸馏水润洗三次，方法同上。并用洗瓶冲洗管下部外壁。

移取溶液前，必须用吸水纸将尖端内外的水除去，以免残留的水滴进入待吸溶液中，使溶液的浓度改变。然后再用少量待吸溶液润洗三次，方法同上，但尽量勿使溶液流回，以免稀释溶液，用过的溶液应从下口放出。

(2) 移取溶液

移取溶液时，操作要领与洗涤相同，注意要使管的尖端插入液面 1～2 cm 深，太浅液面下降易造成吸空，太深外壁附有过多溶液。将液面缓缓吸至标线以上，迅速用右手食指按紧管口，将管提离液面。垂直持管使其出口尖端靠着容器壁，微微松动右手食指，使液面缓缓下降，直到视线平视时弯月面与标线相切时，立即按紧食指，使液体不再流出。左手拿接受溶液的容器，将移液管放入接受容器中，使出口尖端接触接受容器内壁，接受容器倾斜，而管保持直立。松开食指，让溶液自然流出，待全部溶液流尽后，再等 15 s 取出。注意，除非特别注明需要“吹”以外，管尖残留的溶液不能吹出，如图 9－13 所示。

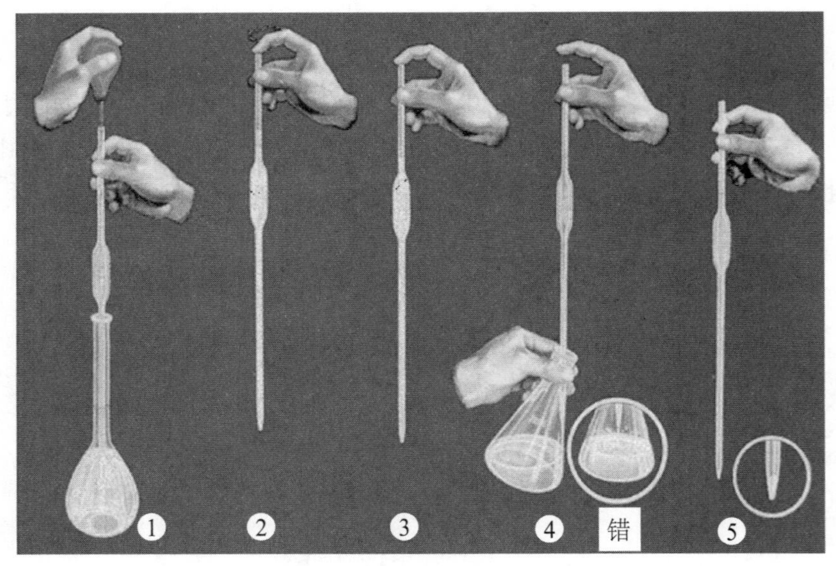

图 9－13　移液管的使用

1—吸取溶液；2—放溶液调液面；3—调液面至标线；4—放出溶液；5—残留管尖溶液

吸量管调节液面的方法与移液管相同，用吸量管放出管内一定体积的溶液时，当管中液面与所需的刻度相切时，应立即按住管口，移去接受容器。

移液管和吸量管用后应立即放在移液管架上，实验完毕后用自来水洗净。

4. 容量瓶

容量瓶是用于准确配制一定浓度溶液的量入式玻璃量器，如图 9－14 所示，也可用于溶液的成倍数的稀释。它是一种细长颈、梨形的平底玻璃瓶，配有磨口塞，瓶颈上刻有标线。当瓶内液体在所指定温度下达到标线

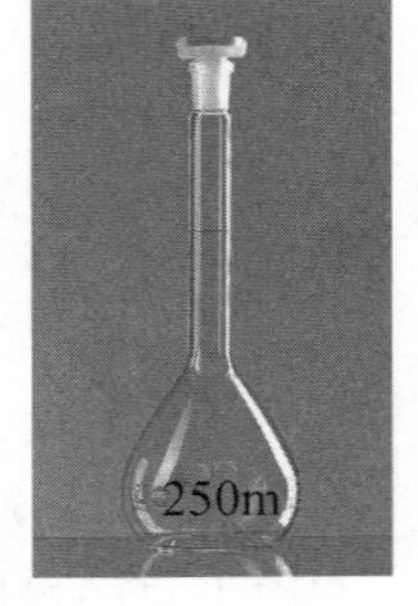

图 9－14　容量瓶

处时，其体积即为瓶上做注明的容积。常用的容量瓶有 5 mL、10 mL、25 mL、50 mL、100 mL、250 mL、500 mL、1000 mL 等多种规格。容量瓶正确的使用方法如下。

（1）检漏

容量瓶使用之前，应检查塞子是否与瓶配套。将容量瓶盛水后塞好，左手食指按紧瓶塞，右手指尖托起瓶底使瓶倒立 2 min，如不漏水，把瓶直立，将瓶塞旋转 180°，再倒立 2min，观察无渗水方可使用。瓶塞应用细绳系于瓶颈，不可随便放置以免玷污或拿错。

（2）洗涤

洗涤容量瓶时，先用自来水洗几次，倒出水后，内壁如不挂水珠，即可用蒸馏水洗好备用。否则就必须用洗液洗涤。

（3）使用

用容量瓶配制溶液时，最常用的方法是将准确称取的固体物质在小烧杯中溶解，然后将一玻璃棒插入容量瓶中，不要太靠近瓶口，下端靠近瓶颈内壁，烧杯嘴紧靠玻璃棒，将溶液沿玻璃棒缓缓注入容量瓶中。溶液转移后，应将烧杯沿玻璃棒微微上提，同时使烧杯直立，避免沾在杯口上的液滴流到杯外，再把玻璃棒放回烧杯。接着，用洗瓶吹洗烧杯内壁和玻璃棒，洗涤水全部转移入容量瓶，反复此操作 4～5 次以保证转移完全。此操作称为“定量转移”操作。

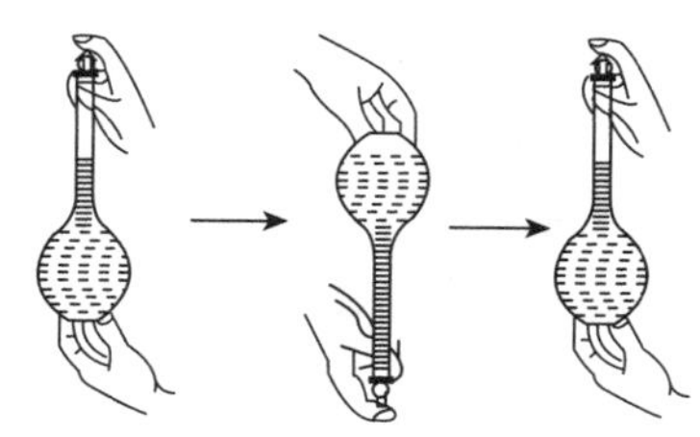

图 9－15　摇匀操作

定量转移后，加入稀释剂(例如水)，当加水至容量瓶容积约 2/3 时，先将瓶按水平方向摇动(不能倒置)，使溶液初步均匀，接着继续加至离刻线约 0.5 cm 处，用小滴管或洗瓶逐滴加入蒸馏水至液面与标线相切，盖好瓶塞，用食指压住塞子，其余四指握住颈部，另一手五指将容量瓶托起并反复倒置，摇荡使溶液完全均匀，反复 10 余次，如图 9－15 所示。上述过程称为“定容”，如图 9－16 所示。

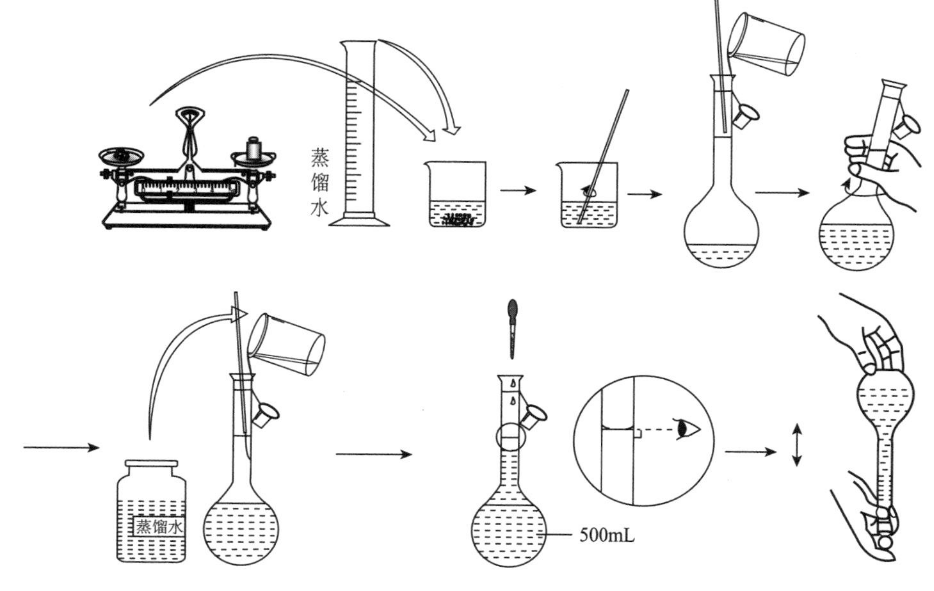

图 9－16　定容操作

5. 干燥器

干燥器带有磨口的玻璃盖子，内有带孔的瓷板将干燥器分为上、下两室，上室装被干燥的物体，下室装干燥剂，如图 9－17 所示。干燥剂不宜过多，约占下室的一半即可。为了使干燥器密闭，在盖子磨口处要均匀地涂一层凡士林油。

图 9－17　干燥器

常用的干燥剂有硅胶、CaO、无水 $CaCl_2$ 等。硅胶是硅酸凝胶，烘干除去大部分水后，得到白色多孔的固体，具有高度的吸附能力。为便于观察，将硅胶放在钴盐溶液浸泡使之呈粉红色，烘干后变为蓝色。蓝色的硅胶具有吸附能力，当硅胶变为粉红色时，表示已经失效，应重新烘干至蓝色。

干燥器的使用要注意以下要领：启盖时，左手扶住干燥器，右手握住盖上的圆球，向前推开器盖，不可向上提起，加盖时也应拿住盖上圆球推着盖好。搬动干燥器时，要用双手捧住，并用两个拇指压住盖沿，防止盖子滑下打碎。将坩埚或称量瓶等放入干燥器时，应放在瓷板孔内。当高温器皿如坩埚放入干燥器后，先盖上盖子，再慢慢推开盖子，放出热空气，重复数次，以免里面的热空气降温后压力降低而难于打开盖子。

二、食品理化分析检验室的布局

1. 化学分析检验室

化学分析检验室的设置和布局除了要遵循食品分析检验室设置和布局的原则之外，还要根据检验项目的不同和设备的特点进行针对性的设置和布局，例如：有蛋白质等检验项目的还需要有消化间或通风柜；放置干燥箱等高温设备的台面要坚固、耐热等。如图 9－18 所示。

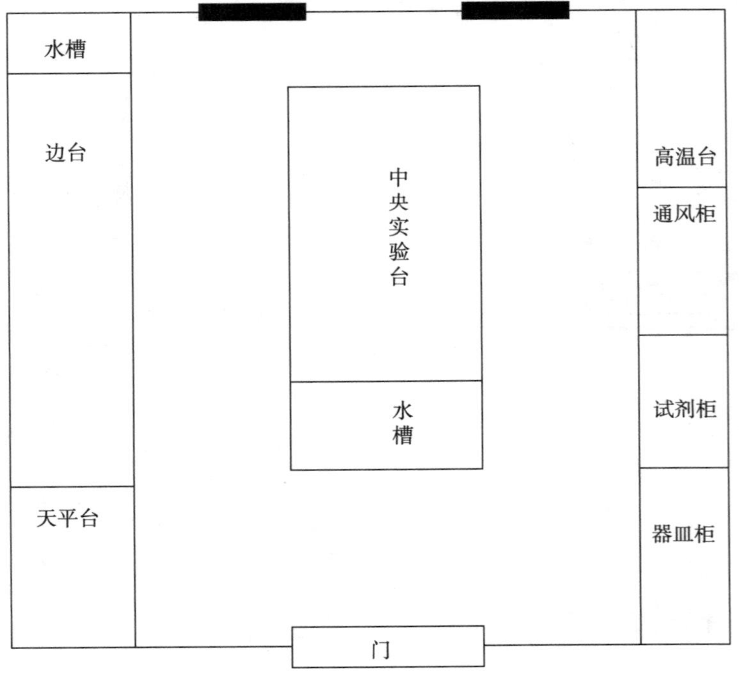

图 9－18　化学分析检验室布局图

2. 分析天平的放置

分析天平是精密仪器，需安装在专门的天平室或相对独立的天平间隔离区域使用。

天平室应远离震源、热源，并与产生腐蚀性气体的环境隔离。室内应清洁无尘，温度以18～26 ℃为宜，室内保持干燥，湿度一般不要大于75 %。

天平必须安放在牢固的水泥台上，有条件时台面可铺橡皮布防滑、减震。天平安放的位置应避免阳光直射，并应悬挂窗帘挡光，以免天平两侧受热不均、横梁发生形变或使天平箱内产生温差，形成气流，从而影响称量。

不得在天平室里存放或转移挥发性、腐蚀性的试剂(如浓酸、强碱、氨、溴、碘、苯酚及其他有机试剂等)。如欲称量这些物质，宜用玻璃密封容器进行称量。

称量是一项非常细致的工作，天平室里应保持肃静，不得喧哗。与称量无关的物品不要带入天平室。

第三节　食品微生物检验室常用仪器及布局

一、微生物检验常用仪器及操作

1. 培养箱

(1) 培养箱，亦称恒温箱，是培养微生物的主要仪器。

培养箱一般以铁皮喷漆制成外壳，以铝板作内壁，夹层填充以石棉或玻璃棉等绝缘材料以防热量扩散，内层底下安装电阻丝用以加热，利用空气对流，使箱内温度均匀。箱内设有金属孔架数层，用以搁置培养标本。箱门上或者内门有玻璃窗，便于观察箱内标本。箱壁装有温度调节器调节温度，箱外有温度数字显示。现在市场上常见的培养箱有电热恒温培养箱、生化培养箱、厌氧培养箱、霉菌培养箱等。

培养物较多的实验室，可建造容量较大的培养室或称恒温室。

(2) 培养箱的使用与注意事项

① 箱内不应放入过热或过冷之物，取放物品时应快速，并随手关闭箱门以维持恒温。

② 箱内可经常放入一杯水，以保持湿度和减少培养物中的水分大量蒸发。

③ 培养箱最底层温度较高，培养物不宜与之直接接触。箱内培养物不应放置过挤，以保证培养物受温均匀。

④ 定期消毒内箱，可每月一次。方法为断电后，先用3 %来苏尔水溶液涂布消毒，再用清水抹去擦净。

⑤ 培养箱用于培养微生物，不准作烘干衣帽等其他用途。

2. 电热恒温干燥箱

(1) 电热恒温干燥箱，亦称烘箱，是一种干热灭菌仪器，也是一种常用于加热干燥的仪器，加热范围一般为30～300 ℃。干热灭菌箱的构造如图9-19所示。

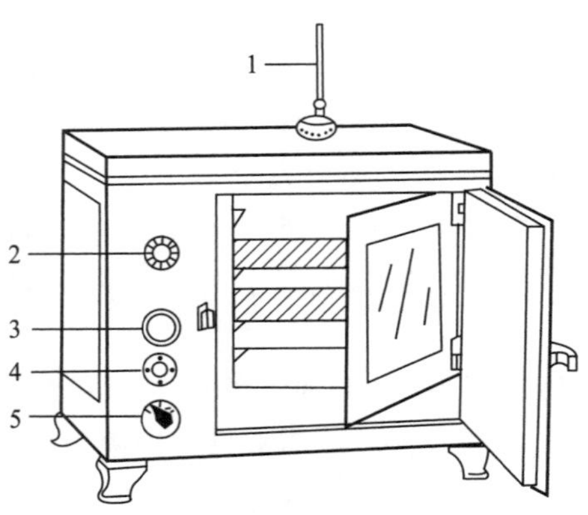

图 9－19　干热灭菌箱的构造

1—温度计与排气孔；2—温度调节螺旋钮；

3—指示剂；4—温度调节器；5—鼓风钮

电热恒温干燥箱是利用加热的高温空气杀死微生物的原理而设计。由于空气的传热性能和穿透力比饱和蒸汽差，而且菌体在干热脱水时，细胞内的蛋白质凝固变性缓慢，不易被热空气杀死，因此，干热灭菌所需温度较湿热灭菌高，时间较长，一般需要 160 ℃左右温度保持 2 h 以上，才能达到彻底灭菌的目的。主要用于空玻璃器皿（如吸管、培养皿等）、金属用具及其他耐干燥、耐热物品的灭菌。亦可用于烤干洗净的玻璃仪器。

（2）电热恒温干燥箱的使用与注意事项：

① 如为新安装的干燥箱，注意干燥箱所需电压与电源电压是否相符，选用足够容量的电源线和电源闸刀开关，应具有良好的接地线。

② 将待灭菌的玻璃器皿洗净、干燥，并用报纸（或牛皮纸）包装好或置于带盖不锈钢圆筒内，放入灭菌箱中关好箱门，接通电源，开启开关。

③ 放入箱内灭菌的器皿不宜放得过挤，而且散热底隔板不应放物品，即不得使器皿与内层底板直接接触，以免影响热气向上流动。水分大的尽量放上层。

④ 待箱内温度升至 160 ℃时，开始计时，控制温度调节器，恒温维持 2 h，温度如超过 170 ℃以上，则器皿外包裹的纸张、棉塞会被烤焦甚至燃烧。灭菌结束后，断开电源停止加热，自然降温至 50 ℃以下，打开箱门，取出灭菌物品。

⑤ 灭菌后的器皿在不使用时勿提前打开包装纸，以免被空气中的杂菌污染。灭菌后的器皿须在一周内用完，过期应重新灭菌。

⑥ 若用于烤干玻璃仪器时，温度为 120 ℃左右，持续 30 min 即可。

⑦ 箱内不应放对金属有腐蚀性的物质，如酸、碘等，禁止烘焙易燃、易爆、易挥发的物品。若必须在干燥箱内烘干纤维质类和能燃烧的物品，如滤纸、脱脂棉等，则不要使箱内温度过高，或时间过长，以免燃烧着火。

⑧ 观察箱内情况，一般不要打开内玻璃门，隔玻璃门观察即可，以免影响恒温。干燥箱恒温后，一般不需人工监视，但为防止控制器失灵，仍须有人经常照看，不能长时间远离。箱内应保持清洁，经常打扫。

3. 高压蒸汽灭菌锅

(1) 高压蒸汽灭菌锅是根据水的沸点与蒸汽压力成正比的原理而设计。其种类主要有手提式、立式和卧式等。

高压蒸汽灭菌锅是微生物实验室应用广、效果好的灭菌器。可用于培养基、器械、废弃的培养物以及耐高热药品、纱布、采样器械等的灭菌。

高压蒸汽灭菌锅为一双层金属圆筒，两层之间盛水，外壁坚厚，其上方或前方有金属厚盖，盖上装有螺旋，借以紧闭盖门，灭菌锅工作时，其底部的水受热产生蒸汽，充满内部空间，由于灭菌锅密闭，使水蒸气不能逸出，增加了锅内压力，因此水的沸点随水蒸气压力的增加而上升，可获得比 100 ℃更高的蒸汽温度，如此可在短时间内杀死全部微生物和它们的芽孢或孢子。

高压蒸汽灭菌锅上装有排气阀、安全阀，用来调节灭菌锅内蒸汽压力与温度并保障安全；还装有压力表，指示内部的压力。

高压蒸汽灭菌锅灭菌时常用的灭菌压力、温度与时间见表 9－1。

表 9－1 高压蒸汽灭菌时常用的灭菌压力、温度与时间

蒸汽压力/MPa	蒸汽温度/ ℃	灭菌时间/min	适用范围
0.050	112	20～30	用于含糖培养基及不耐热物品的灭菌
0.070	115	20～30	用于脱脂乳、全脂牛乳培养基的灭菌
0.100	121	15～30	用于普通培养基、缓冲液、生理盐水、玻璃器皿、金属器械、工作服及传染性、致病性标本等的灭菌

一般实验室常用的手提式手动高压蒸汽灭菌锅由安全阀、压力表、放气阀、排气软管、紧固螺栓、灭菌桶、筛架等几部分构成，结构如图 9－20 所示。

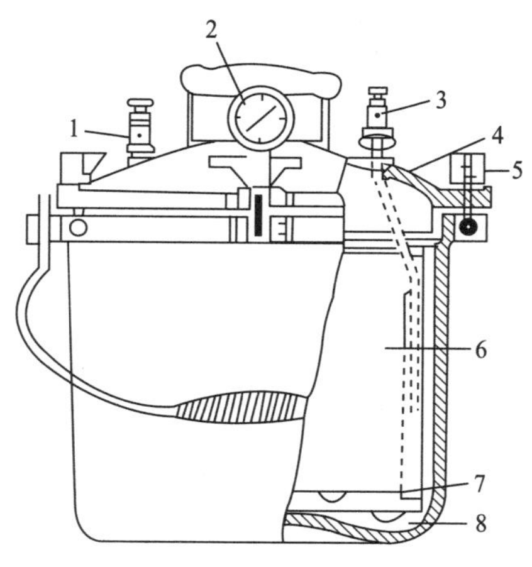

图 9－20 手提式高压蒸汽灭菌锅结构

1—安全阀；2—压力表；3—放气阀；
4—排气阀软管；5—紧固摞栓；6—灭菌桶；7—筛架；8—水

(2)手提式高压蒸汽灭菌锅的使用与注意事项：

① 打开锅盖，取出内锅，加水到标定水位线以上，加水量以水稍没灭菌锅底部的加热管为宜。

② 放入内锅，将要灭菌的物品用报纸或牛皮纸盖好包扎后放入内锅中。锅内物品不要摆放太密太满，以免妨碍蒸汽流通，影响灭菌效果。

③ 盖上锅盖，再以两两对称的方式同时扭紧相对的两个螺栓，使螺栓松紧一致，以防漏气。接通电源加热，同时打开盖上的排气阀，待排气阀冒出大量蒸汽后，维持 5min，排净锅内混合空气，关闭排气阀门。

④ 随即压力表开始指示升压，当压力升至 0.100MPa(121 ℃)或其他规定的压力时，开始计算灭菌时间；不断调节电源开关(自动压力锅可按设定自动维持锅内蒸汽压力恒定)，使蒸汽压力(0.100 MPa)保持稳定，直至所需灭菌时间，停止加热。

⑤ 待蒸汽压力自然降至零位时，可打开排气阀，排净锅内蒸汽，旋开紧固螺栓，开盖，取出灭菌物品。

⑥ 灭菌完毕，倒出锅内剩余水分，保持灭菌锅干燥，盖好锅盖。

⑦ 若连续使用灭菌锅，每次应补足水分。

⑧ 如果急用培养基，也只能在压力降至 0.050MPa(112 ℃)以后才可稍开启排气阀，并间断放气，以加速降压。

4. 超净工作台

(1) 超净工作台也称净化工作台，是一种提供无尘无菌工作环境的局部空气净化设备，其占地面积小，使用方便。

超净工作台工作原理是利用空气层流装置排除工作台面上部包括微生物在内的各种微小尘埃。通过电动装置使空气通过高效过滤器具后进入工作台面，使台面始终保持在流动无菌空气控制之下。而且在接近外部的一方有一道高速流动的气帘防止外部带菌空气进入。台内设有紫外线杀菌灯，可对环境进行杀菌，保证了超净工作台面的正压无菌状态。工作原理如图 9－21 所示。

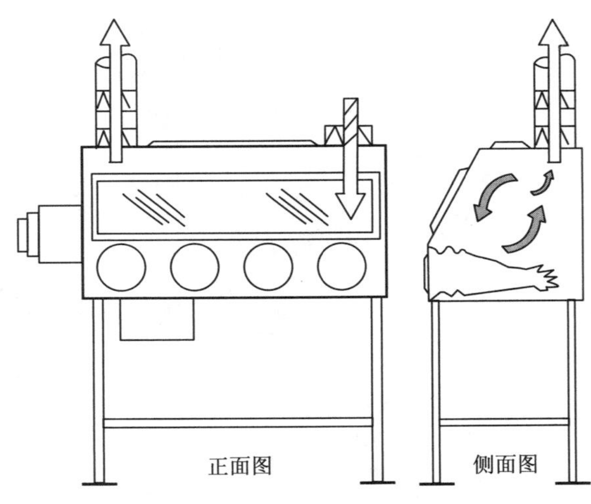

图 9－21　超净工作台工作原理图

(2)超净工作台的使用方法与注意事项：

① 超净工作台通电后检查风机转向是否正确，风机转向不对，则风速很小，将电源输入线调整即可。

② 使用工作台时，先经过清洁液浸泡的纱布擦拭台面，然后用 75 %的酒精或类似无腐蚀作用的消毒剂擦拭消毒工作台面。

③ 使用前 30 min 打开紫外线杀菌灯，对工作区域进行照射，把对空气和台面进行灭菌，工作前 30 min 关闭紫外线灯。使用前 10 min 将通风机启动。

④ 操作时把开关按钮拨至照明处。

⑤ 操作区为层流区，因此物品的放置不应妨碍气流正常流动，工作人员应尽量避免能引起扰乱气流的动作，以免造成人身污染。

⑥ 操作者应穿着洁净工作服、工作鞋，戴好口罩。

⑦ 使用过程如发现问题应立即切断电源，报修理人员检查、修理。

⑧ 操作结束后，清理工作台面，收集各废弃物，关闭风机及照明开关，用清洁剂及消毒剂擦拭消毒。最后开启工作台紫外灯，照射消毒 30 min 后，关闭紫外灯，切断电源。

⑨ 按规定定期清洗或者更换高效空气滤清器，使工作台处于最佳状况。

⑩ 注意：超净工作台应放置在洁净、明亮的室内，最好在无菌室内。

5. 显微镜

(1) 普通光学显微镜

普通光学显微镜是微生物检验工作中常用的仪器。其利用目镜和物镜两组透镜系统来放大成像。显微镜总的放大倍数是目镜和物镜放大倍数的乘积，物镜的放大倍数越高，分辨率越高。

最简单的光学显微镜构造主要分为两部分：机械部分和光学部分。如图 9－22 所示。

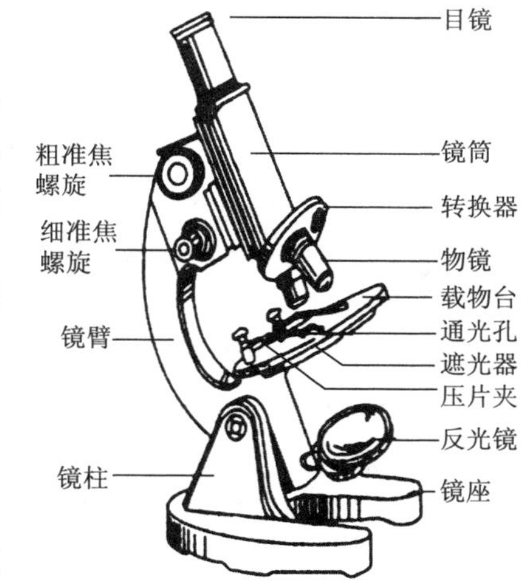

图 9－22　显微镜结构示意图

① 机械部分

镜座：是显微镜的底座，用以支持整个镜体。

镜柱：是镜座上面直立的部分，用以连接镜座和镜臂。

镜臂：一端连于镜柱，一端连于镜筒，圆弧形，为显微镜的手握部位。

镜筒：连在镜臂的前上方，光线从中透过。

转换器：镜筒下方，盘上有 3～4 个圆孔，是安装物镜部位，转动转换器，可以调换不同倍数的物镜。

载物台：在镜筒下方，形状有方、圆两种，用以放置玻片标本，中央有一透光孔，台上装有弹簧夹可以固定玻片标本，弹簧夹连接推进器，镜台下有推进器调节轮，可使玻片标本作左右、前后方向的移动。

调节螺旋：在镜筒后方两侧，分粗调和细调两种。粗准焦螺旋用作快速和较大幅度的升降，能迅速调节物镜和标本之间的距离使物象呈现于视野中，通常在使用低倍镜时，先用粗准焦螺旋迅速找到物象。细准焦螺旋可使镜台缓慢地升降，多在运用高倍镜时使用，从而得到更清晰的物象，并借以观察标本的不同层次和不同深度的结构。

② 光学部分

反光镜：装在显微镜下方，有平凹两面，让最佳光线反射至集光器。

目镜：装在镜筒的上端，上面刻有放大倍数，常用的有 5×、10×或 15×。

物镜：为显微镜最主要的光学位置，装在镜筒下端的旋转器上，一般有 3～4 个物镜，其中最短的刻有“10×”符号的为低倍镜，较长的刻有“40×”符号的为高倍镜，最长的刻有“100×”，为油镜镜头，油镜上面一般有“oil”标识。各物镜的放大率也可由外形辨认，镜头长度愈长放大倍数愈大。此外，在高倍镜和油镜上还常加有一圈不同颜色的线，以示区别。

显微镜的放大倍数是物镜的放大倍数与目镜的放大倍数的乘积，如物镜为 10×，目镜为 10×，其放大倍数就为 10×10＝100。

（2）普通光学显微镜的使用方法和注意事项

① 低倍镜观察

转动转换器将低倍物镜正对通光孔，眼睛移到目镜上，转动反光镜，寻找最佳的光源，待视野明亮即可。

将标本放置在载物台上，使标本对准通光孔正中，下降镜筒或升高载物台，并从侧面观察，使物镜下端和标本逐渐接近，但不能碰到盖玻片。从目镜观察，用粗准焦螺旋慢慢升起镜筒和下降载物台直到看到标本为至，再调节细准焦螺旋至物像清晰。

② 高倍镜观察

在低倍镜下，找到要观察的部位，移至视野中心，侧面观察高倍物镜镜头下端与标本的距离并逆时针转动物镜转换器换上高倍镜。合格的显微镜操作距离是由低倍镜转换到高倍镜时刚好合用的，一般稍为调节一下细准焦螺旋即可看到清晰的物像。

③ 油镜的观察

在高倍镜下看到标本后，把需要进一步放大的部位移至视野中心。上升镜筒或下降载物台约 1.5 cm。将物镜转离光轴，在盖玻片所要观察的部位上滴一滴香柏油，把光圈开至最大。换上油镜，小心调节粗准焦螺旋，使油镜慢慢下降或慢慢上升载物台，从侧面观察油镜下端与标本之间的距离，当油镜的下端开始触及油滴时即可停止。从目镜观察，调节细准焦螺旋，直至看清标本物像。

观察完毕，上升镜筒或下降载物台，将油镜转离光轴，用干的擦镜纸轻轻地吸掉油镜和盖玻片上的油，再用浸湿二甲苯的擦镜纸擦拭两三次，最后用干净的擦镜纸再擦拭两三次。

④ 显微镜取放时动作一定要轻，切忌振动和暴力，否则会造成光轴偏斜而影响观察，且光学玻璃也容易损坏。

⑤ 观察带有液体的临时标本时要加盖片，不能使用倾斜关节，以免液体污染镜头和显微镜。

⑥ 粗、细准焦螺旋要配合使用，细准焦螺旋不能单方向过度旋转，调节焦距时，要从侧面注视镜筒下降，以免压坏标本和镜头。

⑦ 镜检标本应严格按照操作程序进行，观察时要从低倍镜开始，看清标本后再转用高

倍镜、油镜。

⑧ 使用油镜时一定要在盖玻片上滴油后才能使用。油镜使用完后，应立即将镜头、盖玻片上的油擦干净，否则干后不易擦去，以致损伤镜头和标本。但应注意二甲苯用量不可过多，否则，物镜中的树胶溶解，透镜歪斜甚至脱落，盖玻片移动甚至连同标本一起融掉。二甲苯有毒，使用后马上洗手。

⑨ 不可用手摸光学玻璃部分，显微镜光学部件有污垢，可用擦镜纸或绸布擦净，切勿用手指、粗纸或手帕去擦，以防损坏镜面。

⑩ 使用的盖玻片和载玻片不能过厚或过薄。标准的盖玻片为(0.17±0.02) mm，载玻片为(1.1±0.04) mm。过厚或过薄将会影响显微镜成像及观察。

⑪ 凡有腐蚀性和挥发性的化学试剂和药品，如碘、乙醇溶液、酸类、碱类等都不可与显微镜接触，如不慎污染时，应立即擦干净。不要任意取下目镜，谨防灰尘落入镜筒。

⑫ 实验完毕，要将玻片取出，用擦镜纸将镜头擦拭干净后移开，不能与通光孔相对。用绸布包好，放回镜箱。切不可把显微镜放在直射光线下曝晒。

6. 水浴锅

水浴锅亦称水浴恒温箱，用于培养、快速预加热培养基后转移到合适温度的培养箱中，以及用来熔化或保持培养基处于熔化的状态。它是由金属制成的长方形箱，箱内盛以温水，箱底装有电热丝，由自动调节温度装置控制。箱内水至少两周更换一次并注意洗刷清洁箱内沉积物。

7. 冰箱

冰箱是微生物检验室必需的设备，主要用途是利用箱内一定的低温保存培养基、生物制品、菌种、送检标本和某些试剂、药品等。冰箱应定期除霜和清洁，清理时应戴厚橡胶手套并进行面部防护，清理后要对内表面进行消毒，对箱背散热器上的灰尘，至少每半年清扫一次，以免降低散热效果。

二、微生物检验常用玻璃器皿

1. 玻璃器皿的种类

微生物检验室所用的玻璃器皿，大多要经过清洗、消毒、灭菌后用来培养微生物，因此玻璃器皿要求是能承受高温和短暂烧灼而不致破损的中性硬质玻璃，同时器皿的游离碱含量要少，否则会影响培养基的酸碱度。

(1) 试管

要求管壁坚厚，管直而口平，无翻口。试管的大小根据用途的不同，有以下规格：

13 mm×100 mm：生化反应、凝集反应及华氏血清试验用；

15 mm×150 mm：检样稀释，盛液体培养基或做琼脂斜面培养；

18 mm×180 mm：检样稀释，盛倒培养皿用的培养基，亦可做琼脂斜面用。

(2) 发酵管(小倒管)

用于观察细菌在糖发酵培养基内产气情况时，一般倒置在含糖液的培养基试管内。约6 mm(发酵管直径)×36 mm(发酵管长度)。

（3）刻度吸管（移液管）

用于准确吸取小量液体，其壁上有精细刻度。常用规格有：1mL、5 mL、10 mL。严禁用口吸取液体。

（4）培养皿

主要用于细菌的分离培养。常用培养皿有：90mm（皿底直径）×10mm（器皿高度），50 mm×10mm，75 mm×10 mm 和 100 mm×10 mm 等。平板计数一般用 90 mm×10 mm 规格。

培养皿皿盖与底的大小应适合，不可过紧或过松，且应该耐高温、无色、透明性好、皿底平整、光滑。

（5）三角瓶

亦称锥形瓶，其底大口小，便于加塞，放置平稳。常用来贮存培养基、生理盐水和摇瓶发酵等。常用的规格有：50 mL、100 mL、250 mL、300 mL、500 mL、1000 mL 等。

（6）烧杯

常用来配制培养基与药品。常用的烧杯规格有：50 mL、100 mL、250 mL、500 mL、1000 mL等。

（7）量筒、量杯

常用于量取体积精度要求不高的液体。常用规格有：10 mL、20 mL、50 mL、100 mL、500 mL 等。使用时不宜装入温度很高的液体，以防底座破裂。

（8）滴瓶

用来贮存各种试剂、染色液等。有橡皮帽式、玻塞式滴瓶，棕色或无色滴瓶，常用容量有 30 mL、60 mL 等。

（9）试剂瓶

磨口塞试剂瓶分广口和小口，用来贮存各种试剂或酒精棉球。容量 30 mL～1000 mL 不等，可视试剂量选用不同大小的试剂瓶。

（10）载玻片、凹玻片和盖玻片

载玻片用于微生物涂片、染色，做形态观察等。普通载玻片大小为 75 mm×25 mm，厚度一般为 1.0～1.5 mm。

凹玻片是在一块厚玻片当中有一圆形凹窝，做悬滴观察细菌用。

盖玻片用于覆盖载玻片和凹玻片上的标本。其大小规格学用 18 mm×18 mm，厚度通常在 0.16～0.18 mm。

（11）玻璃缸

缸内常盛放石炭酸或来苏水等消毒剂，以备浸泡用过的载玻片、盖玻片、吸管等。

2. 玻璃器皿的洗涤

玻璃器皿的洗涤是实验前的一项重要准备工作，洗涤方法根据器皿种类、污染程度、所盛放的物品、洗涤剂的类别等的不同而有所不同。

（1）新玻璃器皿

新购置的玻璃器皿含游离碱较多，使用前应在 2 %的盐酸溶液或蒸馏水中浸泡过夜（12 小时），以除去游离碱，再用清水冲洗干净，最后用蒸馏水或去离子水涮洗 2～3 次，晾干或烘干后备用。

（2）带油污的玻璃器皿

带油污的玻璃器皿应单独洗涮，用加热的方法使油污熔化，趁热倒去污物，在 5 %的碳酸氢钠溶液中煮两次，再用肥皂水和热水洗刷，最后用清水冲洗干净。玻璃器皿经洗涤后，若内壁的水均匀分布成一薄层，表示油污完全洗净，如挂有水珠，则还需用洗涤液浸泡数小时，然后再用清水充分冲洗。

（3）带菌玻璃器皿的洗涤

① 带菌试管、三角瓶的清洗

高压灭菌后，洗衣粉和去污粉洗刷，自来水冲洗干净，烘干或晾干备用。

② 含菌培养皿的洗涤

底盖分开放，经高压灭菌，趁热倒去污物，再用洗衣粉和去污粉洗刷，用自来水冲洗干净，烘干或晾干备用。

③ 含菌吸管的洗涤

把含菌吸管投入 3 %的来苏尔液或 5 %石炭酸溶液内浸泡数小时或过夜，经高压灭菌后用自来水冲洗干净，烘干或晾干备用。

④ 载玻片与盖玻片

用过的载玻片与盖玻片若带有香柏油：先用皱纹纸擦或在二甲苯中摇晃几次，使油污溶解，再在肥皂水中煮沸 5～10 min，用软布或脱脂棉擦拭，立即用自来水冲洗，然后在稀洗涤液中浸泡 0.5～2 h，用自来水冲洗，最后用蒸馏水冲洗数次，待干后浸在 95 %酒精中保存备用，使用时在火焰上烧去酒精即可，也可从酒精中取出，晾干备用。

用过带菌的载玻片与盖玻片：将载玻片及盖玻片分别浸入 3 %的来苏尔液内浸泡过夜，取出用清水冲洗干净；盖玻片用软布擦干即可；染色用的载玻片要放入肥皂水中煮沸 10 min，再用自来水冲洗干净，最后用蒸馏水冲洗数次，待干后浸在 95 %酒精中保存备用，使用时在火焰上烧去酒精即可，也可从酒精中取出，晾干备用。

3. 玻璃器皿的包扎

玻璃器皿经清洗晾干，在灭菌前要进行包扎。

（1）培养皿

一般用 5～10 个培养皿叠在一起，用 4 开大小的报纸或牛皮纸将培养皿卷起，双手同时折报纸往前卷，让纸贴于平皿边缘，边卷边收边，最后的纸边折叠结实即可。如图 9－23 所示。

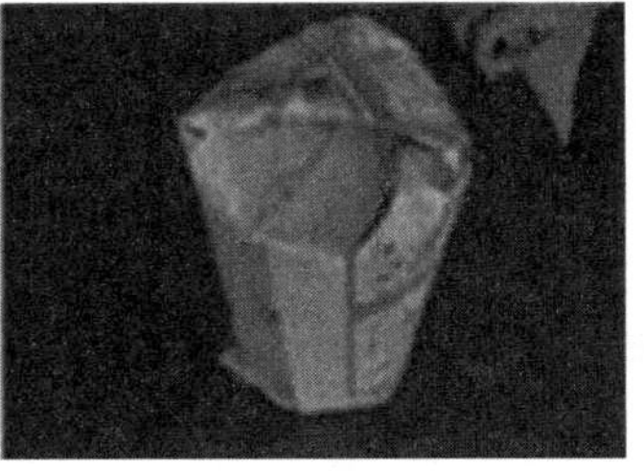

图 9－23 培养皿包扎示意图

也可将培养皿装入市售的金属筒中进行干热灭菌（不必再用纸包），如图 9－24 所示。金属筒由一带盖外筒和带底框架组成，带底框架可从圆筒内提出，以便装取培养皿。

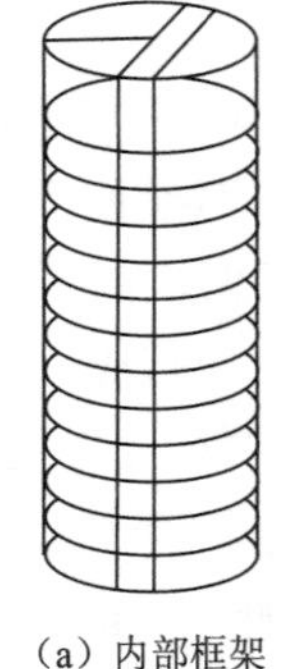

（a）内部框架

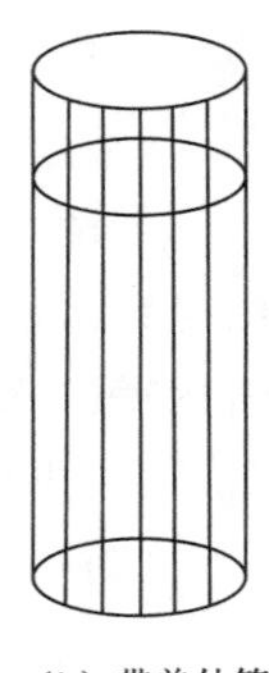

（b）带盖外筒

图 9－24　装培养皿的金属筒

（2）吸管

吸管的包装方法，如图 9－25 所示。

准备好干燥的吸管，在距其粗头顶端约 0.5cm 处，用尖头镊子或针塞入一小段 1.5cm 长的棉花，以避免外界杂菌吹入管内，塞入的棉花不宜露在吸管口的外面，多余的可用酒精灯火焰把它烧掉。将报纸裁成宽 5cm 左右的长纸条，然后将吸管尖端斜放在旧报纸条的一端，与报纸成 30°角，并将多余的一段报纸覆包住尖端，用左手握住管身，右手将吸管在桌面上向前搓转压紧，以螺旋式包扎起来，剩余纸条折叠打结。用记号笔在纸上标明毫升数，再用线绳分批捆扎好，以备干热灭菌。若有条件，也可将包装好的吸管放于特制的带盖不锈钢圆筒内，加盖密封后以备干热灭菌。

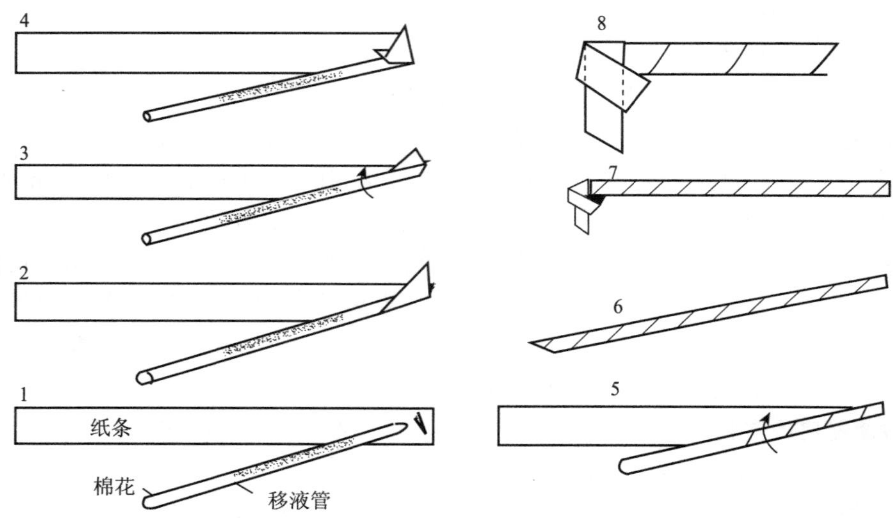

图 9－25　单支吸管包装示意图

（3）试管、三角瓶

试管和三角瓶装培养基或生理盐水后，用棉花塞或者硅胶塞塞好试管口和三角瓶口，然后在塞与管口（瓶口）的外面用二层报纸与细线扎好，才能进行灭菌。

棉花塞的作用有二：一是防止杂菌污染，二是保证通气良好。

正确的棉花塞要求形状，大小，松紧与试管口（或三角烧瓶口）完全适合，过紧则防碍空气流通，操作不便；过松则达不到滤菌的目的。棉花塞制作过程如图 9－26 所示。

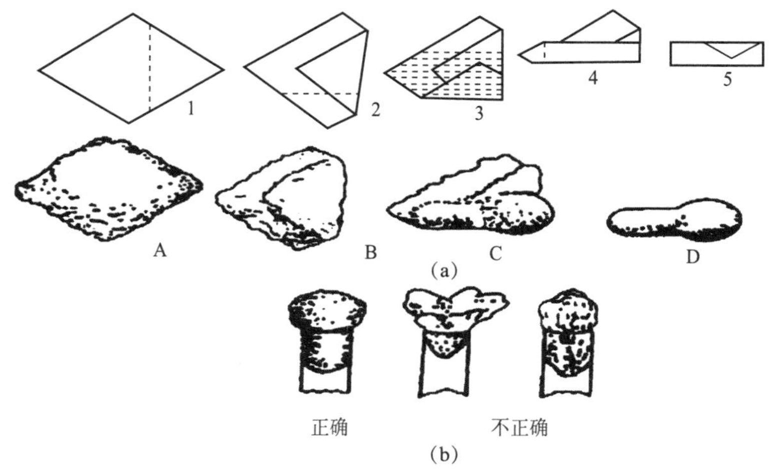

图 9-26　棉花塞制作示意图

1～5 为棉花塞制作方法步骤；A～D 为各步骤中棉花塞应呈现的形状

视试管和三角瓶口的大小取适量棉花(最好选择纤维长的新棉花，不用脱脂棉做棉塞)，分成数层，互相重叠，使其纤维纵横交叉，折叠卷紧，再用一方块纱布包好棉花塞，细绳系好。做好的棉花塞总长约 4～5 cm，管外的头部较大，约有 1/3 在管外，2/3 在管内。

目前，有采用金属或塑料试管帽或耐高温硅胶塞代替棉花塞的，直接盖在或塞在试管口上，灭菌待用。

有时为了进行液体振荡培养加大通气量，促使菌体的生长或发酵，可用 8 层纱布，或在两层纱布之间均匀铺一层棉花代替棉塞包于三角瓶口上。也有采用无菌培养容器封口膜直接盖在瓶口上，既保证通气良好，过滤除菌，又操作简便。

三、微生物检验室的布局

1. 微生物检验室基本条件

食品企业生产的产品，如果出厂检验项目有微生物指标的，必须要有微生物检验室。微生物检验室应单独设置，要求布局合理。微生物检验室通常包括准备室和无菌室(包括无菌室外的缓冲间)，微生物检验室要求高度的清洁卫生，要尽可能地为其创造无菌条件。为达此目的，房屋的墙壁和地板，使用的各种家具都要符合便于清洗的要求。另外，微生物检验室必须具备保证显微镜工作、微生物分离培养工作等能顺利进行的基本条件。如：

(1) 光线明亮，但避免阳光直射室内；

(2) 洁净无菌，地面与四壁平滑，便于清洁和消毒；

(3) 空气清新，应有防风、防尘设备；

(4) 要有安全、适宜的电源和充足的水源；

(5) 具备整洁、稳固、适用的实验台，台面最好有耐酸碱、防腐蚀的黑胶板；

(6) 显微镜、电子天平及实验室常用的工具、药品应设有相应的存放橱柜。

2. 无菌室

(1) 无菌室的结构与要求

1）无菌室的结构

无菌室通常包括缓冲间和工作间两大部分，缓冲间与工作间应有样品传递窗，人流、物流分开，避免交叉污染。无菌室的布局如图 9－27 所示。

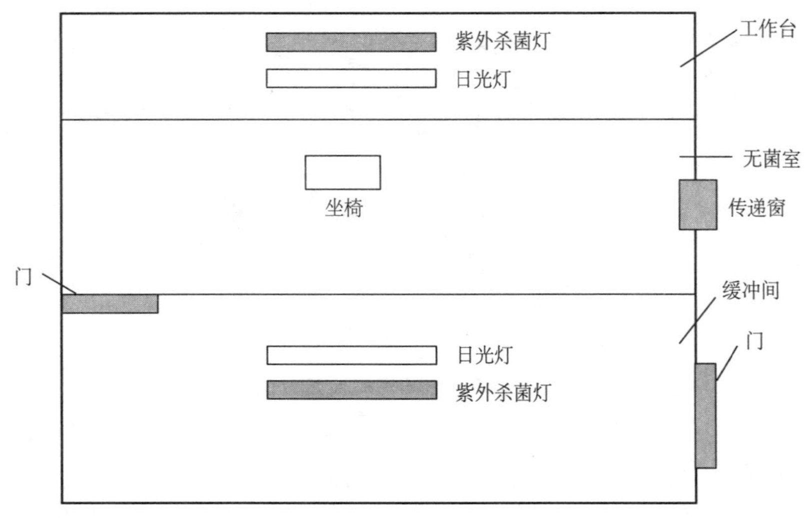

图 9－27　无菌室的布局

无菌室的面积和容积不宜过大，以适宜操作为准，一般为 6～12 m^2。缓冲间与工作间二者的比例可为 1∶2，高度 2.5 m 左右为适宜。

工作间内设有固定的工作台、紫外线灯或紫外线消毒器，有条件的无菌室最好安装空气过滤器，并设置无菌超净工作台，以提高无菌保证水平。

工作间的内门与缓冲间的门不应直对，相互错开，减少无菌室内的空气对流，无菌室和缓冲间都必须密闭。

操作台顶部和缓冲间内均需悬吊式安装紫外线灯或紫外线消毒器。消毒使用的紫外线是 C 波紫外线，其波长范围是 200～275 nm，杀菌作用最强的波段是 250～270 nm，消毒用的紫外线光源必须能够产生辐照值达到国家标准的杀菌紫外线灯。由于紫外灯在辐射 253.7 nm 紫外线的同时，也辐射一部分 184.9 nm 紫外线，故可产生臭氧。紫外线辐照能量低，穿透力弱，仅能杀灭直接照射到的微生物，因此消毒时必须使消毒部位充分暴露于紫外线。无菌室采用直接照射法进行空气的灭菌，在室内无人条件下，可采取紫外线灯悬吊式或移动式直接照射。采用室内悬吊式紫外线消毒时，室内安装紫外线消毒灯（30W 紫外灯，在 1.0 m 处的强度＞$70\mu W/cm^2$）的数量为平均每立方米不少于 1.5 W，照射时间不少于 30 min。其高度距离台面照射物以不超过 1.2 m 为宜，距地高度为 2.0～2.2 m。

2）无菌室的要求

① 无菌室内墙壁光滑，应尽量避免死角，以便于洗刷消毒。

② 应保持密封、防尘、清洁、干燥。

③ 室内设备简单，禁止放置杂物。

④ 工作台、地面和墙壁可用新洁尔灭或过氧乙酸溶液擦洗消毒。

⑤ 杀菌前做好一切准备工作，然后用紫外线杀菌灯进行空气消毒。开灯照射 30 min 后

关灯，间隔 30 min 后方可进入室内工作。不得使紫外线光源照射到人，以免引起损伤。因此，紫外灯开关必须安装在无菌室外。

⑥ 根据无菌室的净化情况和空气中含有的杂菌种类，可采用不同的化学消毒剂进行熏蒸消毒。

⑦ 无菌室内应备有接种用的常用器具，如酒精灯、接种环、接种针、不锈钢刀、剪刀、镊子、酒精棉球瓶、记号笔、火柴、试管架、废物缸等。

⑧ 无菌室的大小，应按每个操作人员占用面积不少于 3 m^2 设置。

第四节　茶叶感官审评室常用仪器与布局

茶叶企业除了理化分析室外，还要有独立设置的茶叶感官审评室。茶叶感官审评在操作过程中，评茶人员除了利用自己的感官来评鉴茶叶内在品质及外形特点外，还要使用到一些规范的设备器具。为使茶叶品质感官鉴定的结果快速、直观、准确而稳定，需要具备一定的条件和环境，以尽量减少主客观上的误差，取得茶叶审评的正确结果。

一、茶叶感官审评室常用设备

1. 评茶台

茶叶感官审评应设置两张桌子：一张是用来摆放茶样，对茶叶外形进行审评的桌子，称为干评台；另一张桌子用来摆放评茶的审评杯和审评碗，开汤审评茶叶内质所用，称为湿评台。湿评台的桌面也可以设计有出水处，更方便使用。评茶台规格见表 9－2。

表 9－2　评茶台规格

评茶台	台面颜色	台面宽/mm	台高/mm
干评台	黑色亚光	600～750	800～900
湿评台	白色亚光	450～500	750～800

2. 审评杯、审评碗

茶叶感官审评所用的审评杯、审评碗，均为纯白色瓷质，大小、厚薄、色泽一致。审评杯是用来冲泡茶叶、定量泡茶用水的容器，并持之嗅评茶叶香气，最后还可将茶渣转移到杯盖上，用来评看茶叶的叶底。审评碗是用来盛装茶汤的容器，可以向审评碗中俯视茶汤的颜色。

（1）精制茶审评杯、审评碗

精制茶审评杯，呈圆柱状，容量为 150 mL，具盖，盖上有一小孔。对应审评杯握把的杯口边沿有三个锯齿形的滤茶口，口中心深 3 mm，宽 2.5 mm。与审评杯配套的审评碗容量 240 mL。

（2）毛茶审评杯、审评碗

形状同精制茶审评杯，容量为 250 mL，具盖，盖上有一小孔。对应审评杯握把的杯口上边沿有一呈月牙形的滤茶口，滤口中心深 5 mm，宽 15 mm。配套用的毛茶审评碗容量

440 mL。

（3）乌龙茶审评杯碗

即盖碗，呈倒钟形，容量 110 mL。具盖，呈弧形，盖外径 72mm。配套的审评碗容量 160 mL。

3. 评茶盘

评茶盘用来摆放茶样，把盘和摇盘，评看茶叶外形品质。正方形，上漆，要求无异味。一角开有等腰三角形缺口，上宽 50 mm，下宽 30 mm，便于把盘和将茶样倒入茶样罐。

4. 分样盘

用来均分茶样，上漆，要求无异味。正方形，一角开有等腰三角形缺口。

5. 叶底盘

黑色小木盘或白色搪瓷盘。小木盘为正方形，供审评精制茶用；搪瓷盘为长方形，一般供审评毛茶叶底用。

6. 天平或电子秤

天平是茶叶感官审评定量茶叶的用具，即小天平，或粗天平，一般采用感量为 0.1 g，最大秤量为 200 g 左右。也有的采用感量为 0.01 g 的小型电子秤，比较快速而准确。

7. 其他辅助评茶用具

茶叶感官审评的辅助用具，有茶样柜、茶样罐、烧水壶、定时器、茶匙，品茗杯、茶巾、样品柜、废液桶、茶叶品质记录表等。定时器也可以采用小闹钟、沙漏、秒表等。

二、茶叶感官审评室布局

茶叶感官审评室应建立在地势干燥、环境清静、周围无公害污染的场所，如能设在楼上会更好。审评室应坐南朝北，北向开窗采光，以避免阳光直射，影响辨色。窗户宽畅，不装有色玻璃。

审评室是茶叶审评的场所，室内要求干燥整洁，空气新鲜，无异味，安静，室内噪声低于 50 dB。面积按评茶人数和日常工作量确定，最小不能小于 10 m^2。室内温度宜保持在 15～27 ℃，相对湿度 70 %左右，如能安装空调更好。

评茶室的具体要求可以参照 GB/T 18797—2012《茶叶感官审评室基本条件》。

生活小常识

你知道饮用水的种类吗？

编者收集整理

饮用水水质的优劣对人体健康有着直接而重要的影响。因为水是少数几样能够为人体直接吸收的物质，直接参与人体体液的构造。目前市场上包装饮用水种类繁多，品牌众多，品质不一，铺天盖地的各类关于“水”的宣传在一定程度上给消费者的认知造成了困扰。选择好水，首先要从认识饮用水的分类及特点开始。

实施食品生产许可证管理的包装饮用水，是指密封于符合食品安全标准和相关规定的包装材料及制品中，可供直接饮用的水。包括饮用天然矿泉水、饮用纯净水、饮用天然泉水、饮用天然水及其他饮用水。

饮用天然矿泉水是指从地下深处自然涌出的或经钻井采集的，含有一定量的矿物质、微量元素或其他成分，在一定区域未受污染并采取预防措施避免污染的水；在通常情况下，其化学成分、流量、水温等动态指标在天然周期波动范围内相对稳定。天然矿泉水是一种液态的地下矿床。它是由地面上的雨水或冰雪渗透到地下，透过岩层流到很深的泉眼，然后又从那里透过断层，以泉流的形式自然溢流到地面。由于泉水经过上下两次长期的过滤，除去了水中的大部分杂质，故比普通水要清洁卫生得多。另外，矿泉水在地下的时间漫长，深层地下所特有的温度、压力、浮力等，使得水中含有大量人体必需的矿物质，如钾、钠、钙、镁、铁、锌等多种元素。我国幅员辽阔，不同地域开采的矿泉水，其矿物质、微量元素构成与含量差异很大。国家发布的饮用天然矿泉水标准(GB 8537)明确规定，所含微量元素应有其中一种(或一种以上)达到或超过定量指标即可确定为天然矿泉水。中国天然矿泉水含量达标较多的是偏硅酸、锂、锶，这些元素具有与钙、镁相似的生物学作用，能促进骨骼和牙齿的生长发育，有利于骨骼钙化，防治骨质疏松；还能预防高血压，保护心脏，降低心脑血管的患病率和死亡率。因此，偏硅酸含量高低，是世界各国评价矿泉水质量最常用、最重要的界限指标之一。天然矿泉水的 pH 一般在 7 以上，即呈弱碱性，适合于人体内环境的生理特点，有利于维持正常的渗透压和酸碱平衡，促进新陈代谢，加速疲劳消除。此外，管理部门对天然矿泉水在水源地保护、加工等方面也都有严格的规定。水源周围严禁一切有破坏水质的活动，水源地采取多重防护措施；加工时只能采取消毒处理，不能添加任何食品或化学添加剂。

饮用纯净水是以符合原料要求的水为生产用源水，采用蒸馏法、电渗析法、离子交换法、反渗透法或其他适当的水净化工艺，加工制成的包装饮用水。饮用纯净水去除了水中几乎全部物质，不含任何添加物可直接饮用。其 pH 要求为 5.0～7.0，呈酸性；其电导率要求不能大于 10 $\mu S \cdot cm^{-1}$，对细菌指标、化学耗氧量及其他指标均有一定的要求，现有的产品标准是 GB 17323《瓶装饮用纯净水》及 GB 19298《食品安全国家标准　包装饮用水》。因其对水源要求较低，因此城市自来水成为纯净水生产厂家节约成本的首选。

饮用天然泉水是以地下自然涌出的泉水或经钻井采集的地下泉水，且未经公共供水系统的自然来源的水为水源，制成的包装饮用水。天然泉水一般埋藏深度浅，与地下岩层接触时间短，流量不稳定，易污染，也含有一些对人体有益的矿物质和微量元素，但这些特征组分含量，还未达到矿泉水的界限指标要求，因此不能称其为天然矿泉水。

饮用天然水是以水井、山泉、水库、湖泊或高山冰川等，且未经公共供水系统的自然来源的水为水源，制成的包装饮用水。

其他饮用水是以符合原料要求的水为生产用源水，经适当的加工处理，可适量添加食品添加剂，但不得添加糖、甜味剂、香精香料或其他食品配料加工制成的包装饮用水。

消费者该如何选择饮用水？

目前市面上各种饮用水各有利弊，提醒消费者可以经常更换饮用水的种类。

在购买饮用水时需要留意商品标签：看水源。如果饮用水取水自优质水源，一般都会在标签上标明。如果没有注明，则有可能是用城市自来水加工的；看矿物质含量。标签上会标明水中的矿物质含量。总体来说，有矿物质的比没有的好；看 pH。如果饮用水是有益健康的弱碱性水，标签上是会注明的。而酸性饮用水一般不愿意注明自己的 pH。

值得提醒消费者的是：饮用水无论是偏酸性或偏碱性，都是非常微弱的，基本影响不了身体本身的缓冲体系；无论是天然水或其他饮用水，其中的矿物质含量基本上都起不到补充营养的作用，当然也都影响不了身体的酸碱平衡。单靠饮用水补充身体所需的元素是不合理的。

案例题

1.小周在使用酸式滴定管进行滴定操作时，右手控制旋塞，左手摇瓶。他认为这样操作非常方便。小周的操作正确吗？

2.小李在使用滴定管时，先用自来水冲洗，然后用蒸馏水冲洗了3次，接着往滴定管里装操作溶液。小李的操作正确吗？

3.在检验操作中，常用到滴定管、容量瓶、移液管、吸量管、锥形瓶，小王与小红经常忘记哪些仪器需要用操作溶液润洗，哪些只需要用蒸馏水润洗，于是他俩反复研究，试图寻找出一种容易记忆的方法。他俩最终找到了。你找到了吗？

4.小杨在测定某产品的蛋白质含量时，需要用到盐酸标准溶液(0.0500 mol/L)，于是小杨根据浓盐酸的浓度计算出需要量取的量，准确量取浓盐酸注入水中，摇匀，即得到盐酸标准溶液，直接用于滴定。小杨这样配制盐酸标准溶液正确吗？

第三篇 知识拓展

第十章　食品生产许可制度

第一节　食品生产许可制度概述

《中华人民共和国食品安全法》第三十五条规定，国家对食品生产经营实行许可制度。从事食品生产、食品销售、餐饮服务，应当依法取得许可。

食品生产许可是行政机关依据有关法律法规，对从事食品生产企业的申请，经依法审查，准予从事食品生产活动的行为。食品生产许可制度是为保证食品的质量安全，由国家主管食品生产领域质量监督工作的行政部门制定并实施的一项旨在控制食品生产加工企业生产条件的监控制度。该制度规定：从事食品生产加工的公民、法人或其他组织，必须具备保证食品质量安全的基本生产条件，按规定程序获得食品生产许可证，方可从事食品生产。没有取得食品生产许可证的企业不得生产食品，任何企业和个人不得销售无证食品。

为规范食品生产许可活动，根据《中华人民共和国食品安全法》《中华人民共和国行政许可法》等法律法规，对食品生产经营活动实施监督管理的国家行政主管部门，制定公布了《食品生产许可管理办法》(以下简称《办法》)。《办法》中规定，国家行政主管部门负责制定食品生产许可审查通则和细则。《办法》实施后，食品生产许可申请、受理、审查、决定和证书的发放、变更、延续、补办、注销，以及主管食品生产经营活动的管理部门开展食品生产许可工作监督检查等，严格按照《办法》的规定执行。

自 2004 年 1 月 1 日至 2005 年 9 月 1 日，国家分三个批次将所有食品纳入食品生产许可管理，修订补充、制订并发布了一系列细则，实现了食品生产许可制度对食品的全面覆盖。之后，国家又将 28 大类食品分类调整为 31 大类，并将对原有细则陆续进行修订。目前，已经修订发布的有《饮料生产许可审查细则》(2017 版)、《婴幼儿辅助食品生产许可审查细则》(2017 版)。

根据《中华人民共和国食品安全法》，国家对食品生产实行生产许可制度管理，并依据《食品生产许可管理办法》《食品生产许可审查通则》以及相应的一系列细则，规范了食品企业的生产，提高了食品企业的产品质量安全管理水平和产品质量，加大了政府部门对食品企业的监管力度，为保证食品安全，保障公众身体健康和生命安全提供了重要的制度保证。

一、食品生产许可审批权限

省级行政管理部门按照国务院简政放权职能转变工作部署和要求，结合食品药品监管体制改革的工作实际，综合衡量基层监管机构、人员、许可审批和现场核查能力等方面因素，合理划分并公布省、市、县级食品生产许可管理权限。

以广西壮族自治区为例，调整食品生产许可权限如下：

(1) 自治区局负责全区范围内3类食品的生产许可，具体包括：保健食品、特殊医学用途配方食品、婴幼儿配方食品。

(2) 设区市食品药品监督管理局负责辖区内食品添加剂和22类食品的生产许可，22类食品具体包括：食用油、油脂及其制品，肉制品，乳制品，饮料，方便食品，饼干，罐头，冷冻饮品，速冻食品，薯类和膨化食品，糖果制品，酒类，炒货食品及坚果制品，蛋制品，可可及焙烤咖啡产品，食糖，水产制品，淀粉及淀粉制品，豆制品，蜂产品，特殊膳食食品和其他食品。

(3) 县(市、区)食品药品监督管理局负责辖区内6类食品的生产许可，具体包括：粮食加工品、调味品、茶叶及相关制品、蔬菜制品、水果制品和糕点。

二、"一企一证"的实施

食品生产许可实行"一企一证"，对具有生产场所和设备设施并取得营业执照的一个食品生产者，从事食品生产活动，仅发放一张食品生产许可证。

食品生产者应当按照省级食品药品监督管理部门确定的食品生产许可管理权限，向有关食品药品监督管理部门提交生产许可、变更、延续申请。有关食品药品监督管理部门受理申请后，应当按照《办法》的规定，组织审查、作出决定。

食品生产者生产多个类别食品的，应当按照省级食品药品监督管理部门确定的食品生产许可管理权限，向省、市或者县级食品药品监督管理部门一并提出申请。其中，许可事项非受理部门审批权限的，受理部门应当及时告知有相应审批权限的食品药品监督管理部门，组织联合审查，按照规定时限作出决定，由受理申请的食品药品监督管理部门根据决定颁发食品生产许可证，并在副本中注明许可生产的食品类别。

三、产业政策的执行

食品生产许可申请人应当遵守国家产业政策。申请项目属于《产业结构调整指导目录》中限制类的，按照《国务院关于发布实施〈促进产业结构调整暂行规定〉的决定》(国发〔2005〕40号)，不得办理相关食品生产许可手续。地方性法规、规章或省、自治区、直辖市人民政府有关文件对贯彻执行产业政策另有规定的，还应当遵守其规定。

第二节　食品生产许可管理办法

食品生产许可管理办法是具体开展食品生产许可工作的基本依据。主要规定了食品生产许可流程、监督检查和相应的法律责任。

2015 年 8 月 31 日，原国家食品药品监督管理总局令第 16 号公布食品生产许可管理办法，并于同年 10 月 1 日起正式实施。为进一步贯彻落实党中央、国务院简政放权的战略部署，顺应食品安全监管的新体制，与新的《中华人民共和国食品安全法》相配套，积极回应企业“办证时间长、手续繁、资料多”等呼声，食品生产许可管理办法取消部分前置审批材料核查，取消许可检验机构指定，取消食品生产许可审查收费，取消委托加工备案，取消企业年检和年度报告制度；调整食品生产许可主体，调整许可证书有效期限，调整现场核查内容，调整审批权限；加强许可档案管理，加强证后监督检查，加强审查员队伍管理，加强信息化建设。

一、食品生产许可适用范围

《食品生产许可管理办法》规定：“在中华人民共和国境内，从事食品生产活动，应当依法取得食品生产许可”。“申请食品生产许可，应当先行取得营业执照等合法主体资格，以营业执照载明的主体作为申请人。”

按照上述规定，食品生产许可制度的适用范围是：

适用地域：中华人民共和国境内；

适用主体：从事食品生产活动的企业法人、合伙企业、个人独资企业、个体工商户等。

二、食品生产许可对从事食品生产活动的企业的具体要求

根据《食品生产许可管理办法》的有关规定，取得（申请）食品生产许可，应当符合食品安全标准，并符合下列要求：

（1）具有与生产的食品品种、数量相适应的食品原料处理和食品加工、包装、贮存等场所，保持该场所环境整洁，并与有毒、有害场所以及其他污染源保持规定的距离。

（2）具有与生产的食品品种、数量相适应的生产设备或者设施，有相应的消毒、更衣、盥洗、采光、照明、通风、防腐、防尘、防蝇、防鼠、防虫、洗涤以及处理废水、存放垃圾和废弃物的设备或者设施；保健食品生产工艺有原料提取、纯化等前处理工序的，需要具备与生产的品种、数量相适应的原料前处理设备或者设施。

（3）有专职或者兼职的食品安全管理人员和保证食品安全的规章制度。

（4）具有合理的设备布局和工艺流程，防止待加工食品与直接入口食品、原料与成品交叉污染，避免食品接触有毒物、不洁物。

（5）法律、法规规定的其他条件。

三、食品生产许可证编号

食品生产许可证编号由 SC（“生产”的汉语拼音字母缩写）和 14 位阿拉伯数字组成。数字从左至右依次为：3 位食品类别编码、2 位省（自治区、直辖市）代码、2 位市（地）代码、2 位县（区）代码、4 位顺序码、1 位校验码，（如图 10 - 1 所示）。

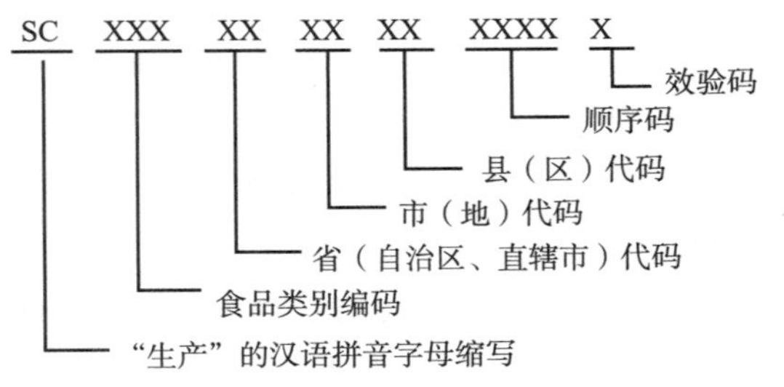

图 10－1　食品生产许可证编号

1. 食品类别编码

食品类别编码用 3 位数字标识，具体为：

第 1 位数字代表食品、食品添加剂生产许可识别码，“1”代表食品、“2”代表食品添加剂。第 2、第 3 位数字代表食品、食品添加剂类别编号，其中食品类别编号按照《办法》第十一条所列食品类别顺序依次标识（如表 10－1 所示）；食品添加剂类别编号标识为：“01”代表食品添加剂，“02”代表食品用香精，“03”代表复配食品添加剂。

表 10－1　食品类别编码表

编码	食品类别	编码	食品类别	编码	食品类别
101	粮食加工品	112	薯类和膨化食品	123	淀粉及淀粉制品
102	食用油、油脂及其制品	113	糖果制品	124	糕点
103	调味品	114	茶叶及相关制品	125	豆制品
104	肉制品	115	酒类	126	蜂产品
105	乳制品	116	蔬菜制品	127	保健食品
106	饮料	117	水果制品	128	特殊医学用途配方食品
107	方便食品	118	炒货食品及坚果制品	129	婴幼儿配方食品
108	饼干	119	蛋制品	130	特殊膳食食品
109	罐头	120	可可及焙烤咖啡产品	131	其他食品
110	冷冻饮品	121	食糖		
111	速冻食品	122	水产制品		

2. 省级行政区划代码

省级行政区划代码按《中华人民共和国行政区划代码》(GB/T 2260—2007)执行，按照该标准中表 1，省、自治区、直辖市、特别行政区代码表中的“数字码”的前两位数字取值，为 2 位数字。

前两位编号规定：北京 11、天津 12、河北 13、山西 14、内蒙古 15、辽宁 21、吉林 22、黑龙江 23、上海 31、江苏 32、浙江 33、安徽 34、福建 35、江西 36、山东 37、河南 41、湖北 42、湖南 43、广东 44、广西 45、海南 46、重庆 50、四川 51、贵州 52、云南 53、西藏 54、陕西 61、甘肃 62、青海 63、宁夏 64、新疆 65。

3. 市级行政区划代码

市级行政区划代码按《中华人民共和国行政区划代码》(GB/T 2260—2007)执行，按照该标准中表2～表32，各省、自治区、直辖市代码表中各地市的“数字码”中间两位数字取值，为2位数字。

4. 县级行政区划代码

县级行政区划代码按《中华人民共和国行政区划代码》(GB/T 2260—2007)执行，按照该标准中表2～表32，各省、自治区、直辖市代码表中各区县的“数字码”后两位数字取值，为2位数字。

5. 顺序码

许可机关按照准予许可事项的先后顺序，依次编写许可证的流水号码，一个顺序码只能对应一个生产许可证，且不得出现空号，为4位数字。

6. 校验码

用于检验本体码的正确性，采用GB/T 17710—1999中的规定的“MOD11，10”校验算法，为1位数字。

四、食品生产许可制度主要涉及的法律、法规、规章及主要作用

食品生产许可制度涉及的法律、法规、规章主要有三个方面：

1. 食品安全相关法律法规

《中华人民共和国产品质量法》《中华人民共和国食品安全法》《中华人民共和国行政许可法》《中华人民共和国标准化法》《中华人民共和国计量法》等法律法规，是我们实施食品生产许可制度、制定相应的工作文件的法律依据。

2. 食品安全监管规章、文件

为了解决国内食品生产加工领域存在的严重的质量问题，根据国务院赋予的管理职能，原国家质检总局、原国家食品药品监督管理总局等相关行政管理部门先后制定了《食品生产许可管理办法》《食品标识管理规定》《食品生产加工企业落实质量安全主体责任监督检查规定》《食品生产许可审查通则》《食品药品监管总局关于贯彻实施〈食品生产许可管理办法〉的通知》(食药监食监一〔2015〕225号)等，为规范食品生产许可活动，规范食品标识的标注，落实质量安全主题责任、保障食品质量安全提供了新的依据。

3. 技术法规

为了在全国范围内统一食品生产加工企业的准入标准，规范相关职能部门的管理行为，原国家质检总局、原国家食品药品监督管理总局等相关行政管理部门针对具体食品生产许可的实施制定相应细则。《食用植物油生产许可证审查细则》《其他粮食加工品生产许可证审查细则》《肉制品生产许可证审查细则》《饮料生产许可审查细则(2017版)》、《保健食品生产许可审查细则》和《婴幼儿辅助食品生产许可审查细则(2017版)》等都属于技术性很强的技术规范，也就是通常所说的技术法规，用以指导企业完善保证产品质量必备条件，指导各地实施食品生产许可证的审查工作和食品强制检验工作。

上述3个方面的法律法规和规范性文件，对规范食品生产加工行为，切实从源头加强食品质量安全的监督管理，提高我国食品质量，保证消费者人身健康、安全，提供了一个基本的

工作依据。尤其是2015年10月1日《中华人民共和国食品安全法》(国家主席令2015年第21号)修订施行、2015年10月1日《食品生产许可管理办法》(国家食品药品监督管理总局令2015年第16号)施行、2016年10月1日《食品生产许可审查通则(2016版)》(总局2016年第103号公告)施行等，为保障食品安全，加强食品生产监管，规范食品生产许可活动提供了新的工作依据。

五、食品生产许可管理办法

第一章 总 则

第一条 为规范食品、食品添加剂生产许可活动，加强食品生产监督管理，保障食品安全，根据《中华人民共和国食品安全法》《中华人民共和国行政许可法》等法律法规，制定本办法。

第二条 在中华人民共和国境内，从事食品生产活动，应当依法取得食品生产许可。

食品生产许可的申请、受理、审查、决定及其监督检查，适用本办法。

第三条 食品生产许可应当遵循依法、公开、公平、公正、便民、高效的原则。

第四条 食品生产许可实行一企一证原则，即同一个食品生产者从事食品生产活动，应当取得一个食品生产许可证。

第五条 食品药品监督管理部门按照食品的风险程度对食品生产实施分类许可。

第六条 国家食品药品监督管理总局负责监督指导全国食品生产许可管理工作。

县级以上地方食品药品监督管理部门负责本行政区域内的食品生产许可管理工作。

第七条 省、自治区、直辖市食品药品监督管理部门可以根据食品类别和食品安全风险状况，确定市、县级食品药品监督管理部门的食品生产许可管理权限。

保健食品、特殊医学用途配方食品、婴幼儿配方食品的生产许可由省、自治区、直辖市食品药品监督管理部门负责。

第八条 国家食品药品监督管理总局负责制定食品生产许可审查通则和细则。

省、自治区、直辖市食品药品监督管理部门可以根据本行政区域食品生产许可审查工作的需要，对地方特色食品等食品制定食品生产许可审查细则，在本行政区域内实施，并报国家食品药品监督管理总局备案。国家食品药品监督管理总局制定公布相关食品生产许可审查细则后，地方特色食品等食品生产许可审查细则自行废止。

县级以上地方食品药品监督管理部门实施食品生产许可审查，应当遵守食品生产许可审查通则和细则。

第九条 县级以上食品药品监督管理部门应当加快信息化建设，在行政机关的网站上公布生产许可事项，方便申请人采取数据电文等方式提出生产许可申请，提高办事效率。

第二章 申请与受理

第十条 申请食品生产许可，应当先行取得营业执照等合法主体资格。

企业法人、合伙企业、个人独资企业、个体工商户等，以营业执照载明的主体作为申请人。

第十一条 申请食品生产许可，应当按照以下食品类别提出：粮食加工品，食用油、油脂及其制品，调味品，肉制品，乳制品，饮料，方便食品，饼干，罐头，冷冻饮品，速冻食品，薯类和膨化食品，糖果制品，茶叶及相关制品，酒类，蔬菜制品，水果制品，炒货食品及坚果制品，蛋制品，可可及焙烤咖啡产品，食糖，水产制品，淀粉及淀粉制品，糕点，豆制品，蜂产品，保健食品，特殊医学用途配方食品，婴幼儿配方食品，特殊膳食食品，其他食品等。

国家食品药品监督管理总局可以根据监督管理工作需要对食品类别进行调整。

第十二条　申请食品生产许可，应当符合下列条件：

（一）具有与生产的食品品种、数量相适应的食品原料处理和食品加工、包装、贮存等场所，保持该场所环境整洁，并与有毒、有害场所以及其他污染源保持规定的距离。

（二）具有与生产的食品品种、数量相适应的生产设备或者设施，有相应的消毒、更衣、盥洗、采光、照明、通风、防腐、防尘、防蝇、防鼠、防虫、洗涤以及处理废水、存放垃圾和废弃物的设备或者设施；保健食品生产工艺有原料提取、纯化等前处理工序的，需要具备与生产的品种、数量相适应的原料前处理设备或者设施。

（三）有专职或者兼职的食品安全管理人员和保证食品安全的规章制度。

（四）具有合理的设备布局和工艺流程，防止待加工食品与直接入口食品、原料与成品交叉污染，避免食品接触有毒物、不洁物。

（五）法律、法规规定的其他条件。

第十三条　申请食品生产许可，应当向申请人所在地县级以上地方食品药品监督管理部门提交下列材料：

（一）食品生产许可申请书；

（二）营业执照复印件；

（三）食品生产加工场所及其周围环境平面图、各功能区间布局平面图、工艺设备布局图和食品生产工艺流程图；

（四）食品生产主要设备、设施清单；

（五）进货查验记录、生产过程控制、出厂检验记录、食品安全自查、从业人员健康管理、不安全食品召回、食品安全事故处置等保证食品安全的规章制度。

申请人委托他人办理食品生产许可申请的，代理人应当提交授权委托书以及代理人的身份证明文件。

第十四条　申请保健食品、特殊医学用途配方食品、婴幼儿配方食品的生产许可，还应当提交与所生产食品相适应的生产质量管理体系文件以及相关注册和备案文件。

第十五条　从事食品添加剂生产活动，应当依法取得食品添加剂生产许可。

申请食品添加剂生产许可，应当具备与所生产食品添加剂品种相适应的场所、生产设备或者设施、食品安全管理人员、专业技术人员和管理制度。

第十六条　申请食品添加剂生产许可，应当向申请人所在地县级以上地方食品药品监督管理部门提交下列材料：

（一）食品添加剂生产许可申请书；

（二）营业执照复印件；

（三）食品添加剂生产加工场所及其周围环境平面图和生产加工各功能区间布局平面图；

（四）食品添加剂生产主要设备、设施清单及布局图；

（五）食品添加剂安全自查、进货查验记录、出厂检验记录等保证食品添加剂安全的规章制度。

第十七条　申请人应当如实向食品药品监督管理部门提交有关材料和反映真实情况，对申请材料的真实性负责，并在申请书等材料上签名或者盖章。

第十八条　县级以上地方食品药品监督管理部门对申请人提出的食品生产许可申请，应当根据下列情况分别作出处理：

（一）申请事项依法不需要取得食品生产许可的，应当即时告知申请人不受理。

（二）申请事项依法不属于食品药品监督管理部门职权范围的，应当即时作出不予受理的决定，并告知申请人向有关行政机关申请。

（三）申请材料存在可以当场更正的错误的，应当允许申请人当场更正，由申请人在更正处签名或者盖章，注明更正日期。

（四）申请材料不齐全或者不符合法定形式的，应当当场或者在5个工作日内一次告知申请人需要补正的全部内容。当场告知的，应当将申请材料退回申请人；在5个工作日内告知的，应当收取申请材料并出具收到申请材料的凭据。逾期不告知的，自收到申请材料之日起即为受理。

（五）申请材料齐全、符合法定形式，或者申请人按照要求提交全部补正材料的，应当受理食品生产许可申请。

第十九条　县级以上地方食品药品监督管理部门对申请人提出的申请决定予以受理的，应当出具受理通知书；决定不予受理的，应当出具不予受理通知书，说明不予受理的理由，并告知申请人依法享有申请行政复议或者提起行政诉讼的权利。

第三章　审查与决定

第二十条　县级以上地方食品药品监督管理部门应当对申请人提交的申请材料进行审查。需要对申请材料的实质内容进行核实的，应当进行现场核查。

食品药品监督管理部门在食品生产许可现场核查时，可以根据食品生产工艺流程等要求，核查试制食品检验合格报告。在食品添加剂生产许可现场核查时，可以根据食品添加剂品种特点，核查试制食品添加剂检验合格报告、复配食品添加剂组成等。

现场核查应当由符合要求的核查人员进行。核查人员不得少于2人。核查人员应当出示有效证件，填写食品生产许可现场核查表，制作现场核查记录，经申请人核对无误后，由核查人员和申请人在核查表和记录上签名或者盖章。申请人拒绝签名或者盖章的，核查人员应当注明情况。

申请保健食品、特殊医学用途配方食品、婴幼儿配方乳粉生产许可，在产品注册时经过现场核查的，可以不再进行现场核查。

食品药品监督管理部门可以委托下级食品药品监督管理部门，对受理的食品生产许可申请进行现场核查。

核查人员应当自接受现场核查任务之日起10个工作日内，完成对生产场所的现场核查。

第二十一条　除可以当场作出行政许可决定的外，县级以上地方食品药品监督管理部门应当自受理申请之日起20个工作日内作出是否准予行政许可的决定。因特殊原因需要延长期限的，经本行政机关负责人批准，可以延长10个工作日，并应当将延长期限的理由告知申请人。

第二十二条　县级以上地方食品药品监督管理部门应当根据申请材料审查和现场核查等情况，对符合条件的，作出准予生产许可的决定，并自作出决定之日起10个工作日内向申请人颁发食品生产许可证；对不符合条件的，应当及时作出不予许可的书面决定并说明理由，同时告知申请人依法享有申请行政复议或者提起行政诉讼的权利。

第二十三条　食品添加剂生产许可申请符合条件的，由申请人所在地县级以上地方食品药品监督管理部门依法颁发食品生产许可证，并标注食品添加剂。

第二十四条　食品生产许可证发证日期为许可决定作出的日期，有效期为5年。

第二十五条　县级以上地方食品药品监督管理部门认为食品生产许可申请涉及公共利益的重大事项，需要听证的，应当向社会公告并举行听证。

第二十六条　食品生产许可直接涉及申请人与他人之间重大利益关系的，县级以上地方食品药品监督管理部门在作出行政许可决定前，应当告知申请人、利害关系人享有要求听证的权利。

申请人、利害关系人在被告知听证权利之日起5个工作日内提出听证申请的，食品药品监督管理部门应当在20个工作日内组织听证。听证期限不计算在行政许可审查期限之内。

第四章　许可证管理

第二十七条　食品生产许可证分为正本、副本。正本、副本具有同等法律效力。

国家食品药品监督管理总局负责制定食品生产许可证正本、副本式样。省、自治区、直辖市食品药品监督管理部门负责本行政区域食品生产许可证的印制、发放等管理工作。

第二十八条　食品生产许可证应当载明：生产者名称、社会信用代码（个体生产者为身份证号码）、法定代表人（负责人）、住所、生产地址、食品类别、许可证编号、有效期、日常监督管理机构、日常监督管理人员、投诉举报电话、发证机关、签发人、发证日期和二维码。

副本还应当载明食品明细和外设仓库（包括自有和租赁）具体地址。生产保健食品、特殊医学用途配方食品、婴幼儿配方食品的，还应当载明产品注册批准文号或者备案登记号；接受委托生产保健食品的，还应当载明委托企业名称及住所等相关信息。

第二十九条　食品生产许可证编号由SC（“生产”的汉语拼音字母缩写）和14位阿拉伯数字组成。数字从左至右依次为：3位食品类别编码、2位省（自治区、直辖市）代码、2位市（地）代码、2位县（区）代码、4位顺序码、1位校验码。

第三十条　日常监督管理人员为负责对食品生产活动进行日常监督管理的工作人员。日常监督管理人员发生变化的，可以通过签章的方式在许可证上变更。

第三十一条　食品生产者应当妥善保管食品生产许可证，不得伪造、涂改、倒卖、出租、出借、转让。

食品生产者应当在生产场所的显著位置悬挂或者摆放食品生产许可证正本。

第五章　变更、延续、补办与注销

第三十二条　食品生产许可证有效期内，现有工艺设备布局和工艺流程、主要生产设备设施、食品类别等事项发生变化，需要变更食品生产许可证载明的许可事项的，食品生产者应当在变化后 10 个工作日内向原发证的食品药品监督管理部门提出变更申请。

生产场所迁出原发证的食品药品监督管理部门管辖范围的，应当重新申请食品生产许可。

食品生产许可证副本载明的同一食品类别内的事项、外设仓库地址发生变化的，食品生产者应当在变化后 10 个工作日内向原发证的食品药品监督管理部门报告。

第三十三条　申请变更食品生产许可的，应当提交下列申请材料：

（一）食品生产许可变更申请书；

（二）食品生产许可证正本、副本；

（三）与变更食品生产许可事项有关的其他材料。

第三十四条　食品生产者需要延续依法取得的食品生产许可的有效期的，应当在该食品生产许可有效期届满 30 个工作日前，向原发证的食品药品监督管理部门提出申请。

第三十五条　食品生产者申请延续食品生产许可，应当提交下列材料：

（一）食品生产许可延续申请书；

（二）食品生产许可证正本、副本；

（三）与延续食品生产许可事项有关的其他材料。

保健食品、特殊医学用途配方食品、婴幼儿配方食品的生产企业申请延续食品生产许可的，还应当提供生产质量管理体系运行情况的自查报告。

第三十六条　县级以上地方食品药品监督管理部门应当根据被许可人的延续申请，在该食品生产许可有效期届满前作出是否准予延续的决定。

第三十七条　县级以上地方食品药品监督管理部门应当对变更或者延续食品生产许可的申请材料进行审查。

申请人声明生产条件未发生变化的，县级以上地方食品药品监督管理部门可以不再进行现场核查。

申请人的生产条件发生变化，可能影响食品安全的，食品药品监督管理部门应当就变化情况进行现场核查。保健食品、特殊医学用途配方食品、婴幼儿配方食品注册或者备案的生产工艺发生变化的，应当先办理注册或者备案变更手续。

第三十八条　原发证的食品药品监督管理部门决定准予变更的，应当向申请人颁发新的食品生产许可证。食品生产许可证编号不变，发证日期为食品药品监督管理部门作出变更许可决定的日期，有效期与原证书一致。但是，对因迁址等原因而进行全面现场核查的，其换发的食品生产许可证有效期自发证之日起计算。

对因产品有关标准、要求发生改变，国家和省级食品药品监督管理部门决定组织重新核查而换发的食品生产许可证，其发证日期以重新批准日期为准，有效期自重新发证之日起计算。

第三十九条　原发证的食品药品监督管理部门决定准予延续的，应当向申请人颁发新的食品生产许可证，许可证编号不变，有效期自食品药品监督管理部门作出延续许可决定之日起计算。

不符合许可条件的，原发证的食品药品监督管理部门应当作出不予延续食品生产许可的书面决定，并说明理由。

第四十条　食品生产许可证遗失、损坏的，应当向原发证的食品药品监督管理部门申请补办，并提交下列材料：

（一）食品生产许可证补办申请书；

（二）食品生产许可证遗失的，申请人应当提交在县级以上地方食品药品监督管理部门网站或者其他县级以上主要媒体上刊登遗失公告的材料；食品生产许可证损坏的，应当提交损坏的食品生产许可证原件。

材料符合要求的，县级以上地方食品药品监督管理部门应当在受理后20个工作日内予以补发。

因遗失、损坏补发的食品生产许可证，许可证编号不变，发证日期和有效期与原证书保持一致。

第四十一条　食品生产者终止食品生产，食品生产许可被撤回、撤销或者食品生产许可证被吊销的，应当在30个工作日内向原发证的食品药品监督管理部门申请办理注销手续。

食品生产者申请注销食品生产许可的，应当向原发证的食品药品监督管理部门提交下列材料：

（一）食品生产许可注销申请书；

（二）食品生产许可证正本、副本；

（三）与注销食品生产许可有关的其他材料。

第四十二条　有下列情形之一，食品生产者未按规定申请办理注销手续的，原发证的食品药品监督管理部门应当依法办理食品生产许可注销手续：

（一）食品生产许可有效期届满未申请延续的；

（二）食品生产者主体资格依法终止的；

（三）食品生产许可依法被撤回、撤销或者食品生产许可证依法被吊销的；

（四）因不可抗力导致食品生产许可事项无法实施的；

（五）法律法规规定的应当注销食品生产许可的其他情形。

食品生产许可被注销的，许可证编号不得再次使用。

第四十三条　食品生产许可证变更、延续、补办与注销的有关程序参照本办法第二章和第三章的有关规定执行。

第六章　监督检查

第四十四条　县级以上地方食品药品监督管理部门应当依据法律法规规定的职责，对食品生产者的许可事项进行监督检查。

第四十五条　县级以上地方食品药品监督管理部门应当建立食品许可管理信息平台，便于公民、法人和其他社会组织查询。

县级以上地方食品药品监督管理部门应当将食品生产许可颁发、许可事项检查、日常监督检查、许可违法行为查处等情况记入食品生产者食品安全信用档案，并依法向社会公布；对有不良信用记录的食品生产者应当增加监督检查频次。

第四十六条　县级以上地方食品药品监督管理部门日常监督管理人员负责所管辖食品生产者许可事项的监督检查，必要时，应当依法对相关食品仓储、物流企业进行检查。

日常监督管理人员应当按照规定的频次对所管辖的食品生产者实施全覆盖检查。

第四十七条　县级以上地方食品药品监督管理部门及其工作人员履行食品生产许可管理职责，应当自觉接受食品生产者和社会监督。

接到有关工作人员在食品生产许可管理过程中存在违法行为的举报，食品药品监督管理部门应当及时进行调查核实。情况属实的，应当立即纠正。

第四十八条　县级以上地方食品药品监督管理部门应当建立食品生产许可档案管理制度，将办理食品生产许可的有关材料、发证情况及时归档。

第四十九条　国家食品药品监督管理总局可以定期或者不定期组织对全国食品生产许可工作进行监督检查；省、自治区、直辖市食品药品监督管理部门可以定期或者不定期组织对本行政区域内的食品生产许可工作进行监督检查。

第七章　法律责任

第五十条　未取得食品生产许可从事食品生产活动的，由县级以上地方食品药品监督管理部门依照《中华人民共和国食品安全法》第一百二十二条的规定给予处罚。

第五十一条　许可申请人隐瞒真实情况或者提供虚假材料申请食品生产许可的，由县级以上地方食品药品监督管理部门给予警告。申请人在1年内不得再次申请食品生产许可。

第五十二条　被许可人以欺骗、贿赂等不正当手段取得食品生产许可的，由原发证的食品药品监督管理部门撤销许可，并处1万元以上3万元以下罚款。被许可人在3年内不得再次申请食品生产许可。

第五十三条　违反本办法第三十一条第一款规定，食品生产者伪造、涂改、倒卖、出租、出借、转让食品生产许可证的，由县级以上地方食品药品监督管理部门责令改正，给予警告，并处1万元以下罚款；情节严重的，处1万元以上3万元以下罚款。

违反本办法第三十一条第二款规定，食品生产者未按规定在生产场所的显著位置悬挂或者摆放食品生产许可证的，由县级以上地方食品药品监督管理部门责令改正；拒不改正的，给予警告。

第五十四条　违反本办法第三十二条第一款规定，食品生产者工艺设备布局和工艺流程、主要生产设备设施、食品类别等事项发生变化，需要变更食品生产许可证载明的许可事项，未按规定申请变更的，由原发证的食品药品监督管理部门责令改正，给予警告；拒不改正的，处2000元以上1万元以下罚款。

违反本办法第三十二条第三款规定或者第四十一条第一款规定，食品生产许可证副本载明的同一食品类别内的事项、外设仓库地址发生变化，食品生产者未按规定报告的，或者食品生产者终止食品生产，食品生产许可被撤回、撤销或者食品生产许可证被吊销，未按规定申请办理注销手续的，由原发证的食品药品监督管理部门责令改正；拒不改正的，给予警告，并处2000元以下罚款。

第五十五条　被吊销生产许可证的食品生产者及其法定代表人、直接负责的主管人员和其他直接责任人员自处罚决定作出之日起5年内不得申请食品生产经营许可,或者从事食品生产经营管理工作、担任食品生产经营企业食品安全管理人员。

第五十六条 食品药品监督管理部门对不符合条件的申请人准予许可,或者超越法定职权准予许可的,依照《中华人民共和国食品安全法》第一百四十四条的规定给予处分。

第八章 附 则

第五十七条 取得食品经营许可的餐饮服务提供者在其餐饮服务场所制作加工食品,不需要取得本办法规定的食品生产许可。

第五十八条 食品添加剂的生产许可管理原则、程序、监督检查和法律责任,适用本办法有关食品生产许可的规定。

第五十九条 对食品生产加工小作坊的监督管理,按照省、自治区、直辖市制定的具体管理办法执行。

第六十条 食品生产者在本办法施行前已经取得的生产许可证在有效期内继续有效。

第六十一条 各省、自治区、直辖市食品药品监督管理部门可以根据本行政区域实际情况,制定有关食品生产许可管理的具体实施办法。

第六十二条 食品药品监督管理部门制作的食品生产许可电子证书与印制的食品生产许可证书具有同等法律效力。

第六十三条 本办法自2015年10月1日起施行。

第三节 食品生产许可审查通则

为加强食品生产许可管理,规范食品生产许可审查工作,依据《中华人民共和国食品安全法》及其实施条例《食品生产许可管理办法》等有关法律法规、规章和食品安全国家标准,制定食品生产许可审查通则。食品生产许可审查通则重点在于审查,包括材料审查和现场核查。通则规定了如何进行材料审查和现场核查。

一、《食品生产许可审查通则》适用范围

适用于食品药品监督管理部门组织对申请人的食品、食品添加剂(以下统称食品)生产许可以及许可变更、延续等的审查工作。

食品生产许可审查包括申请材料审查和现场核查。

食品生产许可审查通则不适用仅用于出口的食品企业及食品生产加工小作坊。

二、企业申请食品生产许可的程序

根据《中华人民共和国食品安全法》《食品生产许可管理办法》《食品生产许可审查通则》等有关规定,企业申请食品生产许可的程序,如图10-2所示。

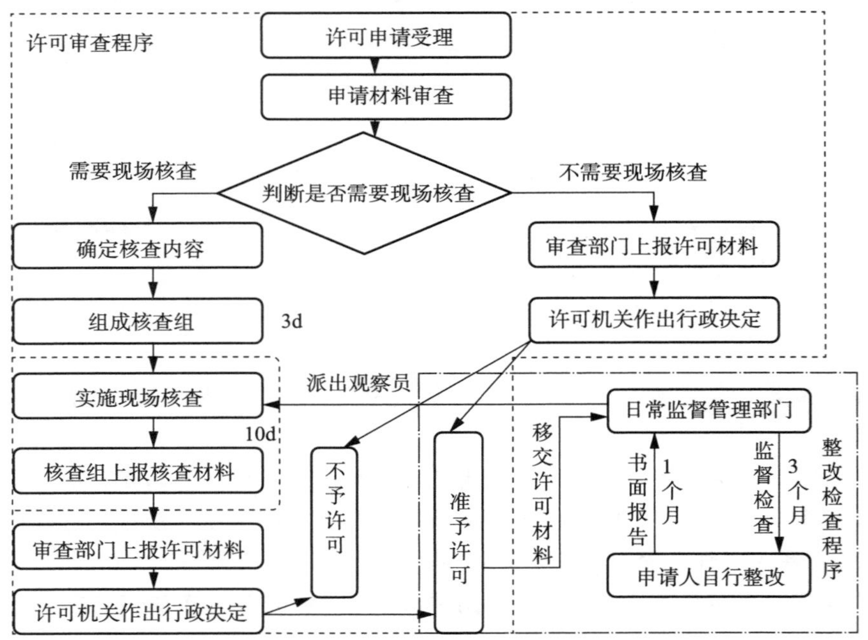

图 10－2　食品生产许可证基本工作流程图

三、企业申请食品生产许可的申请材料

申请食品生产许可、食品添加剂生产许可，应当如实提交申请材料，并按规定在申请书等材料（属于复印件的，在空白处标注“内容与原件一致”字样）上盖公章或者签名（并按手指印），以表示对申请材料及所载明信息的真实性负责。申请人委托他人代办食品生产许可申请的，代理人应当提交授权委托书以及代理人的身份证明文件。申请材料如下：

（1）《食品生产许可申请书》；

（2）《营业执照（副本）》复印件；

（3）食品生产加工场所及其周围环境平面图、各功能区间布局平面图、工艺设备布局图和食品生产工艺流程图；

（4）食品生产主要设备、设施清单；

（5）进货查验记录、生产过程控制、出厂检验记录、食品安全自查、从业人员健康管理、不安全食品召回、食品安全事故处置等保证食品安全的规章制度；

（6）执行企业标准的，提交经依法备案的现行企业产品标准文本复印件（执行现行国家标准、行业标准和地方标准的，免提交）；

（7）由同一单位（生产者或食品检验机构）按现行产品标准对试制产品进行全项检验的检验报告复印件；

（8）申请保健食品、特殊医学用途配方食品、婴幼儿配方食品生产许可的，还应当提交与所生产食品相适应的生产食品相适应的生产质量管理体系文件以及相关注册和备案文件。

申请食品生产许可所提交的材料，应当真实、合法、有效。申请人应在食品生产许可申请书等材料上签字确认。

四、食品生产许可审查通则

第一章 总 则

第一条 为加强食品生产许可管理，规范食品生产许可审查工作，依据《中华人民共和国食品安全法》及其实施条例、《食品生产许可管理办法》等有关法律法规、规章和食品安全国家标准，制定本通则。

第二条 本通则适用于食品药品监督管理部门组织对申请人的食品、食品添加剂（以下统称食品）生产许可以及许可变更、延续等的审查工作。

食品生产许可审查包括申请材料审查和现场核查。

第三条 本通则应当与相应的食品生产许可审查细则（以下简称审查细则）结合使用。使用地方特色食品生产许可审查细则开展生产许可审查的，应当符合《食品生产许可管理办法》第八条的规定。

第四条 对申请材料的审查，应当以书面申请材料的完整性、规范性、符合性为主要审查内容；对现场的核查，应当以申请材料与实际状况的一致性、合规性为主要审查内容。

第五条 法律法规、规章和标准对食品生产许可审查有特别规定的，还应当遵守其规定。

第二章 材料审查

第六条 申请人应当具备申请食品生产许可的主体资格。申请人应当根据所在地省级食品药品监督管理部门规定的食品生产许可受理权限，向所在地县级以上食品药品监督管理部门提出食品生产许可申请。

第七条 申请材料应当种类齐全、内容完整，符合法定形式和填写要求。申请人应当对申请材料的真实性负责。申请材料的份数由省级食品药品监督管理部门根据监管工作需要确定，确保负责对申请人实施食品安全日常监督管理的食品药品监督管理部门掌握申请人申请许可的情况。

申请人委托他人办理食品生产许可申请的，代理人应当提交授权委托书以及代理人的身份证明文件。

第八条 申请人申请食品生产许可的，应当提交食品生产许可申请书、营业执照复印件、食品生产加工场所及其周围环境平面图、食品生产加工场所各功能区间布局平面图、工艺设备布局图、食品生产工艺流程图、食品生产主要设备设施清单、食品安全管理制度目录以及法律法规规定的其他材料。

申请保健食品、特殊医学用途配方食品、婴幼儿配方食品的生产许可，还应当提交与所生产食品相适应的生产质量管理体系文件以及相应的产品注册和备案文件。

食品添加剂生产许可的申请材料，按照《食品生产许可管理办法》第十六条的规定执行。

第九条 申请变更的，应当提交食品生产许可变更申请书、食品生产许可证（正本、副本）、变更食品生产许可事项有关的材料以及法律法规规定的其他材料。

食品生产许可证副本载明的同一食品类别内的事项发生变化的，申请人声明工艺设备布局和工艺流程、主要生产设备设施等事项发生变化的，应当按照本条第一款的规定提交有关材料。

申请人声明其他生产条件发生变化，可能影响食品安全的，应当按照本条第一款的规定提交有关材料。

保健食品、特殊医学用途配方食品、婴幼儿配方食品的生产企业申请变更的，还应当就申请人变化事项提交与所生产食品相适应的生产质量管理体系文件，以及相应的产品注册和备案文件。

第十条　申请延续的，应当提交食品生产许可延续申请书、食品生产许可证（正本、副本）、申请人生产条件是否发生变化的声明、延续食品生产许可事项有关的材料以及法律法规规定的其他材料。

保健食品、特殊医学用途配方食品、婴幼儿配方食品的生产企业申请延续食品生产许可的，还应当就申请人变化事项提供与所生产食品相适应的生产质量管理体系运行情况的自查报告，以及相应的产品注册和备案文件。

第十一条　许可机关或者其委托的技术审查机构（以下统称为审查部门）应当对申请人提交的申请材料的完整性、规范性进行审查。

第十二条　审查部门应当对申请人提交的申请材料的种类、数量、内容、填写方式以及复印材料与原件的符合性等方面进行审查。

申请材料均须由申请人的法定代表人或负责人签名，并加盖申请人公章。复印件应当由申请人注明“与原件一致”，并加盖申请人公章。

第十三条　食品生产许可申请书应当使用钢笔、签字笔填写或打印，字迹应当清晰、工整，修改处应当签名并加盖申请人公章。申请书中各项内容填写完整、规范、准确。

申请人名称、法定代表人或负责人、社会信用代码或营业执照注册号、住所等填写内容应当与营业执照一致，所申请生产许可的食品类别应当在营业执照载明的经营范围内，且营业执照在有效期限内。

申证产品的类别编号、类别名称及品种明细应当按照食品生产许可分类目录填写。

申请材料中的食品安全管理制度设置应当完整。

第十四条　申请人应当配备食品安全管理人员及专业技术人员，并定期进行培训和考核。

第十五条　申请人及从事食品生产管理工作的食品安全管理人员应当未受到从业禁止。

第十六条　食品生产加工场所及其周围环境平面图、食品生产加工场所各功能区间布局平面图、工艺设备布局图、食品生产工艺流程图等图表清晰，生产场所、主要设备设施布局合理、工艺流程符合审查细则和所执行标准规定的要求。

食品生产加工场所及其周围环境平面图、食品生产加工场所各功能区间布局平面图、工艺设备布局图应当按比例标注。

第十七条　许可机关发现申请人存在隐瞒有关情况或者提供虚假申请材料的，应当及时依法处理。

第十八条　申请材料经审查，按规定不需要现场核查的，应当按规定程序由许可机关作出许可决定。许可机关决定需要现场核查的，应当组织现场核查。

第十九条　下列情形，应当组织现场核查：

（一）申请生产许可的，应当组织现场核查。

（二）申请变更的，申请人声明其生产场所发生变迁，或者现有工艺设备布局和工艺流程、主要生产设备设施、食品类别等事项发生变化的，应当对变化情况组织现场核查；其他生产条件发生变化，可能影响食品安全的，也应当就变化情况组织现场核查。

（三）申请延续的，申请人声明生产条件发生变化，可能影响食品安全的，应当组织对变化情况进行现场核查。

（四）申请变更、延续的，审查部门决定需要对申请材料内容、食品类别、与相关审查细则及执行标准要求相符情况进行核实的，应当组织现场核查。

（五）申请人的生产场所迁出原发证的食品药品监督管理部门管辖范围的，应当重新申请食品生产许可，迁入地许可机关应当依照本通则的规定组织申请材料审查和现场核查。

（六）申请人食品安全信用信息记录载明监督抽检不合格、监督检查不符合、发生过食品安全事故，以及其他保障食品安全方面存在隐患的。

（七）法律、法规和规章规定需要实施现场核查的其他情形。

第三章　现场核查

第二十条　审查部门应当自收到申请材料之日起 3 个工作日内组成核查组，负责对申请人进行现场核查，并将现场核查决定书面通知申请人及负责对申请人实施食品安全日常监督管理的食品药品监督管理部门。

第二十一条　核查组由符合要求的核查人员组成，不得少于 2 人。核查组实行组长负责制，组长由审查部门指定。

第二十二条　负责对申请人实施食品安全日常监督管理的食品药品监督管理部门或其派出机构应当派出监管人员作为观察员参加现场核查工作。观察员应当支持、配合并全程观察核查组的现场核查工作，但不作为核查组成员，不参与对申请人生产条件的评分及核查结论的判定。

观察员对现场核查程序、过程、结果有异议的，可在现场核查结束后 3 个工作日内书面向许可机关报告。

第二十三条　核查组应当召开首次会议，由核查组长向申请人介绍核查目的、依据、内容、工作程序、核查人员及工作安排等内容。

第二十四条　核查组实施现场核查时，应当依据《食品、食品添加剂生产许可现场核查评分记录表》中所列核查项目，采取核查现场、查阅文件、核对材料及询问相关人员等方法实施现场核查。

必要时，核查组可以对申请人的食品安全管理人员、专业技术人员进行抽查考核。

第二十五条　核查组长应当召集核查人员对各自负责的核查项目的评分意见共同研究，汇总核查情况，形成初步核查意见，并与申请人进行沟通。

第二十六条　核查组对核查情况和申请人的反馈意见进行会商后，应当根据不同食品类别的现场核查情况分别进行评分判定，并汇总评分结果，形成核查结论，填写《食品、食品添加剂生产许可现场核查报告》。

第二十七条　核查组应当召开末次会议，由核查组长宣布核查结论，组织核查人员及申请人在《食品、食品添加剂生产许可现场核查评分记录表》《食品、食品添加剂生产许可现场核查报告》上签署意见并签名、盖章。申请人拒绝签名、盖章的，核查人员应当在《食品、食品添加剂生产许可现场核查报告》上注明情况。观察员应当在《食品、食品添加剂生产许可现场核查报告》上签字确认。

第二十八条　参加首、末次会议人员应当包括申请人的法定代表人（负责人）或其代理人、相关食品安全管理人员、专业技术人员、核查组成员及观察员。

参加首、末次会议人员应当在《现场核查首末次会议签到表》上签到。

代理人应当提交授权委托书和代理人的身份证明文件。

第二十九条　现场核查范围主要包括生产场所、设备设施、设备布局和工艺流程、人员管理、管理制度及其执行情况，以及按规定需要查验试制产品检验合格报告。

第三十条　在生产场所方面，核查申请人提交的材料是否与现场一致，其生产场所周边和厂区环境、布局和各功能区划分、厂房及生产车间相关材质等是否符合有关规定和要求。

申请人在生产场所外建立或者租用外设仓库的，应当承诺符合《食品、食品添加剂生产许可现场核查评分记录表》中关于库房的要求，并提供相关影像资料。必要时，核查组可以对外设仓库实施现场核查。

第三十一条　在设备设施方面，核查申请人提交的生产设备设施清单是否与现场一致，生产设备设施材质、性能等是否符合规定并满足生产需要；申请人自行对原辅料及出厂产品进行检验的，是否具备审查细则规定的检验设备设施，性能和精度是否满足检验需要。

第三十二条　在设备布局和工艺流程方面，核查申请人提交的设备布局图和工艺流程图是否与现场一致，设备布局、工艺流程是否符合规定要求，并能防止交叉污染。

实施复配食品添加剂现场核查时，核查组应当依据有关规定，根据复配食品添加剂品种特点，核查复配食品添加剂配方组成、有害物质及致病菌是否符合食品安全国家标准。

第三十三条　在人员管理方面，核查申请人是否配备申请材料所列明的食品安全管理人员及专业技术人员；是否建立生产相关岗位的培训及从业人员健康管理制度；从事接触直接入口食品工作的食品生产人员是否取得健康证明。

第三十四条　在管理制度方面，核查申请人的进货查验记录、生产过程控制、出厂检验记录、食品安全自查、不安全食品召回、不合格品管理、食品安全事故处置及审查细则规定的其他保证食品安全的管理制度是否齐全，内容是否符合法律法规等相关规定。

第三十五条　在试制产品检验合格报告方面，现场核查时，核查组可以根据食品生产工艺流程等要求，按申请人生产食品所执行的食品安全标准和产品标准核查试制食品检验合格报告。

实施食品添加剂生产许可现场核查时，可以根据食品添加剂品种，按申请人生产食品添加剂所执行的食品安全标准核查试制食品添加剂检验合格报告。

试制产品检验合格报告可以由申请人自行检验，或者委托有资质的食品检验机构出具。

试制产品检验报告的具体要求按审查细则的有关规定执行。

第三十六条　审查细则对现场核查相关内容进行细化或者有补充要求的，应当一并核查，并在《食品、食品添加剂生产许可现场核查评分记录表》中记录。

第三十七条　申请变更及延续的，申请人声明其生产条件发生变化的，审查部门应当依照本通则的规定就申请人声明的生产条件变化情况组织现场核查。

经注册或备案的保健食品、特殊医学用途配方食品、婴幼儿配方食品生产工艺发生变化的，相关生产企业应当在办理食品生产许可的变更前，办理产品注册或者备案变更手续。

第三十八条　因申请人下列原因导致现场核查无法正常开展的，核查组应当如实报告审查部门，本次核查按照未通过现场核查作出结论：

（一）不配合实施现场核查的；

（二）现场核查时生产设备设施不能正常运行的；

（三）存在隐瞒有关情况或提供虚假申请材料的；

（四）其他因申请人主观原因导致现场核查无法正常开展的。

第三十九条　因不可抗力原因，或者供电、供水等客观原因导致现场核查无法正常开展的，申请人应当向许可机关书面提出许可中止申请。中止时间应当不超过10个工作日，中止时间不计入食品生产许可审批时限。

第四十条　因申请人涉嫌食品安全违法且被食品药品监督管理部门立案调查的，许可机关应当中止生产许可程序，中止时间不计入食品生产许可审批时限。

第四十一条　现场核查按照《食品、食品添加剂生产许可现场核查评分记录表》的项目得分进行判定。核查项目单项得分无0分项且总得分率≥85%的，该食品类别及品种明细判定为通过现场核查；核查项目单项得分有0分项或者总得分率<85%的，该食品类别及品种明细判定为未通过现场核查。

第四十二条　《食品、食品添加剂生产许可现场核查报告》应当现场交申请人留存一份。

第四章　审查结果与检查整改

第四十三条　核查组应当自接受现场核查任务之日起10个工作日内完成现场核查，并将《食品、食品添加剂生产许可核查材料清单》所列的许可相关材料上报审查部门。

第四十四条　审查部门应当在规定时限内收集、汇总审查结果以及《食品、食品添加剂生产许可核查材料清单》所列的许可相关材料。

第四十五条　许可机关应当根据申请材料审查和现场核查等情况，对符合条件的，作出准予生产许可的决定。对不符合条件的，应当及时作出不予许可的书面决定并说明理由，同时告知申请人依法享有申请行政复议或者提起行政诉讼的权利。

第四十六条　作出准予生产许可决定的，申请人的申请材料及审查部门收集、汇总的相关许可材料还应当送达负责对申请人实施食品安全日常监督管理的食品药品监督管理部门。

第四十七条　对于判定结果为通过现场核查的，申请人应当在1个月内对现场核查中发现的问题进行整改，并将整改结果向负责对申请人实施食品安全日常监督管理的食品药品监督管理部门书面报告。

第四十八条　负责对申请人实施食品安全日常监督管理的食品药品监督管理部门或其

派出机构应当在许可后 3 个月内对获证企业开展一次监督检查。对已进行现场核查的企业，重点检查现场核查中发现的问题是否已进行整改。

第五章　附　则

第四十九条　申请人试生产的产品不得作为食品销售。

第五十条　保健食品生产许可审查细则另有规定的，从其规定。

第五十一条　省级食品药品监督管理部门可以根据本通则，结合本区域实际情况制定有关食品生产许可管理的具体实施办法，补充、细化《食品、食品添加剂生产许可现场核查评分记录表》《食品、食品添加剂生产许可现场核查报告》。

第五十二条　鼓励各地运用信息化手段开展食品生产许可审查工作。

第五十三条　本通则适用于以分装形式申请的食品生产许可审查，但相关审查细则另有规定的除外。

第五十四条　本通则所称外设仓库，是指申请人在生产厂区外设置的贮存食品生产原辅材料和成品的场所。

第五十五条　本通则由国家食品药品监督管理总局负责解释。

第五十六条　本通则自 2016 年 10 月 1 日起施行。

附：《食品、食品添加剂生产许可现场核查评分记录表》

申请人名称：________________________

食品、食品添加剂类别及类别名称：__________

生产场所地址：______________________

核查日期：________年________月________日

使用说明

（1）本记录表依据《中华人民共和国食品安全法》《食品生产许可管理办法》等法律法规、部门规章以及相关食品安全国家标准的要求制定。

（2）本记录表应当结合相关食品生产许可审查细则要求使用。

（3）本记录表包括生产场所（24 分）、设备设施（33 分）、设备布局和工艺流程（9 分）、人员管理（9 分）、管理制度（24 分）以及试制产品检验合格报告（1 分）等六部分，共 34 个核查项目。

（4）核查组应当按照核查项目规定的“核查内容”“评分标准”进行核查与评分，并将发现的问题具体详实地记录在“核查记录”栏目中。

（5）现场核查结论判定原则：核查项目单项得分无 0 分且总得分率≥85%的，该食品类别及品种明细判定为通过现场核查。

当出现以下两种情况之一时，该食品类别及品种明细判定为未通过现场核查：

1）有一项及以上核查项目得 0 分的；

2）核查项目总得分率＜85%的。

（6）当某个核查项目不适用时，不参与评分，并在“核查记录”栏目中说明不适用的原因。

（一）生产场所（共24分）

序号	核查项目	核查内容	评分标准		核查得分	核查记录
1.1	厂区要求	1.保持生产场所环境整洁，周围无虫害大量孳生的潜在场所，无有害废弃物以及粉尘、有害气体、放射性物质和其他扩散性污染源。各类污染源难以避开时应当有必要的防范措施，能有效清除污染源造成的影响	符合规定要求	3		
			有污染源防范措施，但个别防范措施效果不明显	1		
			无污染源防范措施，或者污染源防范措施无明显效果	0		
		2.厂区布局合理，各功能区划分明显。生活区与生产区保持适当距离或分隔，防止交叉污染	符合规定要求	3		
			厂区布局基本合理，生活区与生产区相距较近或分隔不彻底	1		
			厂区布局不合理，或者生活区与生产区紧邻且未分隔，或者存在交叉污染	0		
		3.厂区道路应当采用硬质材料铺设，厂区无扬尘或积水现象。厂区绿化应当与生产车间保持适当距离，植被应当定期维护，防止虫害孳生	符合规定要求	3		
			厂区环境略有不足	1		
			厂区环境不符合规定要求	0		
1.2	厂房和车间	1.应当具有与生产的产品品种、数量相适应的厂房和车间，并根据生产工艺及清洁程度的要求合理布局和划分作业区，避免交叉污染；厂房内设置的检验室应当与生产区域分隔	符合规定要求	3		
			个别作业区布局和划分不太合理	1		
			厂房面积与空间不满足生产需求，或者各作业区布局和划分不合理，或者检验室未与生产区域分隔	0		
		2.车间保持清洁，顶棚、墙壁和地面应当采用无毒、无味、防渗透、防霉、不易破损脱落的材料建造，易于清洁；顶棚在结构上不利于冷凝水垂直滴落，裸露食品上方的管路应当有防止灰尘散落及水滴掉落的措施；门窗应当闭合严密，不透水、不变形，并有防止虫害侵入的措施	符合规定要求	3		
			车间清洁程度以及顶棚、墙壁、地面和门窗或者相关防护措施略有不足	1		
			严重不符合规定要求	0		

续表

序号	核查项目	核查内容	评分标准		核查得分	核查记录
1.3	库房要求	1. 库房整洁，地面平整，易于维护、清洁，防止虫害侵入和藏匿。必要时库房应当设置相适应的温度、湿度控制等设施	符合规定要求	3		
			库房整洁程度或者相关设施略有不足	1		
			严重不符合规定要求	0		
		2. 原辅料、半成品、成品等物料应当依据性质的不同分设库房或分区存放。清洁剂、消毒剂、杀虫剂、润滑剂、燃料等物料应当与原辅料、半成品、成品等物料分隔放置。库房内的物料应当与墙壁、地面保持适当距离，并明确标识，防止交叉污染	符合规定要求	3		
			物料存放或标识略有不足	1		
			原辅料、半成品、成品等与清洁剂、消毒剂、杀虫剂、润滑剂、燃料等物料未分隔存放；物料无标识或标识混乱	0		
		3. 有外设仓库的，应当承诺外设仓库符合1.3.1、1.3.2条款的要求，并提供相关影像资料	符合规定要求	3		
			承诺材料或影像资料略不完整	1		
			未提交承诺材料或影像资料，或者影像资料存在严重不足	0		

（二）设备设施（共33分）

序号	核查项目	核查内容	评分标准		核查得分	核查记录
2.1	生产设备	1. 应当配备与生产的产品品种、数量相适应的生产设备，设备的性能和精度应当满足生产加工的要求	符合规定要求	3		
			个别设备的性能和精度略有不足	1		
			生产设备不满足生产加工要求	0		
		2. 生产设备清洁卫生，直接接触食品的设备、工器具材质应当无毒、无味、抗腐蚀、不易脱落，表面光滑、无吸收性，易于清洁保养和消毒	符合规定要求	3		
			设备清洁卫生程度或者设备材质略有不足	1		
			严重不符合规定要求	0		

续表

序号	核查项目	核查内容	评分标准		核查得分	核查记录
2.2	供排水设施	1.食品加工用水的水质应当符合GB 5749的规定，有特殊要求的应当符合相应规定。食品加工用水与其他不与食品接触的用水应当以完全分离的管路输送，避免交叉污染，各管路系统应当明确标识以便区分	符合规定要求	3		
			供水管路标识略有不足	1		
			食品加工用水的水质不符合规定要求，或者供水管路无标识或标识混乱，或者供水管路存在交叉污染	0		
		2.室内排水应当由清洁程度高的区域流向清洁程度低的区域，且有防止逆流的措施。排水系统出入口设计合理并有防止污染和虫害侵入的措施	符合规定要求	3		
			相关防护措施略有不足	1		
			室内排水流向不符合要求，或者相关防护措施严重不足	0		
2.3	清洁消毒设施	应当配备相应的食品、工器具和设备的清洁设施，必要时配备相应的消毒设施。清洁、消毒方式应当避免对食品造成交叉污染，使用的洗涤剂、消毒剂应当符合相关规定要求	符合规定要求	3		
			清洁消毒设施略有不足	1		
			清洁消毒设施严重不足，或者清洁消毒的方式、用品不符合规定要求	0		
2.4	废弃物存放设施	应当配备设计合理、防止渗漏、易于清洁的存放废弃物的专用设施。车间内存放废弃物的设施和容器应当标识清晰，不得与盛装原辅料、半成品、成品的容器混用	符合规定要求	3		
			废弃物存放设施及标识略有不足	1		
			废弃物存放设施设计不合理，或者与盛装原辅料、半成品、成品的容器混用	0		
2.5	个人卫生设施	生产场所或车间入口处应当设置更衣室，更衣室应当保证工作服与个人服装及其他物品分开放置；车间入口及车间内必要处，应当按需设置换鞋（穿戴鞋套）设施或鞋靴消毒设施；清洁作业区入口应当设置与生产加工人员数量相匹配的非手动式洗手、干手和消毒设施。卫生间不得与生产、包装或贮存等区域直接连通	符合规定要求	3		
			个人卫生设施略有不足	1		
			个人卫生设施严重不符合规范要求，或者卫生间与生产、包装、贮存等区域直接连通	0		

续表

序号	核查项目	核查内容	评分标准		核查得分	核查记录
2.6	通风设施	应当配备适宜的通风、排气设施，避免空气从清洁程度要求低的作业区域流向清洁程度要求高的作业区域；合理设置进气口位置，必要时应当安装空气过滤净化或除尘设施。通风设施应当易于清洁、维修或更换，并能防止虫害侵入	符合规定要求	3		
			通风设施略有不足	1		
			通风设施严重不足，或者不能满足必要的空气过滤净化、除尘、防止虫害侵入的需求	0		
2.7	照明设施	厂房内应当有充足的自然采光或人工照明，光泽和亮度应能满足生产和操作需要，光源应能使物料呈现真实的颜色。在暴露食品和原辅料正上方的照明设施应当使用安全型或有防护措施的照明设施；如需要，还应当配备应急照明设施	符合规定要求	3		
			照明设施或者防护措施略有不足	1		
			照明设施或者防护措施严重不足	0		
2.8	温控设施	应当根据生产的需要，配备适宜的加热、冷却、冷冻以及用于监测温度和控制室温的设施。	符合规定要求	3		
			温控设施略有不足	1		
			温控设施严重不足	0		
2.9	检验设备设施	自行检验的，应当具备与所检项目相适应的检验室和检验设备。检验室应当布局合理，检验设备的数量、性能、精度应当满足相应的检验需求	符合规定要求	3		
			检验室布局略不合理，或者检验设备性能略有不足	1		
			检验室布局不合理，或者检验设备数量、性能、精度不能满足检验需求	0		

（三）设备布局和工艺流程（共 9 分）

序号	核查项目	核查内容	评分标准		核查得分	核查记录
3.1	设备布局	生产设备应当按照工艺流程有序排列，合理布局，便于清洁、消毒和维护，避免交叉污染	符合规定要求	3		
			个别设备布局不合理	1		
			设备布局存在交叉污染	0		

续表

序号	核查项目	核查内容	评分标准		核查得分	核查记录
3.2	工艺流程	1.应当具备合理的生产工艺流程，防止生产过程中造成交叉污染。工艺流程应当与产品执行标准相适应。执行企业标准的，应当依法备案	符合规定要求	3		
			个别工艺流程略有交叉，或者略不符合产品执行标准的规定	1		
			工艺流程存在交叉污染，或者不符合产品执行标准的规定，或者企业标准未依法备案	0		
		2.应当制定所需的产品配方、工艺规程、作业指导书等工艺文件，明确生产过程中的食品安全关键环节。复配食品添加剂的产品配方、有害物质、致病性微生物等的控制要求应当符合食品安全标准的规定	符合规定要求	3		
			工艺文件略有不足	1		
			工艺文件严重不足，或者复配食品添加剂的相关控制要求不符合食品安全标准的规定	0		

（四）人员管理（共9分）

序号	核查项目	核查内容	评分标准		核查得分	核查记录
4.1	人员要求	应当配备食品安全管理人员和食品安全专业技术人员，明确其职责。人员要求应当符合有关规定	符合规定要求	3		
			人员职责不太明确	1		
			相关人员配备不足，或者人员要求不符合规定	0		
4.2	人员培训	应当制定职工培训计划，开展食品安全知识及卫生培训。食品安全管理人员上岗前应当经过培训，并考核合格	符合规定要求	3		
			培训计划及计划执行略有不足	1		
			无培训计划，或者已上岗的相关人员未经培训或考核不合格	0		
4.3	人员健康管理制度	应当建立从业人员健康管理制度，明确患有国务院卫生行政部门规定的有碍食品安全疾病的或有明显皮肤损伤未愈合的人员，不得从事接触直接入口食品的工作。从事接触直接入口食品工作的食品生产人员应当每年进行健康检查，取得健康证明后方可上岗工作	符合规定要求	3		
			制度内容略有缺陷，或者个别人员未能提供健康证明	1		
			无制度，或者人员健康管理严重不足	0		

（五）管理制度(共 24 分)

序号	核查项目	核查内容	评分标准		核查得分	核查记录
5.1	进货查验记录制度	应当建立进货查验记录制度，并规定采购原辅料时，应当查验供货者的许可证和产品合格证明，记录采购的原辅料名称、规格、数量、生产日期或者生产批号、保质期、进货日期以及供货者名称、地址、联系方式等信息，保存相关记录和凭证	符合规定要求	3		
			制度内容略有不足	1		
			无制度，或者制度内容严重不足	0		
5.2	生产过程控制制度	应当建立生产过程控制制度，明确原料控制(如领料、投料等)、生产关键环节控制(如生产工序、设备管理、贮存、包装等)、检验控制(如原料检验、半成品检验、成品出厂检验等)以及运输和交付控制的相关要求	符合规定要求	3		
			个别制度内容略有不足	1		
			无制度，或者制度内容严重不足	0		
5.3	出厂检验记录制度	应当建立出厂检验记录制度，并规定食品出厂时，应当查验出厂食品的检验合格证和安全状况，记录食品的名称、规格、数量、生产日期或者生产批号、保质期、检验合格证号、销售日期以及购货者名称、地址、联系方式等信息，保存相关记录和凭证	符合规定要求	3		
			制度内容略有不足	1		
			无制度，或者制度内容严重不足	0		
5.4	不安全食品召回制度及不合格品管理	1.应当建立不安全食品召回制度，并规定停止生产、召回和处置不安全食品的相关要求，记录召回和通知情况	符合规定要求	3		
			制度内容略有不足	1		
			无制度，或者制度内容严重不足	0		
		2.应当规定生产过程中发现的原辅料、半成品、成品中不合格品的管理要求和处置措施	符合规定要求	3		
			管理要求和处置措施略有不足	1		
			无相关规定，或者管理要求和处置措施严重不足	0		

续表

序号	核查项目	核查内容	评分标准		核查得分	核查记录
5.5	食品安全自查制度	应当建立食品安全自查制度，并规定对食品安全状况定期进行检查评价，并根据评价结果采取相应的处理措施	符合规定要求	3		
			制度内容略有不足	1		
			无制度，或者制度内容严重不足	0		
5.6	食品安全事故处置方案	应当建立食品安全事故处置方案，并规定食品安全事故处置措施及向相关食品安全监管部门和卫生行政部门报告的要求	符合规定要求	3		
			方案内容略有不足	1		
			无方案，或者方案内容严重不足	0		
5.7	其他制度	应当按照相关法律法规、食品安全标准以及审查细则规定，建立其他保障食品安全的管理制度	符合规定要求	3		
			个别制度内容略有不足	1		
			无制度，或者制度内容严重不足	0		

（六）试制产品检验合格报告（共 1 分）

序号	核查项目	核查内容	评分标准		核查得分	核查记录
6.1	试制产品检验合格报告	应当提交符合审查细则有关要求的试制产品检验合格报告	符合规定要求	1		
			非食品安全标准规定的检验项目不全	0.5		
			无检验合格报告，或者食品安全标准规定的检验项目不全	0		

附:《食品、食品添加剂生产许可现场核查报告》

根据《食品生产许可审查通则》及______、__________生产许可审查细则,核查组于年月日至年月日对(申请人名称)进行了现场核查,结果如下:

(一)现场核查结论

1. 现场核查正常开展,经综合评价,本次现场核查的结论是:

序号	食品、食品添加剂类别	类别名称	品种明细	执行标准及标准编号	核查结论
1					
2					
⋮					

2. 因申请人的下列原因导致现场核查无法正常开展,本次现场核查的结论判定为未通过现场核查:

☐ 不配合实施现场核查;

☐ 现场核查时生产设备设施不能正常运行;

☐ 存在隐瞒有关情况或提供虚假申请材料;

☐ 因申请人的其他主观原因。

3. 因下列原因导致现场核查无法正常开展,中止现场核查:

☐ 因不可抗力原因,或其他客观原因导致现场核查无法正常开展的;

☐ 因申请人涉嫌食品安全违法且被食品药品监督管理部门立案调查的。

核查组长签名: 申请人意见:

核查组员签名:

观察员签名: 申请人签名(盖章):

年 月 日 年 月 日

（二）食品、食品添加剂生产许可现场核查得分及存在的问题

食品、食品添加剂类别及类别名称：

<table>
<tr><td colspan="2">核查项目分数</td><td>实际得分</td></tr>
<tr><td colspan="2">生产场所(分)</td><td>(分)</td></tr>
<tr><td colspan="2">设备设施(分)</td><td>(分)</td></tr>
<tr><td colspan="2">设备布局和工艺流程(分)</td><td>(分)</td></tr>
<tr><td colspan="2">人员管理(分)</td><td>(分)</td></tr>
<tr><td colspan="2">管理制度(分)</td><td>(分)</td></tr>
<tr><td colspan="2">试制产品检验合格报告(分)</td><td>(分)</td></tr>
<tr><td colspan="3">总分:(分);得分率：　　%;单项得分为0分的共　　项</td></tr>
<tr><td colspan="3">现场核查发现的问题</td></tr>
<tr><td>核查项目序号</td><td colspan="2">问题描述</td></tr>
<tr><td></td><td colspan="2"></td></tr>
</table>

核查组长签名:申请人意见：

核查组员签名：

观察员签名：　　　　　　　　　　　　　　　　　　　　申请人签名(盖章)：

年　月　日　　　　　　　　　　　　　　　　　　　　　　年　月　日

注:1.申请人申请多个食品、食品添加剂类别的,应当按照类别分别填写本页；

2."现场核查发现的问题"应当详细描述申请人扣分情况;核查结论为"通过"的食品类别,如有整改项目,应当在报告中注明;对于核查结论为"未通过"的食品类别,应当注明否决项目;对于无法正常开展现场核查的,其具体原因应当注明。

五、食品生产许可分类目录

食品生产许可分类见表 10-2。

表 10-2 食品生产许可分类目录

食品、食品添加剂类别	类别编号	类别名称	品种明细	备注
粮食加工品	0101	小麦粉	1. 通用(特制一等小麦粉、特制二等小麦粉、标准粉、普通粉、高筋小麦粉、低筋小麦粉、营养强化小麦粉、全麦粉、其他) 2. 专用[面包用小麦粉、面条用小麦粉、饺子用小麦粉、馒头用小麦粉、发酵饼干用小麦粉、酥性饼干用小麦粉、蛋糕用小麦粉、糕点用小麦粉、自发小麦粉、小麦胚(胚片、胚粉)、其他]	
	0102	大米	大米(大米、糙米、其他)	
	0103	挂面	1. 普通挂面 2. 花色挂面 3. 手工面	
	0104	其他粮食加工品	1. 谷物加工品[高粱米、黍米、稷米、小米、黑米、紫米、红线米、小麦米、大麦米、裸大麦米、莜麦米(燕麦米)、荞麦米、薏仁米、蒸谷米、八宝米类、混合杂粮类、其他] 2. 谷物碾磨加工品[玉米碜、玉米粉、燕麦片、汤圆粉(糯米粉)、莜麦粉、玉米自发粉、小米粉、高粱粉、荞麦粉、大麦粉、青稞粉、杂面粉、大米粉、绿豆粉、黄豆粉、红豆粉、黑豆粉、豌豆粉、芸豆粉、蚕豆粉、黍米粉(大黄米粉)、稷米粉(糜子面)、混合杂粮粉、其他] 3. 谷物粉类制成品(生湿面制品、生干面制品、米粉制品、其他)	
食用油、油脂及其制品	0201	食用植物油	食用植物油(菜籽油、大豆油、花生油、葵花籽油、棉籽油、亚麻籽油、油茶籽油、玉米油、米糠油、芝麻油、棕榈油、橄榄油、食用调和油、其他)	
	0202	食用油脂制品	食用油脂制品[食用氢化油、人造奶油(人造黄油)、起酥油、代可可脂、植脂奶油、粉末油脂、植脂末]	
	0203	食用动物油脂	食用动物油脂(猪油、牛油、羊油、鸡油、鸭油、鹅油、骨髓油、鱼油、其他)	

续表

食品、食品添加剂类别	类别编号	类别名称	品种明细	备注
调味品	0301	酱油	1.酿造酱油 2.配制酱油	
	0302	食醋	1.酿造食醋 2.配制食醋	
	0303	味精	1.谷氨酸钠(99%味精) 2.加盐味精 3.增鲜味精	
	0304	酱类	酿造酱[稀甜面酱、甜面酱、大豆酱(黄酱)、蚕豆酱、豆瓣酱、大酱、其他]	
	0305	调味料	1.液体调味料(鸡汁调味料、牛肉汁调味料、烧烤汁、鲍鱼汁、香辛料调味汁、糟卤、调味料酒、液态复合调味料、其他) 2.半固态(酱)调味料[花生酱、芝麻酱、辣椒酱、番茄酱、风味酱、芥末酱、咖喱卤、油辣椒、火锅蘸料、火锅底料、排骨酱、叉烧酱、香辛料酱(泥)、复合调味酱、其他] 3.固态调味料[鸡精调味料、鸡粉调味料、畜(禽)粉调味料、风味汤料、酱油粉、食醋粉、酱粉、咖喱粉、香辛料粉、复合调味粉、其他] 4.食用调味油(香辛料调味油、复合调味油、其他) 5.水产调味料(蚝油、鱼露、虾酱、鱼子酱、虾油、其他)	
肉制品	0401	热加工熟肉制品	1.酱卤肉制品(酱卤肉类、糟肉类、白煮类、其他) 2.熏烧烤肉制品(熏肉、烤肉、烤鸡腿、烤鸭、叉烧肉、其他) 3.肉灌制品(灌肠类、西式火腿、其他) 4.油炸肉制品(炸鸡翅、炸肉丸、其他) 5.熟肉干制品(肉松类、肉干类、肉铺、其他) 6.其他熟肉制品(肉冻类、血豆腐、其他)	
	0402	发酵肉制品	1.发酵灌制品 2.发酵火腿制品	
	0403	预制调理肉制品	1.冷藏预制调理肉类 2.冷冻预制调理肉类	
	0404	腌腊肉制品	1.肉灌制品 2.腊肉制品 3.火腿制品 4.其他肉制品	

续表

食品、食品添加剂类别	类别编号	类别名称	品种明细	备注
乳制品	0501	液体乳	1. 巴氏杀菌乳 2. 调制乳 3. 灭菌乳 4. 发酵乳	
	0502	乳粉	1. 全脂乳粉 2. 脱脂乳粉 3. 部分脱脂乳粉 4. 调制乳粉 5. 牛初乳粉 6. 乳清粉	
	0503	其他乳制品	1. 炼乳 2. 奶油 3. 稀奶油 4. 无水奶油 5. 干酪 6. 再制干酪 7. 特色乳制品	
饮料	0601	瓶(桶)装饮用水	1. 饮用天然矿泉水 2. 包装饮用水(饮用纯净水、饮用天然泉水、饮用天然水、其他饮用水)	
	0602	碳酸饮料(汽水)	碳酸饮料(汽水)(果汁型碳酸饮料、果味型碳酸饮料、可乐型碳酸饮料、其他型碳酸饮料)	
	0603	茶(类)饮料	1. 原茶汁(茶汤) 2. 茶浓缩液 3. 茶饮料 4. 果汁茶饮料 5. 奶茶饮料 6. 复合茶饮料 7. 混合茶饮料 8. 其他茶(类)饮料	
	0604	果蔬汁类及其饮料	1. 果蔬汁(浆)[原榨果汁(非复原果汁)、果汁(复原果汁)、蔬菜汁、果浆、蔬菜浆、复合果蔬汁、复合果蔬浆、其他] 2. 浓缩果蔬汁(浆) 3. 果蔬汁(浆)类饮料(果蔬汁饮料、果肉饮料、果浆饮料、复合果蔬汁饮料、果蔬汁饮料浓浆、发酵果蔬汁饮料、水果饮料、其他)	
	0605	蛋白饮料	1. 含乳饮料 2. 植物蛋白饮料 3. 复合蛋白饮料	

续表

食品、食品添加剂类别	类别编号	类别名称	品种明细	备注
饮料	0606	固体饮料	1. 风味固体饮料 2. 蛋白固体饮料 3. 果蔬固体饮料 4. 茶固体饮料 5. 咖啡固体饮料 6. 可可粉固体饮料 7. 其他固体饮料(植物固体饮料、谷物固体饮料、营养素固体饮料、食用菌固体饮料、其他)	
	0607	其他饮料	1. 咖啡(类)饮料 2. 植物饮料 3. 风味饮料 4. 运动饮料 5. 营养素饮料 6. 能量饮料 7. 电解质饮料 8. 饮料浓浆 9. 其他类饮料	
方便食品	0701	方便面	1. 油炸方便面 2. 热风干燥方便面 3. 其他方便面	
	0702	其他方便食品	1. 主食类(方便米饭、方便粥、方便米粉、方便米线、方便粉丝、方便湿米粉、方便豆花、方便湿面、凉粉、其他) 2. 冲调类(麦片、黑芝麻糊、红枣羹、油茶、即食谷物粉、其他)	
	0703	调味面制品	调味面制品	
饼干	0801	饼干	饼干[酥性饼干、韧性饼干、发酵饼干、压缩饼干、曲奇饼干、夹心(注心)饼干、威化饼干、蛋圆饼干、蛋卷、煎饼、装饰饼干、水泡饼干、其他饼干]	
罐头	0901	畜禽水产罐头	畜禽水产罐头(火腿类罐头、肉类罐头、牛肉罐头、羊肉罐头、鱼类罐头、禽类罐头、肉酱类罐头、其他)	
	0902	果蔬罐头	1. 水果罐头(桃罐头、橘子罐头、菠萝罐头、荔枝罐头、梨罐头、其他) 2. 蔬菜罐头(食用菌罐头、竹笋罐头、莲藕罐头、番茄罐头、其他)	
	0903	其他罐头	其他罐头(果仁类罐头、八宝粥罐头、其他)	

续表

食品、食品添加剂类别	类别编号	类别名称	品种明细	备注
冷冻饮品	1001	冷冻饮品	1. 冰淇淋 2. 雪糕 3. 雪泥 4. 冰棍 5. 食用冰 6. 甜味冰	
速冻食品	1101	速冻面米食品	1. 生制品(速冻饺子、速冻包子、速冻汤圆、速冻粽子、速冻面点、速冻其他面米制品、其他) 2. 熟制品(速冻饺子、速冻包子、速冻粽子、速冻其他面米制品、其他)	
	1102	速冻调制食品	1. 生制品(具体品种明细) 2. 熟制品(具体品种明细)	
	1103	速冻其他食品	1. 速冻肉制品 2. 速冻果蔬制品	
薯类和膨化食品	1201	膨化食品	1. 焙烤型 2. 油炸型 3. 直接挤压型 4. 花色型	
	1202	薯类食品	1. 干制薯类 2. 冷冻薯类 3. 薯泥(酱)类 4. 薯粉类 5. 其他薯类	
糖果制品	1301	糖果	1. 硬质糖果 2. 奶糖糖果 3. 夹心糖果 4. 酥质糖果 5. 焦香糖果(太妃糖果) 6. 充气糖果 7. 凝胶糖果 8. 胶基糖果 9. 压片糖果 10. 流质糖果 11. 膜片糖果 12. 花式糖果 13. 其他糖果	
	1302	巧克力及巧克力制品	1. 巧克力 2. 巧克力制品	

续表

食品、食品添加剂类别	类别编号	类别名称	品种明细	备注
糖果制品	1303	代可可脂巧克力及代可可脂巧克力制品	1.代可可脂巧克力 2.代可可脂巧克力制品	
	1304	果冻	果冻(果汁型果冻、果肉型果冻、果味型果冻、含乳型果冻、其他型果冻)	
茶叶及相关制品	1401	茶叶	1.绿茶(龙井茶、珠茶、黄山毛峰、都匀毛尖、其他) 2.红茶(祁门工夫红茶、小种红茶、红碎茶、其他) 3.乌龙茶(铁观音茶、武夷岩茶、凤凰单枞茶、其他) 4.白茶(白毫银针茶、白牡丹茶、贡眉茶、其他) 5.黄茶(蒙顶黄芽茶、霍山黄芽茶、君山银针茶、其他) 6.黑茶[普洱茶(熟茶)散茶、六堡茶散茶、其他] 7.花茶(茉莉花茶、珠兰花茶、桂花茶、其他) 8.袋泡茶(绿茶袋泡茶、红茶袋泡茶、花茶袋泡茶、其他) 9.紧压茶[普洱茶(生茶)紧压茶、普洱茶(熟茶)紧压茶、六堡茶紧压茶、白茶紧压茶、其他]	
	1402	边销茶	边销茶(花砖茶、黑砖茶、茯砖茶、康砖茶、沱茶、紧茶、金尖茶、米砖茶、青砖茶、方包茶、其他)	
	1403	茶制品	1.茶粉(绿茶粉、红茶粉、其他) 2.固态速溶茶(速溶红茶、速溶绿茶、其他) 3.茶浓缩液(红茶浓缩液、绿茶浓缩液、其他) 4.茶膏(普洱茶膏、黑茶膏、其他) 5.调味茶制品(调味茶粉、调味速溶茶、调味茶浓缩液、调味茶膏、其他) 6.其他茶制品(表没食子儿茶素没食子酸酯、绿茶茶氨酸、其他)	
	1404	调味茶	1.加料调味茶(八宝茶、三泡台、枸杞绿茶、玄米绿茶、其他) 2.加香调味茶(柠檬红茶、草莓绿茶、其他) 3.混合调味茶(柠檬枸杞茶、其他) 4.袋泡调味茶(玫瑰袋泡红茶、其他) 5.紧压调味茶(荷叶茯砖茶、其他)	
	1405	代用茶	1.叶类代用茶(荷叶、桑叶、薄荷叶、苦丁茶、其他) 2.花类代用茶(杭白菊、金银花、重瓣红玫瑰、其他) 3.果实类代用茶(大麦茶、枸杞子、决明子、苦瓜片、罗汉果、柠檬片、其他) 4.根茎类代用茶[甘草、牛蒡根、人参(人工种植)、其他] 5.混合类代用茶(荷叶玫瑰茶、枸杞菊花茶、其他) 6.袋泡代用茶(荷叶袋泡茶、桑叶袋泡茶、其他) 7.紧压代用茶(紧压菊花、其他)	

续表

食品、食品添加剂类别	类别编号	类别名称	品种明细	备注
酒类	1501	白酒	1. 白酒 2. 白酒(液态) 3. 白酒(原酒)	
	1502	葡萄酒及果酒	1. 葡萄酒(原酒、加工灌装) 2. 冰葡萄酒(原酒、加工灌装) 3. 其他特种葡萄酒(原酒、加工灌装) 4. 发酵型果酒(原酒、加工灌装)	
	1503	啤酒	1. 熟啤酒 2. 生啤酒 3. 鲜啤酒 4. 特种啤酒	
	1504	黄酒	黄酒(原酒、加工灌装)	
	1505	其他酒	1. 配制酒(露酒、枸杞酒、枇杷酒、其他) 2. 其他蒸馏酒(白兰地、威士忌、俄得克、朗姆酒、水果白兰地、水果蒸馏酒、其他) 3. 其他发酵酒[清酒、米酒(醪糟)、奶酒、其他]	
	1506	食用酒精	食用酒精	
蔬菜制品	1601	酱腌菜	酱腌菜(调味榨菜、腌萝卜、腌豇豆、酱渍菜、虾油渍菜、盐水渍菜、其他)	
	1602	蔬菜干制品	1. 自然干制蔬菜 2. 热风干燥蔬菜 3. 冷冻干燥蔬菜 4. 蔬菜脆片 5. 蔬菜粉及制品	
	1603	食用菌制品	1. 干制食用菌 2. 腌渍食用菌	
	1604	其他蔬菜制品	其他蔬菜制品	
水果制品	1701	蜜饯	1. 蜜饯类 2. 凉果类 3. 果脯类 4. 话化类 5. 果丹(饼)类 6. 果糕类	
	1702	水果制品	1. 水果干制品(葡萄干、水果脆片、荔枝干、桂圆、椰干、大枣干制品、其他) 2. 果酱(苹果酱、草莓酱、蓝莓酱、其他)	

续表

食品、食品添加剂类别	类别编号	类别名称	品种明细	备注
炒货食品及坚果制品	1801	炒货食品及坚果制品	1. 烘炒类（炒瓜子、炒花生、炒豌豆、其他） 2. 油炸类（油炸青豆、油炸琥珀桃仁、其他） 3. 其他类（水煮花生、糖炒花生、糖炒瓜子仁、裹衣花生、咸干花生、其他）	
蛋制品	1901	蛋制品	1. 再制蛋类（皮蛋、咸蛋、糟蛋、卤蛋、咸蛋黄、其他） 2. 干蛋类（巴氏杀菌鸡全蛋粉、鸡蛋黄粉、鸡蛋白片、其他） 3. 冰蛋类（巴氏杀菌冻鸡全蛋、冻鸡蛋黄、冰鸡蛋白、其他） 4. 其他类（热凝固蛋制品、蛋黄酱、色拉酱、其他）	
可可及焙烤咖啡产品	2001	可可制品	可可制品（可可粉、可可脂、可可液块、可可饼块、其他）	
	2002	焙炒咖啡	焙炒咖啡（焙炒咖啡豆、咖啡粉、其他）	
食糖	2101	糖	1. 白砂糖 2. 绵白糖 3. 赤砂糖 4. 冰糖（单晶体冰糖、多晶体冰糖） 5. 方糖 6. 冰片糖 7. 红糖 8. 其他糖（具体品种明细）	
水产制品	2201	非即食水产品	1. 干制水产品（虾米、虾皮、干贝、鱼干、鱿鱼干、干燥裙带菜、干海带、紫菜、干海参、干鲍鱼、其他） 2. 盐渍水产品（盐渍海带、盐渍裙带菜、盐渍海蜇皮、盐渍海蜇头、盐渍鱼、其他） 3. 鱼糜制品（鱼丸、虾丸、墨鱼丸、其他） 4. 水生动物油脂及制品 5. 其他水产品	
	2202	即食水产品	1. 风味熟制水产品（烤鱼片、鱿鱼丝、熏鱼、鱼松、炸鱼、即食海参、即食鲍鱼、其他） 2. 生食水产品（醉虾、醉泥螺、醉蚶、蟹酱（糊）、生鱼片、生螺片、海蜇丝、其他）	
淀粉及淀粉制品	2301	淀粉及淀粉制品	1. 淀粉[谷类淀粉（大米、玉米、高粱、麦、其他）、薯类淀粉（木薯、马铃薯、甘薯、芋头、其他）、豆类淀粉（绿豆、蚕豆、豇豆、豌豆、其他）、其他淀粉（藕、荸荠、百合、蕨根、其他）] 2. 淀粉制品（粉丝、粉条、粉皮、虾片、其他）	
	2302	淀粉糖	淀粉糖（葡萄糖、饴糖、麦芽糖、异构化糖、低聚异麦芽糖、果葡糖浆、麦芽糊精、葡萄糖浆、其他）	

续表

食品、食品添加剂类别	类别编号	类别名称	品种明细	备注
糕点	2401	热加工糕点	1. 烘烤类糕点(酥类、松酥类、松脆类、酥层类、酥皮类、松酥皮类、糖浆皮类、硬皮类、水油皮类、发酵类、烤蛋糕类、烘糕类、烫面类、其他类) 2. 油炸类糕点(酥皮类、水油皮类、松酥类、酥层类、水调类、发酵类、其他类) 3. 蒸煮类糕点(蒸蛋糕类、印模糕类、韧糕类、发糕类、松糕类、粽子类、水油皮类、片糕类、其他类) 4. 炒制类糕点 5. 其他类[发酵面制品(馒头、花卷、包子、豆包、饺子、发糕、馅饼、其他)、油炸面制品(油条、油饼、炸糕、其他)、非发酵面米制品(窝头、烙饼、其他)、其他]	
	2402	冷加工糕点	1. 熟粉糕点(热调软糕类、冷调韧糕类、冷调松糕类、印模糕类、挤压糕点类、其他类) 2. 西式装饰蛋糕类 3. 上糖浆类 4. 夹心(注心)类 5. 糕团类 6. 其他类	
	2403	食品馅料	食品馅料(月饼馅料、其他)	
豆制品	2501	豆制品	1. 发酵性豆制品[腐乳(红腐乳、酱腐乳、白腐乳、青腐乳)、豆豉、纳豆、豆汁、其他] 2. 非发酵性豆制品(豆浆、豆腐、豆腐泡、熏干、豆腐脑、豆腐干、腐竹、豆腐皮、其他) 3. 其他豆制品(素肉、大豆组织蛋白、膨化豆制品、其他)	
蜂产品	2601	蜂蜜	蜂蜜	
	2602	蜂王浆(含蜂王浆冻干品)	蜂王浆、蜂王浆冻干品	
	2603	蜂花粉	蜂花粉	
	2604	蜂产品制品	蜂产品制品	
保健食品	2701	保健食品	保健食品产品名称	
特殊医学用途配方食品	2801	特殊医学用途配方食品	1. 全营养配方食品 2. 特定全营养配方食品(糖尿病全营养配方食品、呼吸系统病全营养配方食品、肾病全营养配方食品、肿瘤全营养配方食品、肝病全营养配方食品、肌肉衰减综合征全营养配方食品、创伤、感染、手术及其他应激状态全营养配方食品、炎性肠病全营养配方食品、胃肠道吸收障碍、胰腺炎全营养配方食品、脂肪酸代谢异常全营养配方食品，肥胖、减脂手术全营养配方食品)	

续表

食品、食品添加剂类别	类别编号	类别名称	品种明细	备注
特殊医学用途配方食品	2802	特殊医学用途婴儿配方食品	特殊医学用途婴儿配方食品（无乳糖配方或低乳糖配方、乳蛋白部分水解配方、乳蛋白深度水解配方或氨基酸配方、早产/低出生体重婴儿配方、氨基酸代谢障碍配方、母乳营养补充剂）	
婴幼儿配方食品	2901	婴幼儿配方乳粉	1.婴儿配方乳粉（湿法工艺、干法工艺、干湿法复合工艺） 2.较大婴儿配方乳粉（湿法工艺、干法工艺、干湿法复合工艺） 3.幼儿配方乳粉（湿法工艺、干法工艺、干湿法复合工艺）	
特殊膳食食品	3001	婴幼儿谷类辅助食品	1.婴幼儿谷物辅助食品（婴幼儿米粉、婴幼儿小米米粉、其他） 2.婴幼儿高蛋白谷物辅助食品（高蛋白婴幼儿米粉、高蛋白婴幼儿小米米粉、其他） 3.婴幼儿生制类谷物辅助食品（婴幼儿面条、婴幼儿颗粒面、其他） 4.婴幼儿饼干或其他婴幼儿谷物辅助食品（婴幼儿饼干、婴幼儿米饼、婴幼儿磨牙棒、其他）	
	3002	婴幼儿罐装辅助食品	1.泥（糊）状罐装食品（婴幼儿果蔬泥、婴幼儿肉泥、婴幼儿鱼泥、其他） 2.颗粒状罐装食品（婴幼儿颗粒果蔬泥、婴幼儿颗粒肉泥、婴幼儿颗粒鱼泥、其他） 3.汁类罐装食品（婴幼儿水果汁、婴幼儿蔬菜汁、其他）	
	3003	其他特殊膳食食品	其他特殊膳食食品（辅助营养补充品、其他）	
其他食品	3101	其他食品	其他食品（具体品种明细）	
食品添加剂	3201	食品添加剂	食品添加剂产品名称（使用GB 2760、GB 14880或卫生计生委公告规定的食品添加剂名称；标准中对不同工艺有明确规定的应当在括号中标明；不包括食品用香精和复配食品添加剂）	
	3202	食品用香精	食品用香精[液体、乳化、浆（膏）状、粉末（拌和、胶囊）]	
	3203	复配食品添加剂	复配食品添加剂明细（使用GB 26687规定的名称）	

生活小常识

巧用剩茶叶，让你变废为宝

转自泉州美食网

很多中国人爱喝茶，每天都可以泡上几泡，但你知道泡茶后剩余的茶叶也大有用途吗？

下面就告诉大家一些剩茶叶的新用途，让你品味到茶叶的芳香后，还能利用剩茶叶和茶叶水来帮助我们解决生活中的一些实际问题。

1. 吃了生葱、蒜以后，可以嚼一嚼茶渣，消除葱、蒜味。

2. 剩茶叶可以去掉容器里的腥味和葱味。

3. 用剩茶叶擦洗有油腻的锅碗或木、竹桌椅，可以起到清洁的作用。

4. 茶叶具有很强的吸附作用，所以把晒干的茶叶撒在潮湿处，能够去潮。

5. 把茶叶撒在地毯或路毯上，再用扫帚拂去，茶叶能带走全部尘土。茶叶的吸附作用不但可以吸收水分还可以吸附灰尘。

6. 用剩茶叶泡水数天，然后浇在植物根部，可以促进植物生长。注意：最好不要把茶叶倒在花盆里，因为不好打扫，而且还会产生异味、生虫和腐烂。

7. 把剩茶叶晒干，放到厕所或沟渠里燃熏，可消除恶臭，还有驱除蚊绳的功能。

8. 晒干的剩茶叶做鞋垫，可除湿汗和臭味，减少脚臭的烦恼。

9. 手指灼伤后，可以泡在残茶中，可缓解灼痛感。

10. 长期使用剩茶叶水洗头，可使头发乌黑发亮。

11. 把剩茶叶放到冰箱的底层，能消除冰箱中的异味。

12. 把剩茶叶晒干，做成枕芯，味道清香，又能去火。注意：做枕芯的茶叶一定要晒透。而且这种枕头比较容易受潮，所以平时也需要经常晾晒。

13. 剩茶加热后可清除呛人的烟味。

14. 剩茶可以擦洗镜子、玻璃、家具、门窗、皮鞋上的泥污等，去污效果很好。

15. 早晨的时候，可以用味道没有明显改变的隔夜茶刷牙、漱口，能预防牙龈出血、杀菌消炎。

16. 用剩茶叶泡的洗脚水来泡脚，可去异味，还能助睡眠。

17. 茶还可以清洁皮肤，茶中的维生素、茶多酚对皮肤是有保健作用的，所以用剩茶叶水洗脸，可以光洁皮肤、避免斑痕和暗沉。

案例题

根据给出的现场审查场景，判断是否有不符合项，如有，判断不符合《食品、食品添加剂生产许可现场核查评分记录表》的哪一条款？试试说明不符合的理由。

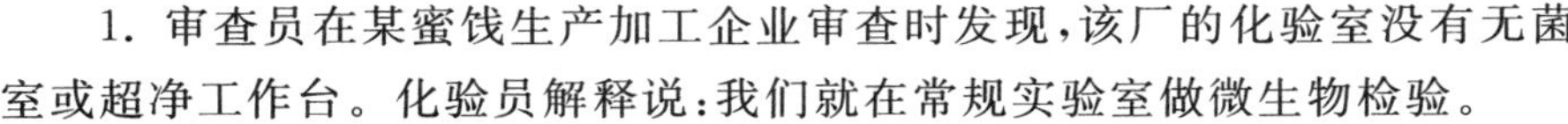

1. 审查员在某蜜饯生产加工企业审查时发现，该厂的化验室没有无菌室或超净工作台。化验员解释说：我们就在常规实验室做微生物检验。

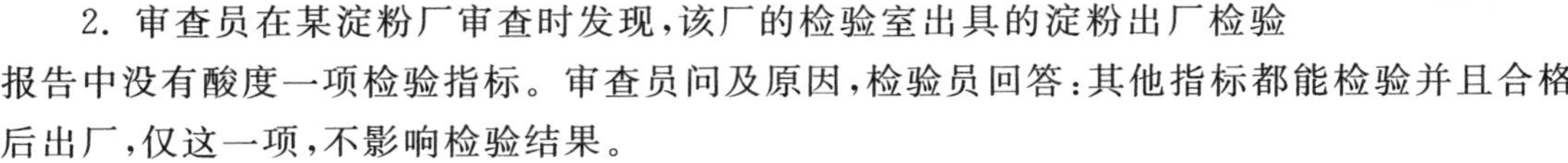

2. 审查员在某淀粉厂审查时发现，该厂的检验室出具的淀粉出厂检验报告中没有酸度一项检验指标。审查员问及原因，检验员回答：其他指标都能检验并且合格后出厂，仅这一项，不影响检验结果。

3. 审查员在某饮料厂审查时，询问出厂检验人员是否按规定进行抽样和实施每批产品出厂检验，检验人员回答：我们听从车间主任的安排，他凭经验判断哪批质量没有把握时，我们才进行抽样检验。

4. 审查员在某蜂产品生产企业审查，该企业只生产蜂蜜产品，参观检验室时，发现检验室有 2 台精度分别为 0.1 g 和 0.001 g 的分析天平，其旁边放置一台恒温水浴锅，且均经检定合格在有效期内使用，检验室环境整洁、明亮。

5. 审查组核查某裱花蛋糕生产企业，进入其冷加工车间后，看到该车间全部用彩钢板装修，人流、物流合理，封闭情况很好。车间内安装有多盏紫外灯作为灭菌设施，地面上摆有两台大功率电风扇，强劲的风直吹向加工操作区域。

第四篇 综合实训

第十一章 综合实训

作为食品分析工作者，尤其是食品企业的检验员，需要对产品的生产过程有所了解，能根据产品的质量标准及检验方法标准，选择相应的检验方法，运用检验技术开展检验，正确记录检验原始数据，出具规范合理的出厂检验报告。为了使学生具备这些相应的专业能力，本章将按照食品企业检验岗位的实际工作过程和工作内容，通过一个产品的实训完成一系列的专业技能训练，希望学生通过训练，掌握基本的工作方法，举一反三，提高食品检验的专业技术能力。

同时，本章设置了设计性实验环节，旨在鼓励学生学以致用，尝试运用理论服务、指导于生产、生活，提升综合素养。

实训目的：

(1) 了解产品的基本生产流程、关键控制环节和容易出现的质量安全问题（主要途径：生产企业工艺文件、产品生产许可证审查细则，企业实地询问）；

(2) 确定产品的出厂检验项目和出厂检验设备（主要途径：产品标准、产品生产许可证审查细则）；

(3) 明确产品的质量标准（主要途径：产品标准）；

(4) 确定产品出厂检验项目的检验方法标准，并确认标准的有效性（主要途径：产品标准等）；

(5) 掌握产品出厂检验技术（按现行检验方法标准）；

(6) 正确设计、填写检验原始记录、出厂检验报告；

(7) 强化食品检验相关知识的综合运用能力，拓展学生的综合思维能力，提升学生创新、创造能力。

综合实训一　豆奶(蛋白饮料)的质量检验

项目一　蛋白饮料基本生产流程及质量安全关键点控制

来源:《饮料生产许可审查细则》(2017 版)(见附件 1)。

一、基本生产流程

蛋白饮料生产流程一般包括:原料预处理、发酵(有发酵工艺的)、制浆(有该工艺的)、过滤脱气(有该工艺的)、调配、均质、杀菌灌装封盖(口)(灌装封盖杀菌)等。

具体产品应按企业实际工艺流程生产,但其工艺流程必须科学合理,符合相关规定。

二、质量安全关键点控制

蛋白饮料生产企业应对生产过程中的质量安全关键点进行控制,处理后的水应达到生产工艺要求,监控并记录各项指标。

1. 原辅料

原辅料应严格按标准及有关规定控制食品安全指标;合理设置过滤,如风选、磁铁、金探及 X 光等异物处理工序,有效去除毛发、石块、金属等物理性危害;采用苦杏仁等含有天然毒素的原料加工植物蛋白饮料时,应按规定加强对脱毒工序的管理。

2. 调配(有调配工艺的)

有调配工艺的,应控制并记录投料种类、数量以及投料顺序;原辅料投入输送系统需有适宜规格的过滤器或其他等效的除杂措施;根据生产工艺要求,进行搅拌、加热、保温等操作的,应监控和记录相关工艺参数。

3. 均质(有均质工艺的)

有均质工艺的,应监控影响均质效果的参数,如压力、温度等,保证产品的稳定性。

4. 杀菌(有杀菌工序的)

有杀菌工序的,严格监控影响杀菌效果的工艺参数(如杀菌温度、时间等)并记录,对于杀菌效果进行监控并记录。

5. 灌装

灌装封盖(口)时,应在产品灌装前应设置异物控制措施,控制灌装温度,按照净含量要求定量灌装;封盖(口)应控制如封盖扭矩、封盖压力等封盖(口)密封性参数,确保产品密封。灌装封盖(口)后应对产品的外观、灌装量、容器状况进行检查。

项目二　出厂检验项目及必备的检验设备

来源:(1)《饮料生产许可审查细则》(2017 版);

(2)产品标准:GB/T 30885—2014《植物蛋白饮料豆奶和豆奶饮料》(见附件 2)。

一、出厂检验项目

分析思路：

豆奶的出厂检验项目：感官、蛋白质、乳酸菌数（活菌型产品）、脲酶活性、菌落总数、大肠菌群。

虽然细则要求企业需满足 pH 的检测能力，但豆奶的产品标准无 pH 指标要求，固出厂检验不需要检测 pH。

总结：

确定依据
产品标准 —查找→ 出厂检验项目
产品生产许可证审查细则 —查找→ 出厂检验项目
产品标准规定的出厂检验项目与审查细则规定的出厂检验项目之和，即为该产品的出厂检验项目

需要注意的是：审查细则中要求的出厂检验项目，如果相应的产品标准没有此项目的指标要求，则不需检测。

二、必备的出厂检验设备

检验设备一般应具有：无菌室（或超净工作台）、灭菌锅、微生物培养箱、生物显微镜（或菌落计数器）、定氮装置、分析天平（0.1 mg）、相应检测特征性指标的设备（出厂需检特征性指标项目时）及相关的计量器具等。

项目三　产品出厂检验项目的检验方法标准

来源：产品标准：GB/T 30885—2014《植物蛋白饮料豆奶和豆奶饮料》。

明确了豆奶的出厂检验项目，从产品标准入手，查找出相应的检验方法标准。

确定方法：

(1) 感官⇨GB/T 30885—2014《植物蛋白饮料豆奶和豆奶饮料》第 6.1 条

(2) 蛋白质⇨GB/T 30885—2014《植物蛋白饮料豆奶和豆奶饮料》第 6.3 条
⇨GB 5009.5

(3) 乳酸菌数（活菌型产品）⇨GB/T 30885—2014《植物蛋白饮料豆奶和豆奶饮料》第 6.6 条
⇨GB 4789.35—2016

（4）脲酶活性⇨GB/T 30885—2014《植物蛋白饮料豆奶和豆奶饮料》第 6.5 条
⇨GB/T 30885—2014 附录 A
（5）菌落总数⇨GB/T 30885—2014《植物蛋白饮料豆奶和豆奶饮料》第 6.7 条
⇨GB 4789.2
（6）大肠菌群⇨GB/T 30885—2014《植物蛋白饮料豆奶和豆奶饮料》第 6.7 条
⇨GB 4789.3

项目四　产品出厂检验技术

出厂检验项目的检验，应该采用产品标准规定的检验方法；使用标准前，必须重新确认检验方法标准的有效性。

1. 感官指标的检验

按 GB/T 30885—2014《植物蛋白饮料豆奶和豆奶饮料》第 6.1 条规定的方法测定（见附件 2）。

2. 蛋白质的检验

按 GB 5009.5—2016《食品安全国家标准　食品中蛋白质的测定》规定的方法测定（见第五章第七节第四项）。盐酸标准溶液的配制见附件 3。

3. 脲酶活性的检验

按 GB/T 30885—2014《植物蛋白饮料豆奶和豆奶饮料》附录 A 规定的方法测定（见附件 2）。

4. 菌落总数的检验

按 GB 4789.2—2016《食品安全国家标准　食品微生物学检验　菌落总数测定》规定的方法测定（见第八章第四节第二项）。

5. 大肠菌群的检验

按 GB 4789.3—2016《食品安全国家标准　食品微生物学检验　大肠菌群计数》规定的方法测定（见第八章第四节第四项）。

6. 乳酸菌数（活菌型产品）的检验

按 GB 4789.35—2016《食品安全国家标准　食品微生物学检验　乳酸菌检验》规定的方法测定。

项目五　检验原始记录和出厂检验报告

××××豆奶出厂检验原始记录（一）

检验编号：

<table>
<tr><td colspan="2">样品名称</td><td colspan="2"></td><td>生产日期</td><td></td></tr>
<tr><td colspan="2">型号规格</td><td colspan="2"></td><td>检验日期</td><td></td></tr>
<tr><td>序号</td><td>检验项目</td><td>检测标准</td><td colspan="3">结 果</td></tr>
<tr><td>1</td><td>感官</td><td>GB/T 30885—2014</td><td colspan="3"></td></tr>
</table>

续表

<table>
<tr><th>序号</th><th>检验项目</th><th>检测标准</th><th colspan="4">结 果</th></tr>
<tr><td rowspan="10">2</td><td rowspan="10">蛋白质</td><td rowspan="10">GB 5009.5—2016</td><td>m/g</td><td colspan="3"></td></tr>
<tr><td>$c(H_2SO_4$ 或 $HCl)$/mol/L</td><td colspan="3"></td></tr>
<tr><td>测定次数</td><td>1</td><td>2</td><td>3</td></tr>
<tr><td>V_1/mL</td><td></td><td></td><td></td></tr>
<tr><td>V_2/mL</td><td></td><td></td><td></td></tr>
<tr><td>V_3/mL</td><td></td><td></td><td></td></tr>
<tr><td>测定值 X/(g/100 g)</td><td></td><td></td><td></td></tr>
<tr><td>报告值 X/(g/100g)</td><td></td><td></td><td></td></tr>
<tr><td colspan="4">$$X=\frac{(V_1-V_2)\times c\times 0.0140}{m\times V_3/100}\times F\times 100$$
式中：X——试样中蛋白质的含量，单位为克每百克(g/100 g)；
V_1——试液消耗硫酸或盐酸标准滴定液的体积，单位为毫升(mL)；
V_2——试剂空白消耗硫酸或盐酸标准滴定液的体积，单位为毫升(mL)；
V_3——吸取消化液的体积，单位为毫升(mL)；
c——硫酸或盐酸标准滴定溶液浓度，单位为摩尔每升(mol/L)；
0.0140——1.0 mL 硫酸[$c(1/2H_2SO_4)=1.000$ mol/L]或盐酸[$c(HCl)=1.000$ mol/L]标准滴定溶液相当的氮的质量，单位为克(g)；
m——试样的质量，单位为克(g)；
F——氮换算为蛋白质的系数，
100——换算系数。
蛋白质含量≥1 g/100 g 时，结果保留三位有效数字；蛋白质含量<1 g/100 g 时，结果保留两位有效数字</td></tr>
<tr><td colspan="4"></td></tr>
<tr><td rowspan="2">3</td><td rowspan="2">脲酶活性</td><td rowspan="2">GB/T 30885—2014
附录 A</td><td>脲酶定性</td><td colspan="2">符号表示</td><td>显色情况</td></tr>
<tr><td></td><td colspan="2"></td><td></td></tr>
</table>

复核人：　　　　　　　　　　　　　　　　检验员：

××××豆奶出厂检验原始记录(二)

检验编号：　　　　　　　　　　检验日期　　　年　　　月　　　日

<table>
<tr><td colspan="3">样品名称</td><td colspan="3"></td><td colspan="2">生产日期</td><td colspan="4"></td></tr>
<tr><td colspan="3">型号规格</td><td colspan="3"></td><td colspan="2">检验日期</td><td colspan="4"></td></tr>
<tr><td rowspan="6">菌落总数</td><td colspan="2">检验依据</td><td colspan="3">GB 4789.2—2016</td><td colspan="2">完成日期</td><td colspan="5">年　月　日</td></tr>
<tr><td colspan="4">培养温度、培养时间</td><td colspan="8">□36℃±1℃,48 h±2 h　□30℃±1℃,72 h±3 h</td></tr>
<tr><td colspan="4">样品稀释度</td><td colspan="2"></td><td colspan="2"></td><td colspan="2"></td><td colspan="2">空白对照</td></tr>
<tr><td colspan="4">各皿菌落数</td><td></td><td></td><td></td><td></td><td></td><td></td><td></td><td></td></tr>
<tr><td colspan="4">平均菌落数</td><td colspan="2"></td><td colspan="2"></td><td colspan="2"></td><td colspan="2"></td></tr>
<tr><td colspan="3">检测结果</td><td colspan="2"></td><td colspan="2">报告值</td><td colspan="5"></td></tr>
<tr><td rowspan="6">大肠菌群MPN计数法</td><td colspan="2">检验依据</td><td colspan="3">□GB 4789.3—2016</td><td colspan="2">完成日期</td><td colspan="5">年　月　日</td></tr>
<tr><td rowspan="3">初发酵试验</td><td colspan="3">样品稀释度</td><td colspan="2"></td><td colspan="2"></td><td colspan="4"></td></tr>
<tr><td rowspan="2">阳性管数</td><td colspan="2">24 h</td><td colspan="2"></td><td colspan="2"></td><td colspan="4"></td></tr>
<tr><td colspan="2">48 h</td><td colspan="2"></td><td colspan="2"></td><td colspan="4"></td></tr>
<tr><td>复发酵</td><td colspan="3">阳性管数 48 h</td><td colspan="2"></td><td colspan="2"></td><td colspan="4"></td></tr>
<tr><td colspan="4">检测结果/[MPN/g(mL)]</td><td colspan="8"></td></tr>
<tr><td rowspan="6">大肠菌群平板计数法</td><td colspan="4">样品稀释度</td><td colspan="2"></td><td colspan="2"></td><td colspan="2"></td><td colspan="2">空白对照</td></tr>
<tr><td colspan="4">各皿菌落数</td><td></td><td></td><td></td><td></td><td></td><td></td><td></td><td></td></tr>
<tr><td colspan="4">平均菌落数</td><td colspan="2"></td><td colspan="2"></td><td colspan="2"></td><td colspan="2"></td></tr>
<tr><td colspan="2" rowspan="2">证实实验</td><td colspan="2">典型菌落接种数</td><td colspan="2"></td><td colspan="2">阳性管数</td><td colspan="4"></td></tr>
<tr><td colspan="2">非典型菌落接种数</td><td colspan="2"></td><td colspan="2">阳性管数</td><td colspan="4"></td></tr>
<tr><td colspan="4">检测结果/[CFU/g(mL)]</td><td colspan="8"></td></tr>
<tr><td rowspan="10">乳酸菌检验</td><td colspan="3">检验依据</td><td colspan="4">□GB 4789.34—2016</td><td colspan="2">完成日期</td><td colspan="3">年　月　日</td></tr>
<tr><td colspan="3" rowspan="2">样品中所包括乳酸菌菌属</td><td colspan="2">样品稀释度</td><td colspan="2"></td><td colspan="2"></td><td colspan="3"></td></tr>
<tr><td colspan="2">各皿菌落数</td><td></td><td></td><td></td><td></td><td colspan="2"></td><td></td></tr>
<tr><td colspan="3" rowspan="6">□双歧杆菌属
□嗜热链球菌
□乳杆菌属
注：本表仅适用针对其中一种菌的检查</td><td colspan="2">平均菌落数</td><td colspan="2"></td><td colspan="2"></td><td colspan="3"></td></tr>
<tr><td colspan="4">检测结果/[CFU/g(mL)]</td><td colspan="5"></td></tr>
<tr><td colspan="2">样品稀释度</td><td colspan="4"></td><td colspan="3"></td></tr>
<tr><td colspan="2">各皿菌落数</td><td></td><td></td><td></td><td></td><td colspan="2"></td><td></td></tr>
<tr><td colspan="2">平均菌落数</td><td colspan="4"></td><td colspan="3"></td></tr>
<tr><td colspan="4">检测结果/[CFU/g(mL)]</td><td colspan="5"></td></tr>
<tr><td colspan="3">乳酸菌总数报告值/[CFU/g(mL)]</td><td colspan="9"></td></tr>
</table>

复核人：　　　　　　　　　　　　　　　　　　　　　　检验员：

××××豆奶出厂检验报告

编号：

<table>
<tr><td colspan="2">产品名称</td><td></td><td>产品批次</td><td colspan="2"></td></tr>
<tr><td colspan="2">型号规格</td><td></td><td>生产日期</td><td colspan="2"></td></tr>
<tr><td colspan="2">抽样基数</td><td></td><td>抽样数量</td><td colspan="2"></td></tr>
<tr><td colspan="2">抽样方式</td><td></td><td>抽样日期</td><td colspan="2"></td></tr>
<tr><td colspan="2">检验依据</td><td colspan="4">GB/T 30885—2014《植物蛋白饮料豆奶和豆奶饮料》</td></tr>
<tr><td colspan="2">检验项目</td><td colspan="2">标准要求</td><td>检验结果</td><td>判定</td></tr>
<tr><td rowspan="3">感观
指标</td><td>色泽</td><td colspan="2"></td><td></td><td></td></tr>
<tr><td>滋味和气味</td><td colspan="2"></td><td></td><td></td></tr>
<tr><td>组织形态</td><td colspan="2"></td><td></td><td></td></tr>
<tr><td rowspan="2">理化
指标</td><td>蛋白质</td><td colspan="2"></td><td></td><td></td></tr>
<tr><td>脲酶活性</td><td colspan="2"></td><td></td><td></td></tr>
<tr><td rowspan="3">微生物
指标</td><td>菌落总数/
[CFU/g(mL)]</td><td colspan="2"></td><td></td><td></td></tr>
<tr><td>大肠菌群/
[MPN/g(mL)]或
[CFU/g(mL)]</td><td colspan="2"></td><td></td><td></td></tr>
<tr><td>乳酸菌数
[CFU/g(mL)]</td><td colspan="2"></td><td></td><td></td></tr>
<tr><td>其他</td><td>标签</td><td colspan="2"></td><td></td><td></td></tr>
<tr><td colspan="6">检验结论：□合格
□不合格

日期：</td></tr>
</table>

审批： 检验员：

综合实训二 设计性实验

一、设计性实验目的

（1）巩固学生食品感官检验、理化检验和微生物检验等各学科基础知识，强化食品检验相关知识的综合运用能力，提升学生食品检验技能。

（2）拓展学生的综合思维能力，鼓励学生学以致用，尝试运用理论服务、指导于生产、生活，提升学生创新、创造能力。

(3) 培养学生的团队协作能力，为学生搭建充分展示自身能力的平台，提升学生综合素养。

二、设计性实验要求

(1) 每3～4个人组成设计性实验小组。

(2) 每个设计性实验小组自主确定一个研究课题，所选课题必需与食品行业相关，并能运用所学食品检验相关技术进行论证。

(3) 注意确定和依据相关标准进行设计及论证。

(4) 根据实验结果进行总结，制作PPT进行设计性实验总结展示，并汇总成设计性实验报告。

三、设计性实验主要步骤

(1) 自主确定选题。

(2) 查阅相关资料(标准)。

(3) 设计实验及研究方案。

(4) 进行设计性实验方案可行性答辩。

(5) 通过可行性答辩后按设计方案实施，开展设计性实验。

(6) 取得实验结果(结论)。

(7) 总结汇报，导师点评。

(8) 对各个设计性实验进行评分。

(9) 每组上交设计性实验报告。

四、设计性实验评分

(1) 总分100分，由导师评分和学生评分两部分组成，其中导师评分分值为50分，学生评分分值为50分。

(2) 学生评分分值50分由小组互评分、组员互评分和组员自评分三分组成，其中小组互评分满分25分，组员互评分满分15分，组员自评分满分10分。

(3) 小组互评分为其他小组根据本小组的成果展示情况给本小组的评分的平均分(本小组不参与自己小组的打分)，组员互评分为本小组成员按每个组员在设计性实验中的贡献值给每个组员的评分的平均分(组员不参与给自己的评分)。

(4) 每个小组给其他小组的小组互评分分数不能相同，最小差距要有0.5的分值；小组成员之间的互评分分数亦不能相同，最小差距要有0.5的分值。

五、设计性实验全过程案例

(1) 设计性实验题目：哪种牛奶更符合你健身的营养需求？

——市场常见盒装纯牛奶的蛋白质含量对比

(2) 查阅相关资料:

1) 在健身过程中蛋白质对于增长肌肉的作用。

2) 查找盒装牛奶的产品标准和蛋白质含量检测的相关标准,确定蛋白质检验的依据及相关技术。

(3) 根据标准和实验目的设计本次研究的实施方案。

(4) 熟悉本组的设计性方案,迎接可行性答辩环节的指导教师提问。

(5) 可行性答辩通过后,小组成员按照最后确定的可行性方案实施,进行实验论证。

(6) 实验论证完成后,根据实验数据总结出实验结论,形成设计性实验研究报告,制作PPT进行成果汇报,指导老师点评。

(7) 指导老师、每个小组、组员之间进行评分,按比例得出每个小组成员的本次设计性实验的最后成绩。

六、设计性实验研究课题案例

(1) 适合茶叶的更佳储存方式探讨——不同储存方式下茶叶水分含量变化测定。

从生活应用入手,运用所学食品水分测定的方法和技术,设计实验方案,通过实施方案进行论证,探讨最适合茶叶的储存方式,达到综合运用所学知识服务指导生活的目的。

(2) 学生宿舍饮水机的直饮水安全吗?

以宿舍饮食机直饮水的卫生安全为切入点,运用食品微生物检验的基本知识,设计实验方案,并根据实验结果给物业管理部门提出饮水机定期消毒的建设性意见,学以致用,非常有现实意义。

一天8杯水 怎样喝最健康?

(编者收集)

我们常说人一天需要8杯水。但这8杯水怎么喝才能起到事半功倍的效果呢?8杯水其实是大体虚指,重在告诉大家,每天要分时段科学饮水,而不是觉得口渴才喝水,想起来就喝很多,一下子又几个小时都不喝一口。

以一个作息规律的上班族为例,科学的喝水时间:

第一杯:早晨起来喝一杯水——补充睡眠中身体消耗的水分,降低血液浓度帮助肠胃排毒。

第二杯:到达办公室后喝一杯水——经过一路的奔波忙碌,身体出现脱水现象。

第三杯:工作2小时后——身体开始有些疲劳。

第四杯:吃完午饭后半小时——帮助消化。

第五、第六杯:工作3小时后——在干燥的办公室中皮肤也呈现疲态。

第七杯:晚饭前半小时——达到一定饱腹感,利于减肥。

第八杯:距离睡觉2个多小时——补充睡眠中消耗的水分和电解质。

另外,饮料再好,大家也不能喝多。每天畅饮8杯水才是美丽的王道。当人体血液内环境呈弱碱性时(pH=7.4左右),才是最健康的、最平衡的。由于我们现在常常吃一些加工食品、肉类食品以及油腻食品等酸性食品。加上爱偷懒缺乏运动,心理压力过大等造成的身心高度紧张,致使酸性物质阻塞体内,身体长期处于偏酸性亚健康状态,因此人们要常常食用茶、醋、蔬果汁这样的碱性饮品,才能益于维持人体的酸碱平衡。

案例题

1. 小刘是某茶厂的检验员与评茶员,该企业的产品为绿茶(成品茶)。小刘在学习完本章综合实训的内容后,按照相应的方法,通过查询《茶叶生产许可证审查细则》和产品标准 GB/T 14456.1,查找出绿茶(成品茶)的出厂检验项目是:感官品质、水分、粉末、净含量。小刘确定的出厂检验项目正确吗?

2. 水分的测定,小刘就按 GB 5009.3—2016《食品安全国家标准　食品中水分的测定》规定的方法测定,正确吗?

附件 1

饮料生产许可审查细则(2017版)

第一章　总　则

第一条　为了做好饮料生产许可审查工作,依据《中华人民共和国食品安全法》及其实施条例、《食品生产许可管理办法》、等有关法律法规、规章,制定饮料生产许可审查细则(以下简称细则)。

第二条　本细则应与《食品生产许可审查通则》结合使用,适用于饮料生产许可审查工作。仅有包装场地、工序、设备,没有合理的设备布局和工艺流程的,不予生产许可。

第三条　实施食品生产许可管理的饮料产品,是指经过定量包装、可直接饮用或用水冲调饮用、乙醇含量不超过质量分数0.5%的制品。饮料产品系指《饮料通则》(GB/T 10789)涵盖的产品,具体包括:包装饮用水、碳酸饮料(汽水)、茶(类)饮料、果蔬汁类及其饮料、蛋白饮料、固体饮料和其他饮料类。

第四条　本细则正文中引用的文件、标准通过引用成为本细则的内容。凡是引用文件、标准,其最新版本(包括所有的修改单)适用于本细则。

第六章　蛋白饮料生产许可审查要求

第一节　许可范围

第八十一条　实施食品生产许可管理的蛋白饮料产品,是指以乳或乳制品,或有一定蛋白质含量的植物的果实、种子或种仁等为原料,经加工或发酵制成的液体饮料。蛋白饮料生产许可类别编号0605,包括:含乳饮料、植物蛋白饮料、复合蛋白饮料、其他蛋白饮料。

含乳饮料是指以乳或乳制品为主要原料,添加或不添加其他食品原辅料和(或)食品添加剂,经加工或发酵制成的制品,包括:配制型含乳饮料、发酵型含乳饮料、乳酸菌饮料等。

植物蛋白饮料是指以一种或多种含有一定蛋白质的植物果实、种子或种仁等为原料,添加或不添加其他食品原辅料和(或)食品添加剂,经加工或发酵制成的制品,如:豆奶(乳)、豆浆、豆奶(乳)饮料、椰子汁(乳)、杏仁露(乳)、核桃露(乳)、花生露(乳)等。

复合蛋白饮料是指以乳或乳制品,和一种或多种含有一定蛋白质的植物果实、种子或种仁等为原料,添加或不添加其他食品原辅料和(或)食品添加剂,经加工或发酵制成的制品。

其他蛋白饮料是指上述之外的蛋白饮料。

第二节　生产场所核查

第八十二条　生产车间依其清洁度要求一般分为:一般作业区(原料处理区、仓储区、水处理区、外包装区等)、准清洁作业区(杀菌区、配料区、发酵区、菌种培养区、预包装清洗消毒区等)、清洁作业区(灌装防护区等)。

对于有后杀菌工艺的,灌装防护区可设在"准清洁作业区",杀菌区可设在"一般作业区"。

第八十三条　生产场所或生产车间入口处应设置更衣室,洗手、干手和消毒设施,换鞋(穿戴鞋套)或工作鞋靴消毒设施。

第八十四条　清洁作业区入口应设置二次更衣区,洗手、干手和(或)消毒设施,换鞋(穿戴鞋套)或工作鞋靴消毒设施。

符合下列条件之一的,可豁免前述要求:使用自带洁净室及洁净环境自动恢复功能的灌装设备;使用灌装和封盖(封口)都在无菌密闭环境下进行的灌装设备;生产非直接饮用产品[如食品工业用浓缩液(汁、浆)等]。

清洁作业区应满足相应空气洁净度要求。静态时空气洁净度应至少达到10万级要求,如生产非直接饮用产品[如食品工业用浓缩液(汁、浆)等],可豁免该要求。

第八十五条　准清洁作业区及清洁作业区应相对密闭,清洁作业区应设有空气处理装置和空气消毒设施。

第三节　设备设施核查

第八十六条　生产设备和设施根据实际工艺需要配备,一般包括:原料预处理设备(适用植物蛋白饮料)、磨浆机或胶体磨或等效的研磨设备(适用植物蛋白饮料)、过滤机或离心机(适用植物蛋白饮料)、贮存罐、发酵罐(适用发酵型产品)、均质机、杀菌设备、自动灌装封盖(口)设备、水处理设备、自动喷码设备等。应根据工艺需要配备包装容器清洁消毒设施,如使用周转容器生产,应配备周转容器的清洗消毒设施。

第八十七条　检验设备一般应具有:无菌室(或超净工作台)、灭菌锅、微生物培养箱、生物显微镜(或菌落计数器)、定氮装置、酸度计(罐头加工工艺)、分析天平(0.1 mg)、相应检测特征性指标的设备(出厂需检特征性指标项目时)及相关的计量器具等。

第四节　设备布局和工艺流程

第八十八条　设备布局应按工艺流程设计,蛋白饮料一般包括:原料预处理、发酵(有发酵工艺的)、制浆(有该工艺的)、过滤脱气(有该工艺的)、调配、均质、杀菌灌装封盖(口)(灌装封盖杀菌)等。

具体产品应按企业实际工艺流程生产,但其工艺流程必须科学合理,符合相关规定。

第八十九条　蛋白饮料生产企业应对生产过程中的质量安全关键点进行控制,处理后的水应达到生产工艺要求,监控并记录各项指标。

原辅料应严格按标准及有关规定控制食品安全指标;合理设置过滤,如风选、磁铁、金探及X光等异物处理工序，有效去除毛发、石块、金属等物理性危害；采用苦杏仁等含有天然毒素的原料加工植物蛋白饮料时，应按规定加强对脱毒工序的管理。

有调配工艺的，应控制并记录投料种类、数量以及投料顺序；原辅料投入输送系统需有适宜规格的过滤器或其他等效的除杂措施；根据生产工艺要求，进行搅拌、加热、保温等操作的，应监控和记录相关工艺参数。

有均质工艺的，应监控影响均质效果的参数，如压力、温度等，保证产品的稳定性。

有杀菌工序的，严格监控影响杀菌效果的工艺参数（如杀菌温度、时间等）并记录，对于杀菌效果进行监控并记录。

灌装封盖（口）时，应在产品灌装前应设置异物控制措施，控制灌装温度，按照净含量要求定量灌装；封盖（口）应控制如封盖扭矩、封盖压力等封盖（口）密封性参数，确保产品密封。灌装封盖（口）后应对产品的外观、灌装量、容器状况进行检查。

第五节　人员核查

第九十条　从事接触直接入口食品工作的食品生产人员应当每年进行健康检查，取得健康证明后方可上岗工作。

第六节　管理制度审查

第九十一条　应建立进货查验记录制度。对原辅料、包装容器供应商进行审核，并定期进行审核评估；应在和供应商签订的合同中明确双方承担的食品安全责任。包装容器应符合相应食品安全国家标准和相应产品标准的要求。

以来自公共供水系统的水为生产用源水的，供水系统出入口应增设安全卫生设施，防止异物进入；以来自非公共供水系统的水（地表水或地下水）作为生产用源水的，采集点应采用有效的卫生防护措施，防止源水以外的水进入采集设备。采集区域周围应设立防护隔离区，限制牲畜和未授权人员进入。出水口或取水口应建立适当防护设施，地下水的出水口（如井口、泉眼）应通过建筑进行防护。应采用封闭管道进行输送，防止污染，不应用容器运到异地灌装。生产用水应符合《生活饮用水卫生标准》（GB 5749）中的卫生要求（pH值除外）。

使用的生乳、乳粉、大豆、花生等应符合《食品安全国家标准生乳》（GB 19301）、《食品安全国家标准乳粉》（GB 19644）等相关要求，及《食品安全国家标准食品中真菌毒素限量》（GB 2761）、《食品安全国家标准食品中污染物限量》（GB 2762）等相关食品安全国家标准的要求。使用菌种的产品，菌种必须符合《可用于食品的菌种名单》等国家有关规定，不得使用变异或杂化的菌种，并应查验鉴定证书。

第九十二条　企业应建立产品配方管理制度，列明配方中使用的食品添加剂、食品营养强化剂、新食品原料的使用依据和规定使用量；所使用的食品添加剂、食品营养强化剂、新食品原料应符合相应产品标准及国务院卫生行政部门相关公告的规定。

第九十三条　企业应建立生产过程管理制度，对生产过程中水的处理、调配、过滤脱气（有此工艺需要时）、杀菌、灌装、清洗消毒、储运和交付等环节质量安全进行管控。

有水处理工艺的应规定水处理过滤装置的清洗更换要求，制定处理后水的控制指标并监测记录。

对于采用生乳为原料的产品，生乳应在挤奶后2小时内应降温至0～4℃，采用保温奶罐车及时运输；生乳到厂后应及时进行加工，如果不能及时处理，应有冷藏贮存设施，进行温度及相关指标的监测，并记录。以大豆为原料的蛋白饮料加工过程中的杀菌强度应符合大豆胰蛋白酶的灭活强度要求；花生仁、核桃仁、杏仁等植物蛋白原料等应贮存在通风干燥环境下，避免虫蛀、霉变及氧化。对于直投式发酵用菌种应根据菌种的特性贮存在适宜温度，以保持菌种的活力，其中深冷菌种（液态菌种）宜贮存在－40℃至－55℃，冻干菌种（干粉菌种）宜贮存在－4℃至－18℃，并监控记录贮存温度。

调配应有复核，防止投料种类和数量有误。后杀菌工序应有温度、时间的记录，并定时检查是否达到规定要求。

应制定有效的清洗、消毒方法和管理制度，保证生产场所、生产设备、包装容器、工作服和人员的清洁卫生和安全，防止产品及包装在生产过程中被污染。

第九十四条　应参照《食品安全国家标准饮料生产卫生规范》（GB 12695）附录A《饮料加工过程的微生物监控程序指南》，合理设置卫生监控要求。

第九十五条　应制定检验管理制度，包括对原辅料、过程、出厂检验的管理规定，确保产品符合食品安全标准要求。

蛋白饮料企业的检验能力至少满足感官、蛋白质、乳酸菌数（活菌型产品）、菌落总数、大肠菌群、pH等项目的测定。

企业可以使用快速检测方法及设备，但应保证检测结果准确。使用快速检测方法及设备做检验时，应定期与国家标准规定的检验方法比对或验证。快速检测结果不合格时，应使用国家标准规定的检验方法进行确认。

第七节　试制产品检验

第九十六条　按所申报蛋白饮料的品种（含乳饮料、植物蛋白饮料、复合蛋白饮料、其他蛋白饮料）和执行标准，分别从同一规格、同一批次的试制产品中抽取具有代表性的样品检验。

第九十七条　企业应对提供的检验报告真实性负责；检验项目按产品适用的食品安全国家标准、产品标准、企业标准及国务院卫生行政部门的相关公告要求进行。

附件2

植物蛋白饮料豆奶和豆奶饮料（GB/T 30885—2014）

1　范围

本标准规定了豆奶和豆奶饮料的术语和定义、产品分类、技术要求、试验方法、检验规则和标签、包装、运输、贮存。

本标准适用于以大豆为主要原料，经加工制成的预包装液体饮料。

2　规范性引用文件

下列文件对于本文件的应用是必不可少的。凡是注日期的引用文件，仅注日期的版本适用于本文件。凡是不注日期的引用文件，其最新版本（包括所有的修改单）适用于本文件。

GB 1352 大豆

GB 4789.2 食品安全国家标准　食品微生物学检验　菌落总数测定

GB 4789.3 食品安全国家标准　食品微生物学检验　大肠菌群计数

GB 4789.35 食品安全国家标准　食品微生物学检验　乳酸菌检验

GB 5009.5 食品安全国家标准　食品中蛋白质的测定

GB 5413.3 食品安全国家标准　婴幼儿食品和乳品中脂肪的测定

GB 7718 食品安全国家标准　预包装食品标签通则

3　术语和定义

下列术语和定义适用于本文件。

3.1

豆奶(豆乳)

3.1.1

原浆豆奶(豆乳)

以大豆为主要原料,不添加食品辅料和食品添加剂,经加工制成的产品,也可称为豆浆。

3.1.2

浓浆豆奶(豆乳)

以大豆为主要原料,不添加食品辅料和食品添加剂,经加工制成的、大豆固形物含量较高的产品,也可称为浓豆浆。

3.1.3

调制豆奶(豆乳)

以大豆为主要原料,可添加营养强化剂、食品添加剂、其他食品辅料,经加工制成的产品。

3.1.4

发酵原浆豆奶(豆乳)

以大豆为主要原料,可添加食糖,不添加其他食品辅料和食品添加剂,经发酵制成的产品,也可称为酸豆奶或酸豆乳。

3.1.5

发酵调制豆奶(豆乳)

以大豆为主要原料,可添加营养强化剂、食品添加剂、其他食品辅料,经发酵制成的产品,也可称为调制酸豆奶或调制酸豆乳。

3.2

豆奶(豆乳)饮料

3.2.1

调制豆奶(豆乳)饮料

以大豆、豆粉、大豆蛋白为主要原料,可添加营养强化剂、食品添加剂、其他食品辅料,经加工制成的、大豆固形物含量较低的产品。

3.2.2

发酵豆奶(豆乳)饮料

以大豆、大豆粉、大豆蛋白为主要原料，可添加食糖、营养强化剂、食品添加剂、其他食品辅料，经发酵制成的，大豆固形物含量较低的产品。

4 产品分类

4.1 按照产品特性分为豆奶、豆奶饮料。

4.1.1 豆奶产品按照工艺分为原浆豆奶、浓浆豆奶、调制豆奶、发酵豆奶；其中发酵豆奶按照特性又分为发酵原浆豆奶、发酵调制豆奶。

4.1.2 豆奶饮料产品按照工艺分为调制豆奶饮料、发酵豆奶饮料。

4.1.3 发酵型产品根据是否经过杀菌处理分为杀菌(非活菌)型和未杀菌(活菌)型。

5 技术要求

5.1 原料要求

5.1.1 大豆应符合 GB 1352 的有关规定。

5.1.2 大豆粉、大豆蛋白及其他食品原料应符合相应的国家标准和(或)有关规定。

5.1.3 发酵菌种应使用保加利亚乳杆菌(德氏乳杆菌保加利亚亚种)、嗜热链球菌或其他的菌种。

注：其他的菌种是国务院卫生行政部门批准的菌种。

5.2 感官要求

感官要求应符合表 1 的规定。

表 1 感官要求

项目	要求	
	原浆豆奶、浓浆豆奶、调制豆奶、豆奶饮料	发酵豆奶
色泽	乳白色、微黄色，或具有与原料或添加成分相符的色泽	
滋味和气味	具有豆奶或发酵型豆奶应有的滋味和气味，或具有与添加成分相符的滋味和气味；无异味	
组织状态	组织均匀，无凝块，允许有少量蛋白质沉淀和脂肪上浮，无正常视力可见外来杂质	组织细腻、均匀，允许有少量上清液析出；或具有添加成分特有的组织状态，无正常视力可见外来杂质

5.3 理化要求

理化要求应符合表 2 的规定。

表 2　理化要求

项目	指标		
	豆奶		豆奶饮料
	浓浆豆奶	原浆豆奶、调制豆奶、发酵豆奶	调制豆奶饮料发酵豆奶饮料
总固形物/(g/100 mL)　≥	8.0	4.0	2.0
蛋白质/(g/100 g)　≥	3.2	2.0	1.0
脂肪/(g/100 g)　≥	1.6	0.8	0.4
脲酶活性	阴性		

5.4　乳酸菌活菌数要求

未杀菌(活菌)型的产品的乳酸菌活菌数指标应符合表 3 的规定。

表 3　乳酸菌活菌数要求

检验时期	指标
出厂期	≥1×10^6 CFU/mL
销售期	按照产品标签标注的乳酸菌活菌数执行

5.5　食品安全要求

应符合相应的食品安全国家标准的规定。

6　试验方法

6.1　感官检查

取约 50 mL 混合均匀的被测样品于无色透明的容器中，置于明亮处，迎光观察其组织状态及色泽，并在室温下，嗅其气味，品尝其滋味。

6.2　总固形物

6.2.1　仪器及材料

6.2.1.1　恒温干燥箱：温控精度±2℃。

6.2.1.2　干燥器：内盛干燥剂。

6.2.1.3　分析天平：感量 0.0001 g。

6.2.1.4　扁型称量皿：70 mm×35 mm 或 60 mm×30 mm。

6.2.1.5　海砂。

6.2.1.6　恒温水浴锅

6.2.2　分析步骤

6.2.2.1　试样的制备

将包装容器内的样品摇匀，倒入烧杯中搅拌均匀。

6.2.2.2 吸取10.00 mL试样(6.2.2.1)于已恒重的盛有适量海砂的称量皿中，在水浴上蒸发至干，取下称量皿，擦干附着的水分，放入恒温干燥箱内，在100～105℃下烘1 h，取出移入干燥器内冷却，30 min后称量。然后，再放入恒温干燥箱内烘1 h，直至恒重。

6.2.3 结果计算

试样中总固形物含量按式(1)计算：

$$X=\frac{m_2-m_1}{10}\times 100 \quad \cdots\cdots (1)$$

式中：X——试样中总固形物的含量，单位为克每百毫升(g/100 mL)；

m_2——烘干后试样加海砂和称量皿的质量，单位为克(g)；

m_1——海砂和称量皿的质量，单位为克(g)；

10——吸取试样的体积，单位为毫升(mL)。

所得结果表示至一位小数。

6.2.4 允许差

在重复性条件下获得的两次独立测定结果的绝对差值不应超过算术平均值的5%。

6.3 蛋白质

按GB 5009.5规定的方法测定，蛋白质的换算系数为6.25。

6.4 脂肪

按GB 5413.3规定的方法测定。

6.5 脲酶活性

按附录A规定的方法测定。

6.6 乳酸菌活菌数

按照GB 4789.35规定的方法测定。

6.7 菌落总数和大肠菌群

按照GB 4789.2和GB 4789.3规定的方法测定。

7 检验规则

7.1 组批

由生产企业的质量管理部门按照其相应的规则确定产品的批次。

7.2 出厂检验

7.2.1 产品出厂前由企业检验部门按本标准进行检验，符合标准要求方可出厂。

7.2.2 出厂检验项目包括：感官要求、蛋白质、脲酶活性、菌落总数和大肠菌群。未杀菌(活菌)型的产品还应检测乳酸菌活菌数指标。

注：按照商业无菌要求进行质量管理的产品，可选择进行菌落总数和大肠菌群的出厂检验。

7.3 型式检验

7.3.1 型式检验项目包括：本标准5.2～5.5规定的全部项目。

7.3.2 一般情况下，每年需对产品进行一次型式检验。发生下列情况之一时，应进行型式检验。

——原料、工艺发生较大变化时；

——停产后重新恢复生产时；

——出厂检验结果与平常记录有较大差别时。

7.4 判定规则

7.4.1 检验结果全部合格时，判定整批产品合格。检测结果中有三项以上（含三项）不符合本标准时，判定整批产品不合格。

7.4.2 检验结果中有不超过两项（含两项）不符合本标准时，可在同批产品中加倍抽样进行复检，以复验结果为准。若复验结果仍有一项不符合本标准，则判定整批产品为不合格品。

8 标志、包装、运输、贮存

8.1 标志

8.1.1 预包装产品的标签除应符合 GB 7718 和相关法规的规定外，还应符合以下要求：

——标示产品的类型，调制豆奶饮料可标示为“豆奶饮料”；

——标示产品的蛋白质含量；

——发酵型产品应标示杀菌（非活菌）型和未杀菌（活菌）型；

——未杀菌（活菌）型的产品应标示乳酸菌活菌数，还应标明产品贮存温度。

8.2 包装

包装材料和容器应符合国家食品安全相关标准的规定。

8.3 运输和贮存

产品运输应避免日晒、雨淋；产品应在清洁、避光、干燥、通风、无虫害、无鼠害的仓库内贮存；不应与有毒、有害、有异味、易挥发、易腐蚀的物品混装运输或贮存；未杀菌（活菌）型等需冷藏的产品应在 0～10℃的条件下运输和贮存。

附 录 A
（规范性附录）
脲酶的定性测定

A.1 原理

脲酶在适当的酸碱度和温度下，催化尿素转化成碳酸铵，碳酸铵在碱性条件下形成氢氧化铵，再与钠氏试剂中的碘化钾汞复盐作用形成黄棕色的碘化双汞铵，如试样中脲酶活性消失，上述反应即不发生。

$$NH_2CONH_2 + 2H_2O \xrightarrow{\text{脲酶}} (NH_4)_2CO_3$$

$$(NH_4)_2CO_3 + 2NaOH \longrightarrow Na_2CO_3 + 2NH_4OH$$

$$2K_2(HgI_4) + 3KOH + NH_4OH \longrightarrow NH_2Hg_2OI\downarrow + 7KI + 3H_2O$$

黄棕色沉淀

A.2 试剂

A.2.1 所使用的试剂应为分析纯，水应为蒸馏水或去离子水。

A.2.2 尿素溶液(1%)：称取 1.0 g 尿素，溶于 99 mL 水中。

A.2.3 钨酸钠溶液(10%)：称取 10.0 g 钨酸钠溶于 90 mL 水中。

A.2.4 酒石酸钾钠溶液(2%)：称取 2.0 g 酒石酸钾钠溶于 98 mL 水中。

A.2.5 硫酸溶液(5%)：量取 5.0 mL 硫酸，缓缓注入约 70 mL 水中，冷却，稀释至 100 mL。

A.2.6 磷酸氢二钠溶液：称取 0.947 g 无水磷酸氢二钠溶于 100 mL 水中。

A.2.7 磷酸二氢钾溶液：称取 0.907 g 磷酸二氢钾溶于 100 mL 水中。

A.2.8 中性缓冲溶液：量取磷酸氢二钠溶液(A.2.6)61.1 mL 于 200 mL 烧杯内，再加入磷酸二氢钾溶液(A.2.7)38.9 mL，搅拌混匀。

A.2.9 钠氏试剂

称取 5.5 g 红色碘化汞(HgI_2)、4.125 g 碘化钾溶于 25 mL 水中，溶解后转移到 100 mL 容量瓶中。再称取 14.4 g 氢氧化钠溶于 50 mL 水中，待溶解冷却后，慢慢转移到上述 100 mL容量瓶中，用水定容至刻度，摇匀后倒入试剂瓶中，静置后用上清液。

A.3 仪器设备

A.3.1 比色管：10 mL。

A.3.2 具塞钠氏比色管：25 mL。

A.3.3 恒温水浴锅。

A.4 分析步骤

A.4.1 取比色管甲(样品管)、乙(对照管)两支，各加入 1.0 mL～4.0 mL(相当于 0.1 g 大豆固形物)样品，然后，各加入 1 mL 中性缓冲溶液(A.2.8)，摇匀。

A.4.2 在甲管中加入 1 mL 尿素溶液(A.2.2)，在乙管中加入 1 mL 水，将甲、乙两管摇匀后，置于 40 水浴中保温 20 min。

A.4.3 从水浴中取出甲、乙两管后，各加 1 mL～4 mL 水(总体积为 7 mL)，摇匀，加 1 mL 钨酸钠溶液(A.2.3)，摇匀，再加 1 mL 硫酸溶液(A.2.5)，摇匀，过滤备用。

A.4.4 取两支具塞钠氏比色管，分别加入 2 mL 滤液(A.4.3)，然后各加入 15 mL 水，摇匀，加入 1 mL 酒石酸钾钠(A.2.4)，摇匀，再加入 2 mL 钠氏试剂(A.2.9)后，用水定容至刻度，摇匀后观察结果。

A.5 分析结果的表述

分析结果按表 A.1 进行判断。

表 A.1 脲酶定性结果的判断

脲酶定性	表示符号	显色情况
强阳性	＋＋＋＋	砖红色混浊或澄清液
次强阳性	＋＋＋	橘红色澄清液

续表

脲酶定性	表示符号	显色情况
阳性	＋＋	深金黄色或黄色澄清液
弱阳性	＋	淡黄色或微黄色澄清液
阴性	－	样品管与空白对照管同色或更浅

附件 3

化学试剂标准滴定溶液的制备(GB/T 601—2016)

1 范围

本标准规定了化学试剂标准滴定溶液的配制和标定方法。

本标准适用于以滴定法测定化学试剂纯度及杂质含量的标准滴定溶液配制和标定。其他领域也可选用。

2 规范性引用文件

下列文件对于本文件的应用是必不可少的。凡是注日期的引用文件，仅注日期的版本适用于本文件。凡是不注日期的引用文件，其最新版本(包括所有的修改单)适用于本文件。

GB/T603　化学试剂　试验方法中所用制剂及制品的制备

GB/T606　化学试剂　水分测定通用方法卡尔・费休法

GB/T6379.6—2009　测量方法与结果的准确度(正确度与精密度)　第6部分:准确度值的实际应用

GB/T6682　分析实验室用水规格和试验方法

GB/T9725—2007　化学试剂　电位滴定法通则

JJG130　工作用玻璃液体温度计

JJG196—2006　常用玻璃量器

JJG1036　电子天平

3 一般规定

3.1　除另有规定外，本标准所用试剂的级别应在分析纯(含分析纯)以上，所用制剂及制品，应按 GB/T 603 的规定制备，实验用水应符合 GB/T 6682 中三级水的规格。

3.2　本标准制备标准滴定溶液的浓度，除高氯酸标准滴定溶液、盐酸-乙醇标准滴定溶液、亚硝酸钠标准滴定溶液[$c(NaNO_2)$＝0.5 mol/L]外，均指20℃时的浓度。在标准滴定溶液标定、直接制备和使用时若温度不为20℃时，应对标准滴定溶液体积进行补正(见附录A)。规定“临用前标定”的标准滴定溶液，若标定和使用时的温度差异不大时，可以不进行补正。标准滴定溶液标定、直接制备和使用时所用分析天平、滴定管、单标线容量瓶、单标线吸管等按相关检定规程定期进行检定或校准，其中滴定管的容量测定方法按附录B进行。单标线容量瓶、单标线吸管应有容量校正因子。

3.3　在标定和使用标准滴定溶液时，滴定速度一般应保持在6 mL/min～8 mL/min。

3.4　称量工作基准试剂的质量小于或等于0.5 g时，按精确至0.01 mg称量；大于0.5 g

时，按精确至 0.1 mg 称量。

3.5 制备标准滴定溶液的浓度应在规定浓度的±5%范围以内。

3.6 除另有规定外，标定标准滴定溶液的浓度时，需两人进行实验，分别做四平行，每人四平行标定结果相对极差不得大于相对重复性临界极差[$CR_{0.95}(4)_r$=0.15%]，两人共八平行标定结果相对极差不得大于相对重复性临界极差[$CR_{0.95}(8)_r$=0.18%]。在运算过程中保留 5 位有效数字，取两人八平行标定结果的平均值为标定结果，报出结果取 4 位有效数字。需要时，可采用比较法对部分标准滴定溶液的浓度进行验证(参见附录 C)。

3.7 本标准中标准滴定溶液浓度的相对扩展不确定度不大于 0.2%(k=2)，其评定方法参见附录 D。

3.8 本标准使用工作基准试剂标定标准滴定溶液的浓度。当对标准滴定溶液浓度的准确度有更高要求时，可使用标准物质(扩展不确定度应小于 0.05%)代替工作基准试剂进行标定或直接制备，并在计算标准滴定溶液浓度时，将其质量分数代入计算式中。

3.9 标准滴定溶液的浓度小于或等于 0.02 mol/L 时(除 0.02 mol/L 乙二胺四乙酸二钠、氯化锌标准滴定溶液外)，应于临用前将浓度高的标准滴定溶液用煮沸并冷却的水稀释(不含非水溶剂的标准滴定溶液)，必要时重新标定。当需用本标准规定浓度以外的标准滴定溶液时，可参考本标准中相应标准滴定溶液的制备方法进行配制和标定。

3.10 贮存：

a) 除另有规定外，标准滴定溶液在 10～30℃下，密封保存时间一般不超过 6 个月；碘标准滴定溶液、亚硝酸钠标准滴定溶液[$c(NaNO_2)$=0.1 mol/L]密封保存时间为 4 个月；高氯酸标准滴定溶液、氢氧化钾-乙醇标准滴定溶液、硫酸铁(Ⅲ)铵标准滴定溶液密封保存时间为 2 个月。超过保存时间的标准滴定溶液进行复标定后可以继续使用。

b) 标准滴定溶液在 10～30℃下，开封使用过的标准滴定溶液保存时间一般不超过 2 个月(倾出溶液后立即盖紧)；碘标准滴定溶液、氢氧化钾-乙醇标准滴定溶液一般不超过 1 个月；亚硝酸钠标准滴定溶液[$c(NaNO_2)$=0.1 mol/L]一般不超过 15 d；高氯酸标准滴定溶液开封后当天使用。

c) 当标准滴定溶液出现浑浊、沉淀、颜色变化等现象时，应重新制备。

3.11 贮存标准滴定溶液的容器，其材料不应与溶液起理化作用，壁厚最薄处不小于 0.5 mm。

3.12 本标准中所用溶液以“%”表示的除“乙醇(95%)”外其他均为质量分数。

4 标准滴定溶液的配制与标定

4.1 氢氧化钠标准滴定溶液

4.1.1 配制

称取 110 g 氢氧化钠，溶于 100 mL 无二氧化碳的水中，摇匀，注入聚乙烯容器中，密闭放置至溶液清亮。按表 1 的规定量，用塑料管量取上层清液，用无二氧化碳的水稀释至 1000 mL，摇匀。

表 1

氢氧化钠标准滴定溶液的浓度 $c(NaOH)/(mol/L)$	氢氧化钠溶液的体积 V/mL
1	54
0.5	27
0.1	5.4

4.1.2 标定

按表 2 的规定量，称取于 105～110℃电烘箱中干燥至恒量的工作基准试剂邻苯二甲酸氢钾，加无二氧化碳的水溶解，加 2 滴酚酞指示液（10 g/L），用配制的氢氧化钠溶液滴定至溶液呈粉红色，并保持 30 s。同时做空白试验。

表 2

氢氧化钠标准滴定溶液的浓度 $c(NaOH)/(mol/L)$	工作基准试剂邻苯二甲酸氢钾的质量 m/g	无二氧化碳水的体积 V/mL
1	7.5	80
0.5	3.6	80
0.1	0.75	50

氢氧化钠标准滴定溶液的浓度[$c(NaOH)$]，按式（1）计算：

$$c(NaOH)=\frac{m\times1000}{(V_1-V_2)\times M} \quad \cdots\cdots (1)$$

式中：m——邻苯二甲酸氢钾质量，单位为克（g）；

V_1——氢氧化钠溶液体积，单位为毫升（mL）；

V_2——空白试验消耗氢氧化钠溶液体积，单位为毫升（mL）；

M——邻苯二甲酸氢钾的摩尔质量，单位为克每摩尔（g/mol）[$M(KHC_8H_4O_4)=204.22$]。

4.2 盐酸标准滴定溶液

4.2.1 配制

按表 3 的规定量，量取盐酸，注入 1000 mL 水中，摇匀。

表 3

盐酸标准滴定溶液的浓度 $c(HCl)/(mol/L)$	盐酸的体积 V/mL
1	90
0.5	45
0.1	9

4.2.2 标定

按表 4 的规定量，称取于 270～300℃高温炉中灼烧至恒量的工作基准试剂无水碳酸钠，溶于 50 mL 水中，加 10 滴溴甲酚绿-甲基红指示液，用配制的盐酸溶液滴定至溶液由绿色变为暗红色，煮沸 2 min，加盖具钠石灰管的橡胶塞，冷却，继续滴定至溶液再呈暗红色。同时做空白试验。

表 4

盐酸标准滴定溶液的浓度 $c(HCl)/(mol/L)$	工作基准试剂无水碳酸钠的质量 m/g
1	1.9
0.5	0.95
0.1	0.2

盐酸标准滴定溶液的浓度[$c(HCl)$]，按式(2)计算：

$$c(NaOH)=\frac{m\times1000}{(V_1-V_2)\times M} \qquad \cdots\cdots\cdots\cdots (2)$$

式中：m——无水碳酸钠质量，单位为克(g)；

V_1——盐酸溶液体积，单位为毫升(mL)；

V_2——空白试验消耗盐酸溶液体积，单位为毫升(mL)；

M——无水碳酸钠的摩尔质量，单位为克每摩尔(g/mol)[$M(1/2Na_2CO_3)=52.994$]。

4.3 硫酸标准滴定溶液

4.3.1 配制

按表 5 的规定量，量取硫酸，缓缓注入 1000 mL 水中，冷却，摇匀。

表 5

硫酸标准滴定溶液的浓度 $c(1/2H_2SO_4)/(mol/L)$	硫酸的体积 V/mL
1	30
0.5	15
0.1	3

4.3.2 标定

按表 6 的规定量，称取于 270～300℃ 高温炉中灼烧至恒量的工作基准试剂无水碳酸钠，溶于 50 mL 水中，加 10 滴溴甲酚绿—甲基红指示液，用配制的硫酸溶液滴定至溶液由绿色变为暗红色，煮沸 2 min，加盖具钠石灰管的橡胶塞，冷却，继续滴定至溶液再呈暗红色。同时做空白试验。

表 6

硫酸标准滴定溶液的浓度 $c(1/2H_2SO_4)/(mol/L)$	工作基准试剂无水碳酸钠的质量 m/g
1	1.9
0.5	0.95
0.1	0.2

硫酸标准滴定溶液的浓度[$c(1/2H_2SO_4)$]，按式(3)计算：

$$c\left(\frac{1}{2}H_2SO_4\right)=\frac{m\times 1000}{(V_1-V_2)\times M} \cdots\cdots (3)$$

式中：m——无水碳酸钠质量，单位为克(g)；

V_1——硫酸溶液体积，单位为毫升(mL)；

V_2——空白试验消耗硫酸溶液体积，单位为毫升(mL)；

M——无水碳酸钠的摩尔质量，单位为克每摩尔(g/mol)[$M(1/2Na_2CO_3)=52.994$]。

4.4 碳酸钠标准滴定溶液

4.4.1 方法一

4.4.1.1 配制

按表7的规定量，称取无水碳酸钠，溶于1000 mL水中，摇匀。

表7

碳酸钠标准滴定溶液的浓度 $c(1/2Na_2CO_3)$/(mol/L)	无水碳酸钠的质量 m/g
1	53
0.1	5.3

4.4.1.2 标定

量取35.00 mL～40.00 mL配制的碳酸钠溶液，加表8规定量的水，加10滴溴甲酚绿一甲基红指示液，用表8规定的相应浓度的盐酸标准滴定溶液滴定至溶液由绿色变为暗红色，煮沸2 min，加盖具钠石灰管的橡胶塞，冷却，继续滴定至溶液再呈暗红色。同时做空白试验。

表8

碳酸钠标准滴定溶液的浓度 $c(1/2Na_2CO_3)$/(mol/L)	水的加入量 V/mL	盐酸标准滴定溶液的浓度 $c(HCl)$/(mol/L)
1	50	1
0.1	20	0.1

碳酸钠标准滴定溶液的浓度[$c(1/2Na_2CO_3)$]，按式(4)计算：

$$c\left(\frac{1}{2}Na_2CO_3\right)=\frac{(V_1-V_2)\times c_1}{V} \cdots\cdots (4)$$

式中：V_1——盐酸标准滴定溶液体积，单位为毫升(mL)；

V_2——空白试验消耗盐酸标准滴定溶液体积，单位为毫升(mL)；

c_1——盐酸标准滴定溶液浓度，单位为摩尔每升(mol/L)；

V——碳酸钠溶液体积，单位为毫升(mL)。

4.4.2 方法二

按表9的规定量，称取于270～300℃高温炉中灼烧至恒量的工作基准试剂无水碳酸钠，溶于水，移入1000 mL容量瓶中，稀释至刻度。

表9

碳酸钠标准滴定溶液的浓度 $c(1/2Na_2CO_3)$/(mol/L)	工作基准试剂无水碳酸钠的质量 m/g
1	53.00±1.00
0.1	5.3±0.20

碳酸钠标准滴定溶液的浓度[$c(1/2Na_2CO_3)$]，按式(5)计算：

$$c\left(\frac{1}{2}Na_2CO_3\right)=\frac{m\times1000}{V\times M} \quad (5)$$

式中：m——无水碳酸钠质量，单位为克(g)；

V——无水碳酸钠溶液体积，单位为毫升(mL)；

M——无水碳酸钠的摩尔质量，单位为克每摩尔(g/mol)[$M(1/2Na_2CO_3)=52.994$]。

4.5 重铬酸钾标准滴定溶液[$c(1/6K_2Cr_2O_7)=0.1$ mol/L]

4.5.1 方法一

4.5.1.1 配制

称取5 g重铬酸钾，溶于1000 mL水中，摇匀。

4.5.1.2 标定

量取35.00 mL～40.00 mL配制的重铬酸钾溶液，置于碘量瓶中，加2 g碘化钾及20 mL硫酸溶液(20%)，摇匀，于暗处放置10 min。加150 mL水(15～20℃)，用硫代硫酸钠标准滴定溶液[$c(Na_2S_2O_3)=0.1$ mol/L]滴定，近终点时加2 mL淀粉指示液(10 g/L)，继续滴定至溶液由蓝色变为亮绿色。同时做空白试验。

重铬酸钾标准滴定溶液的浓度[$c(1/6K_2Cr_2O_7)$]，按式(6)计算：

$$c\left(\frac{1}{6}K_2Cr_2O_7\right)=\frac{(V_1-V_2)\times c_1}{V} \quad (6)$$

式中：V_1——硫代硫酸钠标准滴定溶液体积，单位为毫升(mL)；

V_2——空白试验消耗硫代硫酸钠标准滴定溶液体积，单位为毫升(mL)；

c_1——硫代硫酸钠标准滴定溶液浓度，单位为摩尔每升(mol/L)；

V——重铬酸钾溶液体积，单位为毫升(mL)。

4.5.2 方法二

称取4.90 g±0.20 g已于120℃±2℃的电烘箱中干燥至恒量的工作基准试剂重铬酸钾，溶于水，移入1000 mL容量瓶中，稀释至刻度。

重铬酸钾标准滴定溶液的浓度[$c(1/6K_2Cr_2O_7)$]，按式(7)计算：

$$c\left(\frac{1}{6}K_2Cr_2O_7\right)=\frac{m\times 1000}{V\times M} \cdots\cdots (7)$$

式中：m——重铬酸钾质量，单位为克(g)；

V——重铬酸钾溶液体积，单位为毫升(mL)；

M——重铬酸钾的摩尔质量，单位为克每摩尔(g/mol)[$M(1/6K_2Cr_2O_7)=49.031$]。

4.6 硫代硫酸钠标准滴定溶液[$c(Na_2S_2O_3)=0.1$ mol/L]

4.6.1 配制

称取 26 g 五水合硫代硫酸钠(或 16 g 无水硫代硫酸钠)，加 0.2 g 无水碳酸钠，溶于 1000 mL 水中，缓缓煮沸 10 min，冷却。放置 2 周后用 4 号玻璃滤锅过滤。

4.6.2 标定

称取 0.18 g 已于 120℃±2℃干燥至恒量的工作基准试剂重铬酸钾，置于碘量瓶中，溶于 25 mL 水，加 2 g 碘化钾及 20 mL 硫酸溶液(20%)，摇匀，于暗处放置 10 min。加 150 mL 水(15℃～20℃)，用配制的硫代硫酸钠溶液滴定，近终点时加 2 mL 淀粉指示液(10 g/L)，继续滴定至溶液由蓝色变为亮绿色。同时做空白试验。

硫代硫酸钠标准滴定溶液的浓度[$c(Na_2S_2O_3)$]，按式(8)计算：

$$c(Na_2S_2O_3)=\frac{m\times 1000}{(V_1-V_2)\times M} \cdots\cdots (8)$$

式中：m——重铬酸钾质量，单位为克(g)；

V_1——硫代硫酸钠溶液体积，单位为毫升(mL)；

V_2——空白试验消耗硫代硫酸钠溶液体积，单位为毫升(mL)；

M——重铬酸钾的摩尔质量，单位为克每摩尔(g/mol)[$M(1/6K_2Cr_2O_7)=49.031$]。

4.7 溴标准滴定溶液[$c(1/2Br_2)=0.1$ mol/L]

4.7.1 配制

称取 3 g 溴酸钾和 25 g 溴化钾，溶于 1000 mL 水中，摇匀。

4.7.2 标定

量取 35.00 mL～40.00 mL 配制的溴溶液，置于碘量瓶中，加 2 g 碘化钾及 5 mL 盐酸溶液(20%)，摇匀，于暗处放置 5 min。加 150 mL 水(15～20℃)，用硫代硫酸钠标准滴定溶液[$c(Na_2S_2O_3)=0.1$ mol/L]滴定，近终点时加 2 mL 淀粉指示液(10 g/L)，继续滴定至溶液蓝色消失。同时做空白试验。

溴标准滴定溶液的浓度[$c(1/2Br_2)$]，按式(9)计算：

$$c\left(\frac{1}{2}Br_2\right)=\frac{(V_1-V_2)\times c_1}{V} \cdots\cdots (9)$$

式中：V_1——硫代硫酸钠标准滴定溶液体积，单位为毫升(mL)；

V_2——空白试验消耗硫代硫酸钠标准滴定溶液体积，单位为毫升(mL)；

c_1——硫代硫酸钠标准滴定溶液浓度，单位为摩尔每升(mol/L)；

V——溴溶液体积，单位为毫升(mL)。

4.8　溴酸钾标准滴定溶液[$c(1/6KBrO_3)$=0.1 mol/L]

4.8.1　配制

称取 3 g 溴酸钾，溶于 1000 mL 水中，摇匀。

4.8.2　标定

量取 35.00 mL～40.00 mL 配制的溴酸钾溶液，置于碘量瓶中，加 2 g 碘化钾及 5 mL 盐酸溶液(20%)，摇匀，于暗处放置 5 min。加 150 mL 水(15～20℃)，用硫代硫酸钠标准滴定溶液[$c(Na_2S_2O_3)$=0.1 mol/L]滴定，近终点时加 2 mL 淀粉指示液(10 g/L)，继续滴定至溶液蓝色消失。同时做空白试验。

溴酸钾标准滴定溶液的浓度[$c(1/6KBrO_3)$]，按式(10)计算：

$$c\left(\frac{1}{6}KBrO_3\right)=\frac{(V_1-V_2)\times c_1}{V} \qquad (10)$$

式中：V_1——硫代硫酸钠标准滴定溶液体积，单位为毫升(mL)；

V_2——空白试验消耗硫代硫酸钠标准滴定溶液体积，单位为毫升(mL)；

c_1——硫代硫酸钠标准滴定溶液浓度，单位为摩尔每升(mol/L)；

V——溴酸钾溶液体积，单位为毫升(mL)。

4.9　碘标准滴定溶液[$c(1/2I_2)$=0.1 mol/L]

4.9.1　配制

称取 13 g 碘和 35 g 碘化钾，溶于 100 mL 水中，置于棕色瓶中，放置 2 天，稀释至 1000 mL，摇匀。

4.9.2　标定

4.9.2.1　方法一

称取 0.18 g 已于硫酸干燥器中干燥至恒量的工作基准试剂三氧化二砷，置于碘量瓶中，加 6 mL 氢氧化钠标准滴定溶液[$c(NaOH)$=1 mol/L]溶解，加 50 mL 水，加 2 滴酚酞指示液(10 g/L)，用硫酸标准滴定溶液[$c(1/2H_2SO_4)$=1 mol/L]滴定至溶液无色，加 3 g 碳酸氢钠及 2 mL 淀粉指示液(10 g/L)，用配制的碘溶液滴定至溶液呈浅蓝色。同时做空白试验。

碘标准滴定溶液的浓度[$c(1/2I_2)$]，按式(11)计算：

$$c\left(\frac{1}{2}I_2\right)=\frac{m\times 1000}{(V_1-V_2)\times M} \qquad (11)$$

式中：m——三氧化二砷质量，单位为克(g)；

V_1——碘溶液体积，单位为毫升(mL)；

V_2——空白试验消耗碘溶液体积，单位为毫升(mL)；

M——三氧化二砷的摩尔质量，单位为克每摩尔(g/mol)[$M(1/4As_2O_3)$=49.460]。

4.9.2.2　方法二

量取 35.00 mL～40.00 mL 配制的碘溶液，置于碘量瓶中，加 150 mL 水(15～20℃)，加 5 mL 盐酸溶液[$c(HCl)$=0.1 mol/L]，用硫代硫酸钠标准滴定溶液[$c(Na_2S_2O_3)$=

0.1 mol/L]滴定，近终点时加 2 mL 淀粉指示液(10 g/L)，继续滴定至溶液蓝色消失。

同时做水所消耗碘的空白试验：取 250 mL 水(15～20℃)，加 5 mL 盐酸溶液[c(HCl)＝0.1 mol/L]，加 0.05 mL～0.20 mL 配制的碘溶液及 2 mL 淀粉指示液(10 g/L)，用硫代硫酸钠标准滴定溶液[$c(Na_2S_2O_3)$＝0.1 mol/L]滴定至溶液蓝色消失。

碘标准滴定溶液的浓度[$c(1/2I_2)$]，按式(12)计算：

$$c\left(\frac{1}{2}I_2\right)=\frac{(V_1-V_2)\times c_1}{V_3-V_4} \quad\cdots\cdots(12)$$

式中：V_1——硫代硫酸钠标准滴定溶液体积，单位为毫升(mL)；

V_2——空白试验消耗硫代硫酸钠标准滴定溶液体积，单位为毫升(mL)；

c_1——硫代硫酸钠标准滴定溶液浓度，单位为摩尔每升(mol/L)；

V_3——碘溶液体积，单位为毫升(mL)；

V_4——空白试验中加入碘溶液体积，单位为毫升(mL)。

4.10 碘酸钾标准滴定溶液

4.10.1 方法一

4.10.1.1 配制

按表 10 的规定量，称取碘酸钾，溶于 1000 mL 水中，摇匀。

表 10

碘酸钾标准滴定溶液的浓度 $c(1/6KIO_3)$/(mol/L)	碘酸钾的质量 m/g
0.3	11
0.1	3.6

4.10.1.2 标定

按表 11 的规定量，量取配制的碘酸钾溶液、水及碘化钾，置于碘量瓶中，加 5 mL 盐酸溶液(20%)，摇匀，于暗处放置 5 min。加 150 mL 水(15～20℃)，用硫代硫酸钠标准滴定溶液[$c(Na_2S_2O_3)$＝0.1 mol/L]滴定，近终点时加 2 mL 淀粉指示液(10 g/L)，继续滴定至溶液蓝色消失。同时做空白试验。

表 11

碘酸钾标准滴定溶液的浓度 $c(1/6KIO_3)$/(mol/L)	碘酸钾溶液的体积 V/mL	水的体积 V/mL	碘化钾的质量 m/g
0.3	11.00～13.00	20	3
0.1	35.00～40.00	0	2

碘酸钾标准滴定溶液的浓度[$c(1/6KIO_3)$]，按式(13)计算：

$$c\left(\frac{1}{6}KIO_3\right)=\frac{(V_1-V_2)\times c_1}{V} \quad\cdots\cdots(13)$$

式中：V_1——硫代硫酸钠标准滴定溶液体积，单位为毫升（mL）；

V_2——空白试验消耗硫代硫酸钠标准滴定溶液体积，单位为毫升（mL）；

c_1——硫代硫酸钠标准滴定溶液浓度，单位为摩尔每升（mol/L）；

V——碘酸钾溶液体积，单位为毫升（mL）。

4.10.2 方法二

按表 12 的规定量，称取已于 180℃±2℃ 的电烘箱中干燥至恒量的工作基准试剂碘酸钾，溶于水，移入 1000 mL 容量瓶中，稀释至刻度。

表 12

碘酸钾标准滴定溶液的浓度 $c(1/6KIO_3)$/(mol/L)	工作基准试剂碘酸钾的质量 m/g
0.3	10.70±0.50
0.1	3.57±0.15

碘酸钾标准滴定溶液的浓度[$c(1/6KIO_3)$]，按式（14）计算：

$$c\left(\frac{1}{6}KIO_3\right)=\frac{m\times1000}{V\times M} \qquad (14)$$

式中：m——碘酸钾质量，单位为克（g）；

V——碘酸钾溶液体积，单位为毫升（mL）；

M——碘酸钾的摩尔质量，单位为克每摩尔（g/mol）[$M(1/6KIO_3)=35.667$]。

4.11 草酸（或草酸钠）标准滴定溶液[$c(1/2H_2C_2O_4)=0.1$ mol/L 或 $c(1/2Na_2C_2O_4)=0.1$ mol/L]

4.11.1 方法一

4.11.1.1 配制

称取 6.4 g 二水合草酸（或 6.7 g 草酸钠），溶于 1000 mL 水中，摇匀。

4.11.1.2 标定

量取 35.00 mL～40.00 mL 配制的草酸（或草酸钠）溶液，加 100 mL 硫酸溶液（8+92），用高锰酸钾标准滴定溶液[$c(1/5KMnO_4)=0.1$ mol/L]滴定，近终点时加热至约 65℃，继续滴定至溶液呈粉红色，并保持 30 s。同时做空白试验。

草酸（或草酸钠）标准滴定溶液的浓度[$c(1/2H_2C_2O_4)$ 或 $c(1/2Na_2C_2O_4)$]，按式（15）计算：

$$c=\frac{(V_1-V_2)\times c_1}{V} \qquad (15)$$

式中：V_1——高锰酸钾标准滴定溶液体积，单位为毫升（mL）；

V_2——空白试验消耗高锰酸钾标准滴定溶液体积，单位为毫升（mL）；

c_1——高锰酸钾标准滴定溶液浓度，单位为摩尔每升（mol/L）；

V——草酸（或草酸钠）溶液体积，单位为毫升（mL）。

4.11.2 方法二

称取 6.70 g±0.30 g 已于 105℃±2℃ 的电烘箱中干燥至恒量的工作基准试剂草酸钠，

溶于水，移入 1000 mL 容量瓶中，稀释至刻度。

草酸钠标准滴定溶液的浓度[$c(1/2Na_2C_2O_4)$]，按式(16)计算：

$$c\left(\frac{1}{2}Na_2C_2O_4\right)=\frac{m\times1000}{V\times M} \quad (16)$$

式中：m——草酸钠质量，单位为克(g)；

V——草酸钠溶液体积，单位为毫升(mL)；

M——草酸钠的摩尔质量，单位为克每摩尔(g/mol)[$M(1/2Na_2C_2O_4)=66.999$]。

4.12 高锰酸钾标准滴定溶液[$c(1/5KMnO_4)=0.1$ mol/L]

4.12.1 配制

称取 3.3 g 高锰酸钾，溶于 1050 mL 水中，缓缓煮沸 15 min，冷却，于暗处放置 2 周，用已处理过的 4 号玻璃滤埚（在同样浓度的高锰酸钾溶液中缓缓煮沸 5 min）过滤。贮存于棕色瓶中。

4.12.2 标定

称取 0.25 g 已于 105～110℃电烘箱中干燥至恒量的工作基准试剂草酸钠，溶于100 mL 硫酸溶液(8+92)中，用配制的高锰酸钾溶液滴定，近终点时加热至约 65℃，继续滴定至溶液呈粉红色，并保持 30 s。同时做空白试验。

高锰酸钾标准滴定溶液的浓度[$c(1/5KMnO_4)$]，按式(17)计算：

$$c\left(\frac{1}{5}KMnO_4\right)=\frac{m\times1000}{(V_1-V_2)\times M} \quad (17)$$

式中：m——草酸钠质量，单位为克(g)；

V_1——高锰酸钾溶液体积，单位为毫升(mL)；

V_2——空白试验消耗高锰酸钾溶液体积，单位为毫升(mL)；

M——草酸钠的摩尔质量，单位为克每摩尔(g/mol)[$M(1/2Na_2C_2O_4)=66.999$]。

4.13 硫酸铁(Ⅱ)铵标准滴定溶液{$c[(NH_4)_2Fe(SO_4)_2]=0.1$ mol/L}

4.13.1 制剂配制

4.13.1.1 硫磷混酸溶液

于 100 mL 水中缓慢加入 150 mL 硫酸和 150 mL 磷酸，摇匀，冷却至室温，用高锰酸钾溶液调至微红色。

4.13.1.2 N-苯代邻氨基苯甲酸指示液(2 g/L)(临用前配制)

称取 0.2 gN-苯代邻氨基苯甲酸，溶于少量水，加 0.2 g 无水碳酸钠，温热溶解，稀释至 100 mL。

4.13.2 配制

称取 40 g 六水合硫酸铁(Ⅱ)铵，溶于 300 mL 硫酸溶液(20%)中，加 700 mL 水，摇匀。

4.13.3 标定(临用前标定)

4.13.3.1 方法一

称取 0.18 g 已于 120℃±2℃电烘箱中干燥至恒量的工作基准试剂重铬酸钾，溶于

25 mL水中，加 10 mL 硫磷混酸溶液，加 70 mL 水，用配制的硫酸铁（Ⅱ）铵溶液滴定至橙黄色消失，加 2 滴 N-苯代邻氨基苯甲酸指示液（2 g/L），继续滴定至溶液由紫红色变为亮绿色。

硫酸铁（Ⅱ）铵标准滴定溶液的浓度$\{c[(NH_4)_2Fe(SO_4)_2]\}$，按式（18）计算：

$$c[(NH_4)_2Fe(SO_4)_2]=\frac{m\times 1000}{V\times M} \qquad (18)$$

式中：m——重铬酸钾质量，单位为克（g）；

V——硫酸铁（Ⅱ）铵溶液体积，单位为毫升（mL）；

M——重铬酸钾的摩尔质量，单位为克每摩尔（g/mol）$[M(1/6K_2Cr_2O_7)=49.031]$。

4.13.3.2 方法二

量取 35.00 mL～40.00 mL 配制的硫酸铁（Ⅱ）铵溶液，加 25 mL 无氧的水，用高锰酸钾标准滴定溶液$[c(1/5KMnO_4)=0.1\ mol/L]$滴定至溶液呈粉红色，并保持 30 s。同时做空白试验。

硫酸铁（Ⅱ）铵标准滴定溶液的浓度$\{c[(NH_4)_2Fe(SO_4)_2]\}$，按式（19）计算：

$$c[(NH_4)_2Fe(SO_4)_2]=\frac{(V_1-V_2)\times c_1}{V} \qquad (19)$$

式中：V_1——高锰酸钾标准滴定溶液体积，单位为毫升（mL）；

V_2——空白试验消耗高锰酸钾标准滴定溶液体积，单位为毫升（mL）；

c_1——高锰酸钾标准滴定溶液浓度，单位为摩尔每升（mol/L）；

V——硫酸铁（Ⅱ）铵溶液体积，单位为毫升（mL）。

4.14 硫酸铈（或硫酸铈铵）标准滴定溶液$\{c[Ce(SO_4)_2]=0.1\ mol/L$ 或 $c[2(NH_4)_2SO_4\cdot Ce(SO_4)_2]=0.1\ mol/L\}$

4.14.1 配制

称取 40 g 四水合硫酸铈（或 67 g 硫酸铈铵），加 30 mL 水及 28 mL 硫酸，再加 300 mL 水，加热溶解，再加 650 mL 水，摇匀。

4.14.2 标定

称取 0.25 g 已于 105℃～110℃电烘箱中干燥至恒量的工作基准试剂草酸钠，溶于 75 mL水中，加 4 mL 硫酸溶液（20%）及 10 mL 盐酸，加热至 65～70℃，用配制的硫酸铈（或硫酸铈铵）溶液滴定至溶液呈浅黄色。加入 0.10 mL 1,10-菲啰啉-亚铁指示液使溶液变为橘红色，继续滴定至溶液呈浅蓝色。同时做空白试验。

硫酸铈（或硫酸铈铵）标准滴定溶液的浓度$\{c[Ce(SO_4)_2]=0.1\ mol/L$ 或 $c[2(NH_4)_2SO_4\cdot Ce(SO_4)_2]=0.1\ mol/L\}$，按式（20）计算：

$$c=\frac{m\times 1000}{(V_1-V_2)\times M} \qquad (20)$$

式中：m——草酸钠质量，单位为克（g）；

V_1——硫酸铈（或硫酸铈铵）溶液体积，单位为毫升（mL）；

V_2——空白试验消耗硫酸铈（或硫酸铈铵）溶液体积，单位为毫升（mL）；

M——草酸钠的摩尔质量，单位为克每摩尔（g/mol）$[M(1/2Na_2C_2O_4)=66.999]$。

4.15　乙二胺四乙酸二钠标准滴定溶液

4.15.1　方法一

4.15.1.1　配制

按表 13 的规定量，称取乙二胺四乙酸二钠，加 1000 mL 水，加热溶解，冷却，摇匀。

表 13

乙二胺四乙酸二钠标准滴定溶液的浓度 c(EDTA)/(mol/L)	乙二胺四乙酸二钠的质量 m/g
0.1	40
0.05	20
0.02	8

4.15.1.2　标定

4.15.1.2.1　乙二胺四乙酸二钠标准滴定溶液[c(EDTA)＝0.1 mol/L，c(EDTA)＝0.05 mol/L]

按表 14 的规定量，称取于 800℃±50℃的高温炉中灼烧至恒量的工作基准试剂氧化锌，用少量水湿润，加 2 mL 盐酸溶液(20%)溶解，加 100 mL 水，用氨水溶液(10%)将溶液 pH 调至 7～8，加 10 mL 氨-氯化铵缓冲溶液甲(pH≈10)及 5 滴铬黑 T 指示液(5 g/L)，用配制的乙二胺四乙酸二钠溶液滴定至溶液由紫色变为纯蓝色。同时做空白试验。

表 14

乙二胺四乙酸二钠标准滴定溶液的浓度 c(EDTA)/(mol/L)	工作基准试剂氧化锌的质量 m/g
0.1	0.3
0.05	0.15

乙二胺四乙酸二钠标准滴定溶液的浓度[c(EDTA)]，按式(21)计算：

$$c(\mathrm{EDTA})=\frac{m\times 1000}{(V_1-V_2)\times M} \qquad (21)$$

式中：m——氧化锌质量，单位为克(g)；

V_1——乙二胺四乙酸二钠溶液体积，单位为毫升(mL)；

V_2——空白试验消耗乙二胺四乙酸二钠溶液体积，单位为毫升(mL)；

M——氧化锌的摩尔质量，单位为克每摩尔(g/mol)[M(ZnO)＝81.408]。

4.15.1.2.2　乙二胺四乙酸二钠标准滴定溶液[c(EDTA)＝0.02 mol/L]

称取 0.42 g 于 800℃±50℃的高温炉中灼烧至恒量的工作基准试剂氧化锌，用少量水湿润，加 3 mL 盐酸溶液(20%)溶解，移入 250 mL 容量瓶中，稀释至刻度，摇匀。取 35.00 mL～40.00 mL，加 70 mL 水，用氨水溶液(10%)将溶液 pH 调至 7～8，加 10 mL 氨一氯化铵缓冲溶液甲(pH≈10)及 5 滴铬黑 T 指示液(5 g/L)，用配制的乙二胺四乙酸二钠溶液滴定至溶液由紫色变为纯蓝色。同时做空白试验。

乙二胺四乙酸二钠标准滴定溶液的浓度[c(EDTA)]，按式(22)计算：

$$c(\mathrm{EDTA})=\frac{m\times\left(\frac{V_1}{250}\right)\times 1000}{(V_2-V_3)\times M} \quad \cdots\cdots (22)$$

式中：m——氧化锌质量，单位为克(g)；

V_1——氧化锌溶液体积，单位为毫升(mL)；

V_2——乙二胺四乙酸二钠溶液体积，单位为毫升(mL)；

V_3——空白试验消耗乙二胺四乙酸二钠溶液体积，单位为毫升(mL)；

M——氧化锌的摩尔质量，单位为克每摩尔(g/mol)[$M(\mathrm{ZnO})=81.408$]。

4.15.2 方法二

按表 15 的规定量，称取经硝酸镁饱和溶液恒湿器中放置 7 d 后的工作基准试剂乙二胺四乙酸二钠，溶于热水中，冷却至室温，移入 1000 mL 容量瓶中，稀释至刻度。

表 15

乙二胺四乙酸二钠标准滴定溶液的浓度 $c(\mathrm{EDTA})$/(mol/L)	工作基准试剂乙二胺四乙酸二钠的质量 m/g
0.1	37.22±0.50
0.05	18.61±0.50
0.02	7.44±0.30

乙二胺四乙酸二钠标准滴定溶液的浓度[$c(\mathrm{EDTA})$]，按式(23)计算：

$$c(\mathrm{EDTA})=\frac{m\times 1000}{V\times M} \quad \cdots\cdots (23)$$

式中：m——乙二胺四乙酸二钠质量，单位为克(g)；

V——乙二胺四乙酸二钠溶液体积，单位为毫升(mL)；

M——乙二胺四乙酸二钠的摩尔质量，单位为克每摩尔(g/mol)[$M(\mathrm{EDTA})=372.24$]。

4.16 氯化锌标准滴定溶液

4.16.1 方法一

4.16.1.1 配制

按表 16 的规定量，称取氯化锌，溶于 1000 mL 盐酸溶液(1+2000)中，摇匀。

表 16

氯化锌标准滴定溶液的浓度 $c(\mathrm{ZnCl_2})$/(mol/L)	氯化锌的质量 m/g
0.1	14
0.05	7
0.02	2.8

4.16.1.2 标定

按表 17 的规定量，称取经硝酸镁饱和溶液恒湿器中放置 7 d 后的工作基准试剂乙二胺四乙酸二钠，溶于 100 mL 热水中，加 10 mL 氨—氯化铵缓冲溶液甲（pH≈10），用配制的氯化锌溶液滴定，近终点时加 5 滴铬黑 T 指示液（5 g/L），继续滴定至溶液由蓝色变为紫红色。同时做空白试验。

表 17

氯化锌标准滴定溶液的浓度 $c(ZnCl_2)$/(mol/L)	工作基准试剂乙二胺四乙酸二钠的质量 m/g
0.1	1.4
0.05	0.7
0.02	0.28

氯化锌标准滴定溶液的浓度[$c(ZnCl_2)$]，按式(24)计算：

$$c(ZnCl_2)=\frac{m\times 1000}{(V_1-V_2)\times M} \qquad (24)$$

式中：m——乙二胺四乙酸二钠质量，单位为克(g)；

V_1——氯化锌溶液体积，单位为毫升(mL)；

V_2——空白试验消耗氯化锌溶液体积，单位为毫升(mL)；

M——乙二胺四乙酸二钠的摩尔质量，单位为克每摩尔(g/mol)[M(EDTA)=372.24]。

4.16.2 方法二

按表 18 的规定量，称取于 800℃±50℃的高温炉中灼烧至恒量的工作基准试剂氧化锌，用少量水湿润，加表 18 的规定量的盐酸溶液（20%）溶解，移入 1000 mL 容量瓶中，稀释至刻度。

表 18

氯化锌标准滴定溶液的浓度 $c(ZnCl_2)$/(mol/L)	工作基准试剂氧化锌的质量 m/g	盐酸溶液（20%）体积 V/mL
0.1	8.14±0.40	36.0
0.05	4.07±0.20	18.0
0.02	1.63±0.08	7.2

氯化锌标准滴定溶液的浓度[$c(ZnCl_2)$]，按式(25)计算：

$$c(ZnCl_2)=\frac{m\times 1000}{V\times M} \qquad (25)$$

式中：m——氧化锌质量，单位为克(g)；

V——氧化锌溶液体积，单位为毫升(mL)；

M——氧化锌的摩尔质量，单位为克每摩尔(g/mol)[$M(ZnO)$=81.408]。

4.17 氯化镁（或硫酸镁）标准滴定溶液[$c(MgCl_2)$=0.1 mol/L 或 $c(MgSO_4)$=0.1 mol/L]

4.17.1 配制

称取 21 g 六水合氯化镁[或 25 g 七水合硫酸镁]，溶于 1000 mL 盐酸溶液（1+2000）中，放置 1 个月后，用 3 号玻璃滤埚过滤。

4.17.2 标定

称取1.4 g经硝酸镁饱和溶液恒湿器中放置7 d后的工作基准试剂乙二胺四乙酸二钠，溶于100 mL热水中，加10 mL氨-氯化铵缓冲溶液甲(pH≈10)，用配制好的氯化镁(或硫酸镁)溶液滴定，近终点时加5滴铬黑T指示液(5 g/L)，继续滴定至溶液由蓝色变为紫红色。同时做空白试验。

氯化镁(或硫酸镁)标准滴定溶液的浓度[$c(MgCl_2)=0.1$ mol/L或$c(MgSO_4)=0.1$ mol/L]，按式(26)计算：

$$c=\frac{m\times 1000}{(V_1-V_2)\times M} \quad \cdots\cdots (26)$$

式中：m——乙二胺四乙酸二钠质量，单位为克(g)；

V_1——氯化镁(或硫酸镁)溶液体积，单位为毫升(mL)；

V_2——空白试验消耗氯化镁(或硫酸镁)溶液体积，单位为毫升(mL)；

M——乙二胺四乙酸二钠的摩尔质量，单位为克每摩尔(g/mol)[M(EDTA)=372.24]。

4.18 硝酸铅标准滴定溶液{$c[Pb(NO_3)_2]=0.05$ mol/L}

4.18.1 配制

称取17 g硝酸铅，溶于1000 mL硝酸溶液(1+2000)中，摇匀。

4.18.2 标定

量取35.00 mL～40.00 mL配制的硝酸铅溶液，加3 mL乙酸(冰醋酸)及5 g六次甲基四胺，加70 mL水及2滴二甲酚橙指示液(2 g/L)，用乙二胺四乙酸二钠标准滴定溶液[c(EDTA)=0.05 mol/L]滴定至溶液呈亮黄色。同时做空白试验。

硝酸铅标准滴定溶液的浓度{$c[Pb(NO_3)_2]$}，按式(27)计算：

$$c[Pb(NO_3)_2]=\frac{(V_1-V_2)\times c_1}{V} \quad \cdots\cdots (27)$$

式中：V_1——乙二胺四乙酸二钠标准滴定溶液体积，单位为毫升(mL)；

V_2——空白试验乙二胺四乙酸二钠标准滴定溶液体积，单位为毫升(mL)；

c_1——乙二胺四乙酸二钠标准滴定溶液浓度，单位为摩尔每升(mol/L)；

V——硝酸铅溶液体积，单位为毫升(mL)。

4.19 氯化钠标准滴定溶液[$c(NaCl)=0.1$ mol/L]

4.19.1 方法一

4.19.1.1 配制

称取5.9 g氯化钠，溶于1000 mL水中，摇匀。

4.19.1.2 标定

按GB/T 9725—2007的规定测定。其中：量取35.00 mL～40.00 mL配制的氯化钠溶液，加40 mL水、10 mL淀粉溶液(10 g/L)，以216型银电极作指示电极，217型双盐桥饱和甘汞电极作参比电极，用硝酸银标准滴定溶液[$c(AgNO_3)=0.1$ mol/L]滴定，按GB/T 9725—2007中6.2.2的规定计算V_0。

氯化钠标准滴定溶液的浓度[$c(NaCl)$]，按式(28)计算：

$$c(NaCl)=\frac{V_0\times c_1}{V} \quad (28)$$

式中：V_0——硝酸银标准滴定溶液体积，单位为毫升(mL)；

c_1——硝酸银标准滴定溶液浓度，单位为摩尔每升(mol/L)；

V——氯化钠溶液体积，单位为毫升(mL)。

4.19.2 方法二

称取 5.84 g±0.30 g 已于 550℃±50℃的高温炉中灼烧至恒量的工作基准试剂氯化钠，溶于水，移入 1000 mL 容量瓶中，稀释至刻度。

氯化钠标准滴定溶液的浓度[$c(NaCl)$]，按式(29)计算：

$$c(NaCl)=\frac{m\times 1000}{V\times M} \quad (29)$$

式中：m——氯化钠质量，单位为克(g)；

V——氯化钠溶液体积，单位为毫升(mL)；

M——氯化钠的摩尔质量，单位为克每摩尔(g/mol)[$M(NaCl)=58.442$]。

4.20 硫氰酸钠(或硫氰酸钾、硫氰酸铵)标准滴定溶液[$c(NaSCN)=0.1$ mol/L，$c(KSCN)=0.1$ mol/L，$c(NH_4SCN)=0.1$ mol/L]

4.20.1 配制

称取 8.2 g 硫氰酸钠(或 9.7 g 硫氰酸钾或 7.9 g 硫氰酸铵)，溶于 1000 mL 水中，摇匀。

4.20.2 标定

4.20.2.1 方法一

按 GB/T 9725—2007 的规定测定。其中：称取 0.6 g 于硫酸干燥器中干燥至恒量的工作基准试剂硝酸银，溶于 90 mL 水中，加 10 mL 淀粉溶液(10 g/L)及 10 mL 硝酸溶液(25%)，以 216 型银电极作指示电极，217 型双盐桥饱和甘汞电极作参比电极，用配制的硫氰酸钠(或硫氰酸钾或硫氰酸铵)溶液滴定，按 GB/T 9725—2007 中 6.2.2 的规定计算 V_0。

硫氰酸钠(或硫氰酸钾或硫氰酸铵)标准滴定溶液的浓度(c)，按式(30)计算：

$$c=\frac{m\times 1000}{V_0\times M} \quad (30)$$

式中：m——硝酸银质量，单位为克(g)；

V_0——硫氰酸钠(或硫氰酸钾或硫氰酸铵)溶液体积，单位为毫升(mL)；

M——硝酸银的摩尔质量，单位为克每摩尔(g/mol)[$M(AgNO_3)=169.87$]。

4.20.2.2 方法二

按 GB/T 9725—2007 的规定测定。其中：量取 35.00 mL～40.00 mL 硝酸银标准滴定溶液[$c(AgNO_3)=0.1$ mol/L]，加 60 mL 水、10 mL 淀粉溶液(10 g/L)及 10 mL 硝酸溶液(25%)，以 216 型银电极作指示电极，217 型双盐桥饱和甘汞电极作参比电极，用配制的硫氰酸钠(或硫氰酸钾或硫氰酸铵)溶液滴定，按 GB/T 9725—2007 中 6.2.2 的规定计算 V_0。

硫氰酸钠(或硫氰酸钾或硫氰酸铵)标准滴定溶液的浓度(c)，按式(31)计算：

$$c=\frac{V_0\times c_1}{V} \quad \cdots\cdots (31)$$

式中：V_0——硝酸银标准滴定溶液体积，单位为毫升(mL)；

c_1——硝酸银标准滴定溶液浓度，单位为摩尔每升(mol/L)；

V——硫氰酸钠(或硫氰酸钾或硫氰酸铵)溶液体积，单位为毫升(mL)。

4.21 硝酸银标准滴定溶液[$c(AgNO_3)$=0.1 mol/L]

4.21.1 配制

称取 17.5 g 硝酸银，溶于 1000 mL 水中，摇匀。溶液贮存于密闭的棕色瓶中。

4.21.2 标定

按 GB/T 9725—2007 的规定测定。其中：称取 0.22 g 于 500～600℃的高温炉中灼烧至恒量的工作基准试剂氯化钠，溶于 70 mL 水中，加 10 mL 淀粉溶液(10 g/L)，以 216 型银电极作指示电极，217 型双盐桥饱和甘汞电极作参比电极，用配制的硝酸银溶液滴定。按 GB/T 9725—2007 中 6.2.2 的规定计算 V_0。

硝酸银标准滴定溶液的浓度[$c(AgNO_3)$]，按式(32)计算：

$$c(AgNO_3)=\frac{m\times 1000}{V_0\times M} \quad \cdots\cdots (32)$$

式中：m——氯化钠质量，单位为克(g)；

V_0——硝酸银溶液体积，单位为毫升(mL)；

M——氯化钠的摩尔质量，单位为克每摩尔(g/mol)[$M(NaCl)$=58.442]。

4.22 硝酸汞标准滴定溶液

4.22.1 配制

按表 19 的规定量，称取硝酸汞或氧化汞，置于 250 mL 烧杯中，加入硝酸溶液(1+1)及少量水溶解，必要时过滤，稀释至 1000 mL，摇匀。溶液贮存于密闭的棕色瓶中。

表 19

硝酸汞标准滴定溶液的浓度 $c[1/2Hg(NO_3)_2]$/(mol/L)	硝酸汞的质量 m/g	硝酸(1+1) V/mL	氧化汞的质量 m/g	硝酸(1+1) V/mL
0.1	17.2	7	10.9	20
0.05	8.6	4	5.5	10

4.22.2 标定

按表 20 的规定量，称取于 500～600℃的高温炉中灼烧至恒量的工作基准试剂氯化钠，溶于 100 mL 水中，加 3 滴～4 滴溴酚蓝指示液，若溶液颜色呈蓝紫色，滴加硝酸溶液(8+92)至溶液变为黄色，再过量 5 滴～6 滴；若溶液颜色呈黄色，则滴加氢氧化钠溶液(40 g/L)至溶液变为蓝紫色，再滴加硝酸溶液(8+92)至溶液变为黄色，再过量 5 滴～6 滴。加 10 滴新配制的二苯偶氮碳酰肼指示液(5 g/L 乙醇溶液)，用配制的硝酸汞溶液滴定至溶液由黄色变为紫红色。同时做空白试验。(收集废液，处理方法参见附录 E。)

表 20

硝酸汞标准滴定溶液的浓度 $c[1/2Hg(NO_3)_2]$/(mol/L)	工作基准试剂氯化钠的质量 m/g
0.1	0.2
0.05	0.1

硝酸汞标准滴定溶液的浓度$\{c[1/2Hg(NO_3)_2]\}$，按式(33)计算：

$$c\left(\frac{1}{2}Hg(NO_3)_2\right)=\frac{m\times1000}{V_0\times M} \cdots\cdots (33)$$

式中：m——氯化钠质量，单位为克(g)；

V_0——硝酸汞溶液体积，单位为毫升(mL)；

M——氯化钠的摩尔质量，单位为克每摩尔(g/mol)[$M(NaCl)=58.442$]。

4.23 亚硝酸钠标准滴定溶液

4.23.1 配制

按表 21 的规定量，称取亚硝酸钠、氢氧化钠及无水碳酸钠，溶于 1000 mL 水中，摇匀。

表 21

亚硝酸钠标准滴定溶液的浓度 $c(NaNO_2)$/(mol/L)	亚硝酸钠的质量 m/g	氢氧化钠的质量 m/g	无水碳酸钠的质量 m/g
0.5	36	0.5	1
0.1	7.2	0.1	0.2

4.23.2 标定[$c(NaNO_2)=0.5$ mol/L 需临用前标定]

4.23.2.1 方法一

按表 22 的规定量，称取于 120℃±2℃的电烘箱中干燥至恒量的工作基准试剂无水对氨基苯磺酸，加氨水溶解，加 200 mL 水(冰水)及 20 mL 盐酸，按永停滴定法安装电极和测量仪表(见图 1)。将装有配制的相应浓度的亚硝酸钠溶液的滴管下口插入溶液内约 10 mm 处，在搅拌下进行滴定，近终点时，将滴管的尖端提出液面，用少量水淋洗尖端，洗液并入溶液中，继续缓慢滴定，并观察检流计读数和指针偏转情况，直至加入滴定液搅拌后电流突增，并不再回复时为滴定终点。同时做空白试验。

表 22

亚硝酸钠标准滴定溶液的浓度 $c(NaNO_2)$/(mol/L)	工作基准试剂无水对氨基苯磺酸的质量 m/g	氨水的体积 V/mL
0.5	3	3
0.1	0.6	2

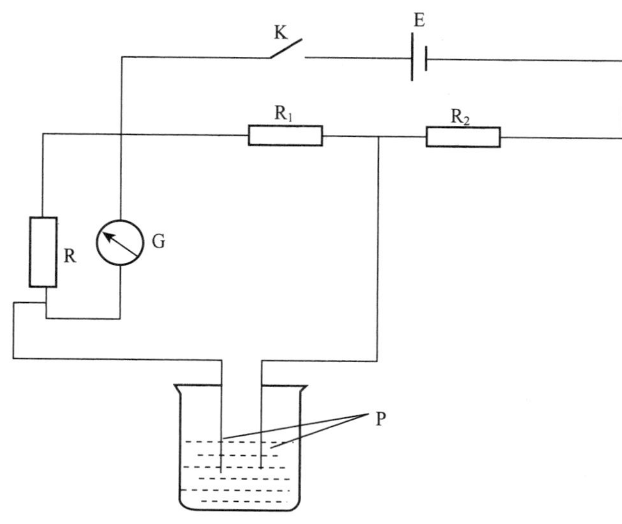

图 1　测量仪表安装示意图

说明：R——电阻（其阻值与检流计临界阻尼电阻值近似）；

R_1——电阻（60 Ω～70 Ω，或用可变电阻，使加于二电极上的电压约为 50 mV）；

R_2——电阻（2000 Ω）；

E——干电池（1.5 V）；

K——开关；

G——检流计（灵敏度为 10～9 A/格）；

P——铂电极。

亚硝酸钠标准滴定溶液的浓度[$c(NaNO_2)$]，按式（34）计算：

$$c(NaNO_2)=\frac{m\times 1000}{(V_1-V_2)\times M} \qquad (34)$$

式中：m——无水对氨基苯磺酸质量，单位为克（g）；

V_1——亚硝酸钠溶液体积，单位为毫升（mL）；

V_2——空白试验消耗亚硝酸钠溶液体积，单位为毫升（mL）；

M——无水对氨基苯磺酸的摩尔质量，单位为克每摩尔（g/mol）{$M[C_6H_4(NH_2)(SO_3H)]=173.19$}。

4.23.2.2　方法二

按表 22 的规定量，称取于 120℃±2℃的电烘箱中干燥至恒量的工作基准试剂无水对氨基苯磺酸，加氨水溶解，加 200 mL 水（冰水）及 20 mL 盐酸。将装有配制的相应浓度的亚硝酸钠溶液的滴管下口插入溶液内约 10 mm 处，在搅拌下进行滴定，近终点时，将滴管的尖端提出液面，用少量水淋洗尖端，洗液并入溶液中，继续慢慢滴定，当淀粉-碘化钾试纸（外用）出现明显蓝色时，放置 5 min，再用试纸试之，如仍产生明显蓝色即为滴定终点。同时做空白试验。

亚硝酸钠标准滴定溶液的浓度[$c(NaNO_2)$]，按式（35）计算：

$$c(NaNO_2)=\frac{m\times 1000}{(V_1-V_2)\times M} \qquad (35)$$

式中：m——无水对氨基苯磺酸质量，单位为克(g)；

V_1——亚硝酸钠溶液体积，单位为毫升(mL)；

V_2——空白试验消耗亚硝酸钠溶液体积，单位为毫升(mL)；

M——无水对氨基苯磺酸的摩尔质量，单位为克每摩尔(g/mol)$\{M[C_6H_4(NH_2)(SO_3H)]=1731.9\}$。

4.24 高氯酸标准滴定溶液[$c(HClO_4)=0.1$ mol/L]

4.24.1 配制

4.24.1.1 方法一

量取 8.7 mL 高氯酸，在搅拌下注入 500 mL 乙酸（冰醋酸）中，混匀。滴加 20 mL 乙酸酐，搅拌至溶液均匀。冷却后用乙酸（冰醋酸）稀释至 1000 mL。

4.24.1.2 方法二[①]

量取 8.7 mL 高氯酸，在搅拌下注入 950 mL 乙酸（冰醋酸）中，混匀。取 5 mL，共两份，用吡啶做溶剂，按 GB/T 606 的规定测定水的质量分数。以二平行测定结果的平均值(ω_1)计算高氯酸溶液中乙酸酐的加入量。滴加计算量的乙酸酐，搅拌均匀。冷却后用乙酸（冰醋酸）稀释至 1000 mL，摇匀。

高氯酸溶液中乙酸酐的加入量(V)，按式(36)计算：

$$V=5320\times\omega_1-2.8 \qquad (36)$$

式中：ω_1——未加乙酸酐的高氯酸溶液中水的质量分数，%。

4.24.2 标定

称取 0.75 g 于 105～110℃的电烘箱中干燥至恒量的工作基准试剂邻苯二甲酸氢钾，置于干燥的锥形瓶中，加入 50 mL 乙酸（冰醋酸），温热溶解。加 3 滴结晶紫指示液(5 g/L)，用配制的高氯酸溶液滴定至溶液由紫色变为蓝色（微带紫色）。同时做空白试验。

标定温度下高氯酸标准滴定溶液的浓度[$c(HClO_4)$]，按式(37)计算：

$$c(HClO_4)=\frac{m\times1000}{(V_1-V_2)\times M} \qquad (37)$$

式中：m——邻苯二甲酸氢钾质量，单位为克(g)；

V_1——高氯酸溶液体积，单位为毫升(mL)；

V_2——空白试验消耗高氯酸溶液体积，单位为毫升(mL)；

M——邻苯二甲酸氢钾的摩尔质量，单位为克每摩尔(g/mol)[$M(KHC_8H_4O_4)=204.22$]。

4.24.3 修正方法

使用时，高氯酸标准滴定溶液的温度应与标定时的温度相同；若其温度差小于 4℃时，应按式(38)将高氯酸标准滴定溶液的浓度修正到使用温度下的浓度；若其温度差大于 4℃时，应重新标定。

① 本方法控制高氯酸标准滴定溶液中的水的质量分数约为 0.05%。

高氯酸标准滴定溶液修正后的浓度[$c_1(HClO_4)$],按式(38)计算:

$$c_1(HClO_4)=\frac{c}{1+0.0011\times(t_1-t)} \quad\cdots\cdots\cdots\cdots (38)$$

式中:c——标定温度下高氯酸标准滴定溶液浓度,单位为摩尔每升(mol/L);

t_1——使用时高氯酸标准滴定溶液温度,单位为摄氏度(℃);

t——标定时高氯酸标准滴定溶液温度,单位为摄氏度(℃);

0.0011——高氯酸标准滴定溶液每改变1℃时的体积膨胀系数,单位为每摄氏度(℃$^{-1}$)。

4.25 氢氧化钾-乙醇标准滴定溶液[$c(KOH)=0.1$ mol/L]

4.25.1 配制

称取约500 g氢氧化钾,置于烧杯中,加约420 mL水溶解,冷却,移入聚乙烯容器中,放置。用塑料管量取7 mL上层清液,用乙醇(95%)稀释至1000 mL,密闭避光放置2 d~4 d至溶液清亮后,用塑料管虹吸上层清液至另一聚乙烯容器中(避光保存或用深色聚乙烯容器)。

4.25.2 标定

称取0.75 g于105~110℃电烘箱中干燥至恒量的工作基准试剂邻苯二甲酸氢钾,溶于50 mL无二氧化碳的水中,加2滴酚酞指示液(10 g/L),用配制的氢氧化钾-乙醇溶液滴定至溶液呈粉红色。同时做空白试验。

氢氧化钾-乙醇标准滴定溶液的浓度[$c(KOH)$],按式(39)计算:

$$c(KOH)=\frac{m\times1000}{(V_1-V_2)\times M} \quad\cdots\cdots\cdots\cdots (39)$$

式中:m——邻苯二甲酸氢钾质量,单位为克(g);

V_1——氢氧化钾-乙醇溶液体积,单位为毫升(mL);

V_2——空白试验消耗氢氧化钾-乙醇溶液体积,单位为毫升(mL);

M——邻苯二甲酸氢钾的摩尔质量,单位为克每摩尔(g/mol)[$M(KHC_8H_4O_4)=204.22$]。

4.26 盐酸-乙醇标准滴定溶液[$c(HCl)=0.5$ mol/L]

4.26.1 配制

量取45 mL盐酸,用乙醇(95%)稀释至1000 mL,摇匀。

4.26.2 标定(临用前标定)

4.26.2.1 方法一

称取0.95 g于270~300℃高温炉中灼烧至恒量的工作基准试剂无水碳酸钠,溶于50 mL水中,加10滴溴甲酚绿-甲基红指示液,用配制的盐酸-乙醇溶液滴定至溶液由绿色变为暗红色,煮沸2 min,加盖具钠石灰管的橡胶塞,冷却,继续滴定至溶液再呈暗红色。同时做空白试验。

盐酸-乙醇标准滴定溶液的浓度[$c(HCl)$],按式(40)计算:

$$c(HCl)=\frac{m\times1000}{(V_1-V_2)\times M} \quad\cdots\cdots\cdots\cdots (40)$$

式中：m——无水碳酸钠质量，单位为克(g)；

V_1——盐酸-乙醇溶液体积，单位为毫升(mL)；

V_2——空白试验消耗盐酸-乙醇溶液体积，单位为毫升(mL)；

M——无水碳酸钠的摩尔质量，单位为克每摩尔(g/mol)[$M(1/2Na_2CO_3)=52.994$]。

4.26.2.2 方法二

量取 35.00 mL～40.00 mL 配制的盐酸-乙醇溶液，加 2 滴酚酞指示液(10 g/L)，用氢氧化钠标准滴定溶液[$c(NaOH)=0.5$ mol/L]滴定至溶液呈粉红色。

盐酸-乙醇标准滴定溶液的浓度[$c(HCl)$]，按式(41)计算：

$$c(HCl)=\frac{V_1\times c_1}{V} \qquad (41)$$

式中：V_1——氢氧化钠标准滴定溶液体积，单位为毫升(mL)；

c_1——氢氧化钠标准滴定溶液浓度，单位为摩尔每升(mol/L)；

V——盐酸一乙醇溶液体积，单位为毫升(mL)。

4.27 硫酸铁(Ⅲ)铵标准滴定溶液{$c[NH_4Fe(SO_4)_2]=0.1$ mol/L}

4.27.1 配制

称取 48 g 十二水合硫酸铁(Ⅲ)铵，加 500 mL 水，缓慢加入 50 mL 硫酸，加热溶解，冷却，稀释至 1000 mL。

4.27.2 标定

量取 35.00 mL～40.00 mL 配制的硫酸铁(Ⅲ)铵溶液，加 10 mL 盐酸溶液(1+1)，加热至近沸，滴加氯化亚锡溶液(400 g/L)至溶液无色，过量 1 滴～2 滴，冷却，加入 10 mL 氯化汞饱和溶液，摇匀，放置 2 min～3 min，加入 10 mL 硫磷混酸溶液(见 4.13.1.1)，稀释至 100 mL，加 1 mL 二苯胺磺酸钠指示液(5 g/L)，用重铬酸钾标准滴定溶液[$c(1/6K_2Cr_2O_7)=0.1$ mol/L]滴定至溶液呈紫色，并保持 30 s。同时做空白试验。(收集废液，处理方法参见附录 E。)

硫酸铁(Ⅲ)铵标准滴定溶液的浓度{$c[NH_4Fe(SO_4)_2]$}，按式(42)计算：

$$c[NH_4Fe(SO_4)_2]=\frac{(V_1-V_0)\times c_1}{V} \qquad (42)$$

式中：V_1——重铬酸钾标准滴定溶液体积，单位为毫升(mL)；

V_0——空白试验消耗重铬酸钾标准滴定溶液体积，单位为毫升(mL)；

c_1——重铬酸钾标准滴定溶液浓度，单位为摩尔每升(mol/L)；

V——硫酸铁(Ⅲ)铵溶液体积，单位为毫升(mL)。

附 录 A
(规范性附录)
不同温度下标准滴定溶液体积的补正值

不同温度下标准滴定溶液体积的补正值，按表 A.1 计算。

表 A.1　　单位为毫升每升

温度 ℃	水及 0.05 mol/L 以下的各种水溶液	0.1 mol/L 及 0.2 mol/L 各种水溶液	盐酸溶液 [$c(HCl)$= 0.5 mol/L]	盐酸溶液 [$c(HCl)$= 1 mol/L]	硫酸溶液[$c(1/2H_2SO_4)$= 0.5 mol/L、氢氧化钠溶液 $c(NaOH)$= 0.5 mol/L]	硫酸溶液 [$c(1/2H_2SO_4)$= 1 mol/L]、氢氧化钠溶液[$c(NaOH)$= 1 mol/L]	碳酸钠溶液 [$c(1/2Na_2CO_3)$= 1 mol/L]	氢氧化钾-乙醇溶液 [$c(KOH)$= 0.1 mol/L]
5	+1.38	+1.7	+1.9	+2.3	+2.4	+3.6	+3.3	
6	+1.38	+1.7	+1.9	+2.2	+2.3	+3.4	+3.2	
7	+1.36	+1.6	+1.8	+2.2	+2.2	+3.2	+3.0	
8	+1.33	+1.6	+1.8	+2.1	+2.2	+3.0	+2.8	
9	+1.29	+1.5	+1.7	+2.0	+2.1	+2.7	+2.6	
10	+1.23	+1.5	+1.6	+1.9	+2.0	+2.5	+2.4	+10.8
11	+1.17	+1.4	+1.5	+1.8	+1.8	+2.3	+2.2	+9.6
12	+1.10	+1.3	+1.4	+1.6	+1.7	+2.0	+2.0	+8.5
13	+0.99	+1.1	+1.2	+1.4	+1.5	+1.8	+1.8	+7.4
14	+0.88	+1.0	+1.1	+1.2	+1.3	+1.6	+1.5	+6.5
15	+0.77	+0.9	+0.9	+1.0	+1.1	+1.3	+1.3	+5.2
16	+0.64	+0.7	+0.8	+0.8	+0.9	+1.1	+1.1	+4.2
17	+0.50	+0.6	+0.6	+0.6	+0.7	+0.8	+0.8	+3.1
18	+0.34	+0.4	+0.4	+0.4	+0.5	+0.6	+0.6	+2.1
19	+0.18	+0.2	+0.2	+0.2	+0.2	+0.3	+0.3	+1.0
20	0.00	0.00	0.00	0.0	0.00	0.00	0.0	0.0
21	−0.18	−0.2	−0.2	−0.2	−0.2	−0.3	−0.3	−1.1
22	−0.38	−0.4	−0.4	−0.5	−0.5	−0.6	−0.6	−2.2
23	−0.58	−0.6	−0.7	−0.7	−0.8	−0.9	−0.9	−3.3
24	−0.80	−0.9	−0.9	−1.0	−1.0	−1.2	−1.2	−4.2
25	−1.03	−1.1	−1.1	−1.2	−1.3	−1.5	−1.5	−5.3
26	−1.26	−1.4	−1.4	−1.4	−1.5	−1.8	−1.8	−6.4
27	−1.51	−1.7	−1.7	−1.7	−1.8	−2.1	−2.1	−7.5
28	−1.76	−2.0	−2.0	−2.0	−2.1	−2.4	−2.4	−8.5
29	−2.01	−2.3	−2.3	−2.3	−2.4	−2.8	−2.8	−9.6
30	−2.30	−2.5	−2.5	−2.6	−2.8	−3.2	−3.1	−10.6
31	−2.58	−2.7	−2.7	−2.9	−3.1	−3.5		−11.6
32	−2.86	−3.0	−3.0	−3.2	−3.4	−3.9		−12.6
33	−3.04	−3.2	−3.3	−3.5	−3.7	−4.2		−13.7
34	−3.47	−3.7	−3.6	−3.8	−4.1	−4.6		−14.8
35	−3.78	−4.0	−4.0	−4.1	−4.4	−5.0		−16.0
36	−4.10	−4.3	−4.3	−4.4	−4.7	−5.3		−17.0

注 1:本表数值是以 20℃ 为标准温度以实测法测出。

注 2:表中带有“+”“−”号的数值是以 20℃ 为分界。室温低于 20℃ 的补正值为“+”,高于 20℃ 的补正值均为“−”。

注 3:本表的用法:如 1 L 硫酸溶液[$c(1/2H_2SO_4)=1$ mol/L]由 25℃ 换算为 20℃ 时,其体积补正值为 −1.5 mL,故 40.00 mL 换算为 20℃ 时的体积为:

$$V_{20}=40.00/\frac{1.5}{1000}\times 40.00=39.94$$

附 录 B
（规范性附录）
滴定管容量测定方法

B.1 仪器

B.1.1 分析天平的感量为 0.1 mg，并符合 JJG 1036 的规定。

B.1.2 温度计分度值为 0.1℃，并符合 JJG 130 的规定。

B.1.3 滴定管应符合 JJG 196—2006 规定。

B.2 测定步骤

B.2.1 将水提前置于天平室（室温 20℃±5℃）内，平衡至室温。

B.2.2 将清洗干净的滴定管垂直稳固地安装到检定架上，由滴定管流液口充水至最高标线以上约 5 mm 处，缓慢地调零。

B.2.3 称量带盖轻体瓶质量 m_1。

B.2.4 控制流速为 6 mL/min～8 mL/min，将液面调至被测分度线上，用上述轻体瓶接收流出液。

B.2.5 称量水和轻体瓶的质量 m_2，测量轻体瓶内水的温度。

B.2.6 滴定管在 20℃时的容量 V_{20}，按式（B.1）计算：

$$V_{20}=(m_2-m_1)\times K(t) \qquad \text{(B.1)}$$

式中：m_2——水和轻体瓶的质量，单位为克（g）；

m_1——轻体瓶质量，单位为克（g）；

$K(t)$——常用玻璃量器衡量法 $K(t)$ 值，单位为毫升每克（mL/g）（见 JJG 196—2006 中附录 B）。

B.2.7 平行测定 3 次，3 次测定数值的极差不大于 0.005 mL，取 3 次测定的平均值。

案例题　参考答案

第二章：

1. 小王的做法是错误的。正确的做法是应采用产品标准中规定的检验方法标准开展检验。

2. 企业的做法是错误的。《中华人民共和国计量法》第九条规定：县级以上人民政府计量行政部门对社会公用计量标准器具，部门和企业、事业单位使用的最高计量标准器具，以及用于贸易结算、安全防护、医疗卫生、环境监测方面的列入强制检定目录的工作计量器具，实行强制检定。未按照规定申请检定或者检定不合格的，不得使用。因此，即使是新购的分析天平，也应按规定送技术监督部门检定，以保证检验仪器在有效使用期内使用，确保仪器的灵敏度和准确性，有效消除仪器误差。

3. 小李的做法是错误的。记录原始数据是一项不容忽略的基本功，检验现场应使用专门的记录本，学生应有专门的实验记录本，检验工作者应有设计合理的检验原始记录本。决不允许将数据记在单页纸上或纸片上，或随意记在任何地方。数据记录要用钢笔或圆珠笔，不能使用铅笔。

第三章：

1. GB 7718 中 4.1.2.2 规定：标示“新创名称”“奇特名称”“音译名称”“牌号名称”“地区俚语名称”或“商标名称”时，应在所示名称的同一展示版面标示 4.1.2.1 规定的名称。千雪物语是“奇特名称”，在其临近的部位同时注明了标准中规定的名称半乳脂冰淇淋，符合 GB 7718中 4.1.2.2 规定。但其“千雪物语”字体大过“半乳脂冰淇淋”，不符合 GB 7718 中 4.1.2.2.1“同一字号”规定。

2. GB 7718 中 4.1.2.3 规定：为不使消费者误解或混淆食品的真实属性、物理状态或制作方法，可以在食品名称前或食品名称后附加相应的词或短语。如干燥的、浓缩的、复原的、熏制的、油炸的、粉末的、粒状的等。此产品属性名称不正确，从名称不能判断杏仁是熟的还是生的，甜的还是咸的，不符合 GB 7718 中 4.1.2.3 规定。

3. GB 7718 中 4.1.3.1 规定：预包装食品的标签上应标示配料表，配料表中的各种配料应按 4.1.2 标示具体名称。该月饼的标签上标示的原料名称不规范，不符合 GB 7718 中 4.1.3.1的规定。

4. GB 7718 中 4.1.4.2 规定：如果在食品的标签上特别强调一种或多种配料或成分的含量较低或无时，应标示所强调配料或成分在成品中的含量。此产品强调了是低糖饮品，也标示了相应的白砂糖和蜂蜜的含量，符合 GB 7718 中 4.1.4.2 的规定。但“绿茶(低糖绿茶饮品)”的标识是不正确的，它的正式名称是“绿茶”，名称不能用注解来说明，而本产品的真实属性是“绿茶饮品”而不是“茶”，不符合 GB 7718 中 4.1.2 的规定。

5. GB 7718 中 4.1.5.1 规定：净含量的标示应由净含量、数字和法定计量单位组成。此标签把净含量写成毛重，不符合 GB 7718 中 4.1.5.1 的规定。

6. GB 7718—2011《食品安全国家标准 预包装食品标签通则》只对不能依法承担法律责任的集团公司的分公司或集团公司的生产基地要求标产地，如果该企业不属于此类，可以不标示产地。

7. GB 7718 中 4.1.10 规定：在国内生产并在国内销售的预包装食品应标示产品所执行的标准代号和顺序号。即发布年号可以不标示。该标签的产品标准代号标示了发布年号也可以，但一旦标准修订或废止，此批标签将全部作废。

第四章：

1. 小明可通过用乳稠计测定原料乳的相对密度，来判定原料乳是否掺水或脱脂。乳稠计是专用于测定牛乳相对密度的密度计，测量相对密度的范围是 1.015～1.045。它是将相对密度减去 1.000 后再乘以 1000 作为刻度，用度(°)表示，其刻度范围为 15～45。全脂牛乳的相对密度为 1.028～1.032(20℃/20℃)，如果原料乳掺水，测定的相对密度会小于此范围，如果是脱脂原料乳，相对密度会大于此范围。据此可判定牛乳是否掺水或脱脂。

2. 可根据 GB/T 10786—2006《罐头食品的检验方法》进行测定。具体方法如下：

(1) 测试溶液的制备：按荔枝罐头固液相的比例，将样品用组织捣碎器捣碎后，用四层纱布挤出滤液用于测定。

(2) 测定：

① 折光计在测定前按说明书进行校正；

② 分开折光计的两面棱镜，以脱脂棉蘸乙醚或酒精擦净；

③ 用胶头滴管吸取制备好的样液，小心滴 2～3 滴于折光计棱镜平面中间位置(注意勿使玻璃棒触及棱镜)；

④ 迅速闭合上下两棱镜，静置 1 min，要求液体均匀无气泡并充满视野；

⑤ 对准光源，由目镜观察，调节黑白视场；再转动微调旋钮，使两部分界线明晰，其分界线恰好在物镜的十字交叉点上，读取读数；

⑥ 如折光计标尺刻度为百分数，则读数即为可溶性固形物的含量(质量分数)，按可溶性固形物对温度校正表换算成 20℃时标准的可溶性固形物含量(质量分数)。

⑦ 如折光计读数标尺刻度为折光率，可读出其折光率，然后按折光率与可溶性固形物换算表查得样品中可溶性固形物的含量(质量分数)，再按可溶性固形物对温度校正表换算成标准温度下的可溶性固形物含量(质量分数)。

3. 味精(谷氨酸钠)分子结构中的谷氨酸含有一个不对称碳原子，具有旋转偏振光振动平面的能力，即具有旋光性，以旋转角度表示为旋光度，可用旋光仪测定旋光度，进一步计算可知谷氨酸钠的含量。具体步骤根据 GB/T 5009.43—2003《味精卫生标准的分析方法》，具体如下：

(1) 称取约 5.0 g 充分混匀的试样，置于烧杯中，加 20～30 mL 水，再加 16 mL 盐酸溶液(1+1)，溶解后移入 50 mL 容量瓶中加水至刻度，摇匀备用。

(2) 将该溶液置于 2 dm 旋光管内观察旋光度，同时需要测定旋光管内溶液的温度，如温度低于或高于 20℃，需要校正后计算。

(3) 根据 GB/T 5009.43—2003《味精卫生标准的分析方法》中的计算公式，将测定的旋光度带入计算，即可得到味精的纯度，进一步判断味精是否掺假。

第五章：

1. 食品中脂肪的测定要用到有机溶剂乙醚，乙醚沸点低(34.6℃)，易燃。使用时应特别注意安全，要保持室内通风，周围绝对不能有明火。乙醚回收后，应将接受瓶中的乙醚全部挥发干净，以免放入干燥箱干燥时有爆炸的危险；另一个需注意的安全问题是酸水解法是通过振摇具塞量筒提取脂肪，振摇时一定要注意小心开塞放气。

关键环节是脂肪的提取，只有提取完全，测定结果才准确。

2. 半微量凯氏定氮装置上棒状玻塞与小玻杯是配套的，只有配套的棒状玻塞才能与小玻杯完好密闭。用胶塞代替棒状玻塞，在蒸馏过程中势必造成漏气，严重影响检验的结果。

3. 三聚氰胺是三嗪(qin)类含氮杂环有机物，溶于热水，微溶于冷水，主要用于木材加工、塑料和阻燃剂等，是低毒化工原料，不可用于食品加工或食品添加物，称“蛋白精”，含氮66%。其结构如图1所示：

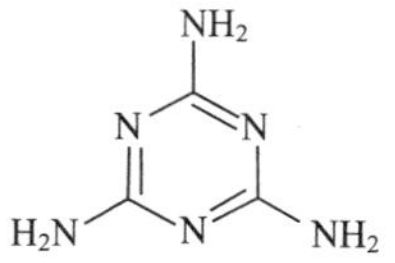

图1　三聚氰胺结构式

因为蛋白质中含氮量较恒定，通常是通过测定食品中氮的含量，再乘以蛋白质系数来确定蛋白质的含量。由于此法是测定食品中的总氮量，不能将非蛋白质的含氮物质分离，不法商家就是钻了检验方法的空子，将含氮量高达66%的三聚氰胺加入食品中后，通过增加食品中的含氮量进而增加蛋白质的含量。

第六章：

1. 现代毒理学奠基人 Paracelsus 有句经典之言：所有物质都是毒物，没有物质不是毒物，唯一的区别是它们的剂量。理想的食品添加剂最好是有益无害的物质。食品添加剂，特别是化学合成的食品添加剂大都有一定的毒性，所以食品添加剂的安全使用非常重要，使用时必须要严格控制。我国发布的 GB 2760《食品安全国家标准　食品添加剂使用标准》对食品添加剂的种类、使用范围、使用量等都有严格的规定，只要在国家标准许可的范围内使用，就不会对健康造成危害。

天然的物质一定无害？黄曲霉毒素就是天然的物质，它无害吗？

2. 小张和很多消费者一样，把食品添加剂和非法添加剂混为一谈。“三聚氰胺”“瘦肉精”等是非食品用化学品，根本不是食品添加剂！食品安全事件泛滥之源很多是祸起添加：一是向食品中添加非法添加剂，属于违法滥用；二是过度使用食品添加剂，属于违反GB 2760的规定超量超范围使用。

事实上，食品中使用食品添加剂是现代食品加工生产的需要，如果没有食品添加剂，就不会有这么多种类繁多、琳琅满目的食品；没有食品添加剂，食物就不能被妥善地制作或保存。所以，食品添加剂对于防止食品腐败变质，保证食品供应，繁荣食品市场，满足人们对食品营养、质量以及色、香、味的追求，起到了重要作用。食品添加剂已成为现代食品工业的重要组成部分，是食品工业科技进步和创新的重要推动力。

今日，除了真正的天然野生食物，所有经过人类加工的食品中，很少有什么是不含添加成分的。我们不能因为食品添加剂曾经被主人的不当利用而彻底否定排斥它，只有更好地规范地加以使用，才能使我们在美食面前更加放心。

3. 根据食品添加剂使用规定，在 GB 2760 表 E.1 中，馒头的食品分类号是 06.03.02.03，该类食品不在表 A.3 中出现，查表 A.2（可在各类食品中按生产需要适量使用的食品添加剂名单）中没有柠檬黄，不可按生产需要适量使用，表 A.1 中规定了食品添加剂的允许使用品种、使用范围以及最大使用量或残留量，从表 A.1 中的第 65 页找到柠檬黄及其铝色剂，做为着色剂，柠檬黄可以使用到的食品品种、使用范围当中，并没有馒头（06.03.02.03），因此可判定柠檬黄不能用在馒头的生产加工中。

4. 大多数焦糖色生产企业将糖厂生产食糖后的糖蜜用来炼制焦糖色，因其成分天然、着色力强，广泛用在许多食品当中，如酱油、调料、饮料、黄酒等。豆制品中卤制半干豆腐因其色泽呈酱卤色，让人食欲大增，但传统工艺用老抽酱油等为其卤制上色会出现颜色不够深，味道太咸，所以有些豆制品企业想到了用焦糖色为其上色，查看 GB 2760 中表 E.1，卤制半干豆腐的食品分类号是 04.04.01.03.02（P200），该类食品不在表 A.3 中出现，查表 A.2 中没有焦糖色，不可按生产需要适量使用，表 A.1 中的第 37 页焦糖色，能使用的食品品种、使用范围当中，并没有 04.04.01.03.02，因此该企业生产卤制半干豆腐时不能添加焦糖色。

5. 查看 GB 2760 中表 E.1，果蔬汁的食品分类号是 14.02.03，该类食品在表 A.3 中出现，查表 A.2 中没有新红和胭脂红，不可按生产需要适量使用；查表 A.1，新红、胭脂红均可用于果蔬汁类饮料，最大使用量均为 0.05 g/kg，根据食品添加剂使用规定：表 A.1 列出的同一功能的食品添加剂（相同色泽着色剂、防腐剂、抗氧化剂）在混合使用时，各自用量占其最大使用量的比例之和不应超过 1。

即要符合公式：$a/a'+b/b'\leqslant 1$

其中：A（品种）的 a 为实际用量，a' 为标准规定的最大用量；B（品种）的 b 为实际用量，b' 为标准规定的最大用量。

根据该企业的着色剂配料比，假设实际生产 1 kg 果蔬汁类饮料，则

$$0.03/0.05+0.04/0.05=1.4\geqslant 1$$

故该企业在使用新红和胭脂红二种红色着色剂不符合 GB 2760 的使用规定。

第七章：

1. 铅（Pb）铅及其化合物都具有一定的毒性，人体通过呼吸、进食、皮肤吸收等都有可能吸收铅或其化合物。铅被人体器官摄取后，将抑制蛋白质的正常合成功能，危害人体中枢神经，造成精神混乱、呆滞、生功能障碍、贫血、高血压等慢性疾病。而铅对儿童的危害更大，会影响其智商和正常发育。

目前，常见的铅中毒大多属于轻度慢性铅中毒，主要病变是铅对体内金属离子和酶系统产生影响，引起植物神经功能紊乱、贫血、免疫力低下等。其表现包括恶心、呕吐、食欲不振、腹胀、便秘、便血、腹绞痛、眩晕、烦躁不安、失眠、嗜睡、易激动、面色苍白、心悸、气短、腰痛、水肿、蛋白尿、血尿、管型尿，严重者还可出现肾衰竭。

防止铅中毒应该在饮食、生活习惯等多方面下手。首先在饮食上不能把报纸等印刷品用作食品包装，用食品袋盛装食物时，应避免袋上的字画、商标直接与食物接触，特别是与酸

性食品接触；蔬菜水果食用前要洗净，能去皮的尽量去皮，以防残留农药中的铅成分。在居住方面，尽量不要采用含铅油漆装饰家中的墙壁、地板和家具等，否则，一旦漆屑剥落，油漆中的铅极易造成居室铅污染。尽量选用无铅化妆品、染发剂等。此外，不要在汽车往来多的道路附近散步，因为汽车尾气和道路周边的土壤中就有大量的铅存在。膳食中应包含足够量的优质蛋白质，在膳食调配时应选择富含维生素的食物，适当吃些驱铅食物，如牛奶中所含的蛋白质可与铅结合形成不溶物，所含的钙可阻止铅的吸收。茶叶中的鞣酸可与铅形成可溶性复合物随尿排出。海带中的碘质和海藻酸能促进铅的排出。大蒜和洋葱头中的硫化物能化解铅的毒性作用。食物中含有一些无机阴离子或酸根如碘离子、磷酸根离子、钼酸根离子等都能与铅结合，促使其从大便中排出。这些营养素富含在水果和蔬菜中，因此，铅接触人群应多食用水果蔬菜。

2. 镉(Cd)是对人体有害的元素，在自然界中多以化合态存在，含量很低，大气中镉含量一般不超过 0.003 $\mu g/m^3$，水中不超过 10 $\mu g/L$，每千克土壤中不超过 0.5 mg。这样低的浓度，不会影响人体健康。镉常与锌、铅等共生。环境受到镉污染后，镉可在生物体内富集，通过食物链进入人体，引起慢性中毒。

进入人体的镉，在体内形成镉硫蛋白，通过血液到达全身，并有选择性地蓄积于肾、肝中。肾脏可蓄积吸收量的 1/3，是镉中毒的靶器官。此外，在脾、胰、甲状腺、睾丸和毛发中也有一定的蓄积。镉的排泄途径主要通过粪便，也有少量从尿中排出。在正常人的血中，镉含量很低，接触镉后会升高，但停止接触后可迅速恢复正常。镉与含羟基、氨基、巯基的蛋白质分子结合，能使许多酶系统受到抑制，从而影响肝、肾器官中酶系统的正常功能。镉还会损伤肾小管，使人出现糖尿、蛋白尿和氨基酸尿等症状，并使尿钙和尿酸的排出量增加。肾功能不全又会影响维生素 D_3 的活性，使骨骼的生长代谢受阻碍，从而造成骨骼疏松、萎缩、变形等。慢性镉中毒主要影响肾脏，还可引起贫血。急性镉中毒，大多是由于在生产环境中一次吸入或摄入大量镉化物引起。大剂量的镉是一种强的局部刺激剂。含镉气体通过呼吸道会引起呼吸道刺激症状，如出现肺炎、肺水肿、呼吸困难等。镉从消化道进入人体，则会出现呕吐、胃肠痉挛、腹疼、腹泻等症状，甚至可因肝肾综合症死亡。

第八章：

1. 根据 GB 4789.2—2016《食品安全国家标准　食品微生物学检验　菌落总数测定》第 7.1.5 条：若所有稀释度(包括液体样品原液)平板均无菌落生长，则以小于 1 乘以最低稀释倍数计算。所以小王这样写测定结果不正确。

2. 该食品样品的检测结果报告值是：150 MPN/g(mL)。

第九章：

1. 小周的操作是错误的。酸式滴定管的滴定操作是左手控制旋塞，大拇指在前，食指和中指在后，三指向内扣住旋塞控制旋塞的转动，以防止溶液从旋塞处漏出，右手摇瓶。

2. 小李的操作是错误的。滴定管在装溶液前还要用操作溶液洗涤，否则管内残留的蒸馏水会稀释装入的溶液，造成误差。

3. 小王与小红找到的记忆方法是："管"用操作溶液润洗，"瓶"不用操作溶液润洗。你呢？

4. 小杨的做法是错误的。盐酸不是基准物质，不能用直接法配制，只能采用标定法配制，即将该物质先配成近似于所需浓度的溶液，然后用基准物质无水碳酸钠来标定。具体按照 GB/T 601《化学试剂　标准滴定溶液的制备》执行。

第十章：

1. 不符合《食品、食品添加剂生产许可现场核查评分记录表》2.9 条款。2.9 条款规定：自行检验的，应当具备与所检项目相适应的检验室和检验设备。检验室应当布局合理，检验数量、性能、精度应当满足相应的检验需求。无菌室或超净工作台是蜜饯生产加工企业必备的出厂检验设备，不能缺少。

2. 不符合《食品、食品添加剂生产许可现场核查评分记录表》5.3 条款。5.3 条款规定：申请人应当建立出厂检验记录制度，并规定食品出厂时，应当查验出厂食品的检验合格证和安全状况……该企业应严格按照出厂检验记录制度，对所有规定的出厂检验项目进行出厂检验，酸度是淀粉的出厂检验指标，不能漏检。

3. 不符合《食品、食品添加剂生产许可现场核查评分记录表》5.2 条款。5.2 条款规定：申请人应当建立生产过程控制制度，明确原料控制（如领料、投料等）、生产关键环节控制（如生产工艺、设备管理、贮存、包装等）、检验控制（如原料检验、半成品检验、成品出厂检验等）以及运输和交付控制的相关要求。该企业应严格按照本企业制定的检验控制要求，对每一批次的产品进行出厂检验，不能仅凭经验判断产品合格与否。

4. 不符合《食品、食品添加剂生产许可现场核查评分记录表》2.9 条款。2.9 条款规定：申请人自行检验的，应当具备与所检项目相适应的检验室和检验设备。检验室应当布局合理，检验数量、性能、精度应当满足相应的检验需求。蜂产品审查细则中规定，蜂蜜出厂检验设备中水分检测要有精度为 0.1 mg 的分析天平，而本例中的分析天平未达到所要求的精度，且实验室布局不合理，分析天平不能与恒温水浴锅同放在一起。

5. 不符合《食品、食品添加剂生产许可现场核查评分记录表》2.8 条款。2.8 条款规定：应当根据生产的需要，配备适宜的加热、冷却、冷冻以及用于监测温度和控制室温的设施。《糕点生产许可证审查细则》规定：糕点生产的冷加工车间要安装空调设施。电风扇不属于降温设备，不能起到降低室内温度的作用；同时其吹风引起室内扬尘，进而引起非洁净的空气流动，车间洁净度降低，从而导致产品污染。

第十一章：

1. 小刘查找出的绿茶（成品茶）的出厂检验项目是正确的。

2. 绿茶水分的测定方法是正确的。